CAD/CAM 技能型人才培养规划教材

Mastercam X6 数控加工基础教程

(第 2 版)

冯启廉　宋秋丽　张　廷　王丹萍　编著

清华大学出版社
北　京

内容简介

本书是 Mastercam X6 的入门教程。全书共分 8 章，包括 Mastercam X6 图形模型创建、数控加工基础、二维加工、曲面加工、多轴加工及刀具管理等。本书不仅详细介绍了 Mastercam X6 数控编程的核心功能，而且通过大量的实例、练习进行强化训练，并穿插大量的操作技巧，以帮助读者切实掌握用 Mastercam X6 进行数控编程。

本书提供的配套资源包括书中实例的源文件、结果文件及更多的综合实例等学习资源，便于读者练习与揣摩思路和技巧，读者可在 www.51cax.com 网站注册后凭本书封底序列号免费下载。任课教师可免费获取教学资源。

本书可作为高等院校 CAD/CAM 相关专业的教材，也可作为各类 CAD/CAM 培训机构的授课教材，还可作为其他从事 CAD/CAM 工作人员的自学教材或参考书。

图书在版编目(CIP)数据

Mastercam X6 数控加工基础教程/冯启廉等 编著. —2 版. —北京：清华大学出版社，2013.4(2022.12重印)

(CAD/CAM 技能型人才培养规划教材)

ISBN 978-7-302-31466-0

Ⅰ.①M… Ⅱ.①冯… Ⅲ.①数控机床—加工—计算机辅助设计—应用软件—教材 Ⅳ.①TG659-39

中国版本图书馆 CIP 数据核字(2013)第 022424 号

责任编辑：刘金喜
封面设计：唐 宇
版式设计：思创景点
责任校对：邱晓玉
责任印制：宋林

出版发行：清华大学出版社
网 址：http://www.tup.com.cn，http://www.wqbook.com
地 址：北京清华大学学研大厦 A 座　　邮 编：100084
社 总 机：010-62770175　　邮 购：010-62786544
投稿与读者服务：010-62776969，c-service@tup.tsinghua.edu.cn
质 量 反 馈：010-62772015，zhiliang@tup.tsinghua.edu.cn
课 件 下 载：http://www.tup.com.cn, 010-62794504
印 装 者：北京鑫海金澳胶印有限公司
经 销：全国新华书店
开 本：185mm×260mm　　印 张：18.5　　字 数：416千字
版 次：2009年12月第1版　　2013年4月第2版　　印 次：2022年12月第8次印刷
定 价：68.00元

产品编号：048808-04

编 委 会

主　　编：单　岩(浙江大学)

副 主 编：吴立军(浙江科技学院)

编　　委：(按姓氏笔画顺序)

王丹萍　王志明　王忠生　乔　女

刘朝福　刘　晶　阮冰洁　李加文

吴中林　李兆飞　宋秋丽　张　廷

苗　盈　郑才国　郑林涛　单　辉

徐善状　彭　伟　管爱枝

前　　言

随着计算机技术的发展，计算机辅助设计和制造(CAD/CAM)越来越广泛应用于航空航天、汽车摩托车、模具、精密机械和家用电器等各个领域。Mastercam 是由美国 CNC Software 公司推出的基于 PC 机平台的 CAD/CAM 一体化软件。由于 Mastercam 具有卓越的设计、加工功能以及易学易用性，因此在世界上拥有众多的忠实用户，被广泛应用于机械、电子、航空等领域。在我国制造业及教育业界，Mastercam X6 也有着极为广泛的应用。

本书是关于 Mastercam X6 的初、中级教程。全书共分为 8 章，包括 Mastercam X6 图形模型创建、数控加工基础、二维加工、曲面加工、多轴加工和刀具管理等。本书不仅详细地介绍了 Mastercam X6 软件数控编程的核心功能，而且通过大量的实例、练习进行强化训练，并穿插大量的操作技巧，以帮助读者切实掌握使用 Mastercam X6 进行数控编程。

在讲解方式上，首先，本书先以一个简单的实例来引导读者快速了解 Mastercam X6 的工作界面与工作流程，然后是最常用的模块与功能的讲解，实践证明这种方式更容易上手，学习起来更轻松；其次，在功能讲解时，本书没有面面俱到，而是只介绍 Mastercam X6 最常用的功能，使读者能集中精力，在很短的时间内快速掌握 Mastercam X6 的核心功能，并运用这些核心功能完成工程设计；再次，本书附有大量的图形，让图形说话，阅读起来更轻松。

本书给出了大量的操作实例，以切实提高读者的实际动手能力。

本书由冯启廉、宋秋丽、张廷、王丹萍编写。由于编写时间和编者的水平有限，书中难免会存在需要进一步改进和提高的地方。我们十分期望读者及专业人士提出宝贵意见与建议，以便今后不断加以完善。请通过以下方式与我们交流：

- 网站：http://www.51cax.com
- E-mail：book@51cax.com
- 致电：0571-28852522，0571-87952303

本书责编的 E-mail：hnliujinxi@163.com。服务邮箱：wkservice@vip.163.com。

本书提供的配套资源包括书中实例的源文件、结果文件及更多的综合案例等，便于读者练习、揣摩思路与技巧，杭州浙大旭日科技开发有限公司为本书配套提供了 PPT 教学课件等立体教学资源库，任课教师可来电免费获取。PPT 教学课件和实例源文件也可通过www.tupwk.com.cn/downpage免费下载。

最后，感谢清华大学出版社为本书的出版所提供的机遇和帮助。

作　者
2012年12月

目　　录

第1章　Mastercam X6基础入门

本章重点内容

本章是为初学者掌握软件而准备的，主要介绍 Mastercam X6 的安装启动、工作界面、功能模块、各项配置及零件设计加工的全过程。

本章学习目标

- ☑ 了解 Mastercam X6 的应用背景
- ☑ 掌握 Mastercam X6 的安装和启动
- ☑ 熟悉 Mastercam X6 的工作环境以及基本操作
- ☑ 体验 Mastercam X6 的设计加工全过程
- ☑ 掌握 Mastercam X6 的系统配置与环境配置

1.1　Mastercam X6 简介

Mastercam 是美国 CNC Software 公司研制与开发的基于 PC 平台的 CAD/CAM 一体化软件。

1.1.1　Mastercam 的产生、特点和应用情况

自 1981 年推出第一代产品以来，Mastercam 因其卓越的设计及完善的加工功能而闻名于世。三十年来，Mastercam 不断更新与完善，广泛应用于工业界及高等院校。其主要特点表现在以下几个方面。

- Mastercam 不仅在 CAM 方面功能强大，也拥有十分完善的 CAD 功能，包括 2D、3D、图形设计、尺寸标注、动态旋转和图形阴影处理等，能够完成从设计、制图到转换成 NC 加工程序的全过程。Mastercam 还提供了与其他系统的转换接口，可以将 DXF 文件(Drawing Exchange File)、CADL 文件(CAD key Advanced Design Language)及 IGES 文件(Initial Graphic Exchange Specification)等转换到 Mastercam 中，再生成数控加工程序。
- Mastercam 操作方便、应用广泛，能提供适合目前国际上通用的各种数控系统的后置

处理程序文件，如 FANUC、MELADS、AGIE、HITACHI 等，便于刀具路径文件(NCI)转换为相应的 CNC 控制器的数控加工程序(NC 代码)。

- Mastercam 设有丰富的刀具库及材料库，能根据被加工工件的材料及刀具的规格尺寸自动确定进给率、转速等加工参数；能根据定义的刀具、进给率、转速等生成刀路轨迹，模拟加工过程，计算加工时间，也可从 NC 加工程序(NC 代码)转换生成刀路轨迹。
- Mastercam 提供了 RS-232C 接口通信功能及 DNC 功能。

此外，X 系列的 Mastercam 版本采用和 Windows 系统融合的全新设计界面，统一整合各个模块，使设计人员能更高效地进行设计开发。系统提供多种定制方式，便于使用人员定制自己的操作界面，建立个性化的开发设计环境。

总之，Mastercam 界面友好、操作灵活、易学易用，适用于大多数企业的产品设计。随着我国加工制造业的崛起，Mastercam 在中国的销量逐步提升，已成为我国目前比较流行的 CAD/CAM 系统软件之一，尤其在机械设计与加工行业，对精通 Mastercam 的工程技术人员的需求日益增加。

1.1.2 Mastercam X6 的功能模块

1. 主要功能

Mastercam X6 包括设计模块和加工模块两大部分。

设计模块具有完整的曲线曲面功能，可以设计和编辑二维、三维空间曲线，生成方程曲线，并通过多种方法生成曲面，且提供丰富的曲面编辑功能。

加工部分则有铣削系统、车削系统、线切割系统和雕刻系统等四大模块，功能如下。

- 铣削系统：可以生成铣削加工刀具路径，模拟外形铣削、型腔加工、钻孔加工、平面加工、曲面加工以及多轴加工等多种加工方式。
- 车削系统：可生成车削加工刀具路径，并可模拟粗/精车、切槽以及车螺纹加工等。
- 线切割系统：提供强大的线切割编程方案，辅助设计人员高效地编制任何线切割加工程序。
- 雕刻系统：能根据简单的二维艺术图形快速生成复杂的雕刻曲面。

2. Mastercam X6 新增功能简介

Mastercam X6 版相比其他版本，除了速度和稳定性进一步提高外，三轴和多轴加工功能也有进一步的提升。Mastercam X6 的新增功能如下。

- 全新整合的视窗界面，使工作更迅速。
- 用户可依据个人喜好，定制系统界面、工具栏。
- 新的抓点模式，简化了操作步骤。
- 属性图形改为“使用中”，便于后续的修改。

- 曲面新增“围离曲面”。
- 昆式曲面改成更方便的“网状曲面”。
- 增加“面与面倒圆角”功能。
- 直接读取其他 CAD 格式文件，包括 DXF、DWG、IGES、VDA、SAT、Parasolid、SolidEdge、SolidWorks 及 STEP。
- 增加机器定义及控制定义，明确规划 CNC 机器的功能。
- 外形铣削形式除了 2D、2D 倒角、螺旋式渐降斜插及残料加工外，还新增了“毛头”的设定。
- 外形铣削、挖槽及全圆铣削增加了“贯穿”的设定。
- 增强交线的清角功能，增加了“平行路径”的设定。
- 曲面投影精加工中的两曲线熔接，独立为“熔接加工”。
- 挖槽粗加工、等高外形及残料粗加工采用新的快速等高加工技术(FZT)，大幅减少了计算时间。
- 改用更人性化的路径模拟界面，可以更精确地观看及检查刀具路径。

1.2　Mastercam X6 的安装和启动

1.2.1　Mastercam X6 的系统运行环境及安装要点

1. 系统要求

Mastercam X6 对系统运行环境要求如下。

- 计算机处理器：32 位，最小 1.5GHz Intel 兼容机(支持 64 位 Intel 兼容机)。
- 操作系统：Windows XP，Windows XP Pro 64 位 Edition 或带有最新服务包和更新版的 Windows 2000、.NET 2.0 Framework。
- 内存：最少 512MB RAM，ART(雕刻模块)下建议 1～2GB RAM。
- 硬盘空间：可用硬盘空间要在 1GB 以上。
- 显卡：至少 64MB OpenGL 兼容。ART(雕刻模块)下，1280×1024 以上的图形模式，需要至少 128MB RAM。
- 显示器：分辨率最小为 1024×768。
- 鼠标：Windows 兼容鼠标。

2. 安装

将安装光盘插入光驱，运行安装程序，按照系统安装向导的提示进行安装。

安装时应特别注意选择系统默认单位为公制(Metric)还是英制(Inch)。从兼容性和实用性方面考虑，推荐国内用户使用公制。

1.2.2 启动 Mastercam X6

在 Windows 95/98/Me/NT/2000/XP 下启动 Mastercam X6 有以下三种方法。

- 双击桌面上的图标。
- 选择【开始】|【所有程序】| Mastercam X6 | Mastercam X6 命令启动。
- 选择【开始】|【运行】，在弹出的【运行】对话框中输入 Mastercam X6 的路径和文件名，如图 1-1 所示，单击【确定】按钮启动。

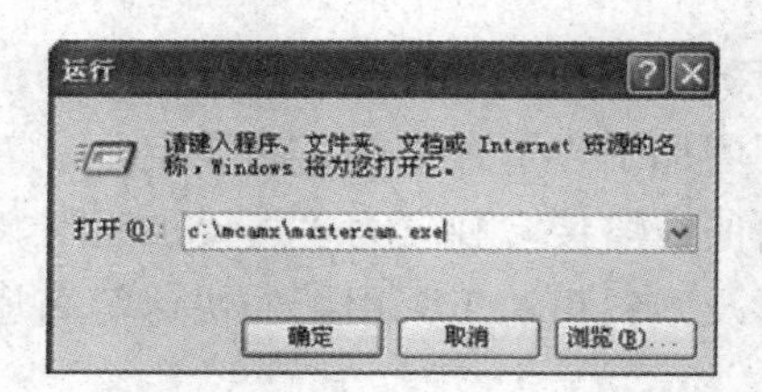

图 1-1

1.3 Mastercam X6 的界面与菜单功能概览

1.3.1 工作界面

Mastercam X6 启动后，工作界面如图 1-2 所示，包括标题栏、菜单栏、工具栏、操作管理器、绘图区、提示栏和状态栏。用户可以根据需要或习惯设定工具栏的内容和位置。

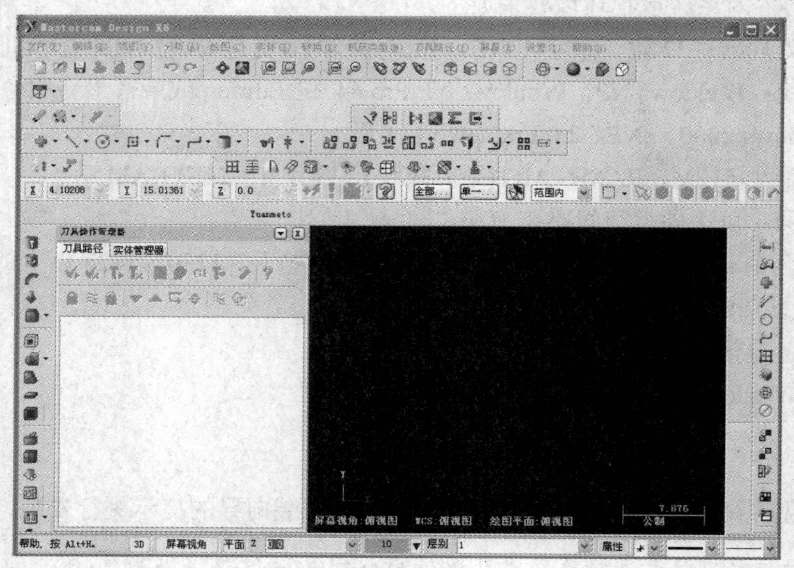

图 1-2

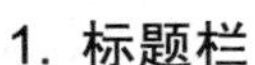

1. 标题栏

标题栏位于界面最上方，显示当前软件的名称、版本号和应用模块。例如，当用户使用设计模块时，标题栏的显示如图 1-3 所示。

Mastercam Design X6

图 1-3

2. 菜单栏

菜单栏如图 1-4 所示，Mastercam X6 的绝大部分命令按照功能的不同，被分别放置在不同的菜单中。

文件(F) 编辑(E) 视图(V) 分析(A) C 绘图 实体(S) X 转换 机床类型(M) T 刀具路径 E 屏幕 A 浮雕 I 设置 H 帮助

图 1-4

3. 工具栏

工具栏如图 1-5 所示，是为了提高绘图效率而设定的命令按钮集合。工具栏用简单直观的图标表示命令，单击图标按钮即可执行相应的命令。和菜单栏一样，工具栏也是按功能进行划分的，用户可根据自己的喜好对工具栏进行相应的设置。

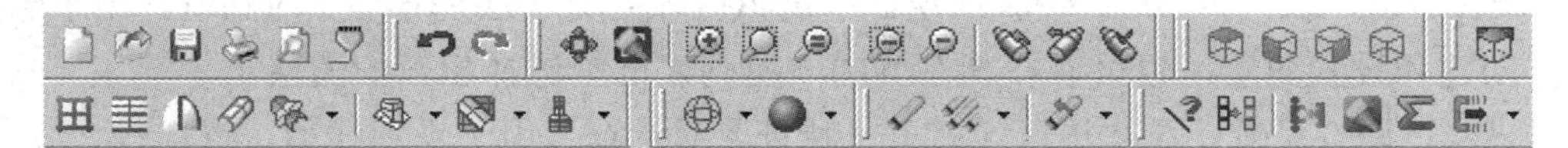

图 1-5

> 主菜单中的命令选项或工具栏中的图标按钮呈灰色显示时，表示该功能或选项在当前工作状态下无法使用。

4. 操作管理器

操作管理器如图 1-6 所示，位于窗口的左侧，记录操作的历史，便于用户管理操作、修改参数。

图 1-6

5. 绘图区

工作界面中最大的区域是绘图区，它是创建和修改几何模型以及产生刀具路径的区域。在绘图区的左下角显示工作坐标系(Work Coordinate System，WCS)图标，在 WCS 下方还显示了 Gview(图形视角)、WCS(工作坐标系)和 T/Cplane(刀具平面、构图平面)的设置信息等。

6. 提示栏

提示栏如图 1-7 所示，位于界面的左下角。提示栏根据不同命令的不同过程，提示用户下一步应该做些什么，或显示当前命令的

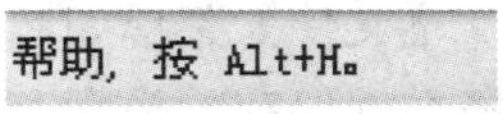

帮助，按 Alt+H。

图 1-7

执行情况。

> 建议初学者经常查看提示栏的信息以进行下一步操作，无须记住大量的操作步骤。

7. 状态栏

状态栏如图 1-8 所示，位于图形区的下方，用于显示绘图区的各种状态。还可在此设置构图平面、构图深度、颜色、图层、线型、线宽等各种属性和参数。主要包括以下内容。

- 3D：用于切换二维/三维构图模式。在二维构图模式下，所有创建的图素都具有当前的构图深度(Z 深度)；在三维模式下，用户可以不受构图深度和构图面的约束。
- 屏幕视角：单击该区域打开一个快捷菜单，用于选择、创建和设置视角。
- 构图面：单击该区域打开一个快捷菜单，用于选择、创建和设置构图平面。
- Z 0.0：设置构图深度(Z 深度)。单击该区域后可在绘图区选取一点，将其构图深度作为当前构图深度；用户也可以在其右侧的文本框中直接输入数据，作为新的构图深度。
- 10：颜色块。单击该区域打开颜色对话框，用于设置当前颜色，此后所绘制的图形将使用设置的颜色进行显示；用户也可以直接单击其右侧的向下箭头，然后在绘图区选择一种图素，将其颜色作为当前色。
- 层别 1：设置图层。单击该区域打开【层别管理】对话框，用于选择、创建和设置图层；也可以在其右侧的下拉列表框中选择相应的图层。
- 属性：属性设置。单击该区域打开【特征】对话框，用于设置线型、点样式、线宽等图形的属性。
- *：点的类型。通过下拉列表框可以选择点的类型。
- ——：线型。通过下拉列表框可以选择线型。
- ——：线宽。通过下拉列表框可以选择线宽。
- WCS：工作坐标系。单击该区域打开一个快捷菜单，用于选择、创建和设置工作坐标系。
- 群组：单击该区域打开【群组管理】对话框，用于选择、创建和设置群组。

3D 屏幕视角 构图面 Z 0.0 10 层别 1 属性 * WCS 群组

图 1-8

1.3.2 菜单功能概览

1. 【文件】菜单

【文件】菜单如图 1-9 所示，包含了对文件的操作命令。其中，【输出目录】命令可以选择文件保存的类型，如保存为低版本的 Mastercam 文件、保存为.dwg 文件类型等。

2. 【编辑】菜单

【编辑】菜单如图 1-10 所示，包含了对绘制完成后的图形进行编辑修改的命令。其中的【修剪/打断】命令含有级联菜单，可定义多种修改方式，可先打开看看，便于今后使用。

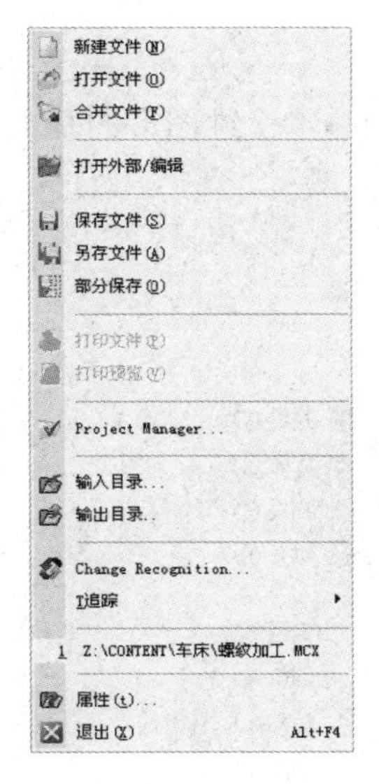

图 1-9

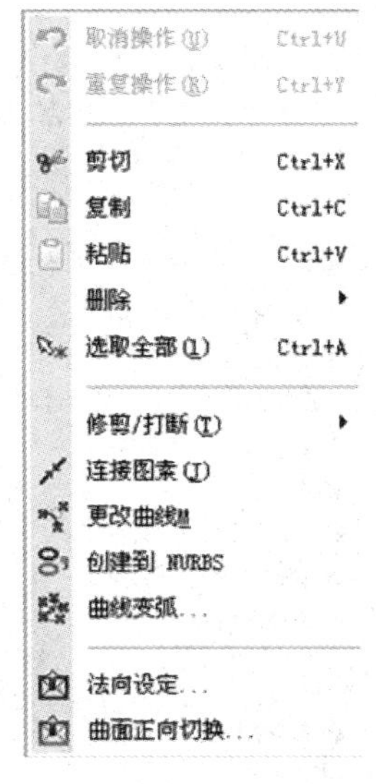

图 1-10

3. 【视图】菜单

【视图】菜单如图 1-11 所示，包含了控制和观察图形的各种操作命令。其中【标准视图】和【确定方向】两个命令在绘图时很重要，尤其当采用了鼠标拖动改变视角之后经常需要用到。

4. 【分析】菜单

【分析】菜单如图 1-12 所示，可以用这些命令获取已经绘制好的图形的相应数据，包括角度、距离等。

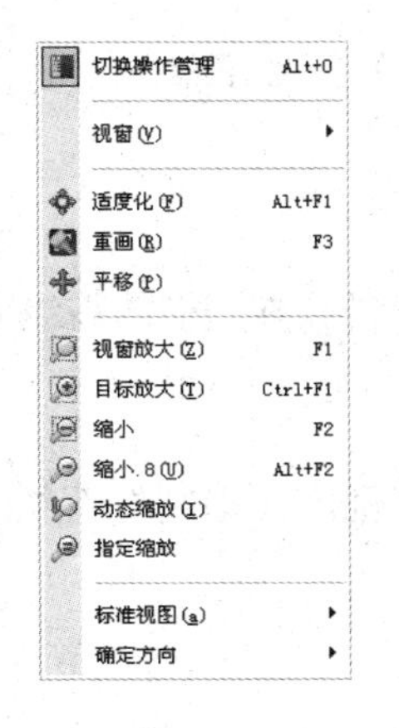

图 1-11

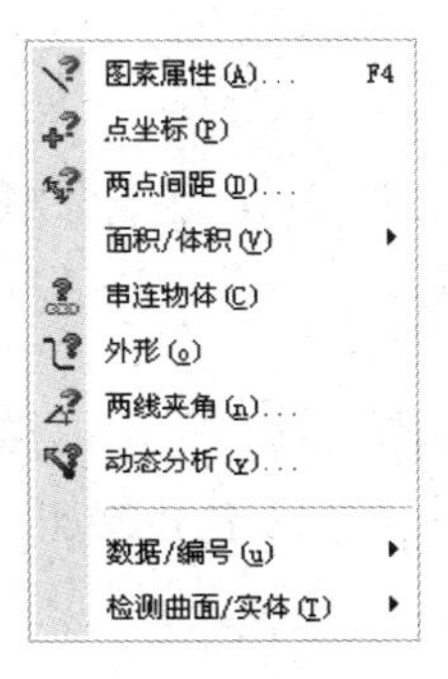

图 1-12

5. 【绘图】菜单

【绘图】菜单如图 1-13 所示，包含所有绘制图形的基本命令。这些命令经常用到，经常通过工具栏启动，读者应熟悉命令的图标，以便在绘制图形时可以快捷地从工具栏中选取。

6. 【实体】菜单

【实体】菜单如图 1-14 所示，包含了绘制和编辑三维图形的基本命令，具体参看后面的相关章节。

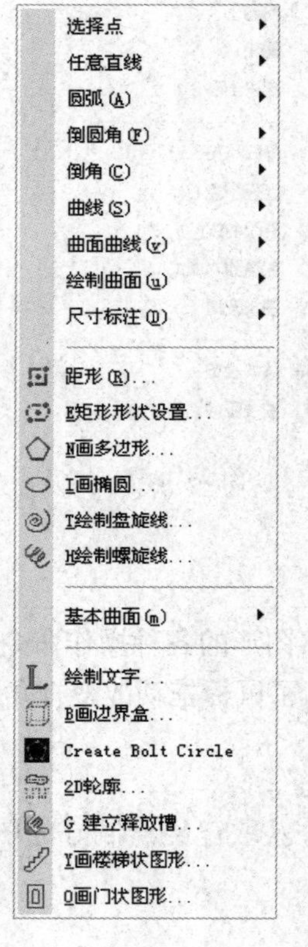

图 1-13

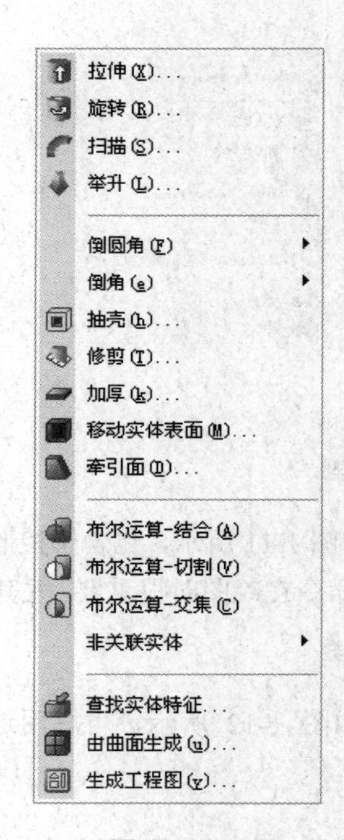

图 1-14

7. 【转换】菜单

【转换】菜单如图 1-15 所示，包含了绘制和编辑三维图形的高级命令，如镜像、阵列等。

8. 【机床类型】菜单

【机床类型】菜单如图 1-16 所示，可以选择铣削、车削等系统，每个系统命令都有级联菜单，可以选择子类型，详见本书的加工部分。

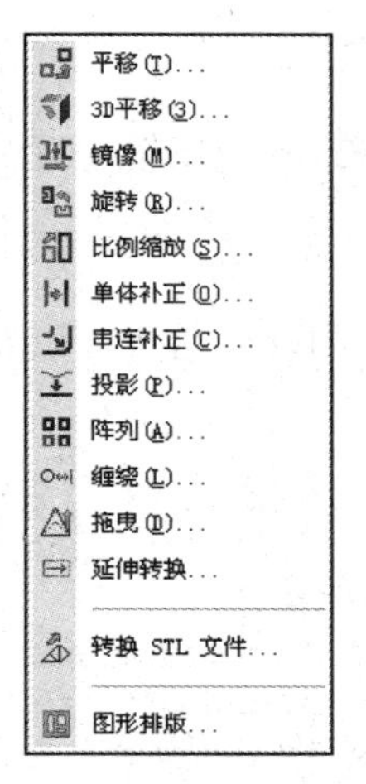

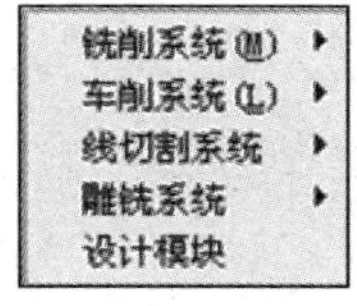

图 1-15　　　　图 1-16

9. 【刀具路径】菜单

【刀具路径】菜单根据所选机床类型的不同而不同。在设计模式下，刀具路径菜单为空。如图 1-17 所示是选择铣削系统时的刀具路径菜单，其中第一栏的 5 种路径将在二维铣削加工中介绍。

10. 【屏幕】菜单

【屏幕】菜单如图 1-18 所示，作用是对我们所能看见的视图进行设置，可以选择显示哪些图素、隐藏哪些图素，绘制复杂图形时十分有用。

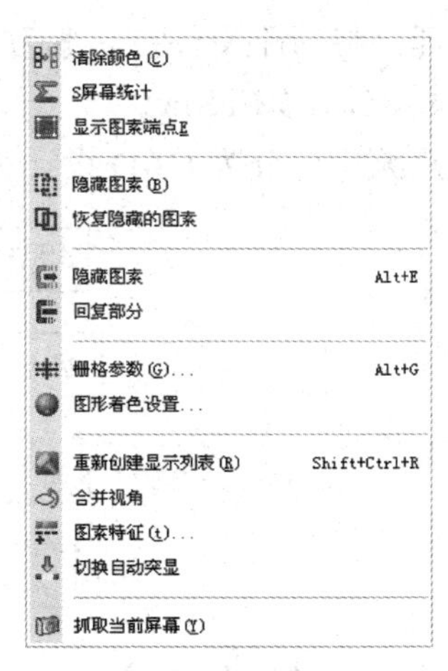

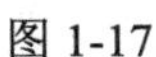
图 1-17　　　　图 1-18

11. 【浮雕】菜单

【浮雕】菜单中包含了有关浮雕操作的所有命令，一般用户较少使用。

12. 【设置】菜单

【设置】菜单如图 1-19 所示，用以设置和修改系统环境配置。

13. 【帮助】菜单

【帮助】菜单如图 1-20 所示，可以获得最新的软件信息，以获取帮助。

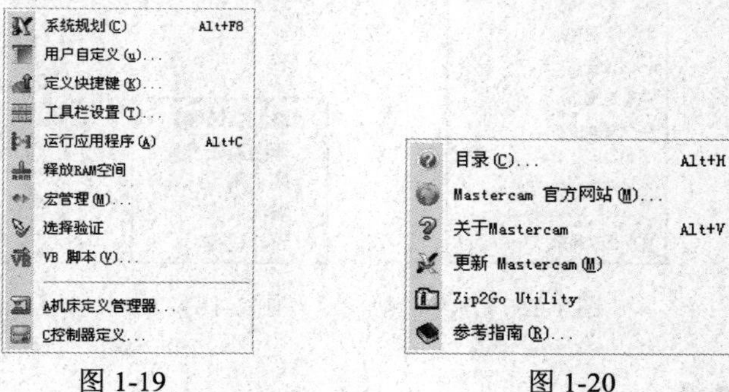

图 1-19　　　　图 1-20

1.4　Mastercam X6 的工作流程

Mastercam X6 的简要工作流程如下。

(1) 按照图纸或者设计要求，建立由线架、曲面或实体组成的模型。该部分存档后生成以 MCX 为后缀名的图形文件，如 T1.MCX。

(2) 为 CAD 模型铺设加工刀路，生成过渡文件。过渡文件是以 nci 为后缀名的轨迹文件，如 T1.nci。

(3) 通过后处理，将刀路文件自动变为符合 ISO 或 EIA 标准的 G/M 代码文件。该文件是以 nc 为后缀名的文件，如 T1.nc。

Mastercam 数控编程可分为 CAD 设计和 CAM 加工两部分，其一般流程如图 1-21 所示。

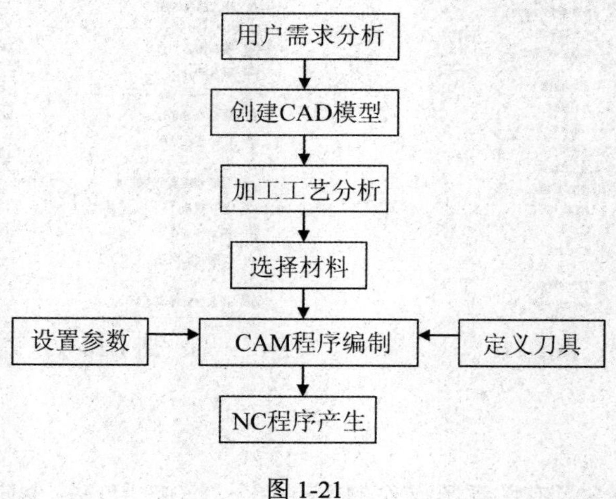

图 1-21

1.5　入门实例

【操作实例 1-1】入门实例

本节通过一个典型的二维图形的加工实例，讲解 Mastercam 从设计到加工全过程的基本思路和操作步骤，使读者对 Mastercam 有一个整体的认识。

1.5.1　零件分析与工艺规划

本例需要创建如图 1-22 所示的平面二维零件图形，通过设置数控编程参数，生成一个整体高度为 20，中心槽 ø20 深为 10，两边各有一个深度为 5 的 ø5 小孔的零件，如图 1-23 所示。

若本书不特别说明，尺寸单位均为毫米(mm)。

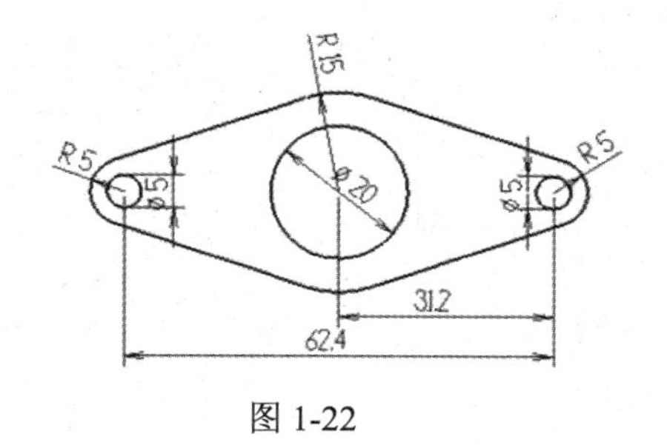

图 1-22

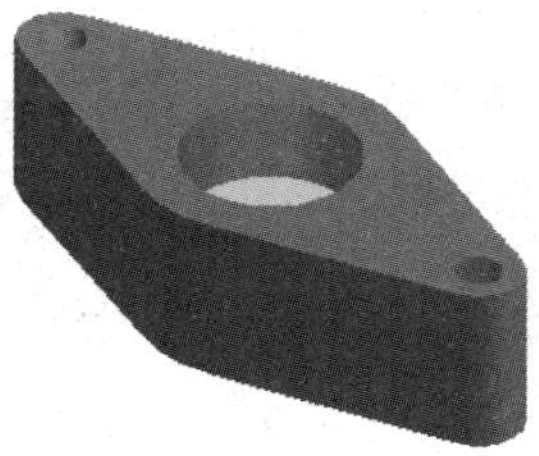

图 1-23

本零件较为简单，可以使用铣削加工。本工件没有尖角或者很小的圆角，同时对零件表面没有特别高的要求，可以使用一把 ø10 平底刀进行粗加工和精加工，以减少换刀。本工件的加工分为三个步骤：外形铣削、凹槽加工、钻孔加工。各个加工步骤的加工对象、刀具以及进给转速等参数如表 1-1 所示。

表 1-1　工件加工工艺参数表

序号	加工对象	加工工艺	刀具 /mm	主轴转速 /(r/min)	进给 /(mm/min)	进/退刀速度 /(mm/min)
1	外部轮廓	外形铣削	ø10 平底刀	600	300	100
2	中心槽	挖槽	ø10 平底刀	600	300	100
3	两个孔	钻孔	ø5 钻孔刀	200	100	100

每完成一步加工工艺后，实体的仿真切削结果如图 1-24 所示。

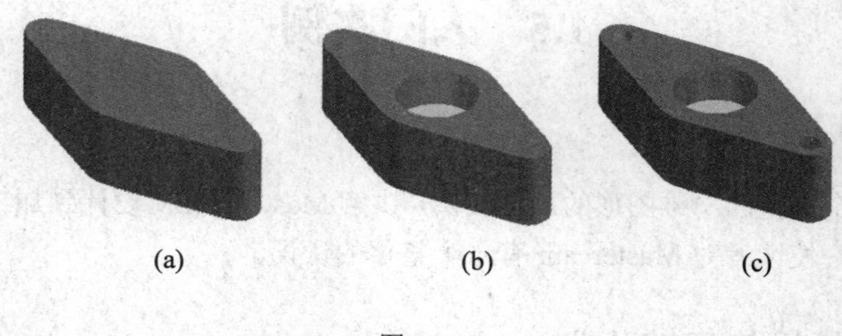

图 1-24

1.5.2 创建零件图形

本小节通过 Mastercam 的设计模块创建零件图形，如图 1-25 所示。

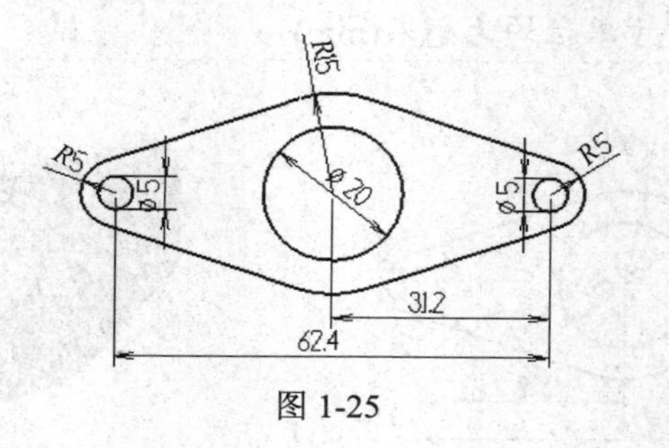

图 1-25

1. 启动 Mastercam X6

选择【开始】|【所有程序】| Mastercam X6 | Mastercam X6 命令，启动 Mastercam X6，如图 1-26 所示。

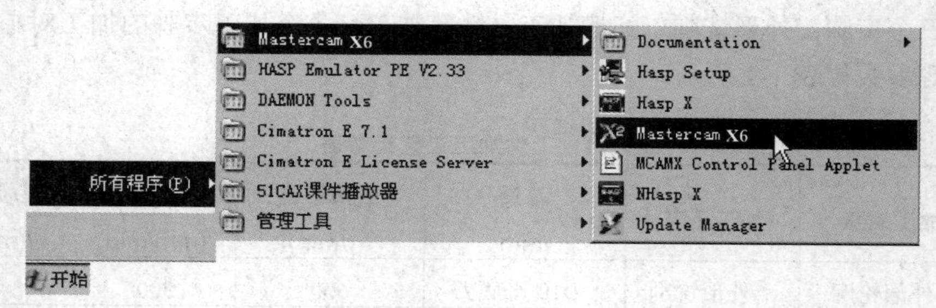

图 1-26

2. 新建文件并保存

(1) 新建文件。首次启动 Mastercam 软件即进入设计模块，选择【文件】|【新建】命令，新建一个绘图文档，便可以开始构建图形。也可以单击【新建文件】按钮，新建一个绘图文档。

(2) 保存文件。选择【文件】|【保存】命令，弹出如图 1-27 所示的【另存为】对话框，选择要保存的文件路径后，在【文件名】文本框中输入名称 T1.MCX，单击按钮确定。

在绘图和数控加工过程中，要养成随时保存的习惯。使用 Alt+A 快捷键，系统会弹出【自动存档】对话框，如图 1-28 所示，用户可以进行自动存档的设置。

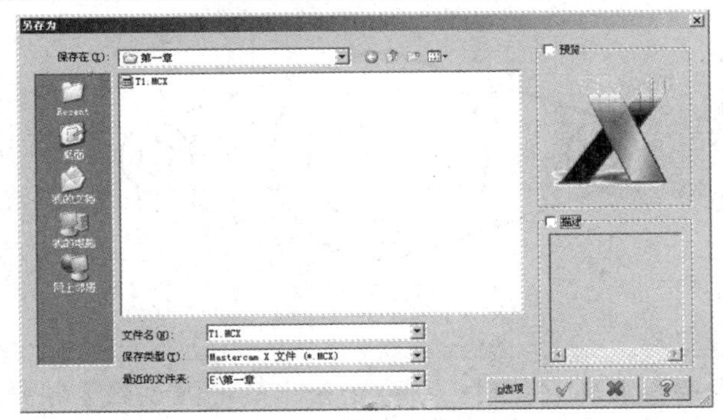

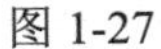

图 1-27

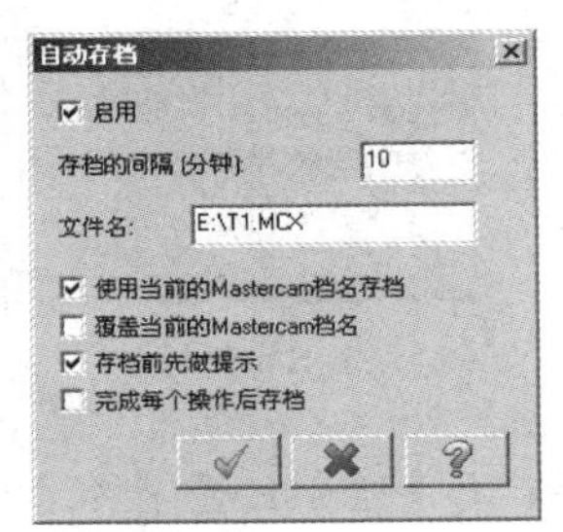

图 1-28

3. 设置工作环境

在状态栏中，设置为 2D 状态，屏幕视角为“俯视图”，Z 值为 0，图素颜色为“黑色”，层别为 1，线型为“实线”，宽度为从最细到粗的第二个线宽，如图 1-29 所示。

图 1-29

4. 绘制基本圆弧

单击【圆心+点生成圆】按钮，在坐标栏 X 0.0 Y 0.0 Z 0.0 中输入(0,0,0)，以原点作为圆心，在 10.0 20.0 文本框中输入半径值为 10，单击【应用】按钮；同理，在(0,0,0)点绘制半径为 15 的整圆，单击【确定】按钮。

用同样的方法，分别在点(－31.2,0,0)和(31.2,0,0)处，各绘制 ø5、*R*5 的两个整圆，如图 1-30 所示。

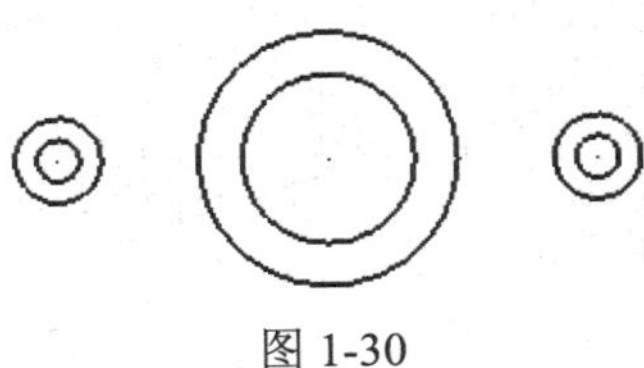

图 1-30

5. 绘制圆弧切线

(1) 自动抓点设置：在绘图区内右击，在弹出的快捷菜单中选择【自动抓点】命令，系统弹出【光标自动抓点设置】对话框，只选中【相切】复选框，如图 1-31 所示，单击按钮。

(2) 绘制切线：单击【绘制任意直线】按钮，在绘图区内选择需要生成切线的两个整圆，生成所需的切线，如图 1-32 所示。

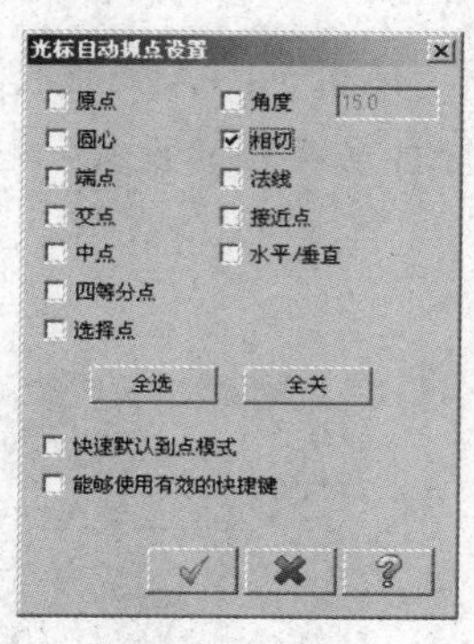

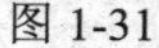

图 1-31

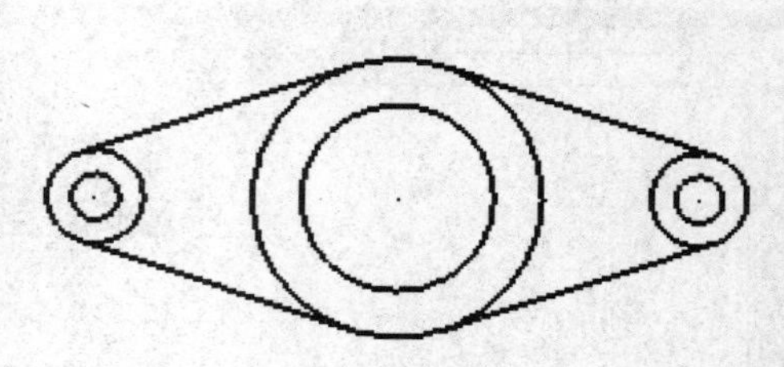

图 1-32

采用【绘制任意直线】命令绘制圆弧切线时，该命令条中的【切线】按钮必须处于按下状态，即切线功能被激活。

6. 修剪编辑

(1) 自动抓点设置：在绘图区内右击，在弹出的快捷菜单中选择【自动抓点】命令，系统弹出【光标自动抓点设置】对话框，只选中【端点】复选框，如图 1-33 所示，单击按钮确定。

(2) 打断：单击【两点打断】按钮，在绘图区内，先选择需要打断的整圆，再选择切线的端点作为打断点，将整圆在切点处打断。

(3) 删除：最后单击【删除图素】按钮，选择多余的圆弧，单击工具栏中的按钮确定。此时生成的图形文件如图 1-34 所示。

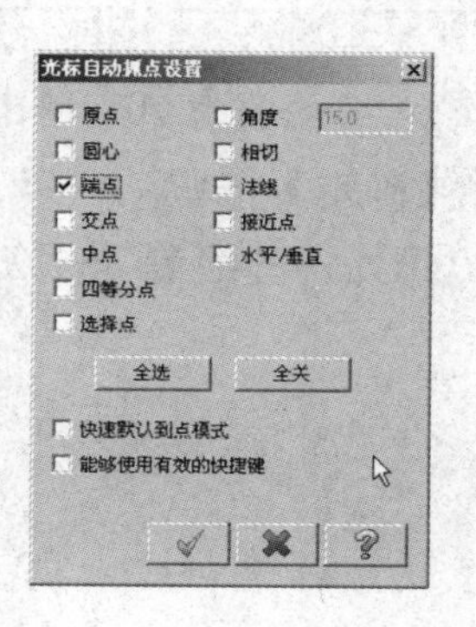

图 1-33

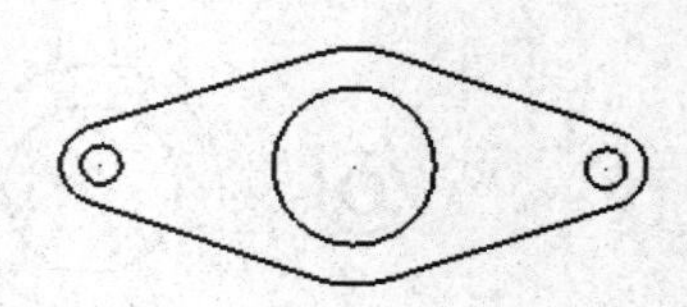

图 1-34

7. 尺寸标注

(1) 标注设置。选择【绘图】|【尺寸标注】|【选项】命令，在系统弹出的【绘图选项】对话框中选择【标注尺寸设置】选项卡，设置【小数位数】为 1，如图 1-35 所示；选择【标

注文本设置】选项卡，设置【字体高度】为 3，如图 1-36 所示。

图 1-35

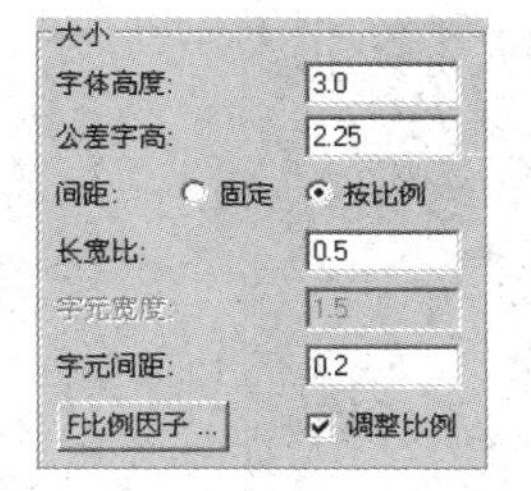

图 1-36

(2) 尺寸标注。选择【绘图】|【尺寸标注】|【标注尺寸】|【水平标注】命令，在绘图区内选择水平线段的起点和终点，即可标注一段线段的水平长度。

同理，进行垂直标注和圆弧标注。标注结束后的图形如图 1-37 所示。

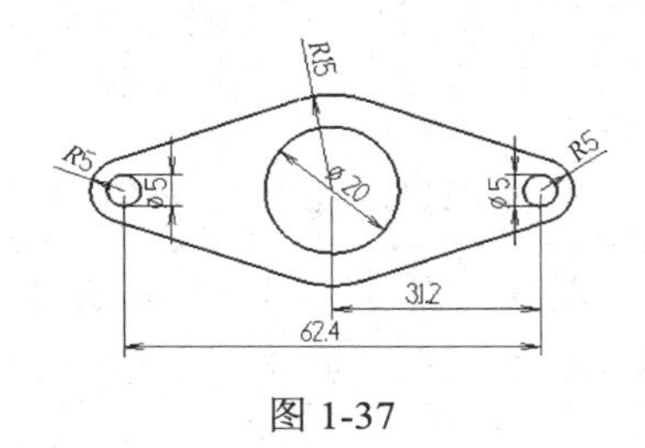

图 1-37

1.5.3 数控加工编程

在绘图区内创建好图形或者打开 T1.MCX 文件，如图 1-37 所示，然后就可以进入数控加工编程环节。

1. 选择加工类型

选择【机床类型】|【铣削系统】|【默认】命令，进入铣削加工模块，此时绘图区左侧【操作管理器】中的【刀具路径】选项卡已打开，并出现了相应的机床群组，方便加工参数的设置和更改，如图 1-38 所示。

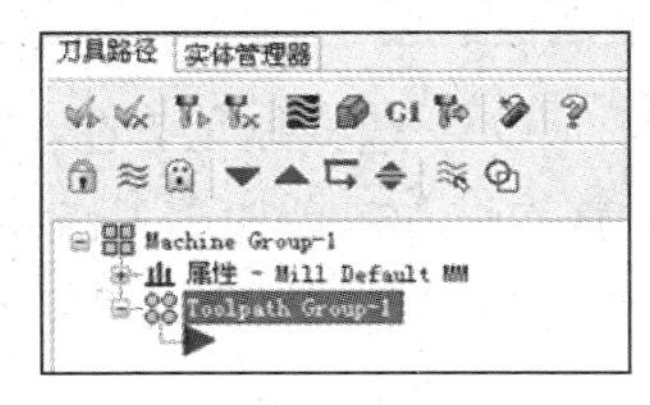

图 1-38

2. 属性设置

在操作管理器中，双击【刀具路径】选项卡中【属性】下的【材料设置】选项，系统打开【机器群组属性】对话框，单击 边界盒(B) 按钮，系统打开【边界盒选项】对话框。选择【所有图素】复选框，【型式】为“矩形”，【延伸量】中 X 向为 2，Y 向为 2，Z 向为 20，如图 1-39 所示，单击 ✓ 按钮确定。

系统返回【机器群组属性】对话框，根据文本框中已有的数值，调整毛坯大小，X 向为 80，

Y 向为 40，Z 向为 20，设置加工坐标系原点为(0,0,0)，如图 1-40 所示，单击 按钮确定。

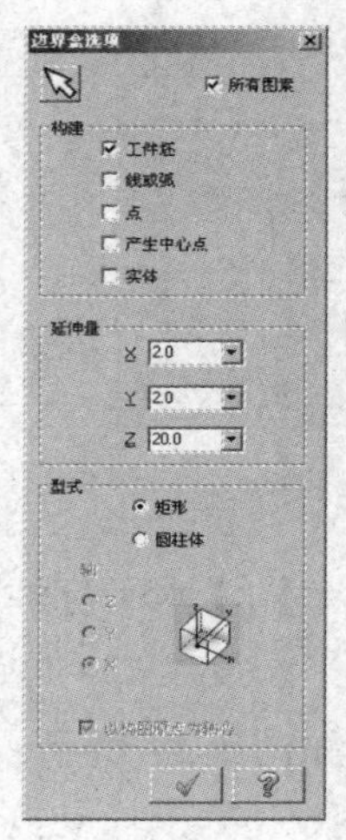

图 1-39

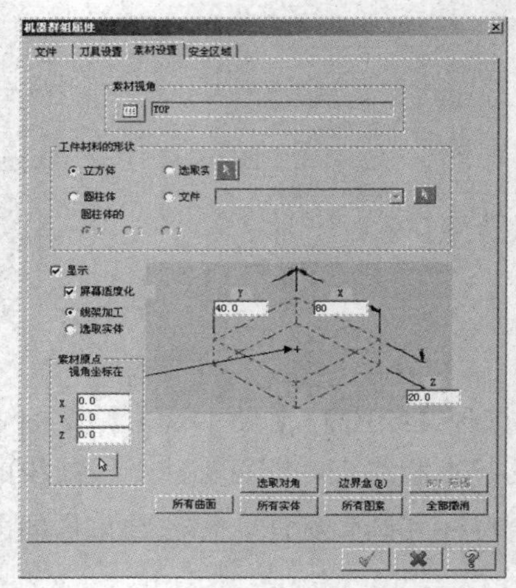

图 1-40

此时，在绘图区内出现一个虚线框以表示毛坯，如图 1-41 所示。

操作管理器中【属性】下的【文件】、【工具设置】和【安全区域】几个选项暂时不设置，可以根据零件大小、加工工艺、机床功能等，在不同的加工工步中进行设置。

3. 生成刀路—外形切削

生成刀路是数控加工的核心部分，通常包含选择加工工艺、选择加工对象、设置刀具和设置加工参数等几个部分。

如表 1-2 所示为生成外形切削的刀具路径的加工工艺参数。

表 1-2　生成外形切削的刀具路径的加工工艺参数

加 工 对 象	加 工 工 艺	刀具/mm	主轴转速/(r/min)	进给/(mm/min)	进/退刀速度/(mm/min)
外 部 轮 廓	外形铣削	ø10 平底刀	600	300	100

(1) 选择加工工艺。选择【刀具路径】|【外形铣削】命令，进入外形切削加工系统。首次进入数控加工工作环境，系统自动打开【输入新 NC 名称】对话框，在文本框中输入要命名的名字 T1，如图 1-42 所示，单击 按钮确定。

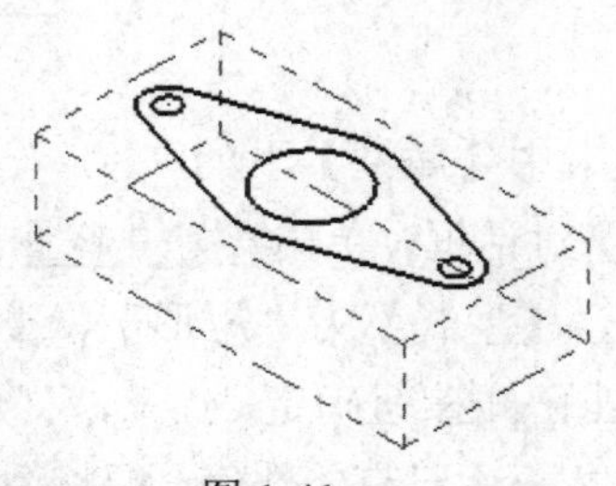

图 1-41

图 1-42

(2) 选择加工对象。系统弹出【转换参数】对话框，选择 2D 单选按钮，在下拉列表中选择【外+相交】，如图 1-43 所示；在绘图区内选择图形的外轮廓，选择时箭头方向为逆时针，如图 1-44 所示，单击 ✓ 按钮确定。

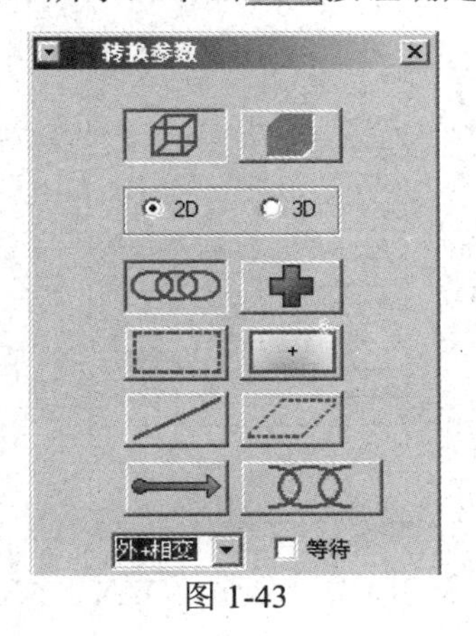

图 1-43

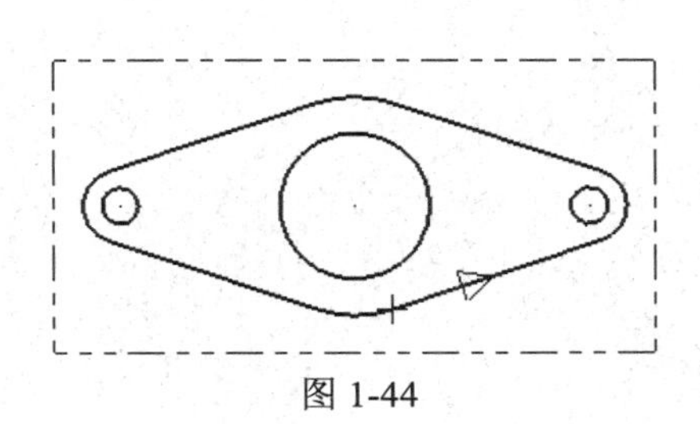
图 1-44

(3) 新建刀具。系统弹出【外形】对话框，在左侧的空白区域外右击，在弹出的快捷菜单中选择【创建新刀具】命令，如图 1-45 所示。

在【定义刀具】对话框的【刀具型式】选项卡中选择“平底铣刀”，如图 1-46 所示。

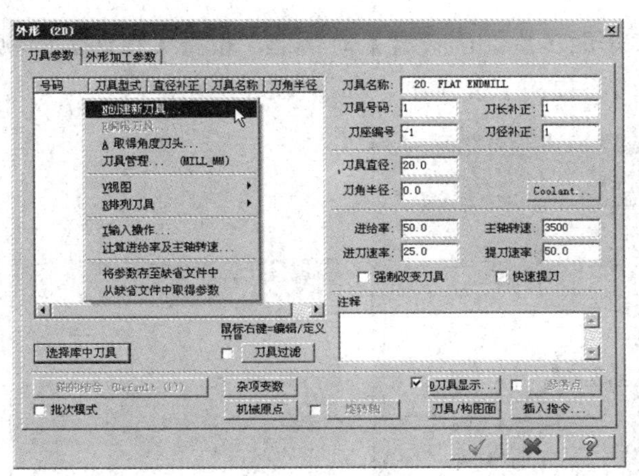

图 1-45

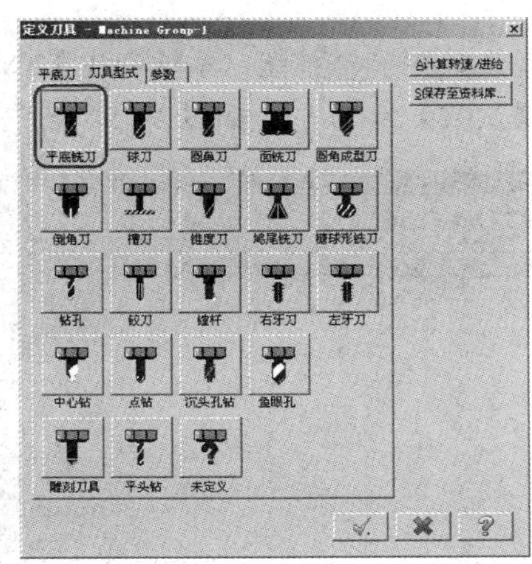

图 1-46

在【平底刀】选项卡中，设置【刀具号】、【刀座编号】均为 1，【刀柄直径】为 10，如图 1-47 所示。

在【参数】选项卡中，设置 XY 与 Z 向的粗铣步进均为 2，精修步进均为 0.5；【主轴转速】为 600(r/min)，【进给率】为 300(mm/min)，下刀和退刀速率均为 100(mm/min)，如图 1-48 所示，单击 ✓ 按钮确定。

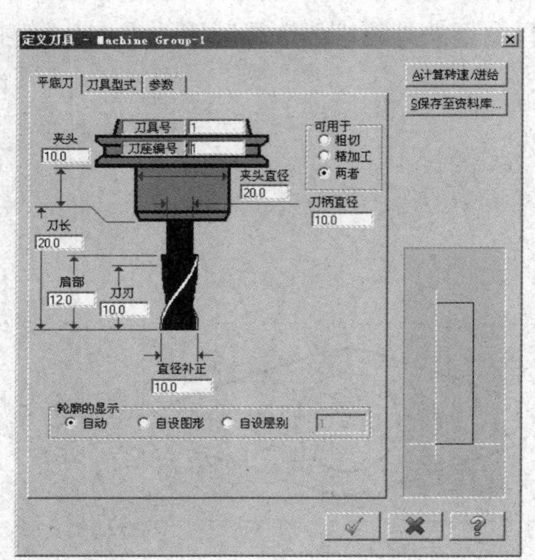

图 1-47

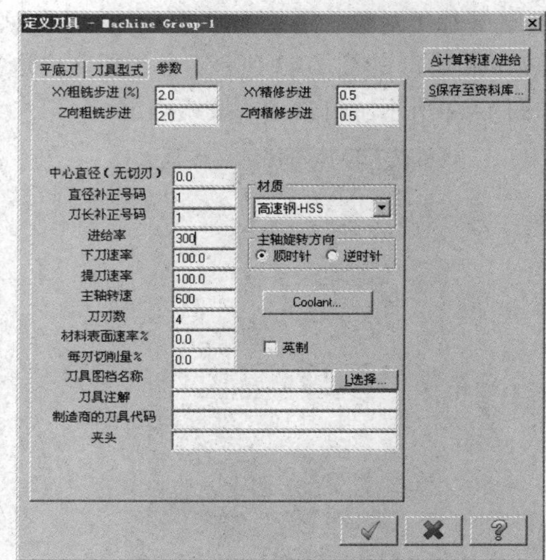

图 1-48

如图 1-49 所示为按照上述要求定义好的 ø10 平底铣刀的参数。

(4) 设置加工参数。选择【外形】对话框中的【外形加工参数】选项卡，完成以下操作。

单击 平面多次铣削 按钮，系统打开【XY 平面多次切削设置】对话框，设置【粗切】选项组中的【次数】为 3，【间距】为 5，选中【不提刀】复选框，如图 1-50 所示。

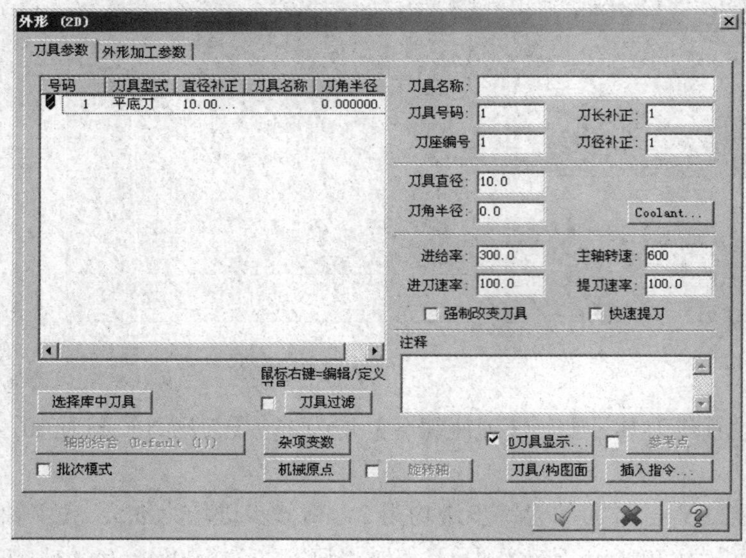

图 1-49

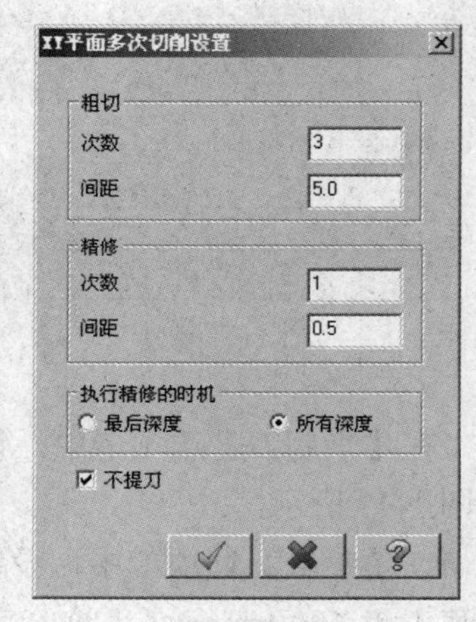

图 1-50

选择【不提刀】单选按钮，刀具在两个相邻加工层之间不提刀，直接至安全高度或参考高度，可以减少提刀和进刀的时间，提高加工效率。

单击 Z轴分层铣削 按钮，打开【深度分层切削设置】对话框，设置【最大粗切步进量】为 2，【精修次数】为 1，【精修量】为 0.5，选中【不提刀】复选框，如图 1-51 所示，单击 ✓ 按钮确定。

系统返回【外形加工参数】选项卡，设置以下参数。

- 【安全高度】为 50，选中“只有在开始及结束的操作才使用安全高度”复选框。
- 【深度】为 – 20，即工件的整体厚度。
- 【补正方向】为“右”，是在选择加工轮廓的方向为逆时针的情况下。

如图 1-52 所示为参数设置的结果，单击 ✓ 按钮确定。

如图 1-53 所示为生成的外形切削的刀具路径。

如图 1-54 所示为外形切削加工实体的仿真模拟结果。

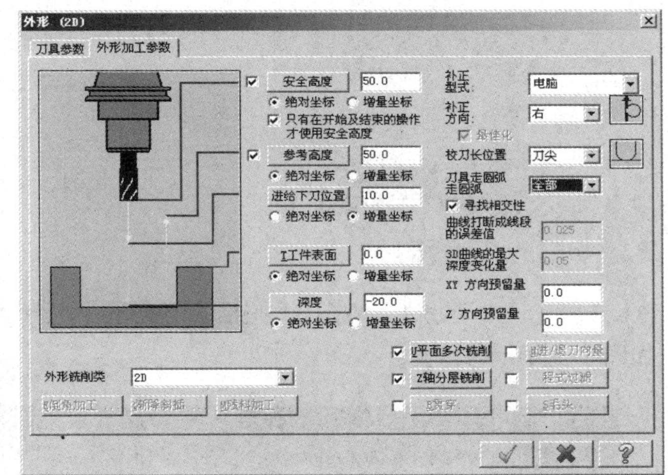

图 1-51　　图 1-52

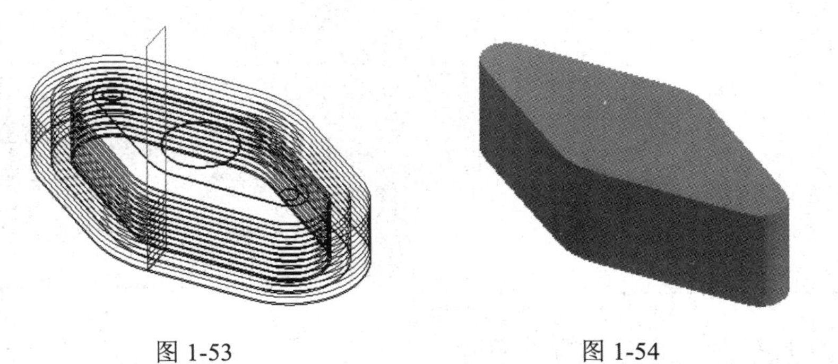

图 1-53　　图 1-54

4. 生成刀路—挖槽

如表 1-3 所示为挖槽的加工工艺参数。

表 1-3　挖槽的加工工艺参数

加 工 对 象	加 工 工 艺	刀具/mm	主轴转速/(r/min)	进给/(mm/min)	进退刀速度/(mm/min)
中 心 槽	挖槽	ø10 平底刀	600	300	100

(1) 选择加工工艺。选择【刀具路径】|【挖槽】命令，系统进入挖槽加工系统。

(2) 选择加工对象。系统自动打开【转换参数】对话框，如图 1-55 所示，选择 2D 单选按钮，单击【区域】按钮，在绘图区中 ø20 的中心圆内单击，选择加工区域，如图 1-56 所示，单击按钮确定。

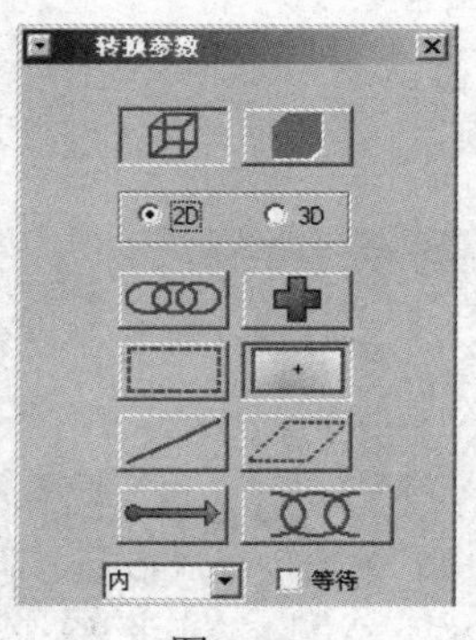

图 1-55

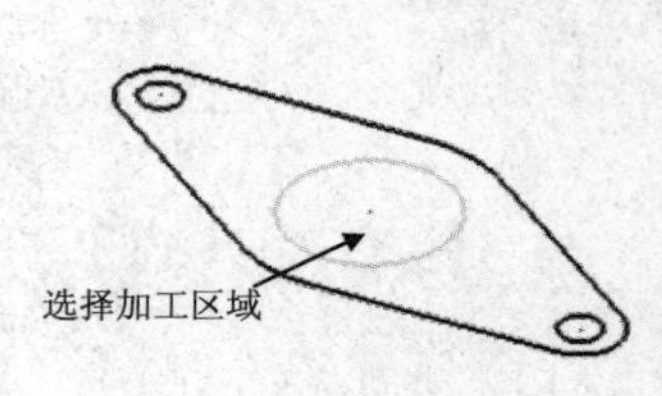

图 1-56

(3) 选择刀具。系统自动打开【挖槽】对话框，选择“外形切削”中创建的 ø10 平底刀，如图 1-57 所示。

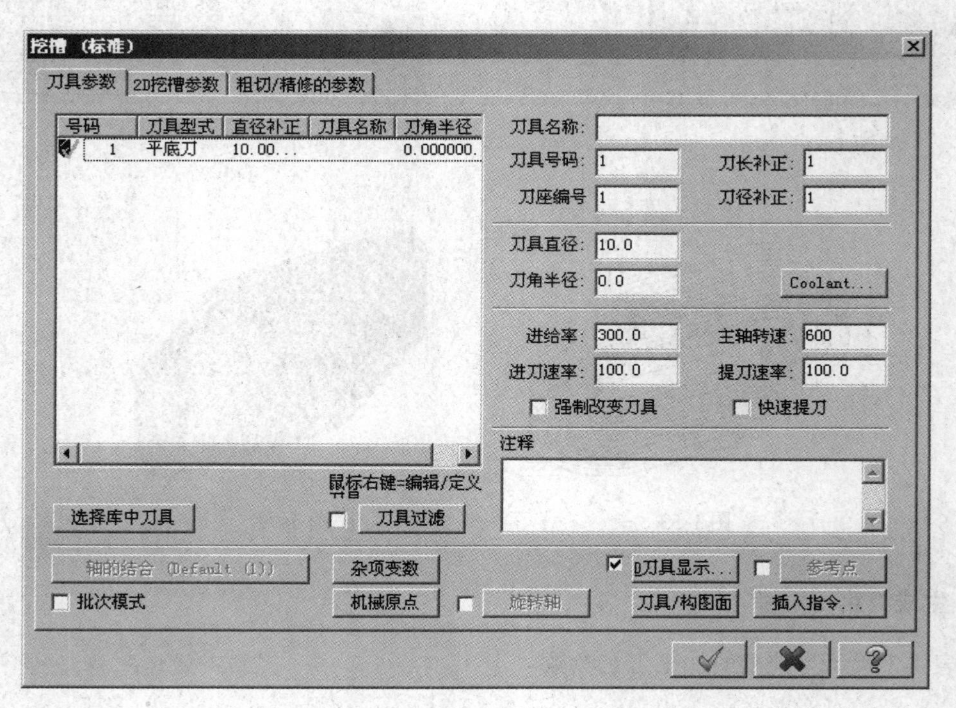

图 1-57

为了减少换刀次数，提高加工效率，在满足加工要求的情况下，应尽量减少加工刀具的个数，或者将使用相同刀具的加工工艺安排在相连的次序进行加工。故挖槽加工时使用外形切削中创建的 ø10 平底刀。

(4) 设置加工参数。选择【挖槽】对话框中的【2D 挖槽参数】选项卡，设置【深度】为 - 10,【刀具走圆弧】为“全部”，如图 1-58 所示。

单击 E分层铣深 按钮，打开【深度分层切削设置】对话框，设置【最大粗切深度】为 3，【精修次数】为 1，【精修量】为 1，选择【不提刀】复选框，如图 1-59 所示。

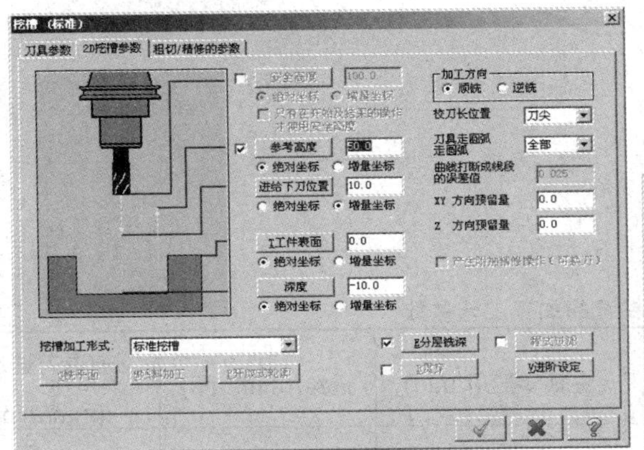

图 1-58

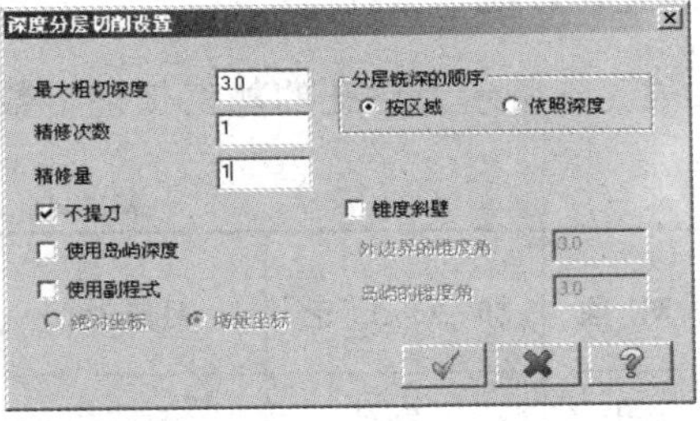

图 1-59

单击 ✓ 按钮后，返回至【挖槽】对话框，选择【粗切/精修的参数】选项卡中的【平行环切】，设置【切削间距(距离)】为 5，选择【由内而外环切】复选框，如图 1-60 所示。

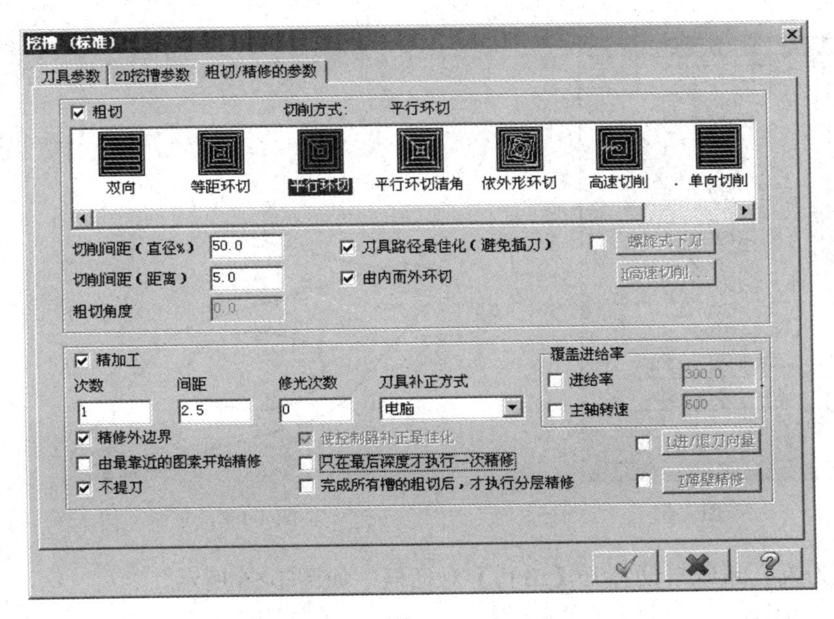

图 1-60

单击  按钮确定，生成挖槽加工的刀具路径，如图 1-61 所示。

如图 1-62 所示为挖槽加工实体的仿真模拟结果。

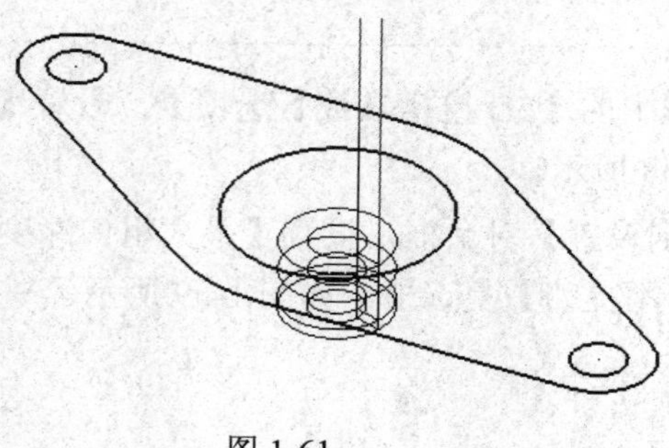

图 1-61

图 1-62

5. 生成刀路—钻孔

如表 1-4 所示为钻孔的加工工艺参数。

表 1-4　钻孔的加工工艺参数

加 工 对 象	加 工 工 艺	刀具/mm	主轴转速/(r/min)	进给/(mm/min)	进/退刀速度 /(mm/min)
两个孔	钻孔	ø5 钻孔刀	200	100	100

(1) 选择加工工艺。选择【刀具路径】|【钻孔】命令，系统进入钻孔加工系统。

(2) 选择加工对象。系统自动打开【选取钻孔的点】对话框，如图 1-63 所示，在绘图区内选择两个圆心作为钻孔点，如图 1-64 所示，单击  按钮确定。

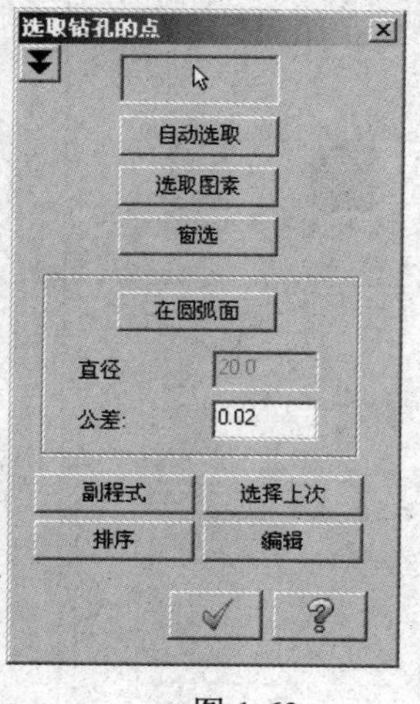

图 1-63

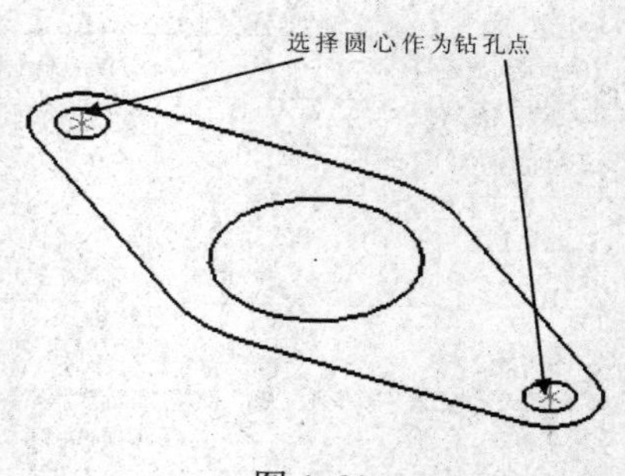

图 1-64

(3) 选择刀具。系统自动打开【钻孔】对话框，如图 1-65 所示。

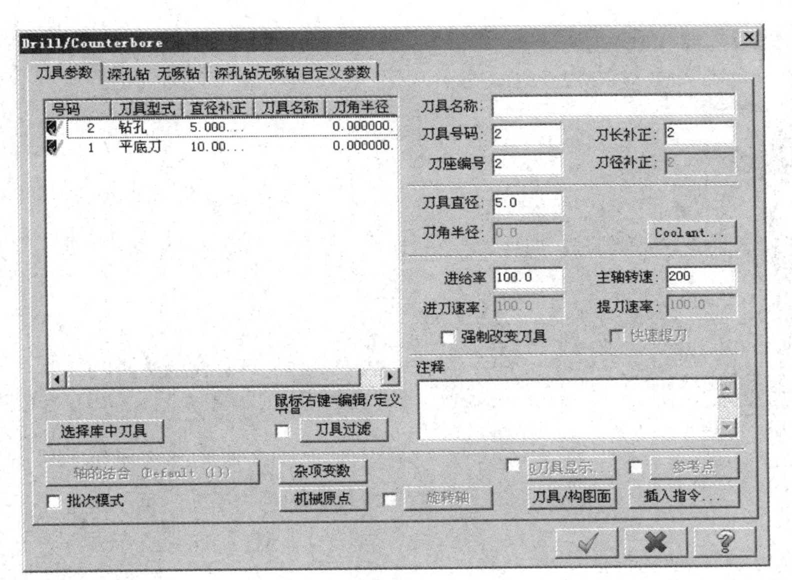

图 1-65

创建一把钻孔刀。【刀具号】为 2，【直径补正】为 5，如图 1-66 所示；【主轴转速】为"200"，【进给率】和【下(提)刀速率】均为 100，如图 1-67 所示。

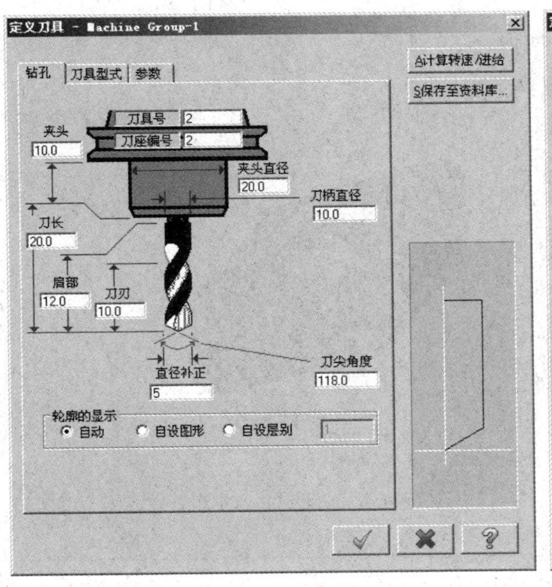

图 1-66

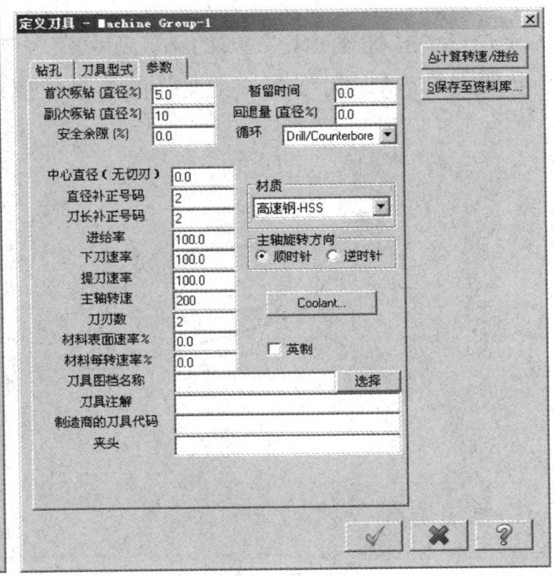

图 1-67

钻孔的刀具半径取决于孔的直径，通常钻刀直径等于或略小于孔的直径。

(4) 设置加工参数。选择【钻孔】对话框中的【深孔钻无啄钻】选项卡，设置【安全高度】为 50，【深度】为 -5，如图 1-68 所示。

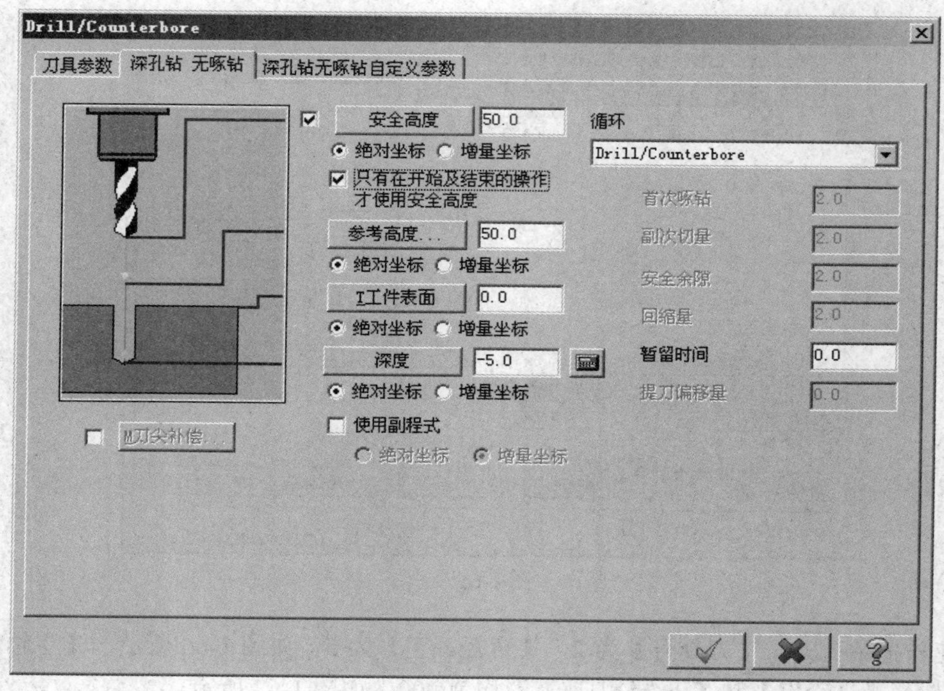

图 1-68

单击[✓]按钮确定，生成的钻孔刀具路径如图 1-69 所示。

如图 1-70 所示为钻孔加工实体的仿真模拟结果。

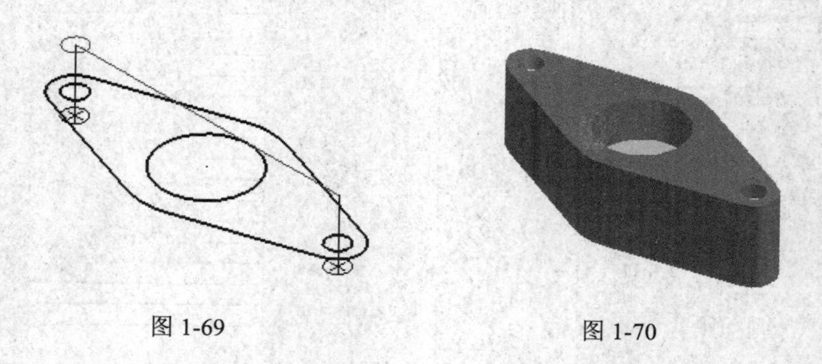

图 1-69　　图 1-70

6. 加工仿真

如图 1-71 所示，【操作管理器】中的图标都处于激活状态。可以在选择对应的操作后，单击≋按钮进行显示或隐藏刀具路径的操作。

(1) 单击【选择全部操作】按钮，再单击【重新计算已选择】按钮，生成全部刀具路径，如图 1-72 所示。

(2) 单击【验证已选择的操作】按钮，系统打开【实体切削验证】对话框，如图 1-73 所示。同时，绘图区出现毛坯实体，如图 1-74 所示。

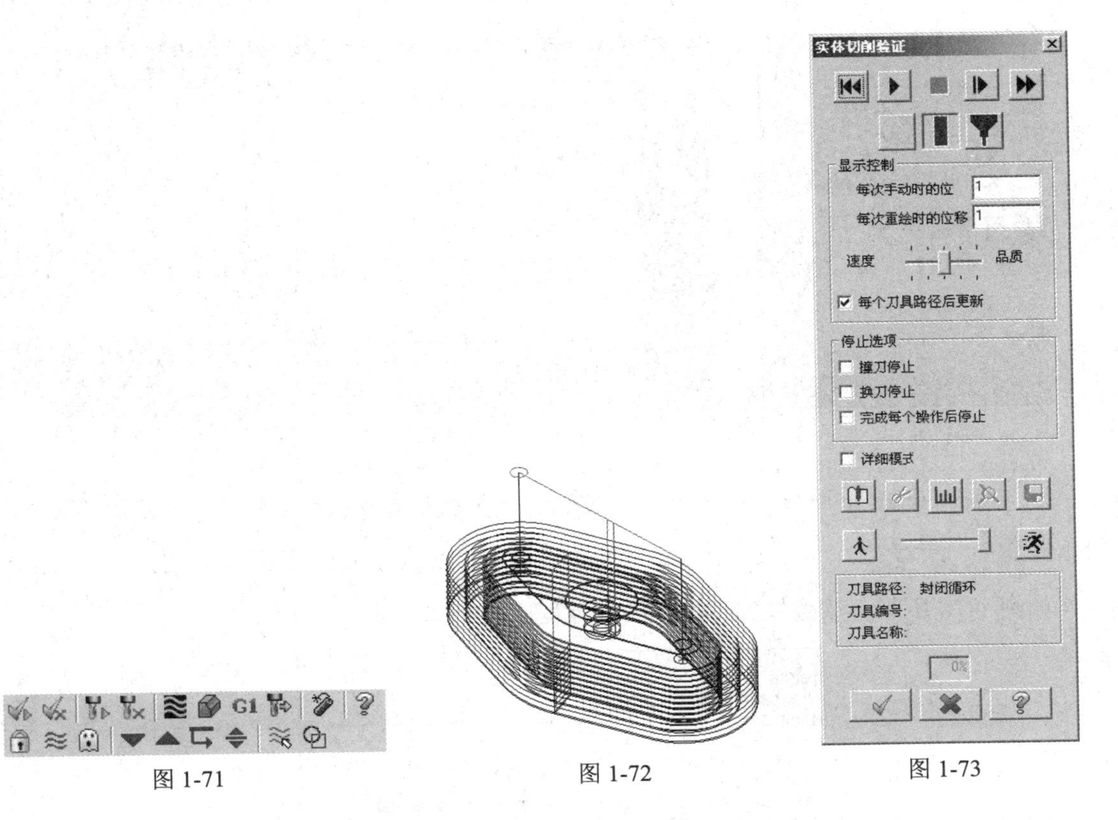

图 1-71

图 1-72

图 1-73

(3) 单击【开始】按钮，刀具将按照通过设置参数产生的刀具路径进行模拟实际加工，将毛坯加工成工件，如图 1-75 所示。

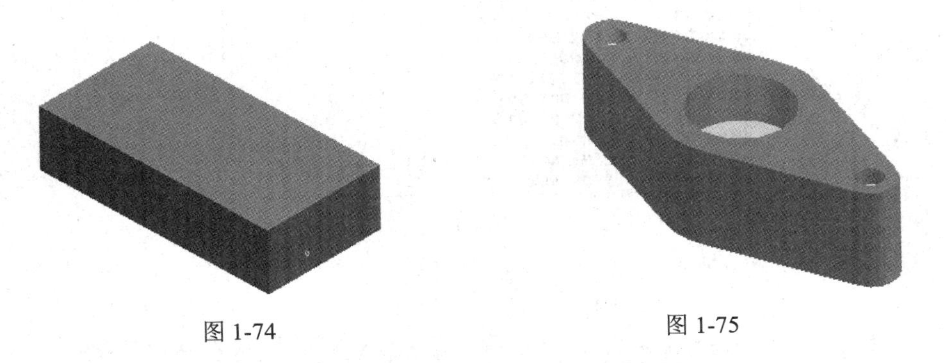

图 1-74

图 1-75

7. 后处理

(1) 单击【后处理已选择的操作】按钮，系统自动打开【后处理程序】对话框，如图 1-76 所示。

(2) 单击按钮确定，系统自动打开【另存为】对话框，如图 1-77 所示。选择后处理文件要保存的路径后，单击按钮确定。

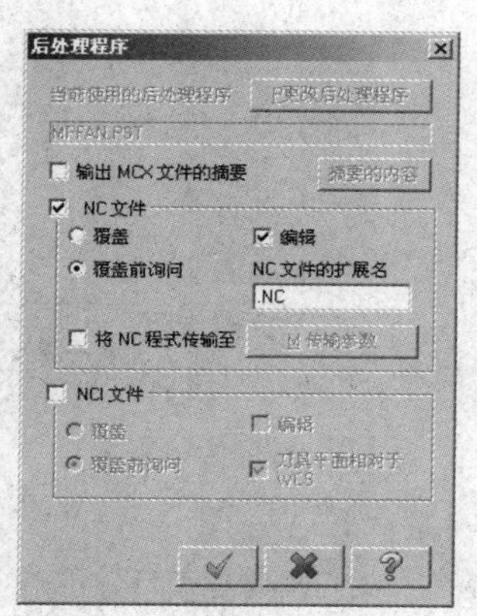

图 1-76

图 1-77

Mastercam 中图形文件的后缀为 MCX，数控编程后产生的 NC 文件的后缀名为 NC，在保存时应注意。

如图 1-78 所示为该数控加工产生的数控程序的一部分。

```
%
O0000
(PROGRAM NAME -  T1 )
N100 G21
N102 G0 G17 G40 G49 G80 G90
( TOOL - 1  DIA. OFF. - 1  LEN. - 1  DIA. - 10. )
N104 T1 M6
N106 G0 G90 G54 X9.776 Y-28.891 A0. S600 M3
N108 G43 H1 Z30.
N110 Z10.
N112 G1 Z-1.95 F100.
N114 X37.771 Y-19.419 F300.
N116 G3 X51.7 Y0. R20.501
N118 X37.771 Y19.419 R20.5
N120 G1 X9.776 Y28.891
N122 G3 X-9.776 R30.5
N124 G1 X-37.771 Y19.419
N126 G3 Y-19.419 R20.501
N128 G1 X-9.776 Y-28.891
N130 G3 X9.776 R30.5
N132 G1 X8.173 Y-24.155
N134 X36.168 Y-14.682
```

图 1-78

1.6 Mastercam X6 的系统配置与环境配置

1.6.1 系统配置

对于一般操作，采用默认参数即可。但有时需要改变系统的某些设置以满足某种需要，例如，用户可以更改绘图区的背景颜色、系统默认的长度单位以及实体颜色等。

选择【设置】|【系统配置】命令，打开【系统配置】对话框。该对话框由多个选项卡组

成，可以对 Mastercam X6 进行各方面的参数设置，如图 1-79 所示。

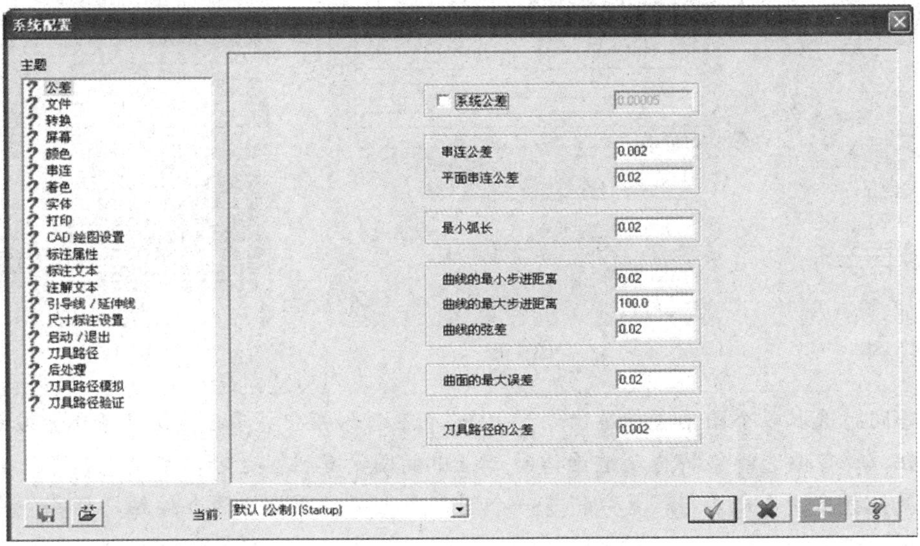

图 1-79

通过选择不同的选项卡，可对以下内容进行设置：公差、文件、转换、屏幕、颜色、串连、着色、实体、打印、CAD 绘图设置、标注属性、引导线/延伸线、尺寸标注设置、标注文本、注解文本、启动/退出、刀具路径、后处理、刀具路径模拟和刀具路径验证等。

1.6.2　图素属性

1. 绘制前设置图素属性

绘制图形前，可以在窗口下方的状态栏中设置 2D/3D 状态、屏幕视角、图素颜色、图形层别、线条宽度和线型等图素参数，以后绘制的图素将采用这些参数。

2. 变更已绘制图素属性

选择【分析】|【图素属性】命令，系统弹出【线(圆弧)的属性】对话框，如图 1-80 所示，在绘图区内选择要变更属性的图素。

- 几何尺寸：可以改变对应文本框中的数值来改变图素的长度、直径等几何属性。
- 线条型式和宽度：单击按钮，在下拉列表中选择所需的线条类型和宽度。
- 选取图层：在后的文本框中输入图层号，可将所选图素转换到指定的图层。或者单击按钮，系统弹出【层别】对话框，如图 1-81 所示，设置新的图层。
- 选取颜色：在后的文本框中输入颜色号码可改变图素颜色。或者单击按钮，系统弹出【颜色】对话框，单击所需的颜色，如图 1-82 所示，单击按钮确定。

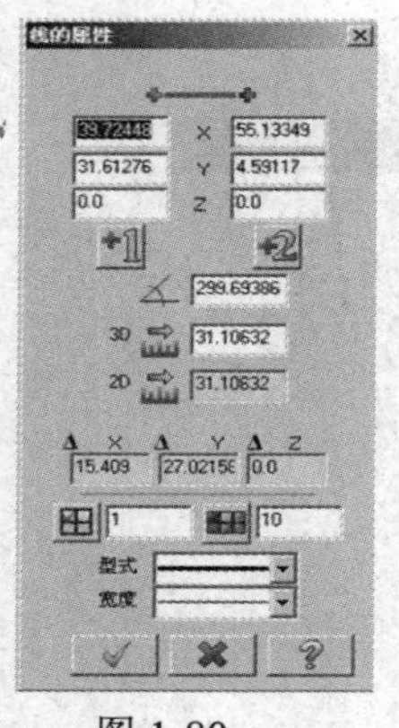

图 1-80

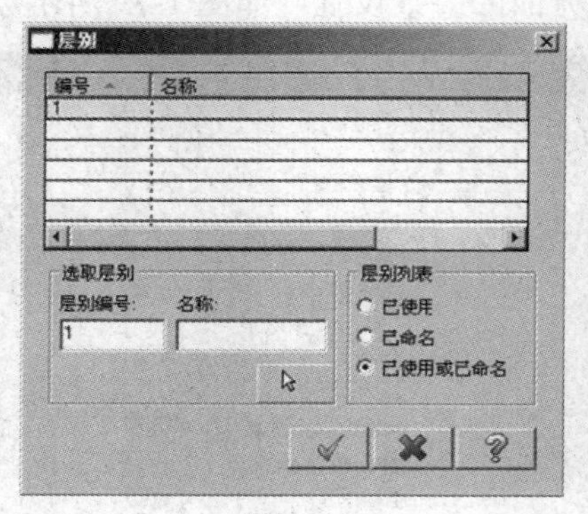

图 1-81

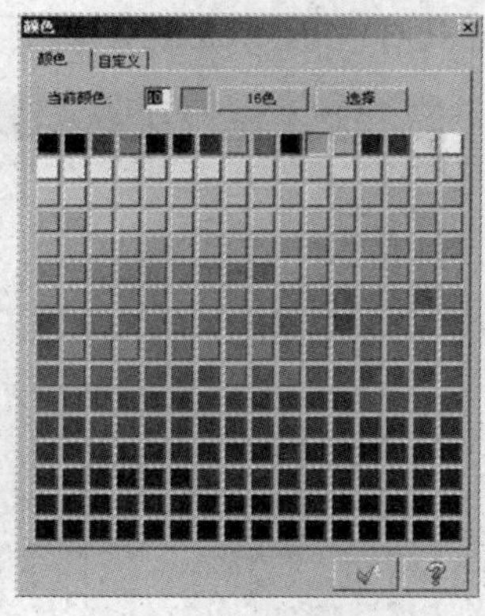

图 1-82

若同时选取多个图素进行属性设置，【属性】对话框中将多出【继承】按钮，单击该按钮，所有被选对象将自动继承该对话框中的图素属性。也可以单击【分析上一个图素属性并变更】或者【分析下一个图素属性并变更】这两个按钮，在多个被选图素间进行切换。

1.6.3 栅格设置

栅格是一种矩阵参考点，好比手工画图时使用的坐标纸，使得光标可以捕捉到每一点，从而更加精确地绘制草图。栅格在打印时不会显示。

选择【屏幕】|【栅格参数】命令，系统弹出【栅格参数】对话框，如图 1-83 所示，可在对话框内进行参数设置。

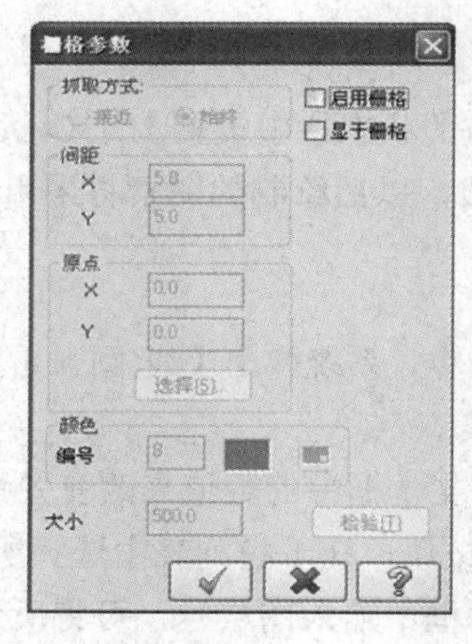

图 1-83

在该对话框中，选择【始终】单选按钮，则表示在绘图过程中，当系统提示指定点时，能够选择这些栅格点的位置；若选择【接近】单选按钮，则表示也可以选择栅格点与栅格点中间的位置。

1.6.4　坐标系原点的设置

Mastercam 中的坐标原点有系统原点、绘图原点和刀具原点三种，这三个原点在系统初始状态下是重合的。

> 初始状态下，Mastercam 中的坐标系是不显示的，用户可以通过快捷键 Alt+F9 显示所有坐标系，通过快捷键 F9 进行坐标轴的显示/关闭切换。

- 系统原点：原始坐标系的原点，该点是固定不变的。
- 绘图原点：工作坐标系的原点，绘图时用户可以指定一点作为绘图原点，如图 1-84 所示。
- 刀具原点：机床坐标系的原点，数控加工时，用户可以指定一点作为刀具路径的原点。

设置绘图原点的方法如下。

(1) 选择【状态栏】| WCS |【打开视角管理器】命令，如图 1-85 所示。

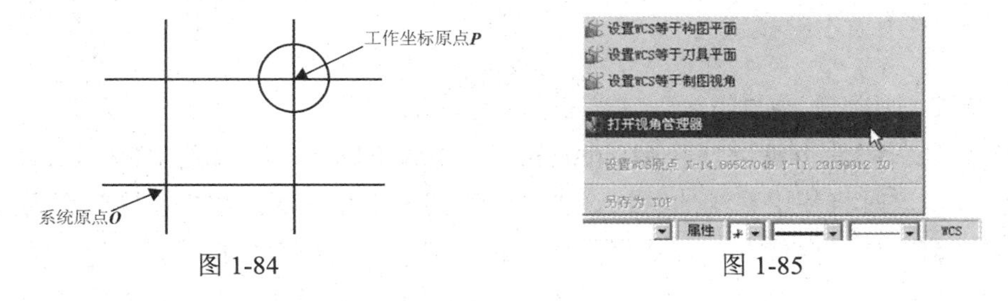

图 1-84　　图 1-85

(2) 系统自动打开【视角管理器】对话框，如图 1-86 所示，从左侧的 TOP、FRONT、BACK 和 BOTTOM 等视角中选择该原点相关联的视角。

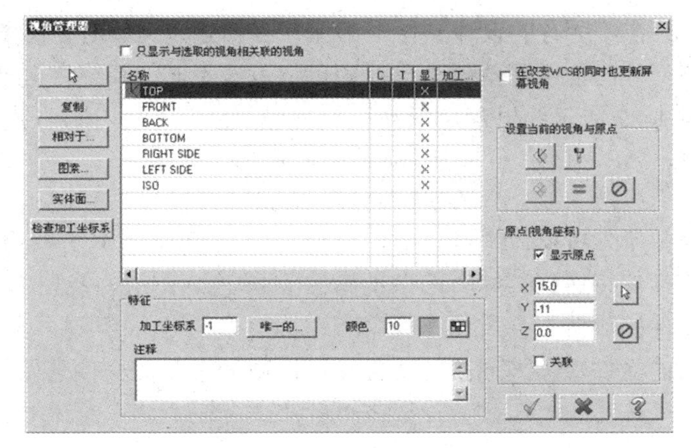

图 1-86

(3) 从右侧的【设置当前的视角与原点】选项组中选择一个方式，具体如下。

- ![icon]：将选择的视角设置成当前 WCS 的视角及原点。
- ![icon]：将选择的视角设置成刀具面的视角及原点。

- ：将选择的视角设置成构图面的视角及原点。
- ：将选择的视角设置成 WCS、刀具面和构图面的视角及原点。

(4) 单击【选取视角之原点】按钮，在绘图区选择点作为新坐标系的原点，单击按钮确定。

1.7 文件管理

1. 创建新文件

【新建文件】命令可以创建新文档或恢复到 Mastercam 的初始状态。此时，会清除绘图区的图形和所有历史操作命令以及图形数据，并返回所有的默认值。新建文件有两种方法。

- 选择【文件】|【新建文件】命令。
- 在工具栏中单击按钮。

2. 打开文件

利用【打开文件】命令可以打开 Mastercam 不同版本的文件，如后缀为.MCX、.MC9、.MC8 等的各类文件。这时将使用系统的默认设置，在绘图区中打开所选文件，同时也将关闭当前文件。如果当前文件没有保存，系统将弹出对话框提示是否保存当前文件。

> Mastercam X2 中新增了“最近的文件夹”文本框，用户可以选择经常打开的文件夹，以节省查找文件所用的时间。

在 Mastercam X6 中，所有的设计文件中都保存有创建该文件时使用的单位信息。在打开文件时，若创建该文件时使用的单位与当前的单位设置不同，系统将自动采用创建该文件时的单位并弹出如图 1-87 所示的提示对话框。

3. 合并文件

利用【合并文件】命令可以让用户将已创建的 MC9、MC8、MC7 或 GE3 文件插入至当前的文件中。插入的文件将保留其原有的全部属性(如颜色、图层、线型/线宽、群组等)，同时插入文件后当前文件的设置不会发生改变。

为了避免组合后的文件覆盖掉原来的文件，可以用一个新的文件名保存组合后的文件。

4. 编辑文件

【打开外部/编辑】命令实际是一个文本文件编辑器，可以编辑 Mastercam X6 中产生的文本文件和其他应用程序产生的文本文件。Mastercam 中内置了 PFE32 和 MCRDIT 两种文本编辑器，其使用类似于 Windows 系统的记事本和写字板。

5. 保存、另存和部分保存文件

利用【保存文件】命令可以将当前文件的所有几何对象、属性和操作保存在一个 MCX 文件中。利用【部分保存】命令可以保存当前文件中的部分几何对象，与它们关联的属性和群组也同时被保存下来。利用【另存文件】命令可以选择文件保存路径并更改文件名。

6. 数据交换

选择【文件】|【输入目录】命令，将弹出【输入目录】对话框，如图 1-88 所示。该命令可以将多种类型的文件读入 Mastercam 数据库中，将它们转换为 Mastercam 格式。而选择【文件】|【输出目录】命令可以将 Mastercam 文件输出为其他类型的文件。每次操作一般可以转换一个文件，但在有些情况下可以转换整个目录的文件。

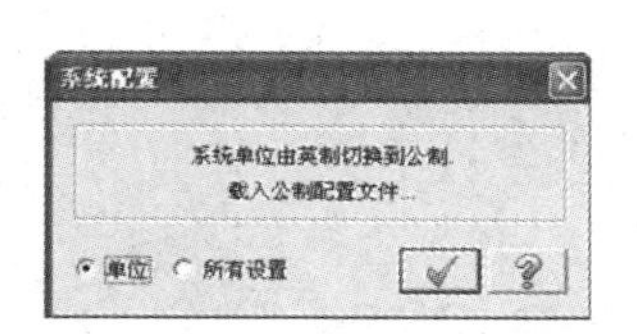

图 1-87

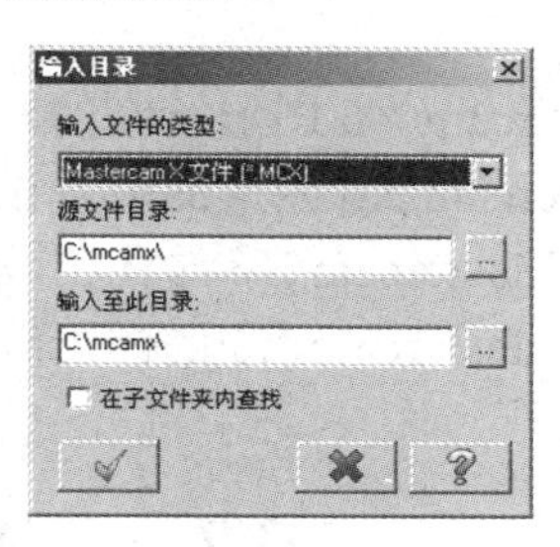

图 1-88

Mastercam X6 的文件后缀名为“.MCX”。Mastercam X6 可以打开 X、V9、V8 等所有 Mastercam 版本的文件，也可以读入 UG、Pro/E、AutoCAD 等常用 CAD/CAM 软件的图形文件，同时提供常用的 IGES、STEP 格式的数据转换。

1.8　本章小结

本章简要介绍了 Mastercam X6 的基本模块和新增功能，并介绍了软件的安装过程、运行环境、工作界面，还通过一个入门实例介绍了 Mastercam 从设计到加工的全过程，以此为基础详细讲解了系统环境的配置方法。

1.9　练　　习

1. 打开 Mastercam X6 界面，熟悉其工作环境及各个组成部分，能够制定个性化的用户界面。
2. 进行文档的新建、打开和保存操作练习。
3. 打开一个 Mastercam 文件，对它进行着色设置、改变参数等操作，并观察其结果。
4. 写出用 Mastercam 完成从设计到加工全过程的一般步骤。

第2章　Mastercam X6图形绘制

本章重点内容

本章主要介绍Mastercam X6的图形绘制部分，包括Mastercam X6的二维图形绘制、二维图形编辑、三维曲面造型和三维实体造型等。

本章学习目标

- ☑ 熟悉Mastercam X6图形绘制的一般方法
- ☑ 掌握Mastercam X6图形的编辑技巧
- ☑ 掌握利用Mastercam X6绘图工具充分表达设计思路
- ☑ 迅速突破Mastercam X6的图形绘制(CAD部分)

2.1　二维图形的绘制

二维图形包括点、直线、圆弧、矩形、椭圆、正多边形、图形文字、样条曲线、盘旋线、螺旋线、倒角和倒圆角等。下面介绍这些图形的绘制方法。

2.1.1　点

点是几何图形中最基本的图素，点的绘制功能通常用于辅助定位、曲面处理和曲线处理等。Mastercam X6系统提供了多种绘制点的方式，可以选择【绘图】|【选择点】命令，如图2-1所示；或单击工具栏中的按钮，如图2-2所示，按照所需选择绘点方式。

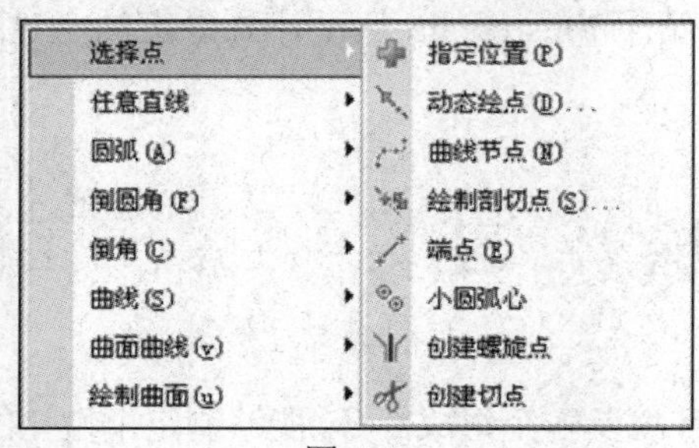

图2-1

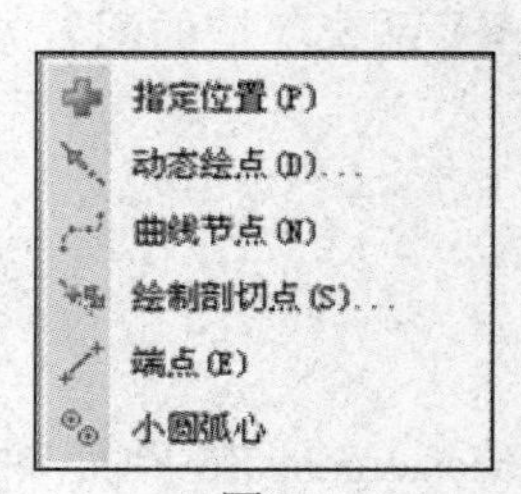

图2-2

1. 指定位置

【指定位置】命令可用于在某对象的各特征点处绘制一个点，也可通过单击绘图区或直接输入坐标值的方法绘制点。

【操作实例 2-1】指定位置点

(1) 选择【绘图】|【选择点】|【指定位置】命令，或者在工具栏中单击按钮。

(2) 在工具条输入框内分别输入 X、Y、Z 的坐标值，或者单击【快速定点】按钮，直接输入点的坐标值，如(10,20,0)，然后按 Enter 键。

(3) 在绘图区出现所需的点。

(4) 单击按钮结束任务。

2. 动态绘点

【操作实例 2-2】动态绘点

(1) 选择【绘图】|【选择点】|【动态绘点】命令，或者在工具栏中单击按钮，系统弹出如图 2-3 所示的工作条。

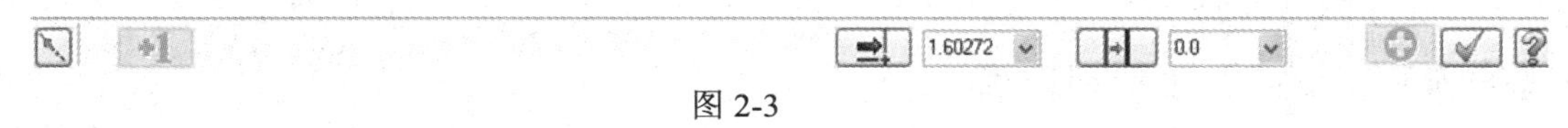

图 2-3

- ：在未创建下一个点前动态编辑该点。
- ：选定图素上离光标最近的端点(参考点)与光标所在位置间的距离。
- ：设置沿所选图素法向上所绘点与所选图素的距离。

(2) 完成一点绘制后，可以继续绘制下一个点，单击工作条上的按钮或按 Esc 键结束任务。如图 2-4 所示为在一圆曲线上创建了四个动态点。

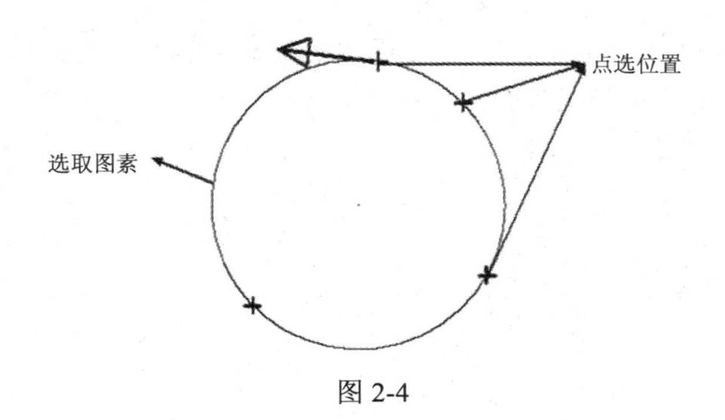

图 2-4

3. 曲线节点

该命令用于产生参数式曲线的节点，所选曲线必须为参数式。

【操作实例 2-3】曲线节点

(1) 选择【绘图】|【选择点】|【曲线节点】命令，或者在工具栏中单击按钮。

(2) 按照系统提示选取一条曲线。

(3) 系统自动在所选曲线的节点处绘制点(点可以在曲线上或者在曲线外)，如图 2-5 所示。

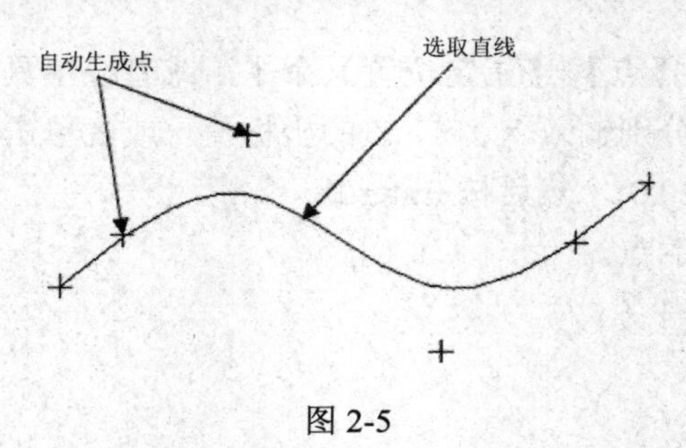

图 2-5

4. 绘制剖切点

该命令是在选定的直线或曲线上产生一系列等距离的点，系统提供了输入等分点间距或等分点数量两种方法来实现。

【操作实例 2-4】绘制剖切点

(1) 选择【绘图】|【选择点】|【绘制剖切点】命令，或者在工具栏中单击按钮。

(2) 在系统提示下选择一条曲线或直线，系统弹出如图 2-6 所示的工作条。

图 2-6

(3) 按照系统提示，输入数量、间距或选取新的图素，单击按钮，完成等分点绘制。如图 2-7 所示为设置数量为 4 的三等分点。

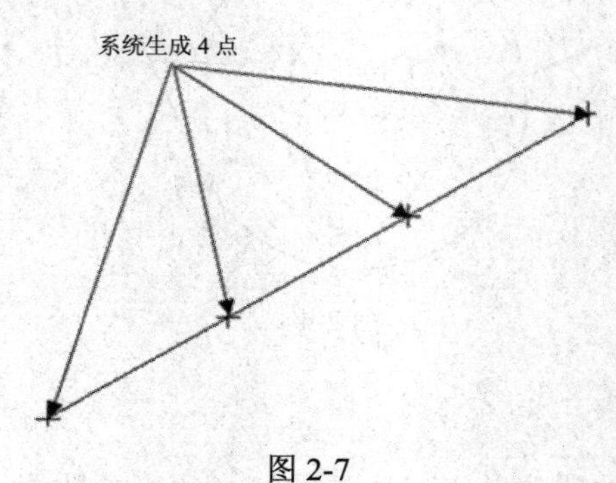

图 2-7

5. 端点

该命令用于在线段、圆、圆弧或曲线等几何图形的端点处自动绘制点。

【操作实例 2-5】端点

(1) 选择图素。

(2) 选择【绘图】|【选择点】|【端点】命令，或者单击工具栏中的按钮。

(3) 系统自动绘制出所选图素的端点。

6. 小圆弧心

该命令用于绘制等于指定半径值的圆弧曲线的圆心点。

【操作实例 2-6】小圆弧心

(1) 选择【绘图】|【选择点】|【小圆弧心】命令，或者单击工具栏中的按钮。

(2) 选取弧/圆，按 Enter 键完成。

(3) 系统自动在所选弧/圆的中心点处绘制点，如图 2-8 所示。

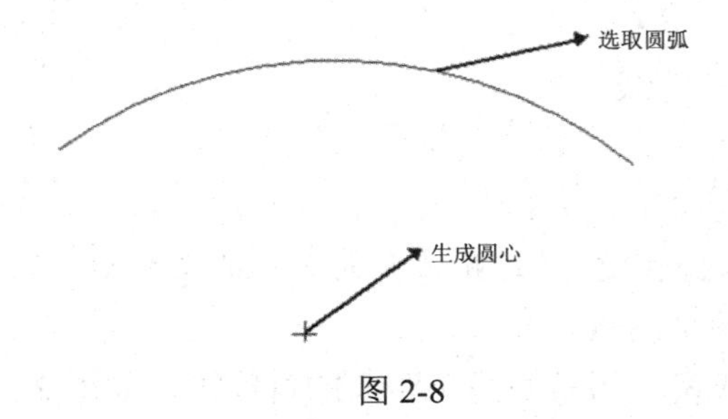

图 2-8

2.1.2 直线

直线是构建图形最常用的一种图素。选择【绘图】|【任意直线】命令或者单击工具栏中的按钮，即可绘制包括任意线、近距线、分角线、法线、平行线等各种类型的直线，如图 2-9 所示。

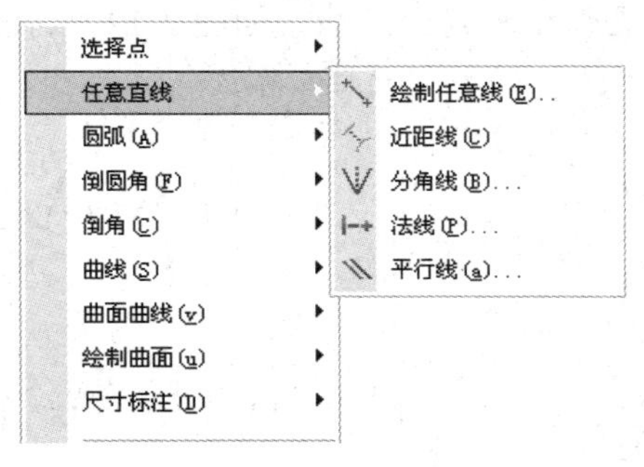

图 2-9

1. 绘制任意线

能够绘制水平线、垂直线、极坐标线、连续线及切线。选择【绘图】|【任意直线】|【绘制任意线】命令，或者单击工具栏中的按钮，出现如图 2-10 所示的绘制直线的工作条。

图 2-10

- 【编辑端点 1】：动态编辑第一点。
- 【编辑端点 2】：动态编辑第二点。
- 【画多段折线】：画连续的多段折线。
- 【长度】：设置线的长度。
- 【角度】：设置线的角度。
- ：设置为垂直线模式。
- ：设置为水平线模式。
- ：设置为切线模式。

2. 近距线

绘制两几何图形间最近的连线。

【操作实例 2-7】近距线

(1) 选择【绘图】|【任意直线】|【近距线】命令，或者单击工具栏中的按钮。

(2) 在系统提示下选择两个图素。

(3) 系统自动绘制出代表两个图素间最小距离的直线段，如图 2-11 所示。

3. 分角线

绘制两条交线的角平分线。

【操作实例 2-8】分角线

(1) 选择【绘图】|【任意直线】|【分角线】命令，或者单击工具栏中的按钮。

(2) 在系统提示下，选择同一平面内不平行的两条直线段。

(3) 在系统提示下，单击要保留的角平分线，如图 2-12 所示。

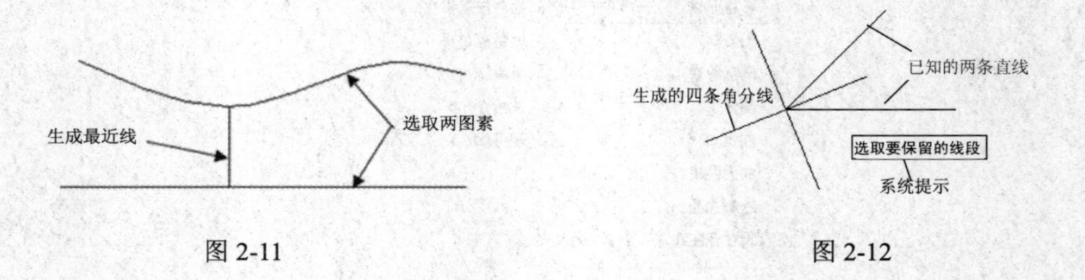

图 2-11　　图 2-12

4. 法线

绘制与已选直线、圆弧或曲线垂直的直线。

【操作实例 2-9】法线

(1) 选择【绘图】|【任意直线】|【法线】命令，或者单击工具栏中的⊢按钮。
(2) 在系统提示下，选择一个图素。
(3) 在系统提示下，选择一个点，则生成一条过该点的曲线的法线，如图 2-13 所示。

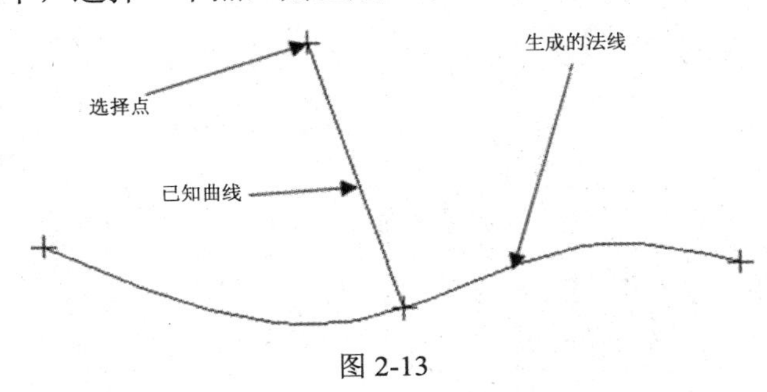

图 2-13

5. 平行线

绘制与已知线段平行的直线。

【操作实例 2-10】平行线

(1) 选择【绘图】|【任意直线】|【平行线】命令，或者单击工具栏中的⫽按钮。
(2) 在系统提示下，选择一条已知直线。
(3) 在系统提示下，选择一个点。
(4) 单击工作条上的✓按钮，或按 Esc 键结束任务，结果如图 2-14 所示。

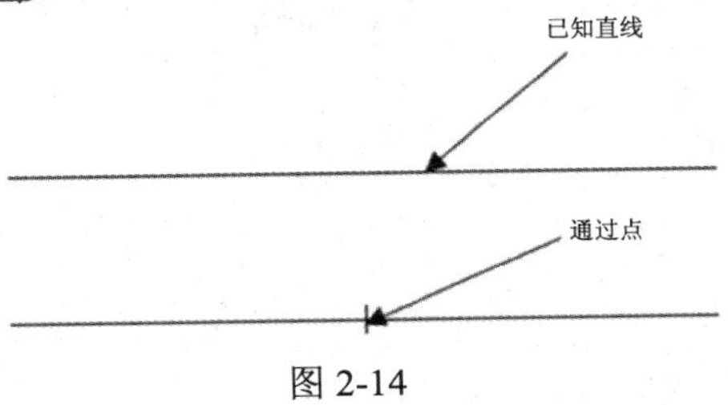

图 2-14

2.1.3 圆弧

Mastercam X6 系统提供了多种绘制圆弧的方式。

1. 3 点画弧

该命令是用 3 点确定圆弧的方法生成圆弧，圆弧依次通过 3 个点。

【操作实例 2-11】3 点画弧

(1) 选择【绘图】|【圆弧】|【3 点画弧】命令，或者单击工具栏中的按钮。

(2) 在系统提示下，输入 3 个点，生成圆弧。

(3) 单击工作条上的按钮，或按 Esc 键结束任务，结果如图 2-15 所示。

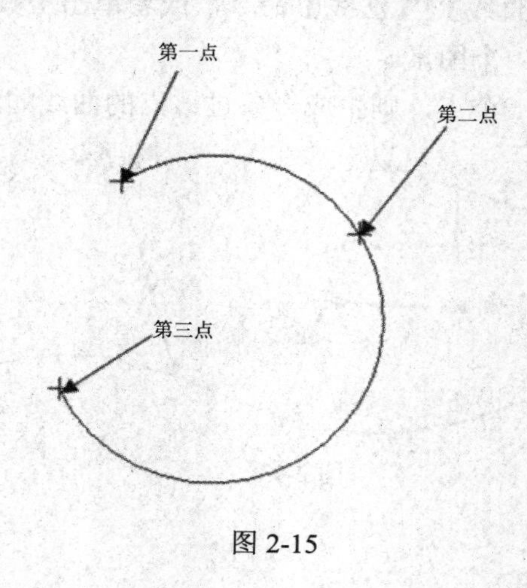

图 2-15

2. 切弧

【操作实例 2-12】切弧

(1) 选择【绘图】|【圆弧】|【切弧】命令，或者单击工具栏中的按钮。

(2) 在系统提示下，选取三条直线图素。

(3) 单击工作条上的按钮，或按 Esc 键结束任务，结果如图 2-16 所示。

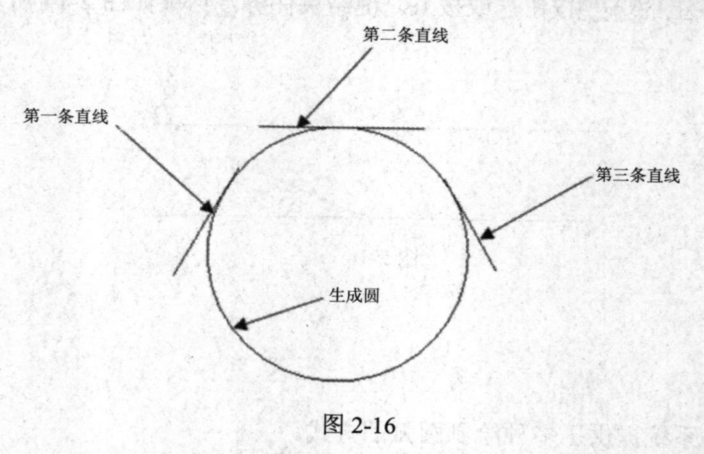

图 2-16

3. 圆心点圆弧

该命令是最常用的画圆的方法，通过指定圆心位置、圆的半径或直径绘制圆。

【操作实例 2-13】圆心点

(1) 选择【绘图】|【圆弧】|【圆心+点】命令，或者单击工具栏中的按钮。

(2) 按照系统提示“输入圆心点”，选择一个点。

(3) 输入半径值，按 Enter 键，生成所需的圆。

(4) 单击工作条上的按钮，或按 Esc 键结束任务。

4. 极坐标圆弧

【操作实例 2-14】极坐标圆弧

(1) 选择【绘图】|【圆弧】|【极坐标圆弧】命令，或者单击工具栏中的按钮。

(2) 输入圆心点。

(3) 输入起始角度，然后输入终止角度，即生成圆弧。

(4) 单击工作条上的按钮，或按 Esc 键结束任务。

5. 三点画圆

该命令通过不在同一直线上的三点绘制圆，也可以用两点作为直径的两个端点画圆。

【操作实例 2-15】三点画圆

(1) 选择【绘图】|【圆弧】|【三点画圆】命令，或者单击工具栏中的按钮。

(2) 按照系统提示输入三个点。

(3) 单击工作条上的按钮，或按 Esc 键结束任务，结果如图 2-17 所示。

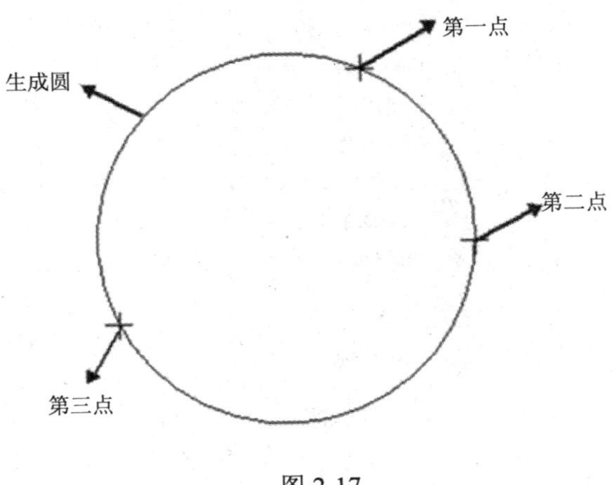

图 2-17

6. 通过极坐标和端点

该命令用于定义圆弧的起始点或终止点、半径、起始角度和终止角度来绘制圆弧。

【操作实例 2-16】通过极坐标和端点画弧

(1) 选择【绘图】|【圆弧】|【极坐标画弧】命令，或者单击工具栏中的按钮。
(2) 输入起点。
(3) 在工作条中，输入半径、起始角度和终止角度。
(4) 单击工作条上的按钮，或按 Esc 键结束任务，结果如图 2-18 所示。

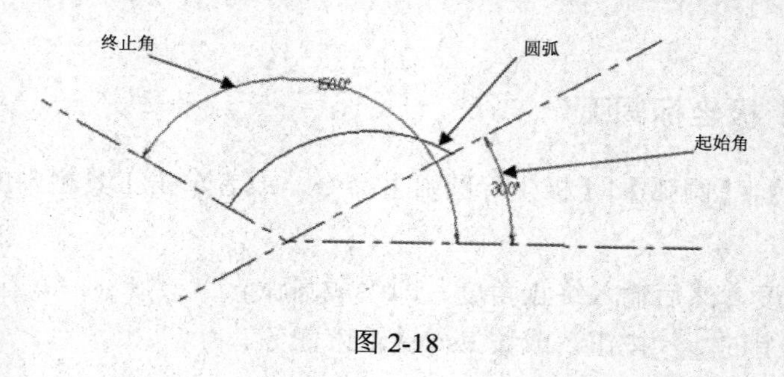

图 2-18

2.1.4 矩形

1. 标准矩形绘制

在 Mastercam X6 系统中，矩形有多种绘制方法。画矩形的命令在【草图】工具栏中对应的按钮如图 2-19 所示。

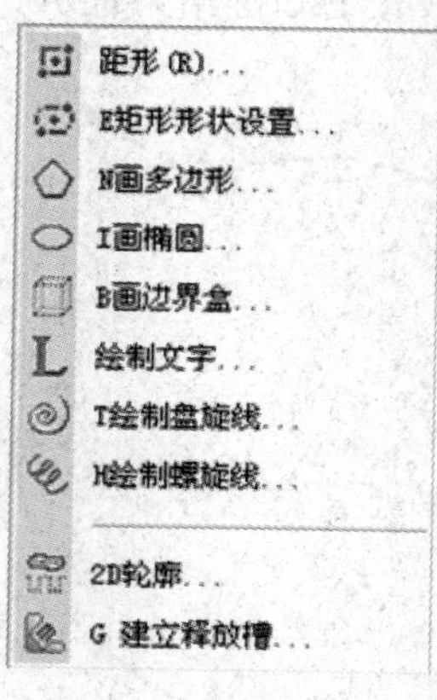

图 2-19

选择【绘图】|【矩形】命令，或者单击工具栏中的按钮，启动矩形绘制命令后，系统弹出矩形工作条，如图 2-20 所示。

图 2-20

绘制矩形可以通过指定对角线上两个顶点的位置来确定，也可以通过指定矩形的宽度和高度，然后再指定矩形的一个定点或中心点的位置来设置。

- 按下按钮，按照系统提示“选取第一个角的位置”、“选取第二个角的位置”，用鼠标在绘图区内选择两点，则生成矩形。
- 在宽度和高度文本框中输入数值，则此时矩形的长宽就等于确定值。
- 当按下按钮时，矩形的定位点就是矩形的几何中心。
- 当按下创建曲面按钮时，生成的是平面。

2. 矩形形状设置

选择【绘图】|【矩形形状设置】命令，或者单击工具栏中的按钮，即可进入矩形的创建环境，系统弹出【矩形形状选项】对话框，单击左上角的按钮，如图 2-21 所示。

- 矩形型式设置：系统提供了四种形状设置，单击对应形状的按钮，即生成相似形状的矩形。
- 矩形定位：有基准点和两点法两种方法。基准点是通过确定锚点位置和输入矩形的宽度和高度来确定矩形形状，两点法是通过矩形对角线的两个端点来确定矩形位置。
- 设置倒角及旋转角：设置矩形四个角的倒角半径，以及矩形绕锚点旋转的角度。
- 产生曲面：选中该复选框即可以生成平面。
- 产生中心点：选中该复选框则在生成矩形的同时也生成矩形中心点。

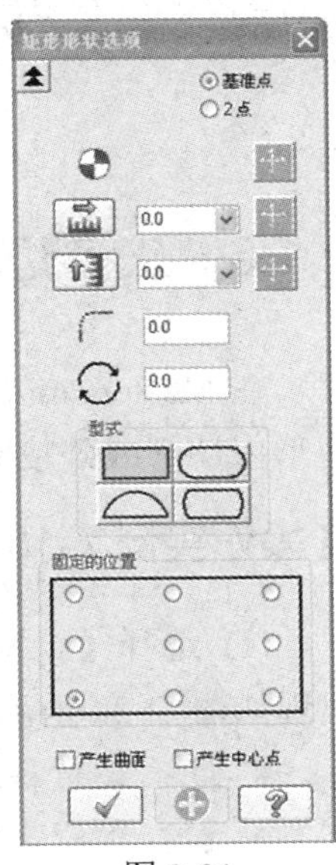

图 2-21

2.1.5　椭圆

选择【绘图】|【画椭圆】命令，或者单击工具栏中的按钮，即出现【椭圆形选项】对话框，如图 2-22 所示。

【操作实例 2-17】椭圆

下面创建一个长轴为 50，短轴为 25，起始角度为 0°，终止角度为 360°，旋转角为 0° 的椭圆弧。具体操作步骤如下。

(1) 分别在半径 A、半径 B 文本框中输入所需椭圆的长半径和短半径的值。

(2) 在扫描角度文本框中输入起始和终止扫描角度。

(3) 在旋转角度文本框中输入椭圆整体绕中心点旋转的角度。

(4) 在复选框中选择以确定是否产生曲面或中心点。

(5) 用鼠标在绘图区选取基准点的位置，即生成所需的椭圆或椭圆弧。

(6) 单击对话框中的按钮，结束任务。结果如图 2-23 所示。

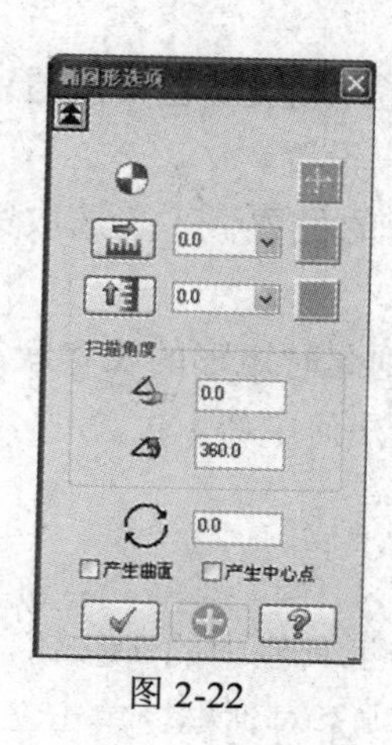

图 2-22

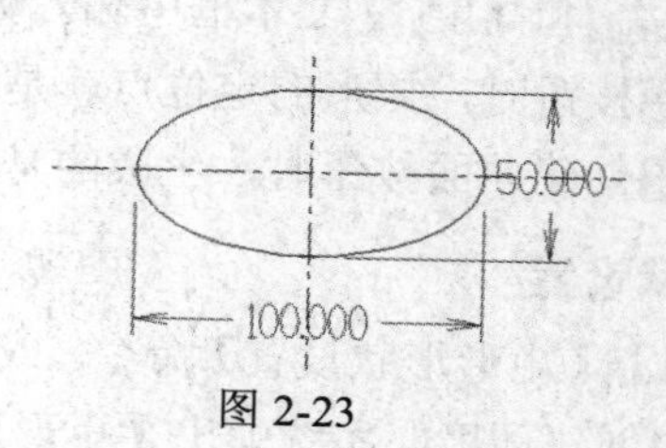

图 2-23

2.1.6 正多边形

在 Mastercam X6 系统中，多边形命令可以绘制 3～360 条边的正多边形。通过指定正多边形内切圆或外接圆的圆心及半径来进行绘制。

【操作实例 2-18】正多边形

(1) 选择【绘图】|【画多边形】命令，或者单击工具栏中的按钮，出现如图 2-24 所示的【多边形选项】对话框。

- ：设置基准点。
- ：设置多边形数目。
- ：设置相切圆半径。
- ：设置转角半径。

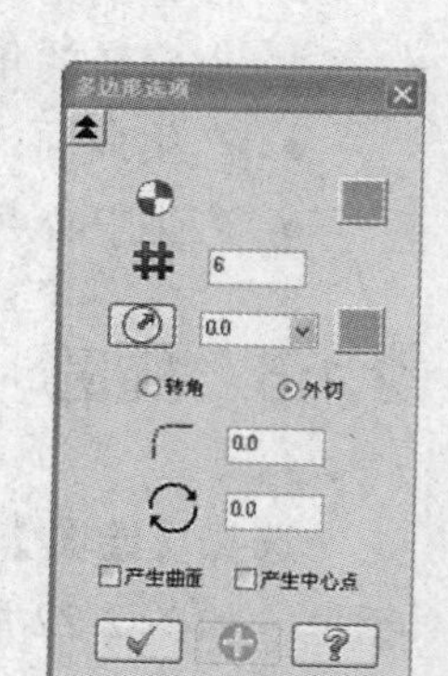

图 2-24

(2) 在【多边形选项】对话框中输入所需的多边形的几何参数，如边数、相切圆的半径、相切方式、倒角半径、旋转角度等。

(3) 在绘图区选择图形的中心点。

(4) 单击按钮确定，或按 Esc 键退出。

如图 2-25 所示为用外接和内切两种方式生成的多边形，圆的半径均为 16。

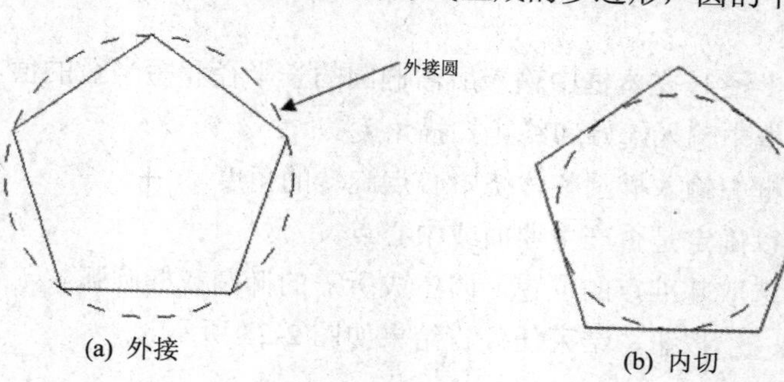

(a) 外接　　(b) 内切

图 2-25

2.1.7　图形文字

创建由点、直线构成的文字作为产品的牌匾、商标等。选择【绘图】|【绘制文字】命令，或者单击工具栏中的L按钮，系统弹出【绘制文字】对话框，如图 2-26 所示。

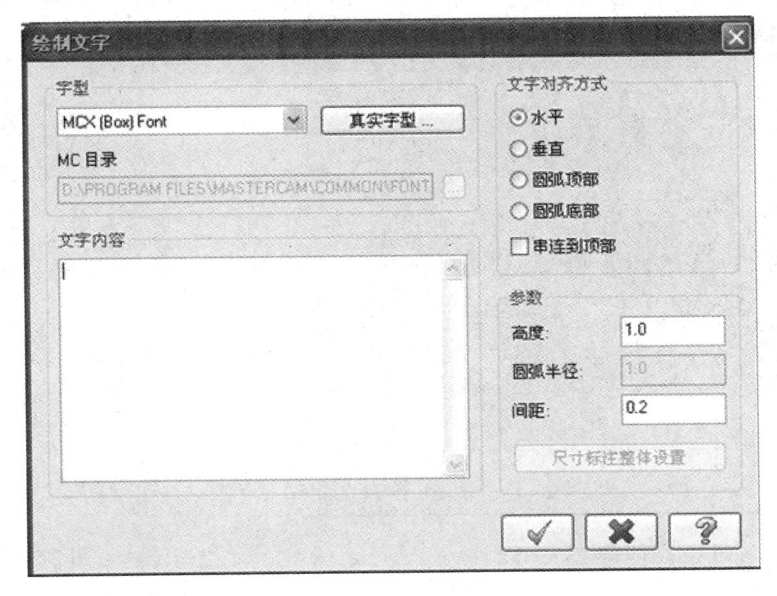

图 2-26

(1) 选择字型。在【字型】下拉列表中有三种类型的文本字体：图形标注字体(Drafting Font)、系统预定义的字符文件(MCX Font)及真实字体(True Type Font)，如图 2-27 所示。选择字型，或者单击【真实字型】按钮，出现如图 2-28 所示的【字体】对话框，从中选择需要的字型后，单击【确定】按钮。

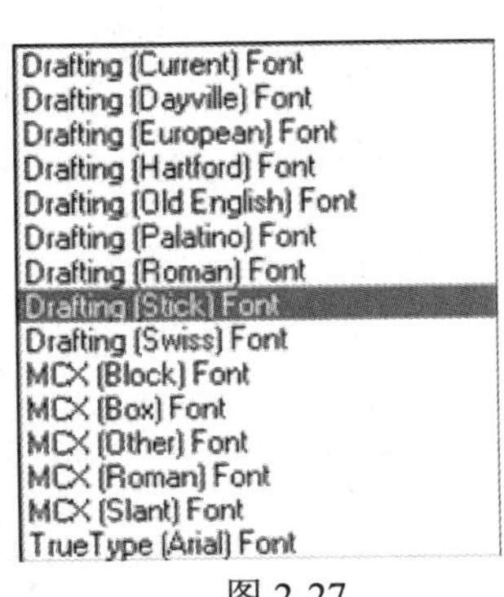

图 2-27

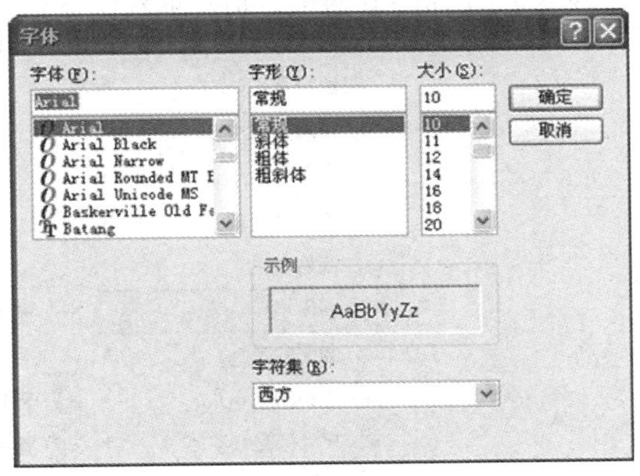

图 2-28

(2) 选择排列方式。系统提供了水平、垂直、圆弧顶部、圆弧底部四种方式，选中需要

的排列方式前的单选按钮即可。

(3) 文字内容。在【文字内容】文本框中输入要绘制的字即可。

(4) 参数。设置的参数包括字体高度；单击【尺寸标注整体设置】按钮，就会出现如图 2-29 所示的【注解文本设置】对话框，可以进行更为准确和多样的字体设计。

(5) 在绘图区单击，或输入文字的起点位置，绘制好所需的文字。如图 2-30 所示。

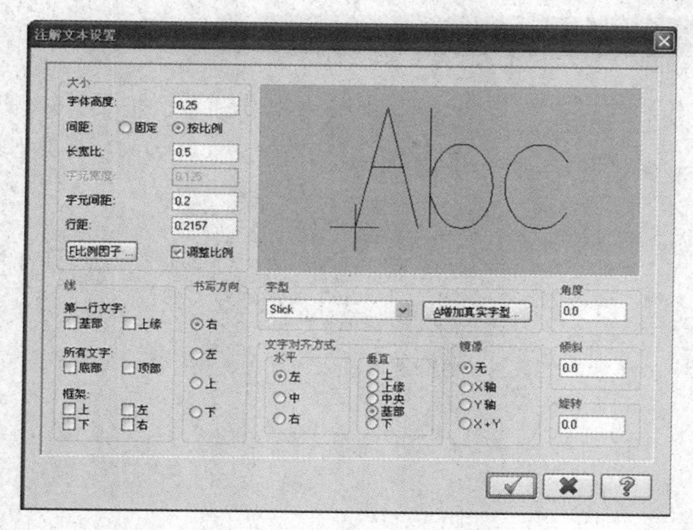

图 2-29

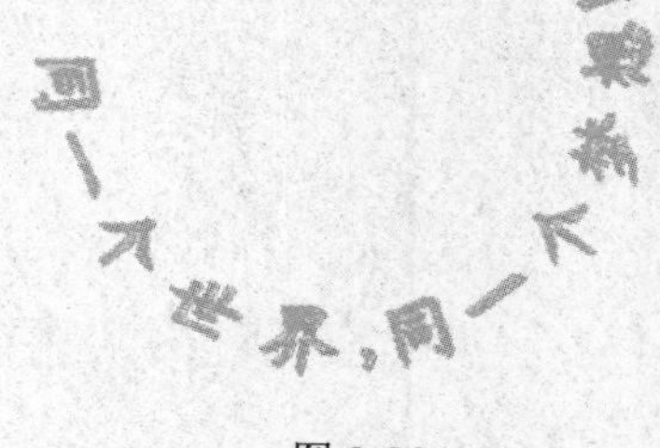

图 2-30

2.1.8 样条曲线

在 Mastercam X6 中绘制曲线也是经常使用的命令。曲线相对来说也是比较难绘制的几何图形，快速准确地绘制出曲线是产品流线型设计的关键环节之一。

选择【绘图】|【曲线】命令，启动曲线绘制命令，如图 2-31 所示。

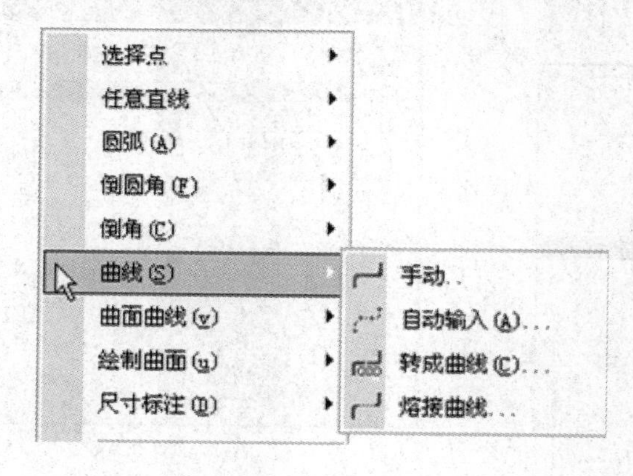

图 2-31

1. 手动样条线

【操作实例 2-19】手动绘制样条线

(1) 选择【绘图】|【曲线】|【手动】命令，或者单击工具栏中的按钮。

(2) 用鼠标在绘图区选取各个节点的位置，在最后一点上双击，然后单击工作条上的按钮，如图 2-32 所示。

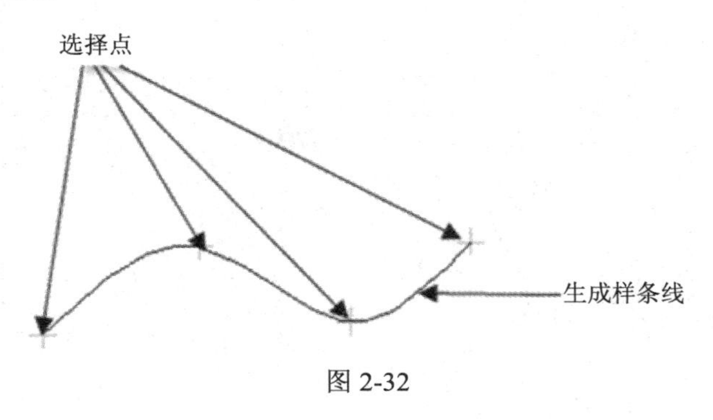

图 2-32

2. 自动

系统自动选取曲线所经过的多个点来绘制曲线，所选点必须是存在点。

【操作实例 2-20】自动绘制样条线

(1) 选择【绘图】|【曲线】|【自动输入】命令。

(2) 用鼠标在绘图区选取第一个点、第二个点以及最后一个点，系统便自动将已经存在的点拟合成一条样条曲线，如图 2-33 所示。

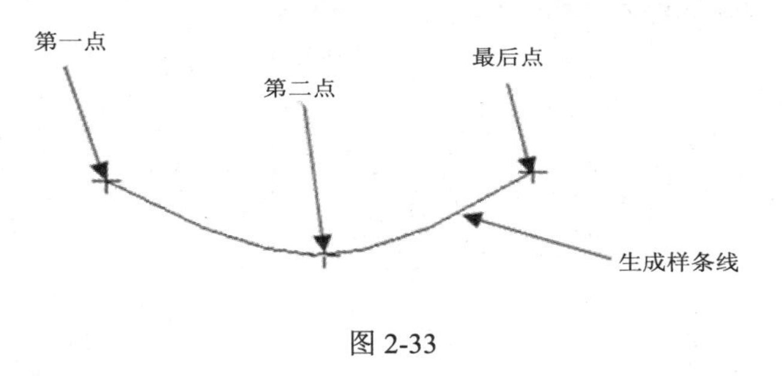

图 2-33

2.1.9　盘旋线

盘旋线(变距螺旋线 Spiral)指的是在 X 轴、Y 轴、Z 轴三个方向上，螺旋线的间距都可以变化的螺旋线。螺旋线的绘制常配合曲面绘制中的扫描曲面或实体中的扫描实体命令绘制旋绕几何图形。

【操作实例 2-21】盘旋线

(1) 选择【绘图】|【绘制盘旋线】命令，或者单击工具栏中的◎按钮，出现【螺旋线选项】对话框，如图 2-34 所示。

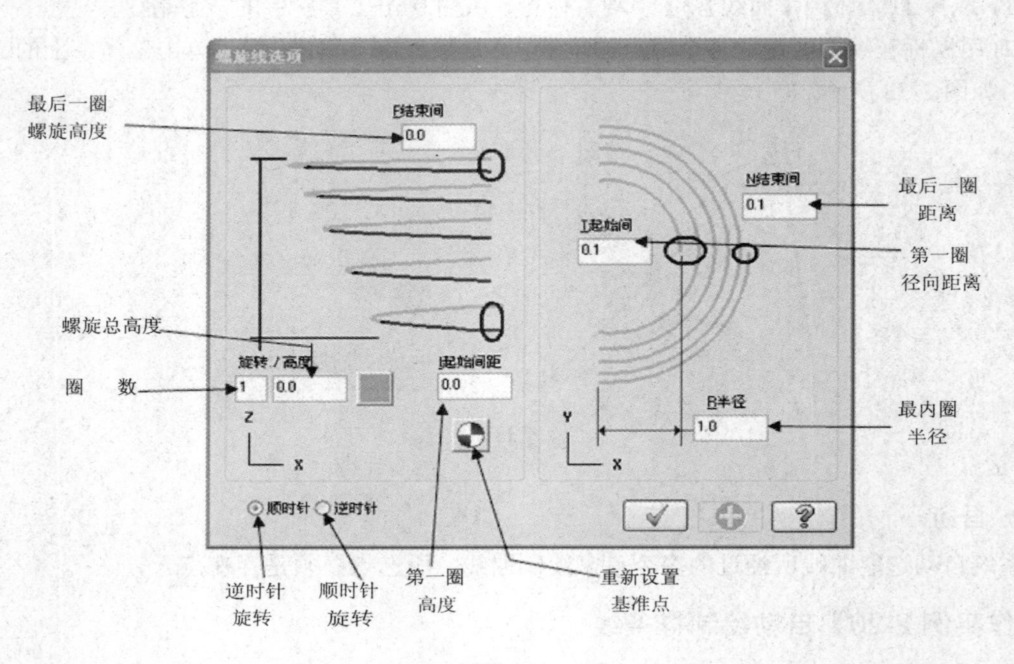

图 2-34

(2) 设置参数如图 2-35 所示，生成的曲线如图 2-36 所示。

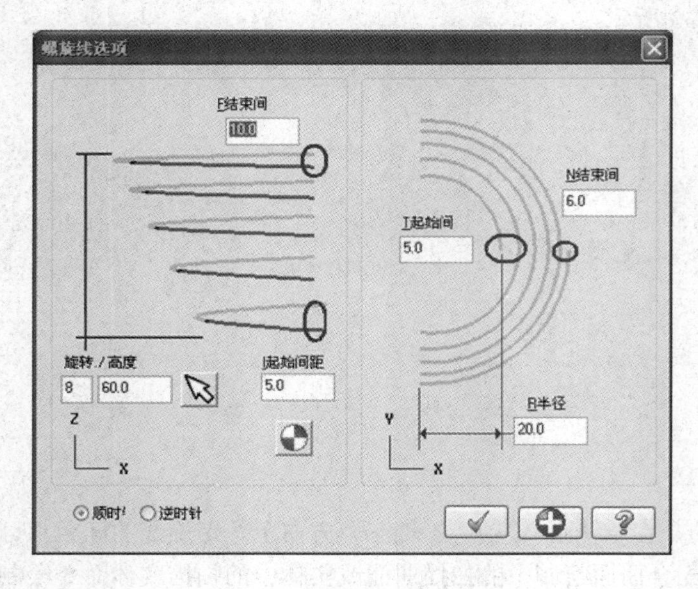

图 2-35

图 2-36

2.1.10　螺旋线

螺旋线是盘旋线的一种特例。选择【绘图】|【绘制螺旋线】命令，或者单击工具栏中的按钮，出现如图 2-37 所示的【螺旋线选项】对话框。其使用方法与绘制盘旋线类似，这里不再赘述。

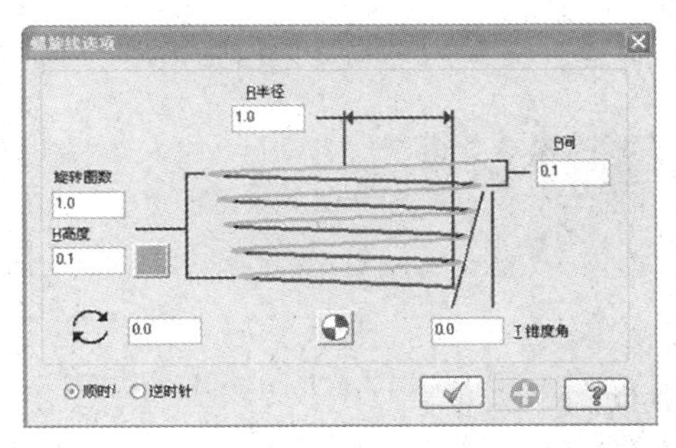

图 2-37

2.1.11　倒角

系统提供了两种倒角方式，即倒角和串连图素，如图 2-38 所示。

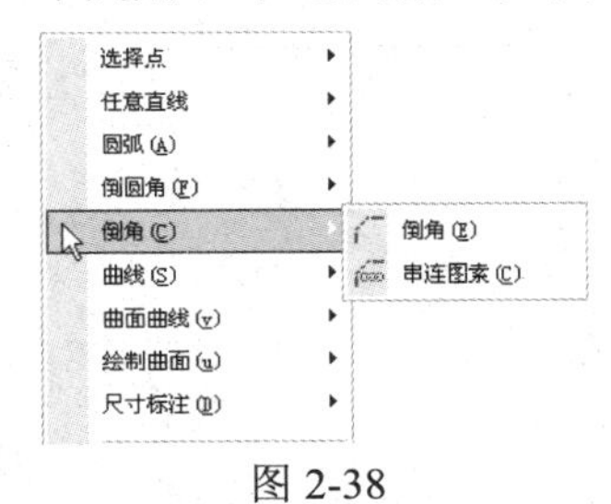

图 2-38

1. 倒角

选择【绘图】|【倒角】|【倒角】命令，系统自动弹出如图 2-39 所示的工作条。

图 2-39

- ：设置第一条边的倒角边长度。
- ：设置第二条边的倒角边长度。
- ：设置倒角的角度。
- ：设置倒角的输入模式，系统提供了四种类型。
- ：设置为修剪倒角的线段。
- ：设置为不修剪倒角的线段。

2. 串连图素

将所选串连对象的所有锐角一次性进行倒角。

【操作实例 2-22】串连图素

(1) 选择【绘图】|【倒角】|【串连图素】命令，系统弹出如图 2-40 所示的对话框。

(2) 选取串连图素后，单击按钮，设置完对话框中的参数后，单击按钮，即完成串连倒角命令，如图 2-41 所示。

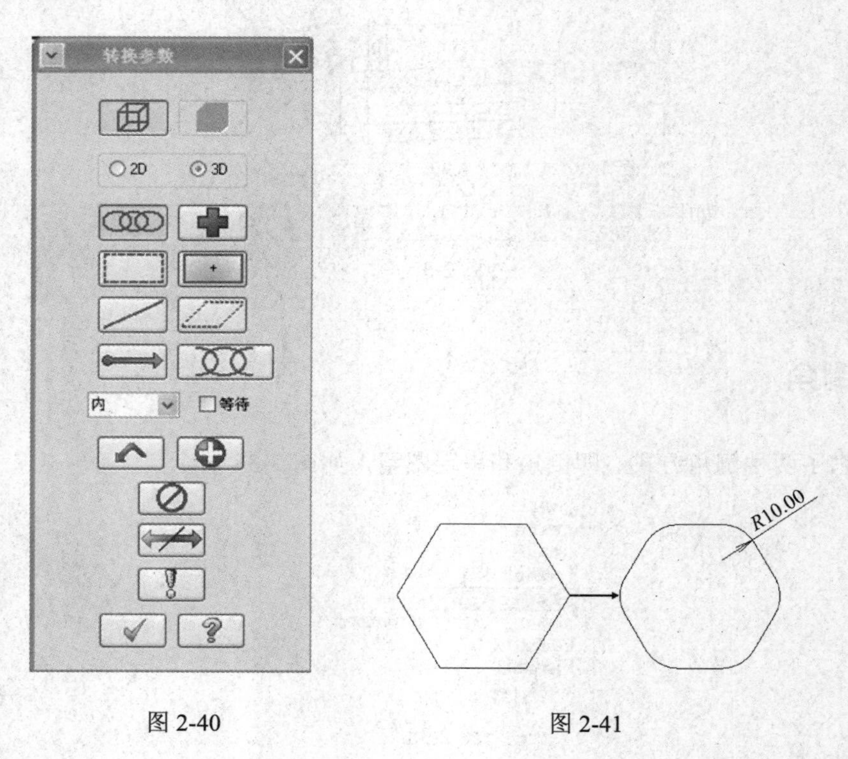

图 2-40　　图 2-41

2.1.12　倒圆角

倒圆角与倒角的功能类似，系统提供了两种倒圆角方式，即单个倒圆角和串连倒圆角，如图 2-42 所示。

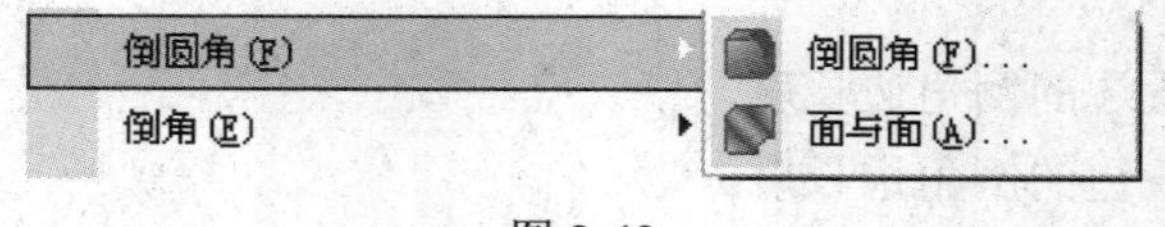

图 2-42

各项设置与倒角命令的设置相同，这里不再赘述。

2.2　二维图形的尺寸标注

尺寸标注用来表达零件的几何形状尺寸、定位尺寸、配合尺寸等。一个完整的尺寸标注包括尺寸界线、尺寸线和尺寸数字三个基本要素。在标注尺寸时应该做到正确、完整、可读性好。

2.2.1　尺寸标注设置

在进行尺寸标注前，可以先对尺寸标注的基本参数进行设定。

1. 标注属性设置

选择【绘图】|【尺寸标注】|【选项】命令，系统打开【Drafting 选项】对话框，选择【标注属性设置】选项卡，如图 2-43 所示。

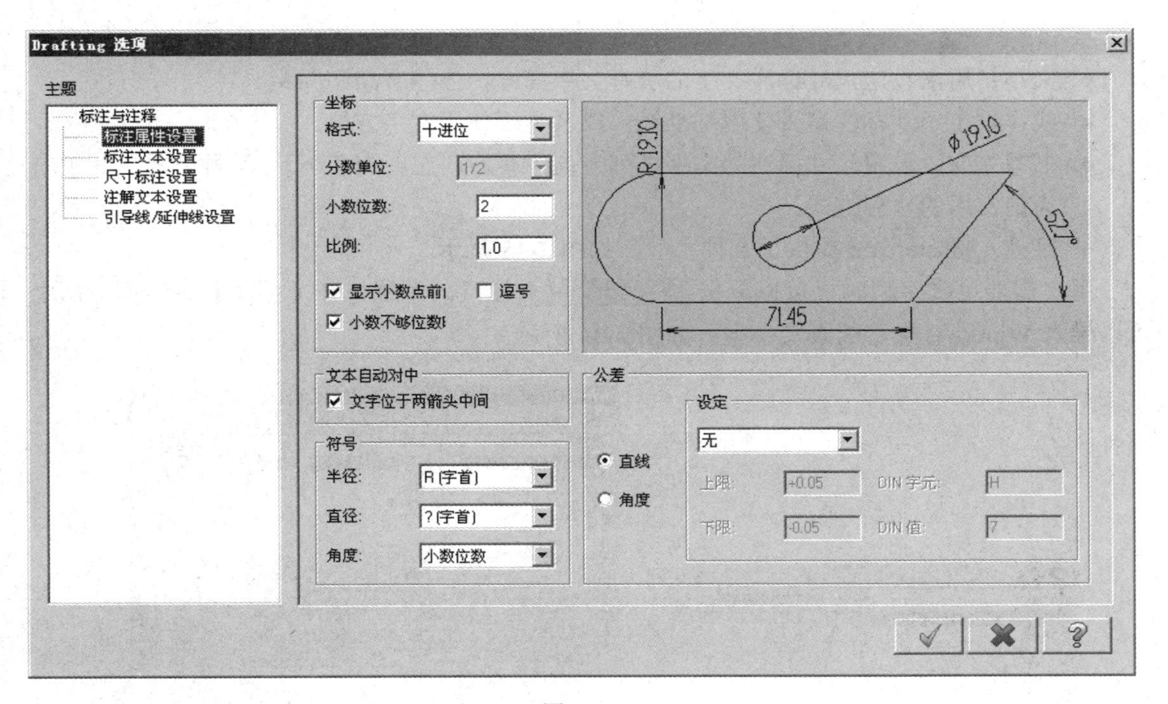

图 2-43

- 坐标：有十进位、科学记号、工程单位、分数单位和建筑单位 5 种格式。
- 符号：角度单位有小数位数、度/分/秒、弧度和梯度 4 种方式。
- 公差：类型设置有无、+/－、上下限与 DIN 4 种类型。

2. 标注文本设置

选择【标注文本设置】选项卡，如图 2-44 所示。

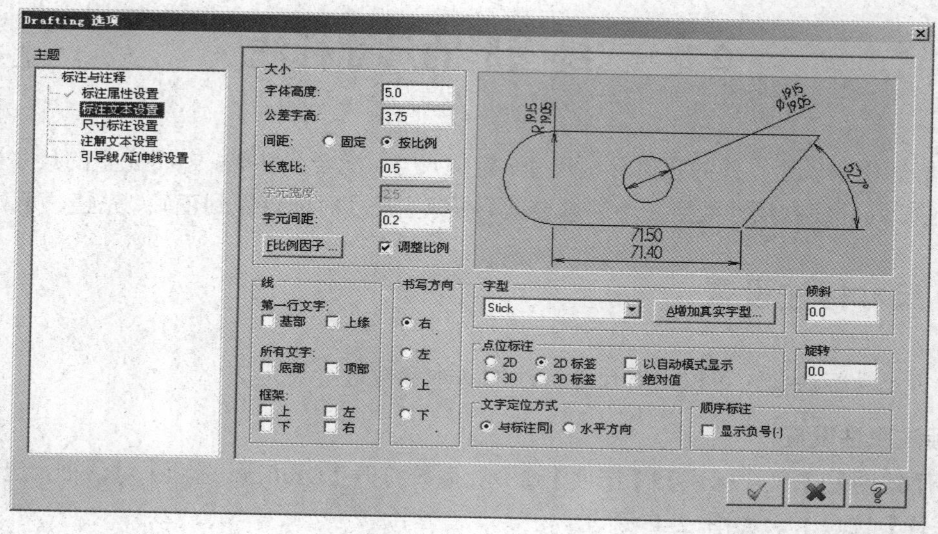

图 2-44

- 大小：用来设定尺寸标注文字的所有文字高度、公差字高和间距。
- 线：设定尺寸标注是否使用基准线，以及是否使用文字方框。
- 书写方向：设置尺寸标注的文字排列方向，有右、左、上和下这 4 种方式，其中右为最常用的排列方式。
- 字型：Mastercam 提供了 8 种字型，如图 2-45 所示。

用户需要更多字型时，可以单击 增加真实字型... 按钮，系统打开【字体】对话框，从中可以导入 Windows 兼容的真实字型，如图 2-46 所示。

图 2-45

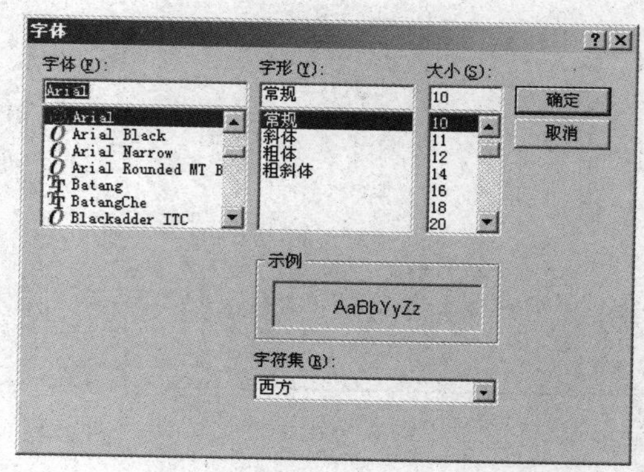

图 2-46

- 倾斜：用来控制所有尺寸标注字符的倾斜角度。
- 旋转：用来控制所有尺寸标注字符的旋转角度。

3. 尺寸标注设置

选择【尺寸标注设置】选项卡，如图 2-47 所示。

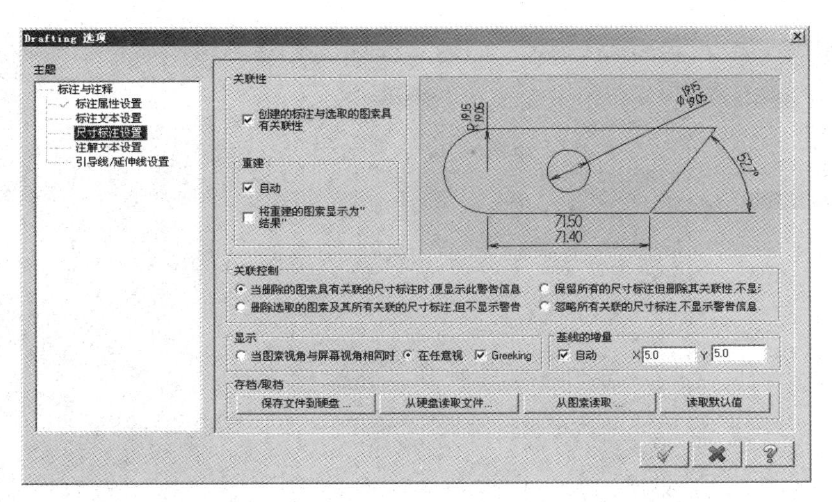

图 2-47

该选项卡主要用来设置尺寸标注与原图素的关联性以及其关联控制。

4. 注解文本设置

选择【注解文本设置】选项卡，如图 2-48 所示。

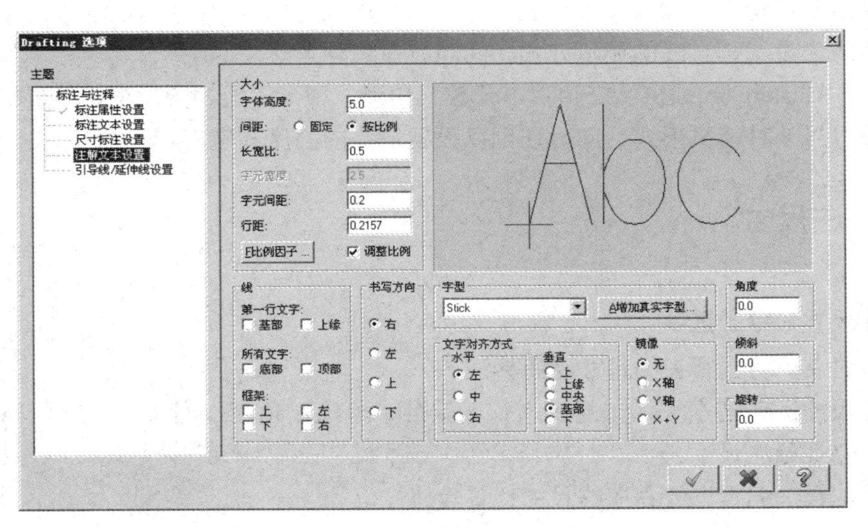

图 2-48

该选项卡可以对注解文字进行参数设置，其中各选项的含义和设置方法请参见本节的【标注文本设置】选项卡的设置。

5. 引导线/延伸线设置

选择【引导线/延伸线设置】选项卡，如图 2-49 所示。

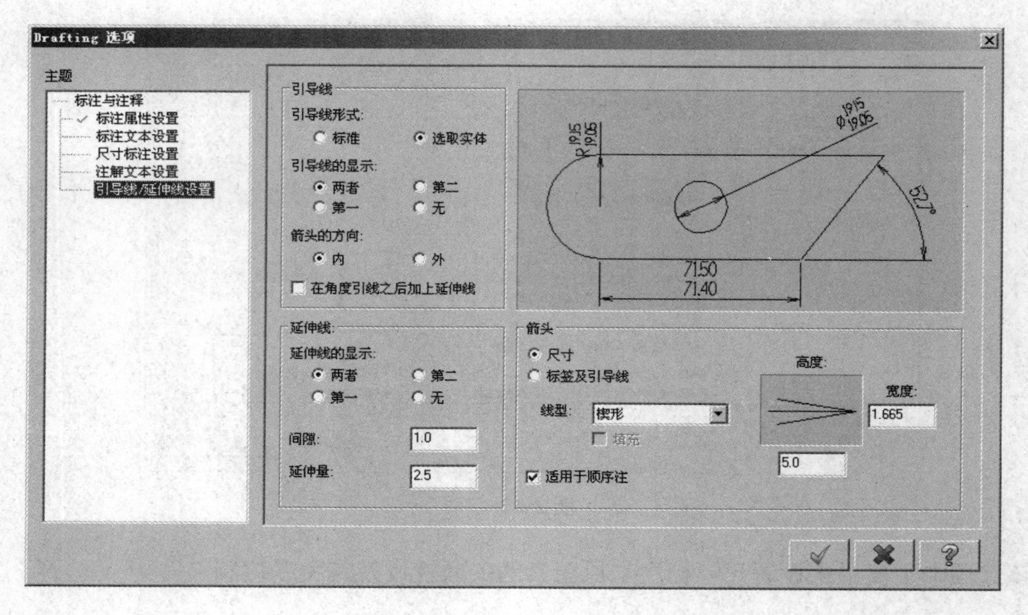

图 2-49

- 引导线：设置引导线的类型、显示方式以及箭头方向。
- 延伸线：设置延长线的显示方式、间隙以及延伸量。
- 箭头：Mastercam 提供了三角形、开放三角形、楔形、无、圆形框、矩形框、斜线和积分符号 8 种箭头形式，同时还可以设置箭头的高度和宽度。

2.2.2　标注尺寸

1. 标注尺寸命令子选项

- 重新建立：对已存在的尺寸重新标注。
- 标注尺寸：创建水平、垂直、平行、基准、串连、角度、圆弧、正交、相切、顺序和点位等标注尺寸。
- 多重编辑：编辑已经存在的尺寸位置等属性。
- 延伸线：在指定的两点间绘制出延伸线。
- 引导线：创建引导线。
- 注角文字：创建或编辑注解文字。
- 剖面线：在封闭且串连的图形内建立剖面线。
- 快速标注：对图素进行快速标注。

2. 标注尺寸

在标注尺寸命令的 8 个子选项中，最常用的为标注尺寸，包括水平标注、垂直标注等命令，如图 2-50 所示。以下进行重点介绍。

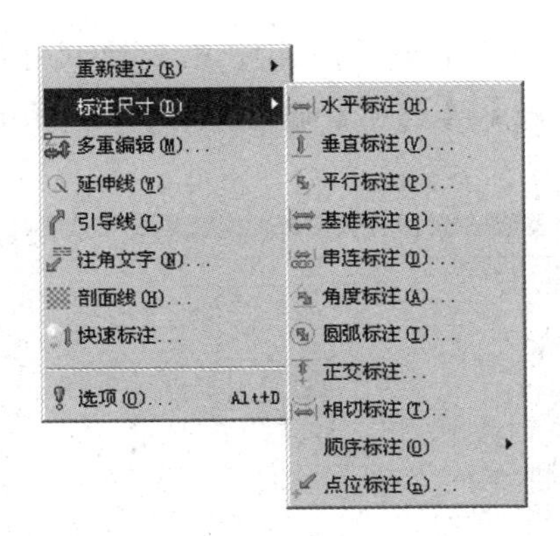

图 2-50

- 水平标注：标注任意两点间的水平距离。
- 垂直标注：标注任意两点间的垂直距离。
- 平行标注：标注任意两点间的距离，且尺寸线平行于两点间的连线。
- 基准标注：以一个已经存在的尺寸标注为基准，标注其他尺寸。
- 串连标注：以一个已经存在的尺寸标注为基准，连续标注其他尺寸。
- 角度标注：标注两直线间或圆弧的角度值。
- 圆弧标注：标注圆或圆弧的半径。
- 正交标注：标注两个平行线或某个点到线段的法线距离。
- 相切标注：标注某一点与圆弧水平切线及垂直切线的距离。
- 顺序标注：以某一点或某一选定的标注为基准，其他尺寸均自该基准点算起，标注垂直、水平、平行与选定图素的顺序尺寸。
- 点位标注：该命令用来标注图素的点坐标。

2.2.3 尺寸标注实例

【操作实例 2-23】尺寸标注

	源文件：源文件\第 2 章\尺寸标注.MCX

对如图 2-51 所示的实例图进行尺寸标注。

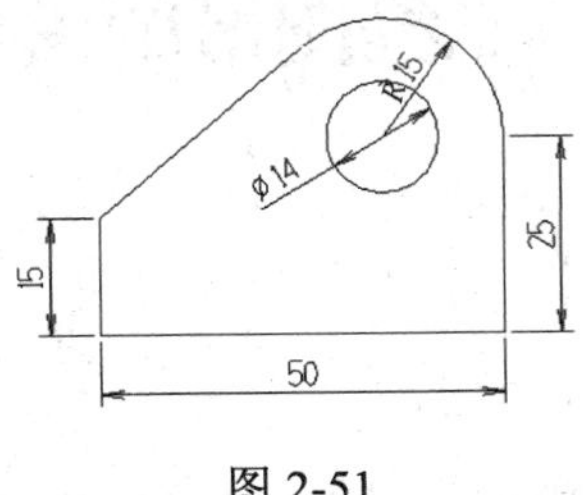

图 2-51

(1) 单击【打开文件】按钮，打开“源文件\第 2 章\尺寸标注.MCX”文件。

(2) 选择【绘图】|【尺寸标注】|【选项】命令，打开【Drafting 选项】对话框，如图 2-52 所示。

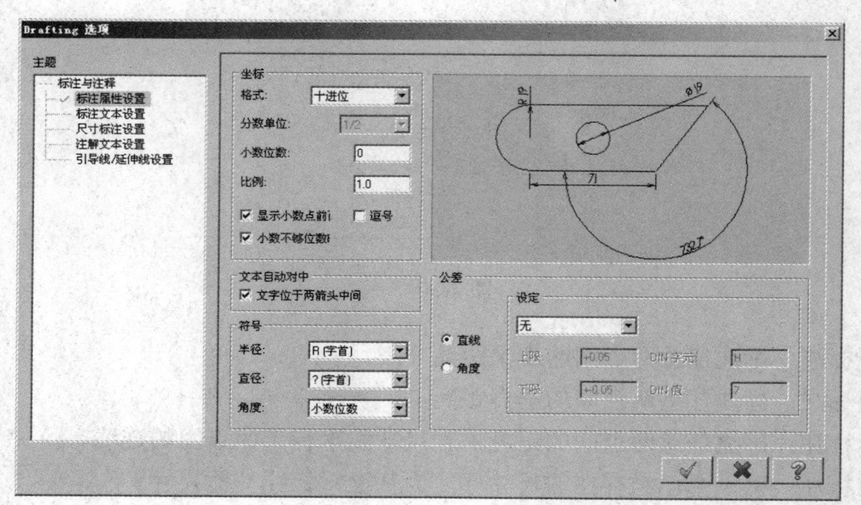

图 2-52

在【标注属性设置】选项卡中，设置【小数位数】为 0；在【标注文本设置】选项卡中，设置【字体高度】为 3，单击按钮确定。

(3) 选择【绘图】|【尺寸标注】|【标注尺寸】|【水平标注】命令，在绘图区内选择水平线的起点和终点，在合适的地方单击鼠标左键确定尺寸数字的位置，再单击按钮确定，如图 2-53 所示。

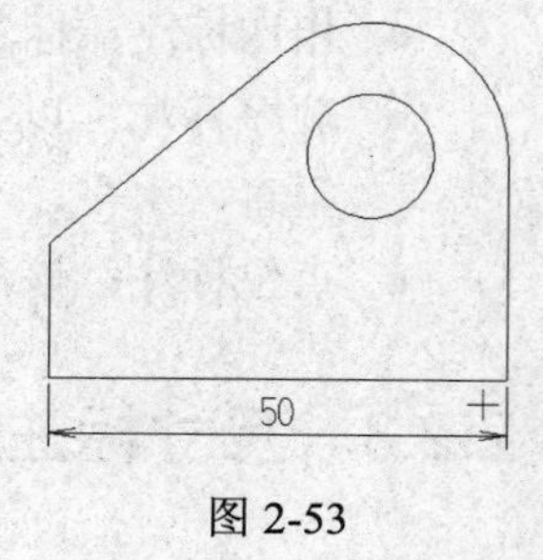

图 2-53

(4) 选择【绘图】|【尺寸标注】|【标注尺寸】|【垂直标注】命令，在绘图区内选择垂直线的起点和终点，在合适的地方单击鼠标左键确定尺寸数字的位置，两条垂直线标注好以后，再单击按钮确定。

(5) 选择【绘图】|【尺寸标注】|【标注尺寸】|【圆弧标注】命令，然后在绘图区内用鼠标左键选择圆弧，在合适的地方单击鼠标左键确定尺寸数字的位置，标注好两段圆弧的尺寸后，再单击按钮确定。

(6) 单击按钮，保存文件。

2.3 二维图形的编辑

2.3.1 删除图素

用于从屏幕和系统的资料库中删除一个或一组已经构建好的图素。选择【编辑】|【删除】

命令，如图 2-54 所示。

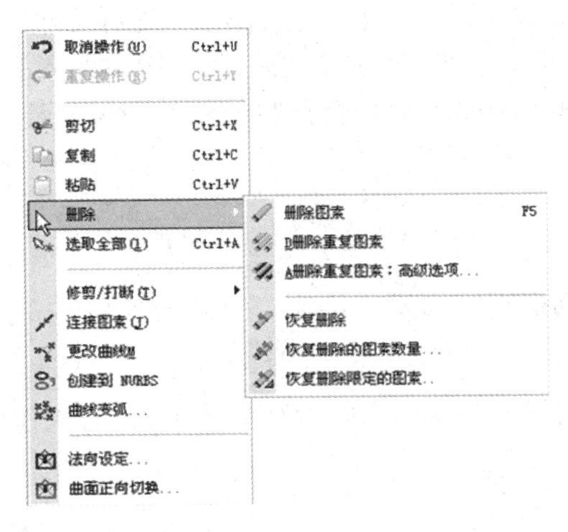

图 2-54

1. 删除图素

删除选中的图素。

2. 删除重复图素

在设计过程中，有时需要绘制很多重复的图素，导致删除操作烦琐，此时删除重复图素功能可以简化删除过程。利用这个功能，系统会自动删除重复的图素，出现如图 2-55 所示的对话框，提醒操作的数量。

3. 删除重复图素的设置

当用户有选择地删除重复图素时，可以使用【高级选项】命令。选定图素后，系统将打开如图 2-56 所示的对话框，允许用户指定删除的条件。

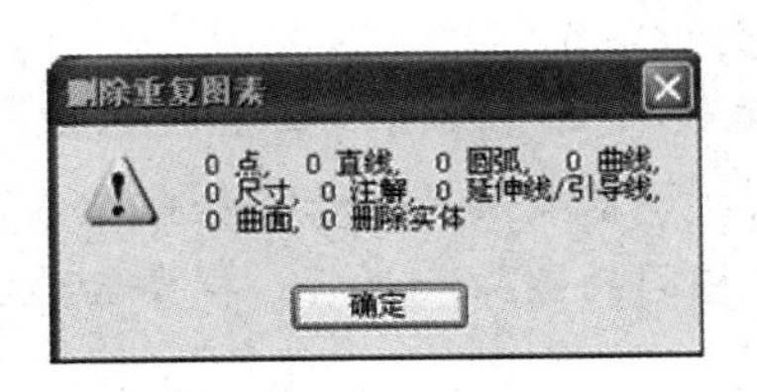

图 2-55

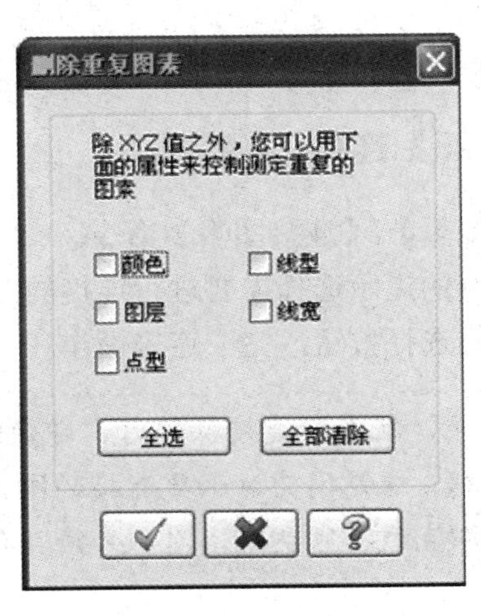

图 2-56

4. 恢复删除

在 Mastercam 中，被删除的图素可以很方便地恢复。选择【恢复删除】命令可以按删除的顺序从后往前依次恢复被删除的图素；选择【恢复删除的图素数量】命令，可以输入希望一次性恢复的图素数量；选择【恢复删除限定的图素】命令，可以设置希望恢复图素所具有的属性。

2.3.2 编辑图素

二维图素的编辑主要包括修剪/打断、延长、连接等。

1. 修剪/打断

该命令用于对两个相交或非相交的几何图形在交点处进行操作。

【操作实例 2-24】修剪/打断

(1) 选择【编辑】|【修剪/打断】命令，进入【修剪/打断】子菜单。

(2) 选择【编辑】|【修剪/打断】|【修剪/打断】命令，进入修剪/打断状态，弹出如图 2-57 所示的工作条。

图 2-57

(3) 在工作条中设置相关参数，单击按钮完成操作。

2. 延长

【延长】命令可以将图形延伸到另一个图形的位置，这取决于两个图形的相对位置。选择【延伸】命令后，先选择要延伸的图形，这时延伸的一端会出现黄色的小圆圈，再选择要延伸到的对象即可。

3. 连接

将选择的图素连接成一个图素。

【操作实例 2-25】连接

(1) 选择【编辑】|【连接图素】命令。

(2) 根据系统的提示选择需要进行连接的图素。

(3) 单击终止选择按钮，完成连接操作。

> 很多时候，在进行连接操作时，即使选择的图素为同一类型，也会出现如图 2-58 所示的警示框。这是因为对于要连接的图素，不仅要满足同一类型的要求，还必须满足相容条件，即直线必须共线，圆弧必须具有相同的圆心和半径，样条曲线必须来源于同一样条曲线。

图 2-58

2.3.3　转换图素

转换图素功能主要包括图素的平移、镜像、缩放、旋转等功能。

1. 平移

平移也就是将一个已经绘制好的图素移动到另一个指定的位置。

【操作实例 2-26】平移

(1) 选择【转换】|【平移】命令，或单击按钮，启动【平移】命令。
(2) 根据提示选择要移动的图形，单击鼠标中键以确定。
(3) 系统弹出如图 2-59 所示的对话框，可在其中设置移动参数。
(4) 单击按钮，完成操作。如图 2-60 所示为复制平移。

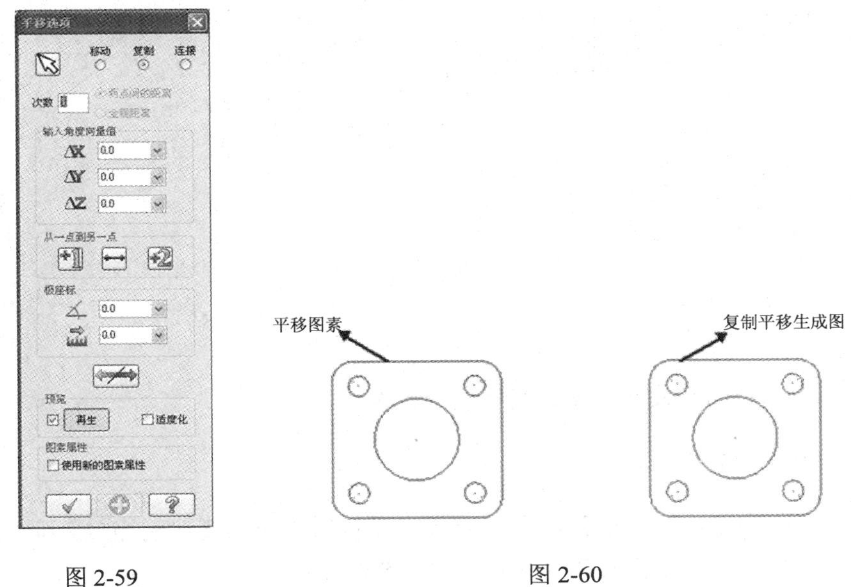

图 2-59　　　　图 2-60

2. 镜像

镜像也就是将某一图素沿指定直线在对称位置处绘制出新的相同图素，原有图素保持不变。

【操作实例 2-27】镜像

(1) 选择【转换】|【镜像】命令，或单击按钮，启动【镜像】命令。

(2) 根据提示选择要镜像的图素，单击鼠标中键以确定。

(3) 系统弹出如图 2-61 所示的对话框，可在其中设置镜像参数。

图 2-61

(4) 设置完成后，单击按钮，完成镜像操作，如图 2-62 所示。

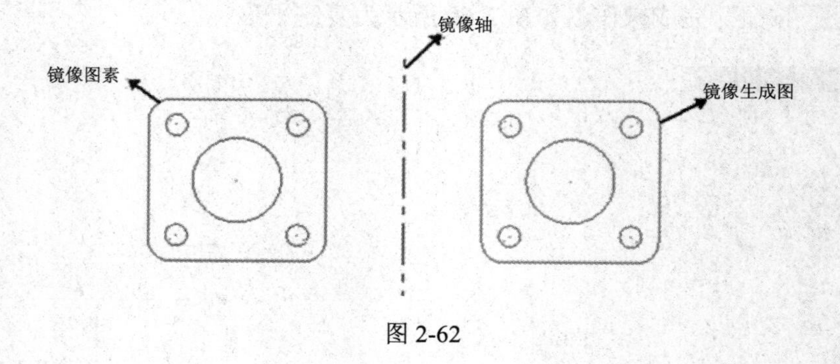

图 2-62

3. 缩放

缩放也就是对已有图素按指定比例进行放大或缩小。

【操作实例 2-28】缩放

(1) 选择【转换】|【比例缩放】命令，或单击按钮，启动【比例缩放】命令。

(2) 根据提示选择要缩放的图素，单击鼠标中键以确定。

(3) 系统弹出如图 2-63 所示的对话框，可在其中设置比例缩放参数。

(4) 设置完后，单击按钮，完成缩放操作，如图 2-64 所示。

图 2-63

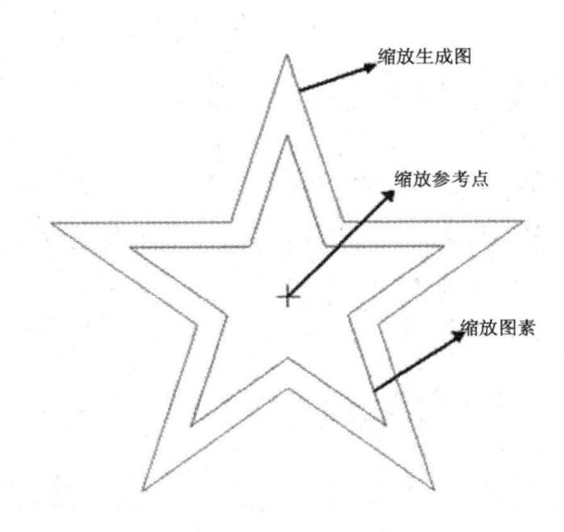

图 2-64

4. 旋转

旋转是将图素按指定角度进行旋转。

【操作实例 2-29】旋转

(1) 选择【转换】|【旋转】命令，或单击按钮，启动【旋转】命令。

(2) 根据提示选择要旋转的图素，单击鼠标中键以确定。

(3) 系统弹出如图 2-65 所示的对话框，可在其中设置旋转参数。

(4) 设置完后，单击按钮，完成旋转操作，如图 2-66 所示。

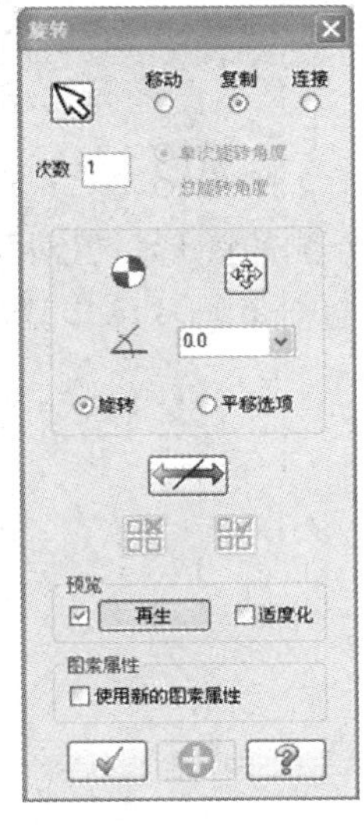
图 2-65

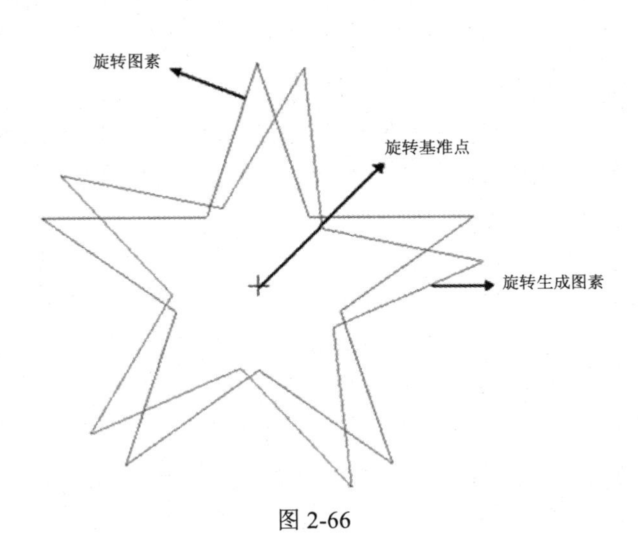

图 2-66

2.4　二维绘图综合实例

【操作实例 2-30】二维绘图综合实例

本节通过绘制如图 2-67 所示的二维样板图，练习 Mastercam X6 的二维绘图操作。这个样板主要由直线和圆弧组成，关于中心轴对称，是轴对称图形。通过这一实例，掌握以下内容。

- 绘制指定长度和角度的直线。
- 圆弧切线的绘制方法。
- 采用【镜像】命令绘制对称图形。

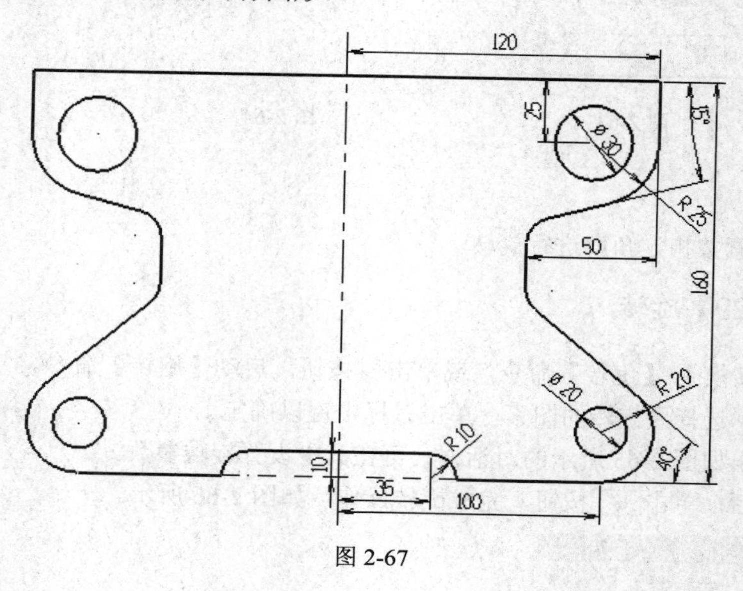

图 2-67

1. 设计思路

由于该图形为轴对称图形，因此只需先绘制出中心轴一侧的图形。以对称轴右侧图形为例，首先绘制轮廓直线，然后绘制圆弧、圆弧切线，最后倒圆角。具体步骤如下：

(1) 绘制中心线。

(2) 绘制中心线和轮廓线。

(3) 绘制圆弧以及圆弧切线。

(4) 倒圆角并去除多余图素。

(5) 对称变换。

(6) 尺寸标注。

设计过程中每一步的结果如图 2-68 所示。

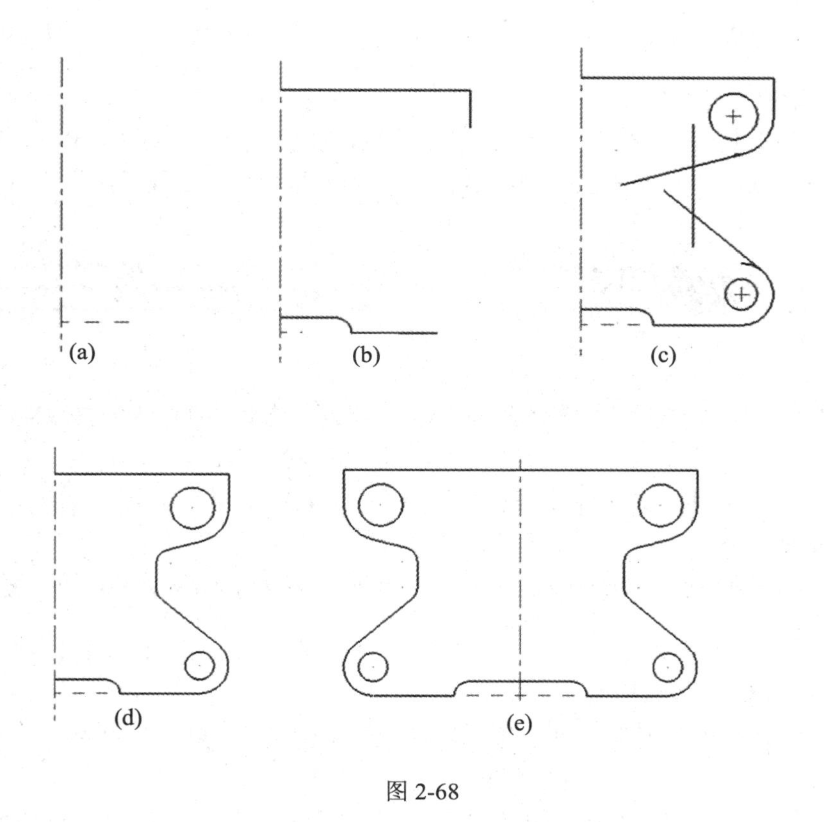

图 2-68

2. 绘制图形

1) 设置绘图状态

首先，在状态栏中设置状态为 2D 模式；单击“屏幕视角”，将其设置为“俯视图”；单击“构图面”，在弹出的下拉菜单中选择 设置平面为俯视角相对于你的WCS；设置 Z 值为 0，“图素颜色”为黑色(用户也可以设置其他颜色)，“层别”为 1，如图 2-69 所示。

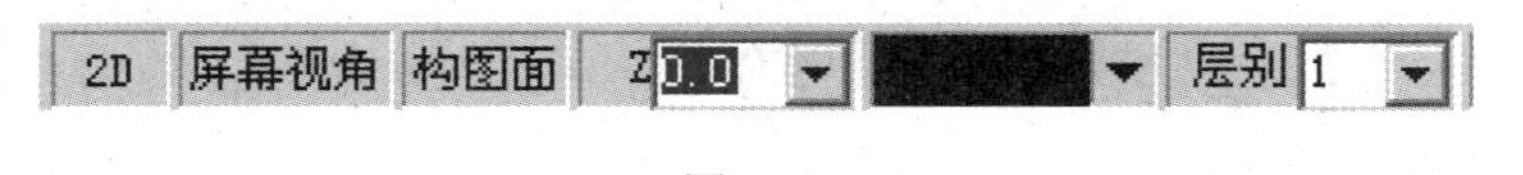

图 2-69

2) 绘制中心线

① 水平虚线：设置线型为“虚线”，线宽为最细，如图 2-70 所示。单击按钮，即选择【绘制任意线】命令，输入起点坐标为(0,0,0)，线段长度为 45，角度为 0°。

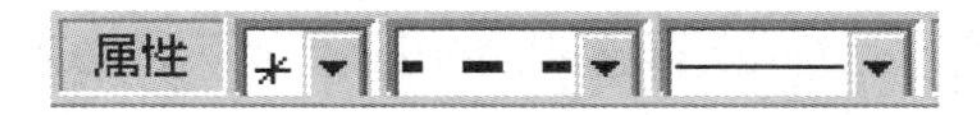

图 2-70

② 垂直中心线：设置线型为“点划线”，线宽为最细，如图 2-71 所示。单击按钮，

即选择【绘制任意线】命令，输入起点坐标为(0,-20,0)，线段长度为 200，角度为 90°。

3) 绘制轮廓线

① 修改线条属性为“实线”，选择第二个线宽，如图 2-72 所示。单击按钮，即选择【绘制任意线】命令，以水平虚线为起点，坐标为(45,0,0)，在线段长度文本框中输入 55，角度为 0°。

图 2-71　　图 2-72

② 单击按钮，即选择【极坐标画弧】命令，以①中绘制的直线的左端点(45,0,0)为起点，绘制半径为 10、起始角度为 0°、终止角度为 90°的圆弧。

③ 单击按钮，即选择【绘制任意线】命令，以(0,160,0)为起点，绘制长度为 120、角度为 0°的线段。

④ 以③中线段的终点(120,160,0)为起点，绘制长度为 25、角度为 90°的线段。

4) 绘制圆弧和圆弧切线

绘制圆弧的步骤如下。

① 确定圆心。单击按钮，即【指定位置】命令，输入坐标(100,20,0)，单击按钮确定，生成一点。

② 生成整圆。单击按钮，即【圆心+点】命令，选择①中生成的点作为圆心，在 10.0 20.0 文本框中输入半径值为 10，单击按钮确定。

③ 绘制一段圆弧。单击按钮，即【极坐标圆弧】命令，选择①中生成的点作为圆心，然后在文本框中输入半径为 20，起始角度为 270°，终止角度为 90°，如图 2-73 所示，单击按钮确定。

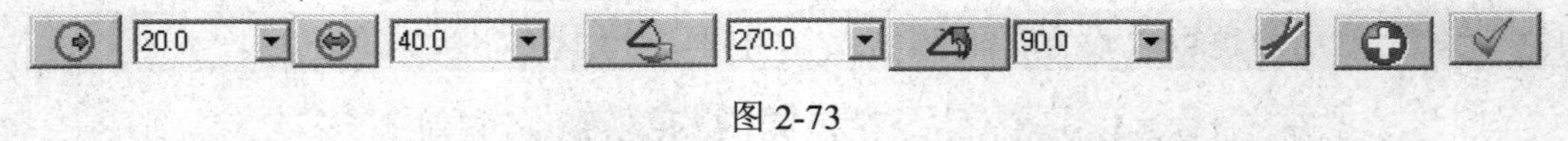

图 2-73

④ 同理，绘制点(95,135,0)，并以此为圆心，生成半径分别为 15 的整圆和 25 的一段圆弧。

绘制圆弧切线的步骤如下。

① 单击按钮，即选择【绘制任意线】命令。在如图 2-74 所示的工作条中，单击【配置】按钮，在系统弹出的【光标自动抓点设置】对话框中选中【相切】复选框，单击按钮确定，如图 2-75 所示。

图 2-74

选中圆心为(95,135,0)、半径为 25 的圆弧后，输入切线的长度值为 80、角度值为 195°，如

图 2-76 所示。

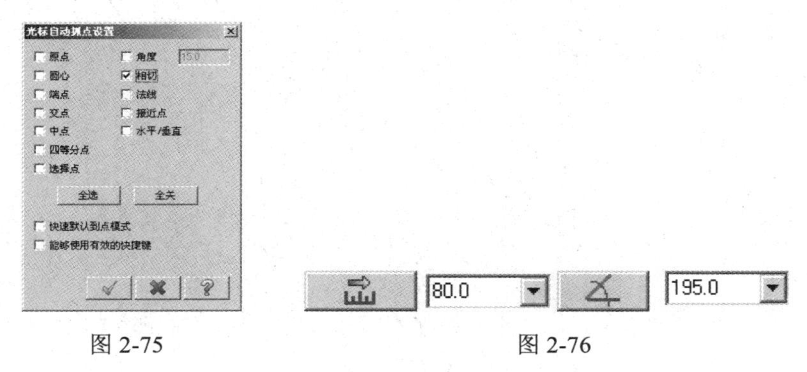

图 2-75　　　　　　　　　　图 2-76

> 绘制圆弧切线时，单击按钮，即选择【绘制任意线】命令后，再单击【切线】按钮，确定在切线状态下绘制直线。

② 同理，绘制另一段圆弧的切线，切线长度为 80，角度为 140°。

③ 单击按钮，即选择【绘制任意线】命令，以(70,50,0)为起点，绘制一长度为 80、角度为 90°的线段。

5) 倒圆角并去除多余图素

① 倒圆角。单击按钮，在 10.0 文本框中输入圆角半径为 10，然后选择要倒圆角的两个图素，重复该命令，完成对应的倒圆角。

② 打断图素。单击按钮，即选择【两点打断】命令，选择图素，再选择打断点，即将某一图素在指定点分成若干段。

③ 删除图素。单击按钮，即选择【删除图素】命令，选择要删除的多余图素，单击工具栏中的按钮以确定。

6) 对称变换

选择【转换】|【镜像】命令，选择除中心线外的全部图素，单击工具栏中的按钮以确定。此时系统弹出【镜像】对话框，选择【复制】单选按钮，单击按钮，在绘图区内选择中心线作为对称轴，如图 2-77 所示，单击按钮确定。

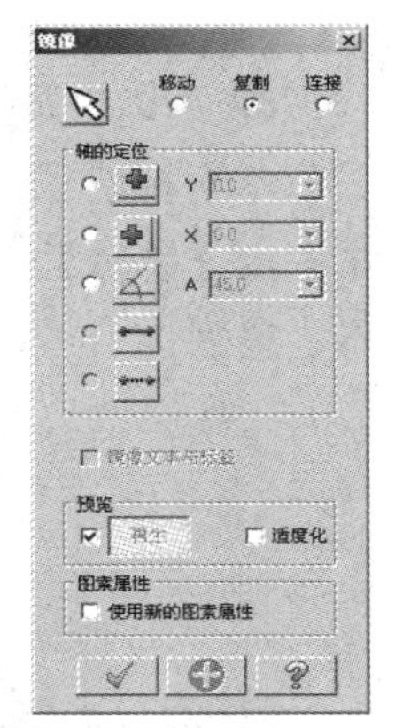

图 2-77

7) 尺寸标注

① 设置尺寸标注线型。在状态栏中，设置线宽为最细的线。

② 设置尺寸标注数值。选择【绘图】|【尺寸标注】|【选项】命令，打开如图 2-78 所示的【Drafting 选项】对话框，设置【小数位数】为 0(即尺寸标注数值为整数)，不选择【文字位于两箭头中间】复选框，单击按钮确定。

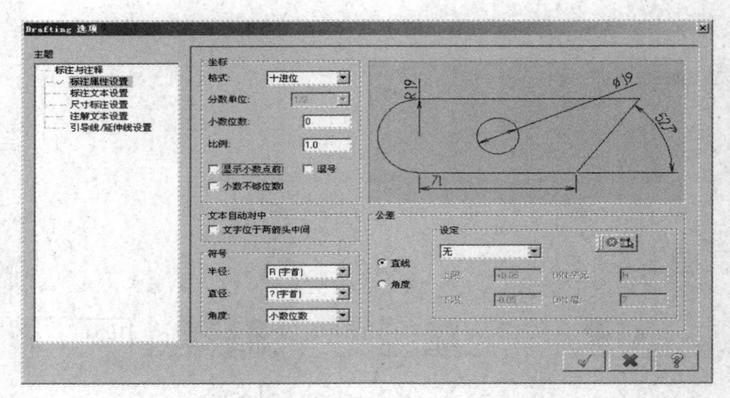

图 2-78

③ 水平标注。单击按钮，即选择【水平标准】命令，然后选择要水平标注的图素。

④ 同理，进行图素的垂直标注、圆弧标注、角度标注。最终结果如图 2-79 所示。

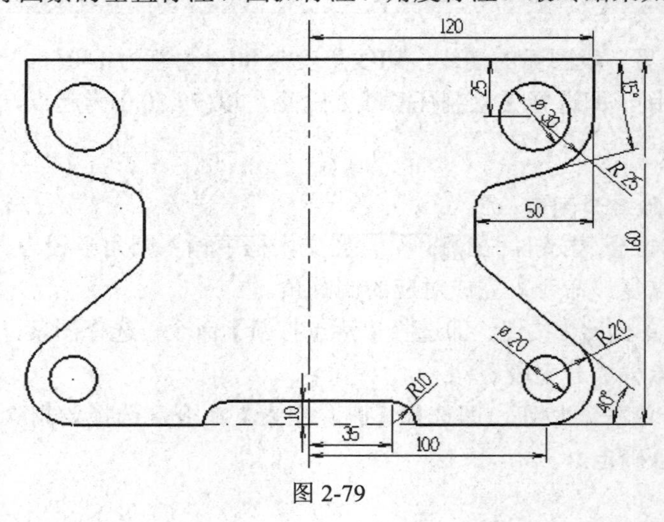

图 2-79

3. 本例小结

本例构建了一个二维样板图形，要求进一步熟悉线段、圆弧、切线的绘制和尺寸标注，掌握用【镜像】命令绘制对称图形的方法。绘制过程中使用了不同线型和线宽的线来构建图素，需要注意线属性的设置。

2.5 三维曲面造型

Mastercam X6 的曲面造型功能可以构建、编辑、修整及顺接各种类型的曲面。与实体造型相比较，曲面造型设计更加灵活，特别适合工业产品的外观设计。熟练掌握和应用曲面造型功能将大大提高设计效率。

Mastercam X6 根据数学表达方法和造型方法的不同，提供了三种曲面造型方式，即参数式、NURBS 式和曲线式。在构造各类曲面时，系统的默认设置为 NURBS 式，初学者采用默认方式即可。

Mastercam X6 的曲面构建可以通过参数设置来创建常用基本曲面或者由曲线来创建曲面。

2.5.1　创建基本曲面

在 Mastercam X6 中可以创建圆柱曲面、圆锥曲面、长方体曲面、球面和圆环曲面等基本曲面，创建基本曲面的操作简单、灵活。选择【绘图】|【基本曲面】命令，弹出如图 2-80 所示的子菜单。

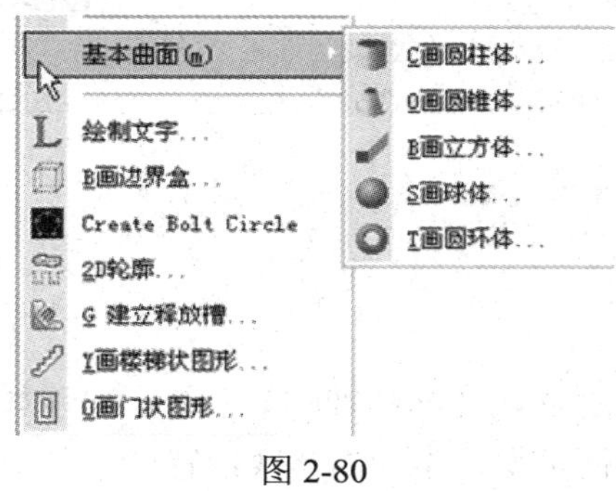

图 2-80

1. 圆柱面

【操作实例 2-31】圆柱面

(1) 选择【绘图】|【基本曲面】|【画圆柱体】命令，或单击工具栏中的按钮，系统弹出如图 2-81 所示的【圆柱体选项】对话框，通过设置各项参数创建圆柱面。

- ：用于改变圆柱面的半径。
- ：用于改变圆柱面的高度。
- ：用于改变圆柱面的基点。
- ：用于改变圆柱面的生成方向。
- ：用于设置圆柱面的开始角度。
- ：用于设置圆柱面的扫描角度。
- ：选择直线为中心轴。
- ：选择两点间的直线来确定中心轴。

(2) 如图 2-82 所示，创建了一个直径为 50mm、起始角度为 0°、扫描角度为 135°、高度为 100mm 的圆柱面。

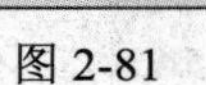

图 2-81

图 2-82

2. 圆锥面

【操作实例 2-32】圆锥面

(1) 选择【绘图】|【基本曲面】|【画圆锥体】命令，出现如图 2-83 所示的【圆锥体选项】对话框。基本设置与圆柱面类似，不同的参数设置如下。

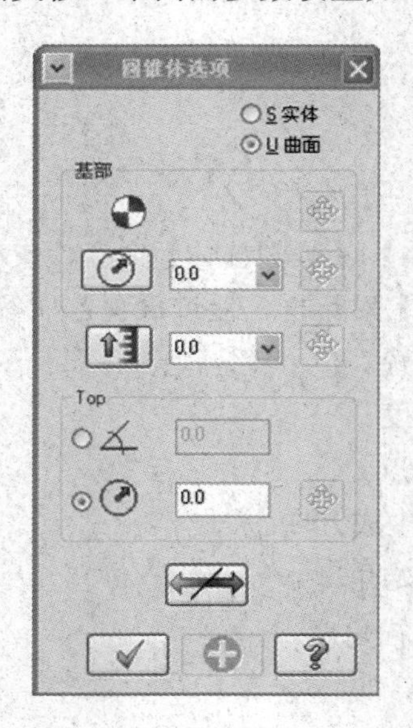

图 2-83

- ：设置底圆的半径。
- ：设置圆锥的倾角。
- ：设置顶圆的直径。

(2) 如图 2-84 所示为不同锥角的圆锥体。

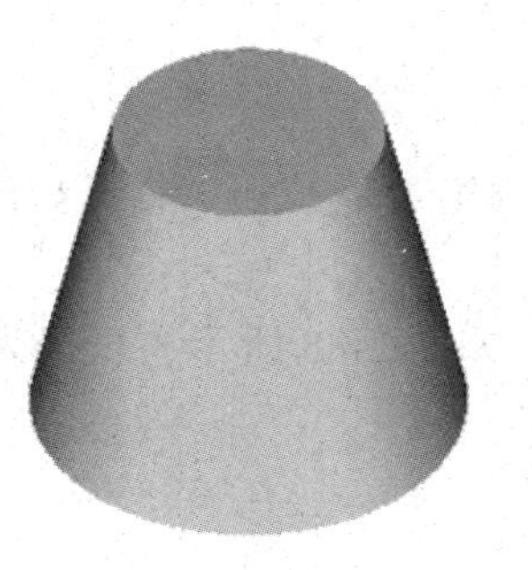

(a) 锥角为 15°

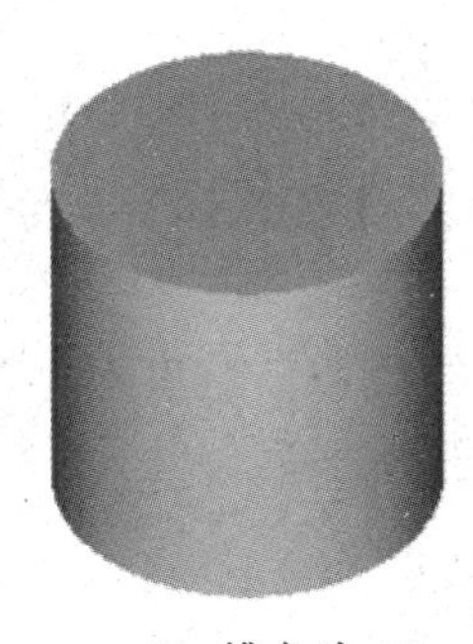

(b) 锥角为 0°

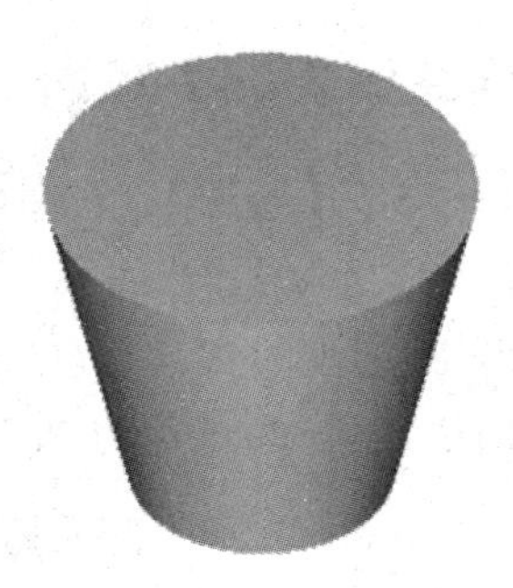

(c) 锥角为－15°

图 2-84

3. 长方体表面

【操作实例 2-33】长方体表面

(1) 选择【绘图】|【基本曲面】|【画立方体】命令，打开如图 2-85 所示的【立方体选项】对话框。参数设置如下。

- ：设置长方体的长度。
- ：设置长方体的宽度。
- ：设置长方体的高度。
- 固定的位置：设置长方体面的基准点位置。

(2) 如图 2-86 所示为长度为 50、宽度为 40、高度为 20 的长方体面。

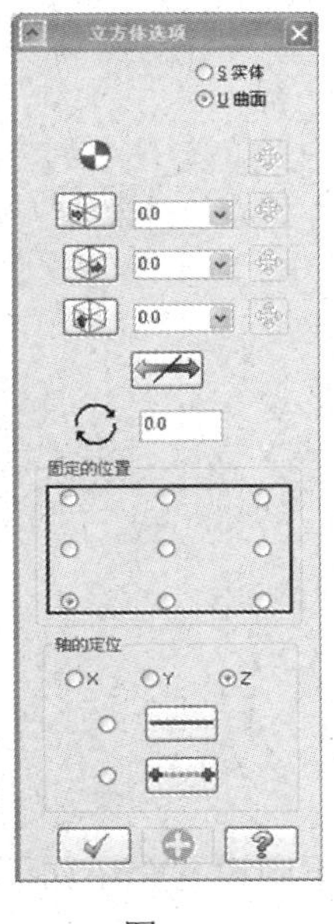

图 2-85

图 2-86

4. 球面

【操作实例 2-34】球面

(1) 选择【绘图】|【基本曲面】|【画球体】命令，或者单击按钮，打开如图 2-87 所示的【球体选项】对话框。

(2) 各选项的含义与前面介绍的类似，这里不再赘述。如图 2-88 所示为直径为 100mm、起始角为 0°、终止角为 150°的部分球面。

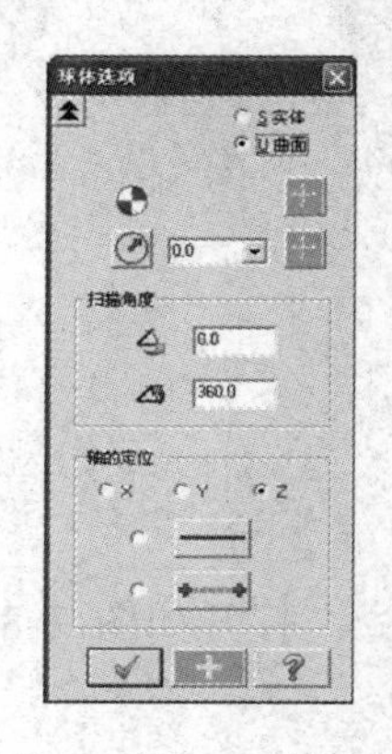

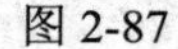

图 2-87

图 2-88

5. 圆环面

选择【绘图】|【基本曲面】|【画圆环体】命令，出现如图 2-89 所示的【圆环体选项】对话框。

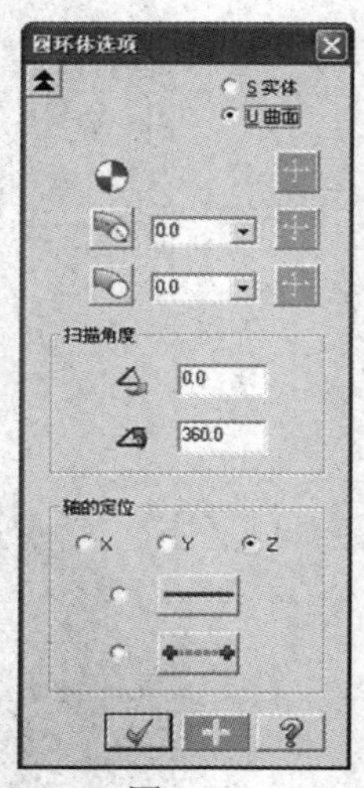

图 2-89

大部分选项设置与前面所述类似，这里不再赘述，不同设置介绍如下。

- 圆环半径：也就是主径，指的是小圆圆心到轴线的距离。

- 圆管半径：也就是辅径，指的是小圆的半径。
- 基点：指小圆圆心到轴线的垂足点。

2.5.2　曲线创建曲面

选择【绘图】|【绘制曲面】命令，系统弹出如图 2-90 所示的命令项，通过曲线创建的曲面有直纹/举升曲面、昆式曲面、旋转曲面、扫描曲面、牵引曲面和拉伸曲面等。

图 2-90

1. 直纹/举升曲面

将两个或两个以上的截面外形或轮廓以直线熔接的方式生成直纹曲面，如果以参数方式熔接，则生成平滑的举升曲面。

【操作实例 2-35】直纹/举升曲面

源文件：源文件\第 2 章\直纹举升曲面.MCX

(1) 单击【打开文件】按钮，打开“源文件\第 2 章\直纹举升曲面.MCX”文件。

(2) 选择【绘图】|【绘制曲面】|【直纹/举升】命令，或者单击按钮，则系统自动打开【串连选项】对话框。

(3) 在系统提示下，在绘图区顺次选取两个或多个串连曲线。选择好截面曲线后，在【串连选项】对话框中单击【确定】按钮。

(4) 单击【直纹】按钮，生成直纹曲面；单击【举升】按钮，则生成举升曲面。

(5) 单击按钮，确定并退出该命令。

如图 2-91 所示为举升曲面和直纹曲面的着色效果图。

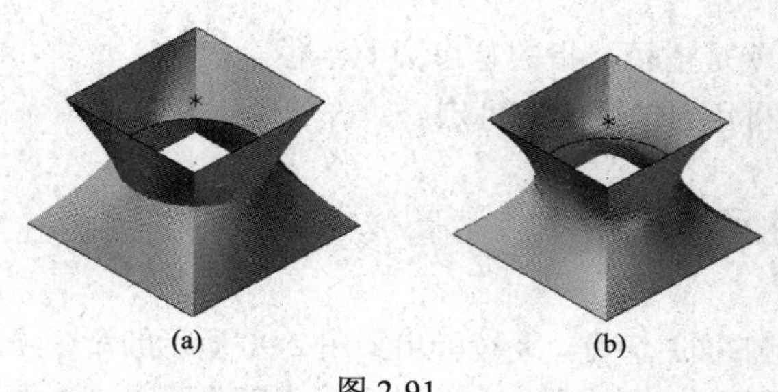

图 2-91

2. 旋转曲面

旋转曲面用于创建具有公共轴线的回转体曲面。

【操作实例 2-36】旋转曲面

	源文件：源文件\第 2 章\旋转曲面.MCX

(1) 单击【打开文件】按钮，打开“源文件\第 2 章\旋转曲面.MCX”文件。

(2) 选择【绘图】|【绘制曲面】|【旋转曲面】命令，或者单击【旋转曲面】按钮，则系统自动打开【串连选项】对话框。按照系统提示选取串连图素及旋转轴，如图 2-92 所示。

(3) 在起始角度()和扫描角度()文本框中输入需要的数值，单击按钮后系统会自动更新。

如图 2-93 所示为一条曲线绕直线旋转生成的实体的着色效果图。

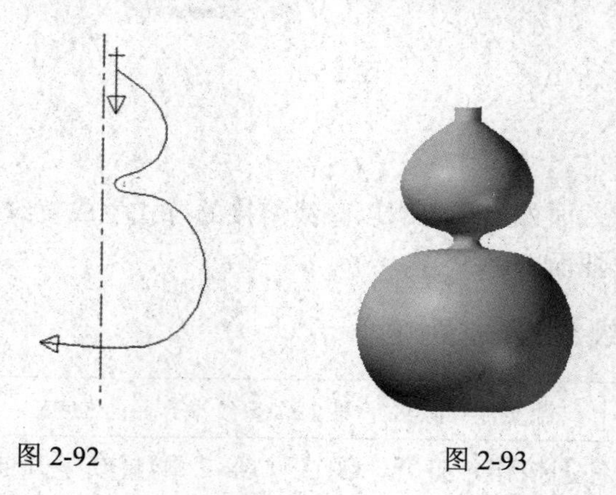

图 2-92　　　图 2-93

3. 扫描曲面

扫描曲面用于创建将几何截面沿着导引线作扫描运动生成曲面。扫描操作有两种情况：一是截面图形有多个，而轨迹线只有一条；二是截面图形为一个，而轨迹线有两条。

【操作实例 2-37】扫描曲面

	源文件：源文件\第 2 章\扫描曲面.MCX

(1) 单击【打开文件】按钮，打开“源文件\第 2 章\扫描曲面.MCX”文件。

(2) 选择【绘图】|【绘制曲面】|【扫描曲面】命令，或者单击按钮。

(3) 选取一个或多个串连作为截面外形后，单击按钮。

(4) 选取一个或两个串连作为导引路径后，单击按钮。

(5) 在系统弹出的【扫掠】对话框中，设置相应参数后，单击按钮。

如图 2-94 所示为一条曲线扫描生成的实体着色效果图。

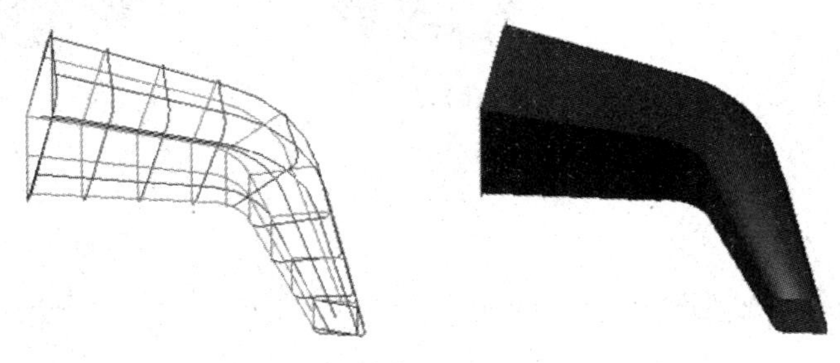

图 2-94

4. 牵引曲面

牵引曲面用于创建将已经绘制的截面沿某一条虚拟的线段牵引面挤出曲面，其长度被称为牵引长度，其角度被称为牵引角度。

【操作实例 2-38】牵引曲面

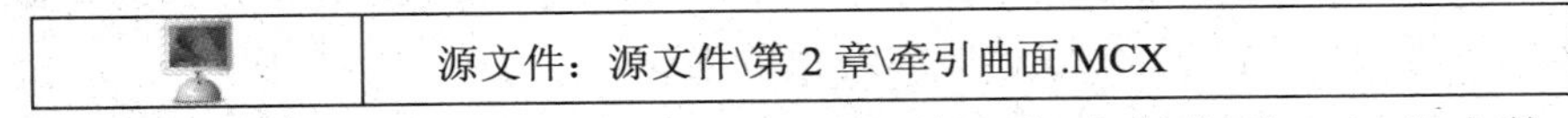

源文件：源文件\第 2 章\牵引曲面.MCX

(1) 单击【打开文件】按钮，打开“源文件\第 2 章\牵引曲面.MCX”文件。

(2) 选择【绘图】|【绘制曲面】|【牵引曲面】命令，或者单击按钮。

(3) 系统弹出【串连选项】对话框，在系统提示下选取串连图素，单击按钮。

(4) 在绘图区内出现如图 2-95 所示的【牵引曲面】对话框，按照要求填好长度()、牵引长度()、角度()等参数后，单击按钮。

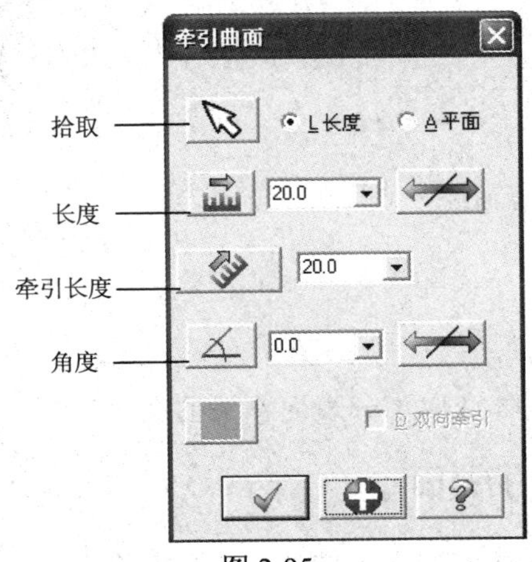

图 2-95

与绘制圆锥曲面类似，角度的最大值与图形的最小尺寸、牵引长度有关，如果角度过大，将会引起曲面自相交，产生扭曲现象。如图 2-96 所示为曲线牵引生成的实体着色效果图。

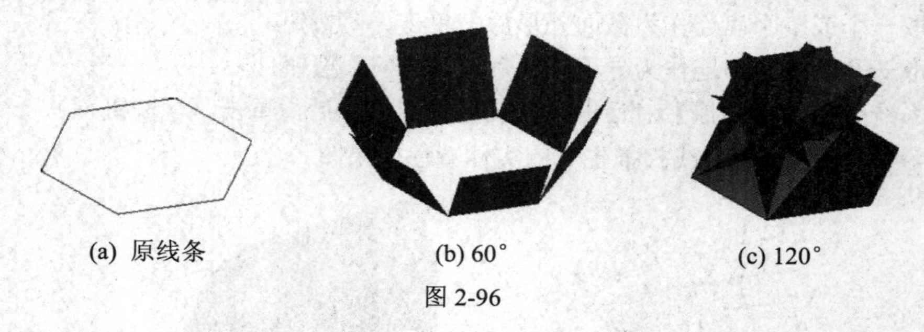

(a) 原线条　　(b) 60°　　(c) 120°

图 2-96

5. 昆式曲面

昆式曲面是根据网格状的轮廓定义曲面，是目前 CAD 软件中造型能力最强的曲面造型方法之一。

【操作实例 2-39】昆式曲面

源文件：源文件\第 2 章\昆式曲面.MCX

(1) 单击【打开文件】按钮，打开“源文件\第 2 章\昆式曲面. MCX”文件。

(2) 选择【绘图】|【绘制曲面】|【昆式曲面】命令，或者单击按钮。

(3) 系统弹出【串连选项】对话框，在系统提示下选取串连图素，单击按钮。

如图 2-97 所示为曲线昆式生成的实体着色效果图。

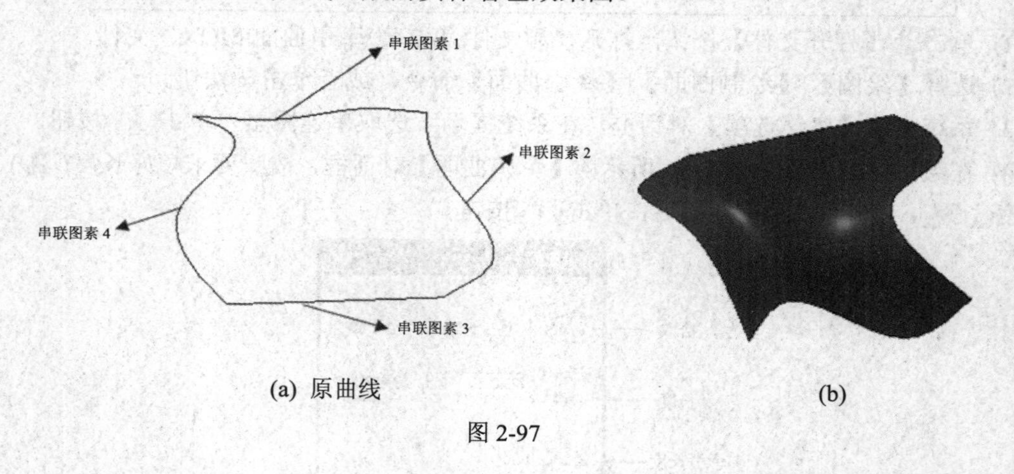

(a) 原曲线　　(b)

图 2-97

6. 实体产生曲面

实体产生曲面是直接从实体选取部分表面作为曲面。

【操作实例 2-40】实体产生曲面

(1) 选择【绘图】|【绘制曲面】|【由实体产生】命令，或者单击按钮。

(2) 系统弹出【串连选项】对话框，在系统提示下选取实体面，单击 ✓ 按钮确定。

如图 2-98 所示为实体产生曲面生成的实体着色效果图。

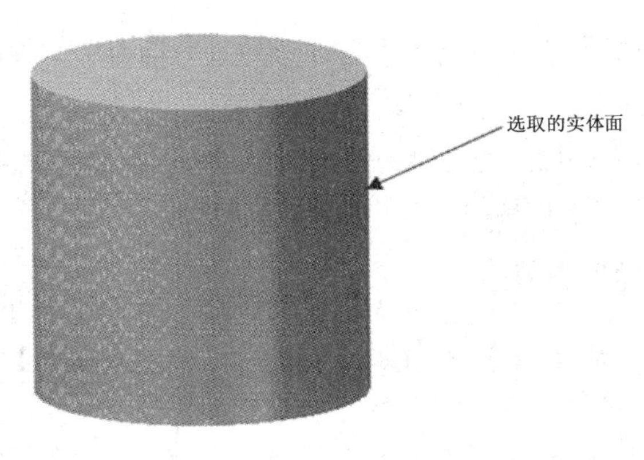

图 2-98

7. 曲面补正

曲面补正是相对于已经存在的曲面沿法线方向偏移产生一定距离的新曲面。通过转换原曲面的法向来改变曲面的相对生成方向。如果保留原曲面，使用偏置的方法可以进行曲面复制。

【操作实例 2-41】曲面补正

(1) 选择【绘图】|【绘制曲面】|【曲面补正】命令，或者单击按钮。

(2) 按照系统提示选择曲面去补正，选中要偏置的曲面，然后按 Enter 键确定。

(3) 系统自动生成一个新的曲面，设置偏置方向和偏置距离。

(4) 确定是否要保留原曲面，若要保留则单击按钮，否则单击 ✓ 按钮。结果如图 2-99 所示。

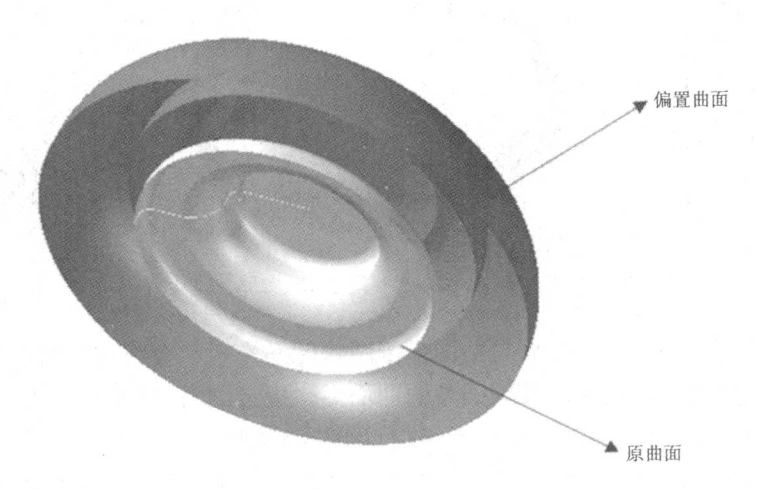

图 2-99

2.5.3 编辑曲面

常用的曲面编辑方法有曲面倒圆角、曲面修剪/延伸和曲面熔接等。

1. 曲面倒圆角

曲面倒圆角是在曲面上添加光滑过渡的圆角结构，可以在曲面和曲面、曲面和曲线、曲面与平面间倒圆角。其中，曲面和曲面之间倒圆角最常用。

【操作实例 2-42】曲面倒圆角

(1) 选择【绘图】|【绘制曲面】|【曲面倒圆角】|【曲面与曲面】命令，或者单击按钮，打开【串连选项】对话框。

(2) 选取第一个曲面或按 Esc 键退出。在绘图区选择曲面后，按 Enter 键确定。

(3) 选取第二个曲面或按 Esc 键退出。在绘图区选择曲面后，按 Enter 键确定。

(4) 系统生成圆角曲面，弹出如图 2-100 所示的【两曲面倒圆角】对话框，从中可以选取曲面、指定倒圆角半径并设置其他倒圆角参数。

(5) 单击按钮。

如图 2-101 所示为曲面倒圆角生成的实体着色效果图。

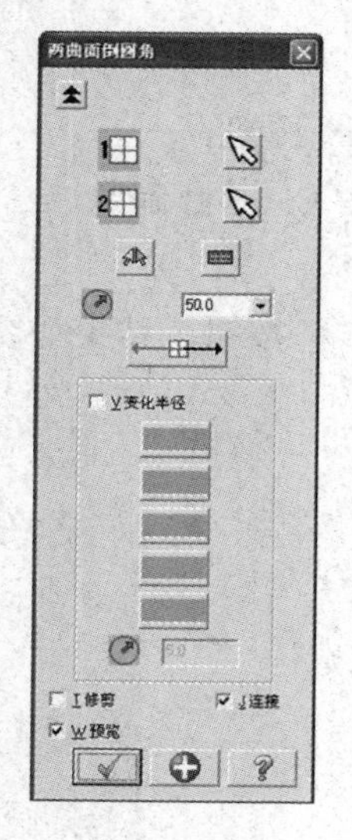

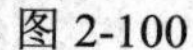

图 2-100

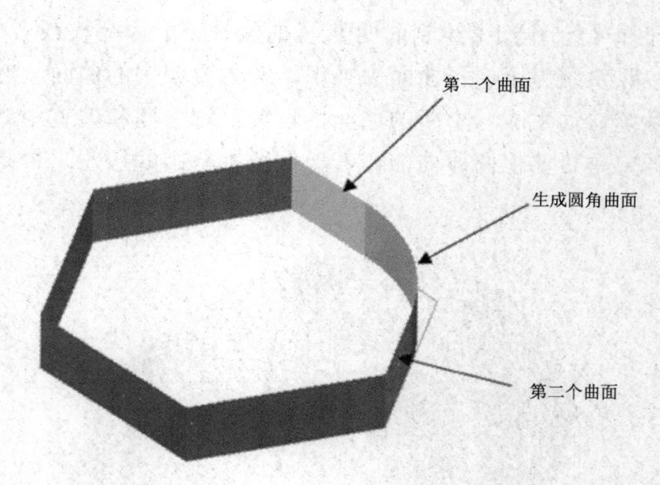

图 2-101

“曲线与曲面”倒圆角与“平面与曲面”倒圆角的操作和参数都与“曲面与曲面”倒圆角相似，在绘图区选取一个或多个要倒圆角的曲面后，指定倒圆角半径；选取一条或多条曲线并根据串连的方向来指定在曲面的哪一侧进行倒圆角(或指定或选取一个平面)；系统弹出【曲线与曲面倒圆角】对话框，用于重新选取曲面、指定倒角半径、选取曲线并设置其他倒圆角参数等，此处不再赘述。

2. 曲面修剪/延伸

曲面修剪可以修剪曲面与曲面、曲面与曲线、曲面与平面。延伸操作可将一个或多个曲面延伸而生成新的曲面。

1) 修剪曲面至曲线

选取一条能够完全将曲面划分为不同部分的参照曲线，系统将其投影在曲面上，并用其投影曲线分割曲面，然后指定裁剪后要保留的曲面部分，系统自动删除不需要的部分。

【操作实例 2-43】修剪曲面至曲线

	源文件：源文件\第 2 章\曲面修剪至曲线. MCX

(1) 单击【打开文件】按钮，打开“源文件\第 2 章\曲面修剪至曲线.MCX”文件。

(2) 选择【绘图】|【绘制曲面】|【修剪曲面】|【修剪至曲线】命令，或者单击按钮。

(3) 选取曲面或按 Esc 键退出。选好后按 Enter 键确定。

(4) 系统弹出【串连选项】对话框，在系统提示下选取修剪曲线，单击对话框中的按钮确定。

(5) 指出保留区域，选取曲面去修剪，此时选取要修剪的曲面，按 Enter 键确定。曲面修剪至曲线生成的实体着色效果图，如图 2-102 所示。

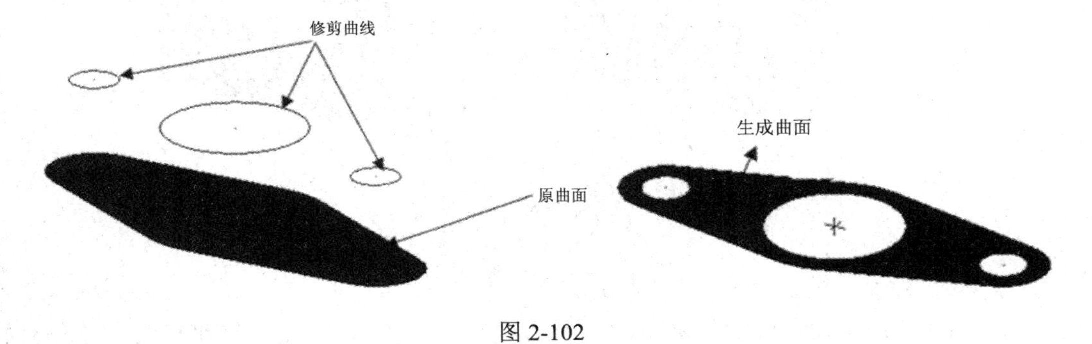

图 2-102

2) 修剪曲面到平面

定义一个平面，使用该平面将选取的曲面切开，并保留该平面法线方向一侧的曲面。

【操作实例 2-44】修剪曲面到平面

(1) 选择【绘图】|【绘制曲面】|【修剪曲面】|【修剪至平面】命令，或者单击按钮。

(2) 选取曲面，按 Enter 键确定。

(3) 系统弹出如图 2-103 所示的【平面选项】对话框，设置对话框中的各个参数，生成修剪平面。

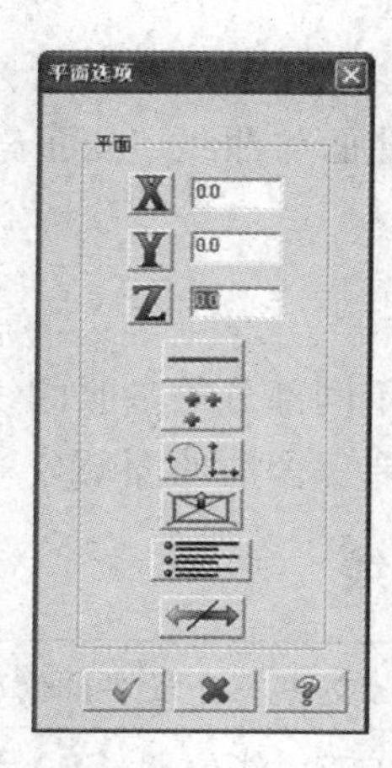

图 2-103

(4) 单击按钮或者按钮。

如图 2-104 所示为一个曲面调用修剪功能前后的示意图。

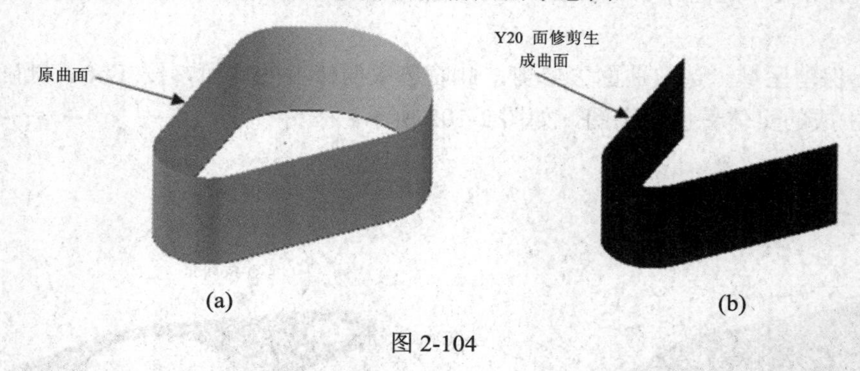

图 2-104

3) 修剪到曲面

修剪到曲面是通过指定两组曲面(其中一组为被修剪对象，另一组为修剪对象)，根据系统的提示分别指定裁剪后要保留的部分。选取修剪曲面时，该曲面必须与另一组曲面完全断开。

【操作实例 2-45】修剪到曲面

	源文件：源文件\第 2 章\曲面修剪至曲面. MCX

(1) 单击【打开文件】按钮，打开“源文件\第 2 章\曲面修剪至曲面 MCX”文件。

(2) 选择【绘图】|【绘制曲面】|【修剪曲面】|【修剪至曲面】命令，或者单击按钮。

(3) 选取第一个曲面或按 Esc 键退出，选定后按 Enter 键确定。

(4) 选取第二个曲面或按 Esc 键退出，选定后按 Enter 键确定。

(5) 选择修剪方式，选择不同方式时得到的结果不同。

如图 2-105 所示为选择方式 1 和方式 3 时的效果。

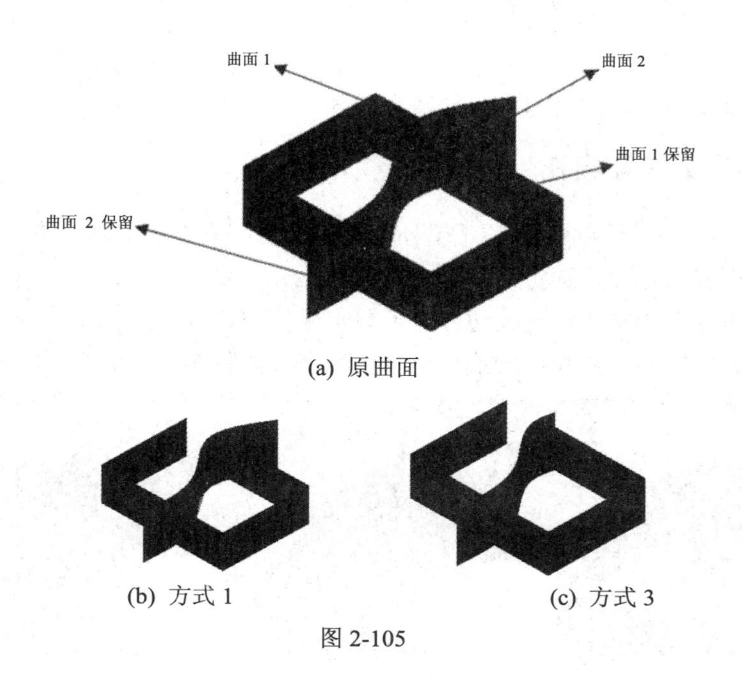

(a) 原曲面

(b) 方式 1　　(c) 方式 3

图 2-105

4) 曲面延伸

将曲面沿着其边界延伸至指定的距离或延伸至指定的平面。

【操作实例 2-46】曲面延伸

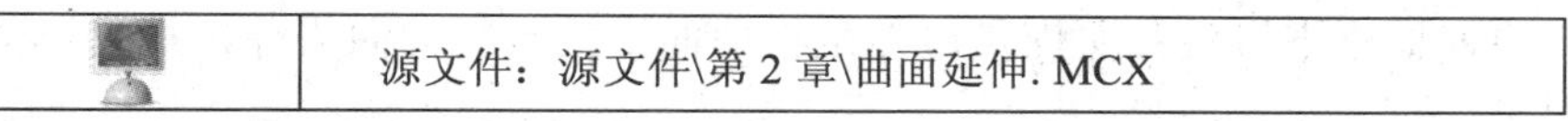

	源文件：源文件\第 2 章\曲面延伸. MCX

(1) 单击【打开文件】按钮，打开“源文件\第 2 章\曲面延伸. MCX”文件。

(2) 选择【绘图】|【绘制曲面】|【曲面延伸】命令，或者单击按钮。

(3) 选取要延伸的曲面，按 Enter 键确定。

(4) 移动箭头到要延伸的边界，单击鼠标左键确定。

(5) 系统自动生成延伸曲面，在工作条中修改长度等参数，可以在绘图区预览更新的延伸曲面。

(6) 单击按钮，确定并结束该命令。

如图 2-106 所示为生成的效果图。

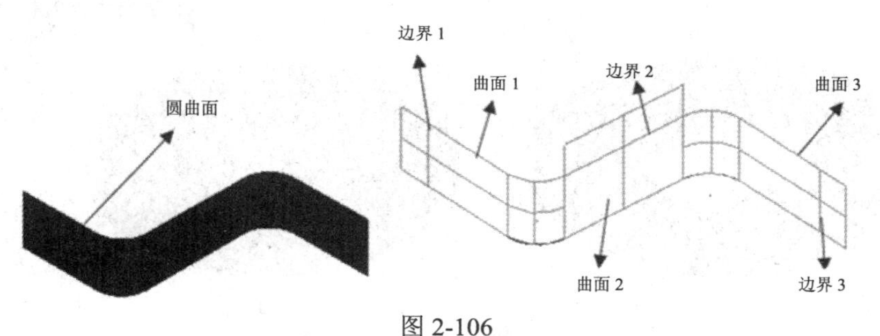

图 2-106

5) 填补内孔

用于填充曲面或者实体中的破孔。

【操作实例 2-47】填补内孔

(1) 选择【绘图】|【绘制曲面】|【填补内孔】命令，或者单击按钮。

(2) 选取曲面或实体面，选定后按 Enter 键确定。

(3) 选取孔边界，当箭头到达孔边界时，单击鼠标左键确定。

(4) 在绘图区内右击，从弹出的快捷菜单中选择【清除颜色】命令。

如图 2-107 所示为生成的实体着色效果图。

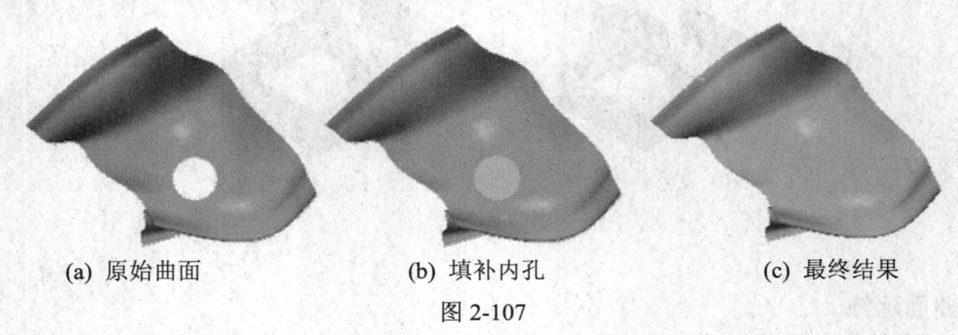

(a) 原始曲面　　(b) 填补内孔　　(c) 最终结果

图 2-107

6) 恢复边界

其使用方法与填补内孔方式相同，填补内孔是在空洞处生成一个独立于原曲面的新的曲面，能够与原曲面平滑过渡；而恢复边界是将曲面上的封闭曲面去除，生成一个没有漏洞的单一曲面。

【操作实例 2-48】恢复边界

(1) 选择【绘图】|【绘制曲面】|【恢复边界】命令，或者单击按钮。

(2) 选取一曲面，选定后按 Enter 键确定。

(3) 移动箭头到需要移除的一侧，当箭头到达孔边界时，单击鼠标左键确定。

(4) 单击按钮，确定并结束该命令。

如图 2-108 所示为生成的实体着色效果图。

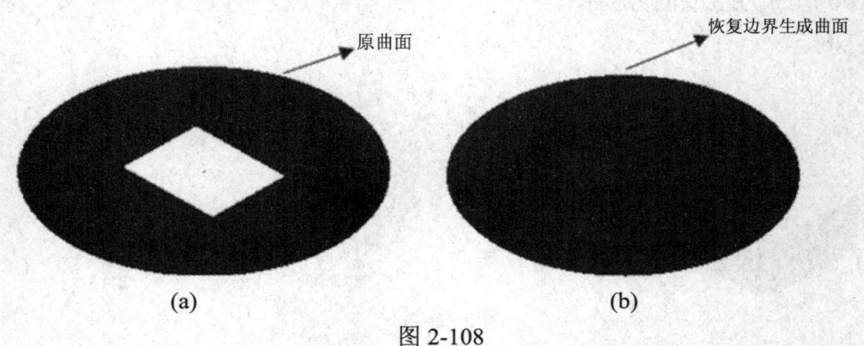

(a)　　(b)

图 2-108

7) 曲面分割

将选取的一个曲面由纵向或者横向进行分割。

【操作实例 2-49】曲面分割

(1) 选择【绘图】|【绘制曲面】|【曲面分割】命令，或者单击按钮。

(2) 选取曲面，选定后按 Enter 键确定。

(3) 移动箭头到要分割的位置，单击按钮来调整分割方向。

(4) 单击按钮，确定并退出该命令。

如图 2-109 所示为生成的实体着色效果图。

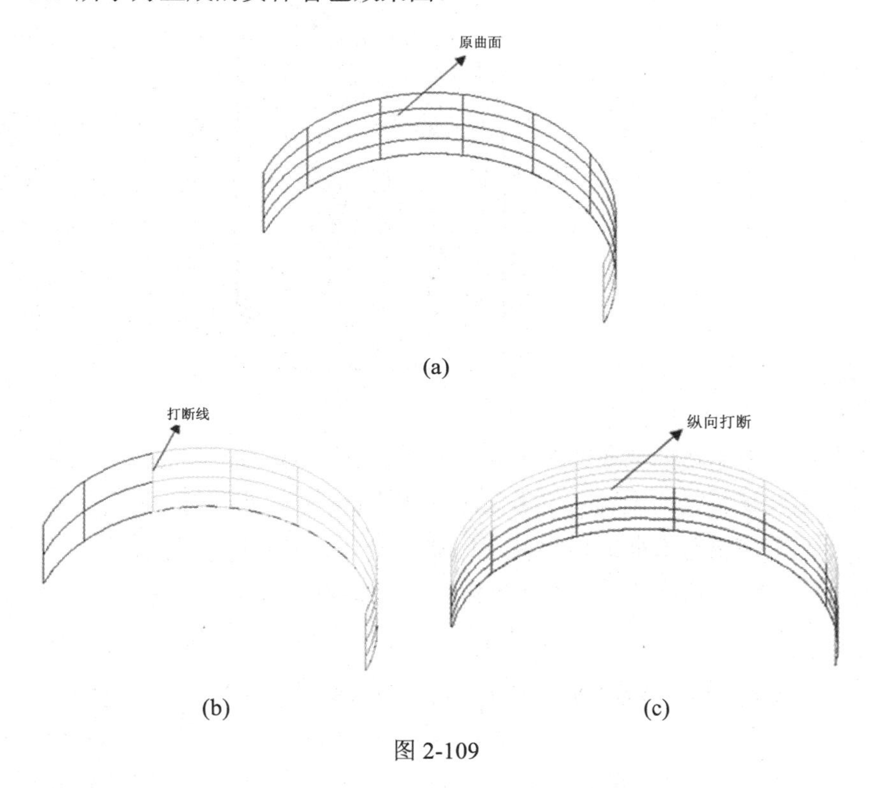

图 2-109

8) 恢复修剪曲面

撤销对曲面所进行的修剪，恢复修剪前的曲面形状。

选择【绘图】|【绘制曲面】|【恢复修剪曲面】命令，或者单击按钮。在系统提示下选取曲面，按 Enter 键确定，系统便恢复该曲面至修剪前的形状，这里不再赘述。

3. 曲面熔接

用于在两曲面或多曲面之间产生熔接曲面，使熔接曲面与原曲面保持顺滑的相切状态。Mastercam X6 系统提供了三种曲面熔接方式：两曲面熔接、三曲面熔接、三圆角曲面熔接。

1) 两曲面熔接

【操作实例 2-50】两曲面熔接

	源文件：源文件\第 2 章\两曲面熔接. MCX

(1) 单击【打开文件】按钮，打开“源文件\第 2 章\两曲面熔接. MCX”文件。

(2) 选择【绘图】|【绘制曲面】|【两曲面熔接】命令，或者单击按钮，系统弹出如图 2-110 所示的【两曲面熔接】对话框。

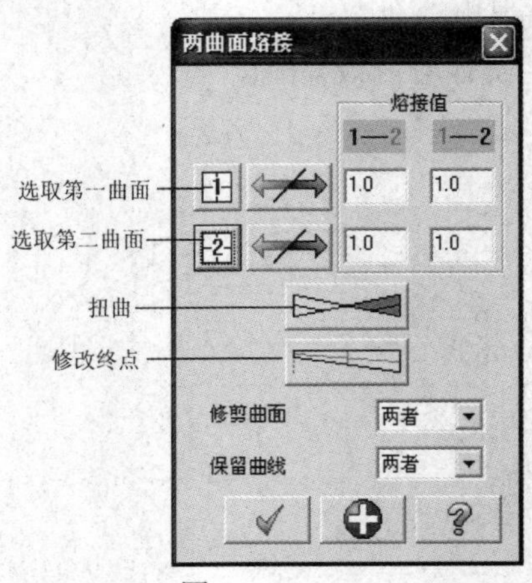

图 2-110

(3) 选取第一个要熔接的曲面，单击鼠标左键确认。

(4) 移动箭头到要熔接的位置，单击鼠标左键确认。

(5) 选择第二个要熔接的曲面以及熔接位置。

(6) 单击按钮，确认并退出该命令，完成熔接面的创建。

2) 三曲面熔接

三曲面熔接即创建熔接曲面并将三个曲面光滑地熔接起来，如图 2-111 所示。

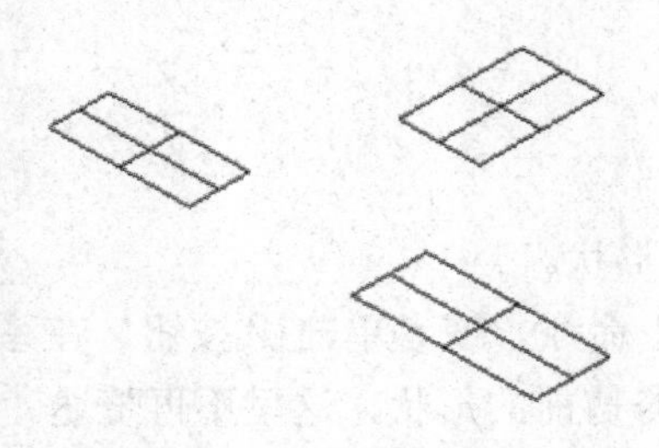

(a) 原始的三个曲面

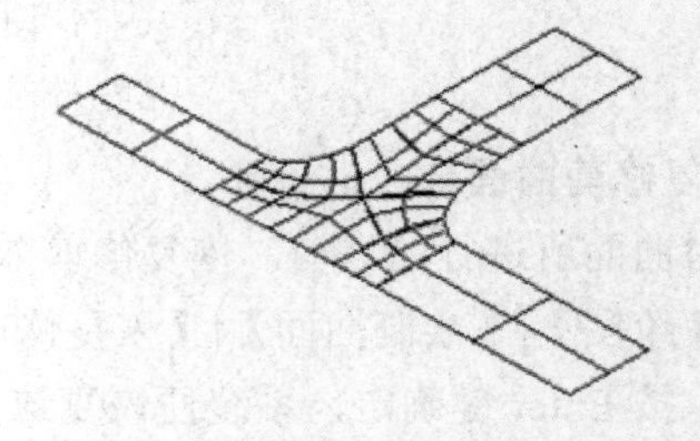

(b) 熔接后的曲面

图 2-111

【操作实例 2-51】三曲面熔接

(1) 选择【绘图】|【绘制曲面】|【三曲面熔接】命令，或者单击按钮，系统弹出如图 2-112 所示的【三曲面熔接】对话框。

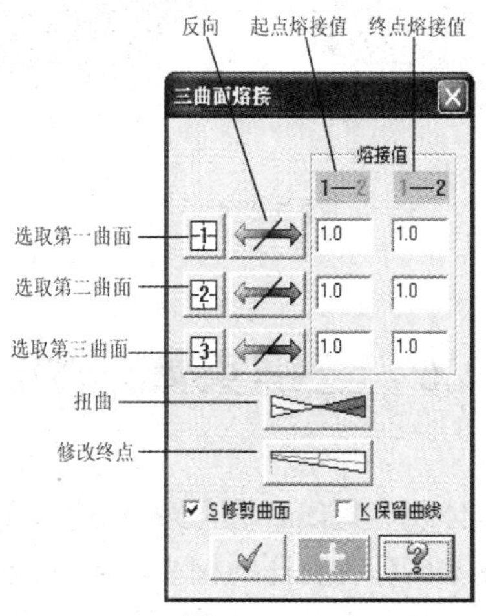

图 2-112

(2) 选择要熔接的曲面，移动箭头到要熔接的位置。选定后，单击鼠标左键确定。

(3) 按照上述方法选好三个要熔接的曲面以及要熔接的位置。

(4) 设置熔接参数，包括起点熔接值、终点熔接值以及修改熔接曲面等。

(5) 单击按钮，确认并退出该命令。

3) 三圆角曲面熔接

三圆角曲面熔接即在三个倒圆角曲面之间产生一熔接曲面将三个倒圆角曲面顺滑起来。

【操作实例 2-52】三圆角曲面熔接

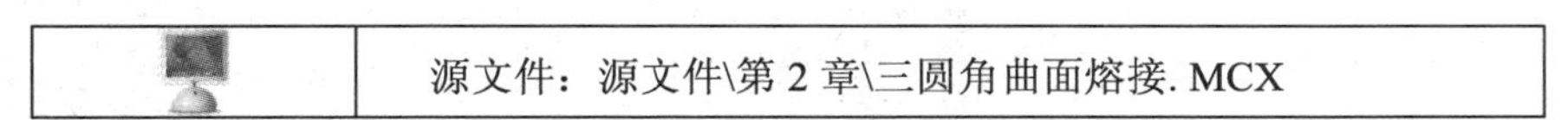

	源文件：源文件\第 2 章\三圆角曲面熔接. MCX

(1) 单击【打开文件】按钮，打开"源文件\第 2 章\三圆角曲面熔接.MCX"文件。

(2) 选择【绘图】|【绘制曲面】|【三圆角熔接】命令，或者单击按钮。

(3) 选取第一个倒圆角曲面，单击鼠标左键确定；选取第二个倒圆角曲面，单击鼠标左键确定；选取第三个倒圆角曲面，单击鼠标左键确定。

(4) 系统弹出如图 2-113 所示的【三个圆角曲面熔接】对话框，设置熔接方式。

(5) 单击按钮。

如图 2-114 所示为生成的实体着色效果图。

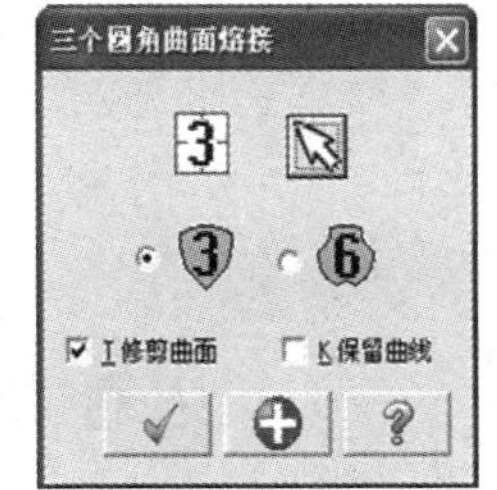

图 2-113

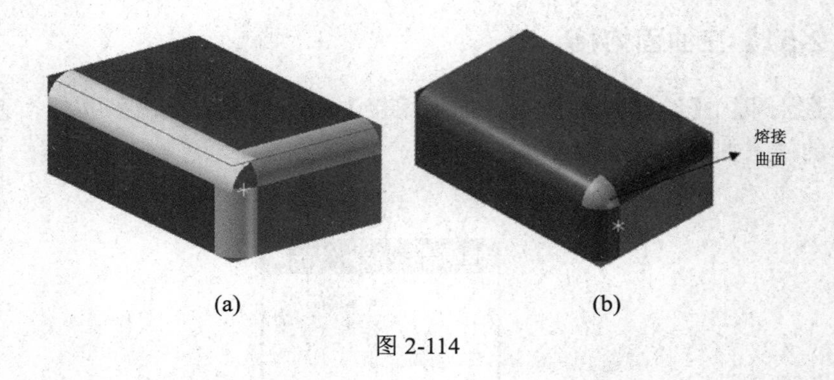

图 2-114

2.6 三维实体造型

实体模型是空间中具有一定体积、封闭表面的形体，是现代设计中最常见的一种模型形式。三维实体造型是 Mastercam X6 系统设计的核心内容，分为线架造型、曲面造型以及实体造型三种，这三种造型生成的模型从不同角度来描述一个物体，它们各有侧重点和特色，用户可以根据需要加以选择。

用户可以通过选取菜单栏中的【实体】菜单或者通过工具栏启动三维实体的设计功能，如图 2-115 和图 2-116 所示。

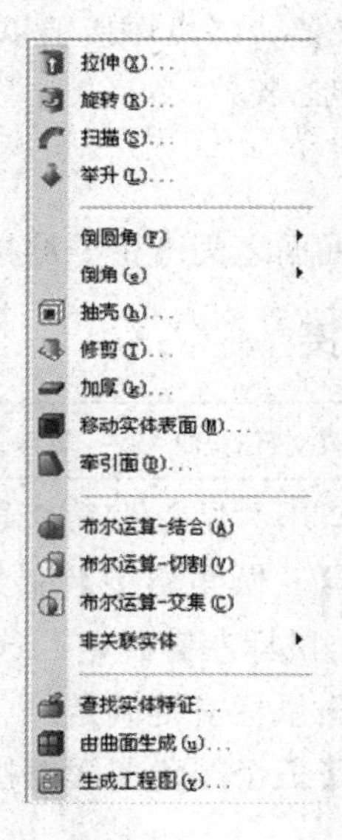

图 2-115

图 2-116

2.6.1　实体创建

1. 基本实体

Mastercam X6 系统提供了直接创建规则形状的基本实体的功能，包括圆柱体、圆锥体、长方体、球体和圆环体。创建基本实体的方法和创建基本曲面的方法类似，只需选择对应对话框中的【实体】单选按钮即可，这里不再赘述。

调用创建实体的命令有两种方法，选择【绘图】|【基本实体】命令，出现如图 2-117(a)所示的菜单栏，或者单击【草图】工具栏中的对应按钮，如图 2-117(b)所示。

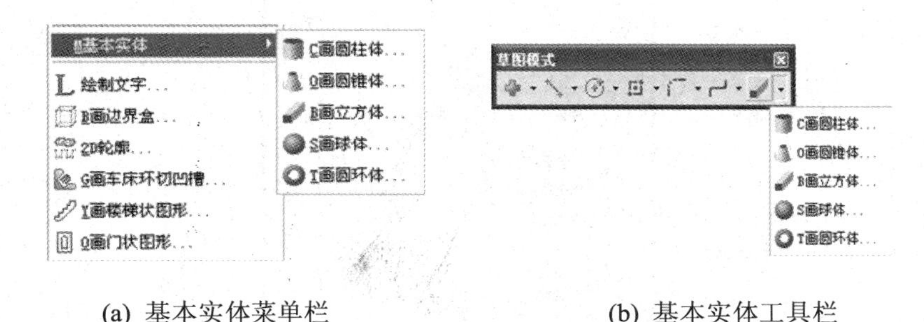

(a) 基本实体菜单栏　　(b) 基本实体工具栏

图 2-117

如图 2-118 所示为通过设置参数创建的模型。

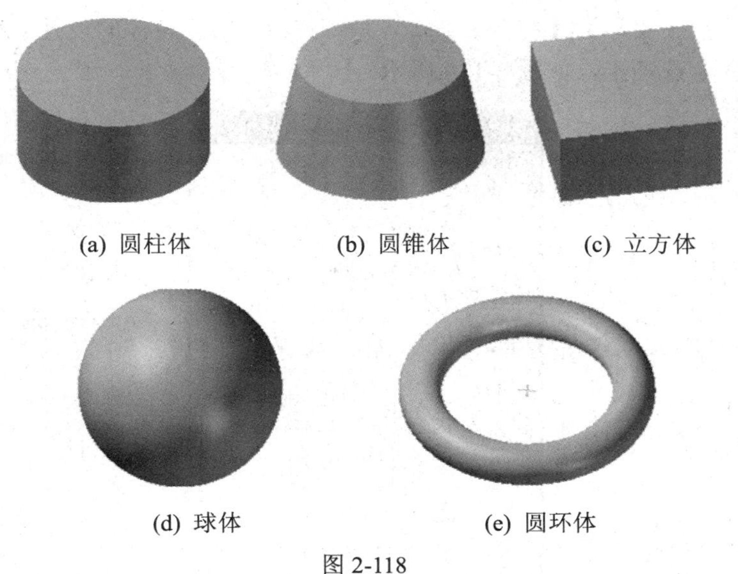

(a) 圆柱体　　(b) 圆锥体　　(c) 立方体

(d) 球体　　(e) 圆环体

图 2-118

2. 曲线、曲面创建实体

曲线、曲面创建实体即通过对绘制的曲线串连按选择的方式进行拉伸、旋转、扫描或举升等操作来创建实体模型。

1）拉伸实体

创建拉伸实体模型，即拉伸曲线串连生成新的实体。曲线不封闭时，只能拉伸为薄壁实体。选择菜单栏中的【实体】|【拉伸】命令或者单击【实体】工具栏中的按钮，选取串连图素后，系统弹出【实体拉伸的设置】对话框，选择【拉伸】选项卡，如图 2-119 所示。

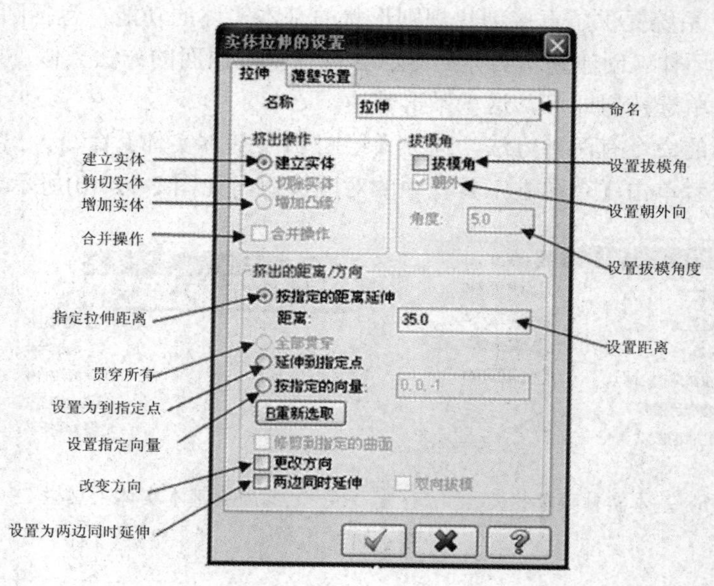

图 2-119

选择菜单栏中的【实体】|【拉伸】命令，系统弹出【实体拉伸的设置】对话框，进入对话框的【薄壁设置】选项卡，如图 2-120 所示。

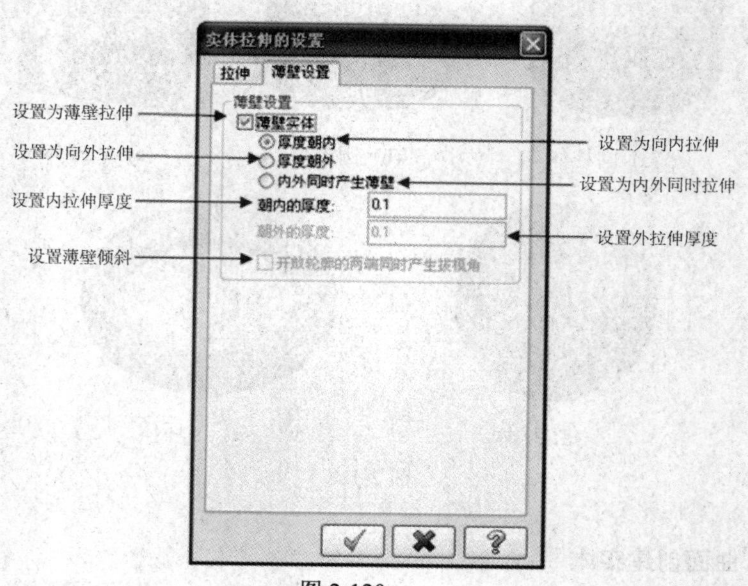

图 2-120

【操作实例 2-53】实体拉伸

	源文件：源文件\第 2 章\实体拉伸. MCX

(1) 单击【打开文件】按钮，打开“源文件\第 2 章\实体拉伸. MCX”文件。

(2) 选择【实体】|【拉伸】命令，或者单击按钮。

(3) 系统出现【串连选项】对话框，在绘图区选择多个串连，选定后在对话框中单击按钮确定。

(4) 如进行实体拉伸，设置【实体拉伸的设置】对话框的【拉伸】选项卡中的参数，即可对拉伸操作进行参数设置，否则进行薄壁拉伸设置。

(5) 单击按钮，系统将自动生成实体，如图 2-121 所示。

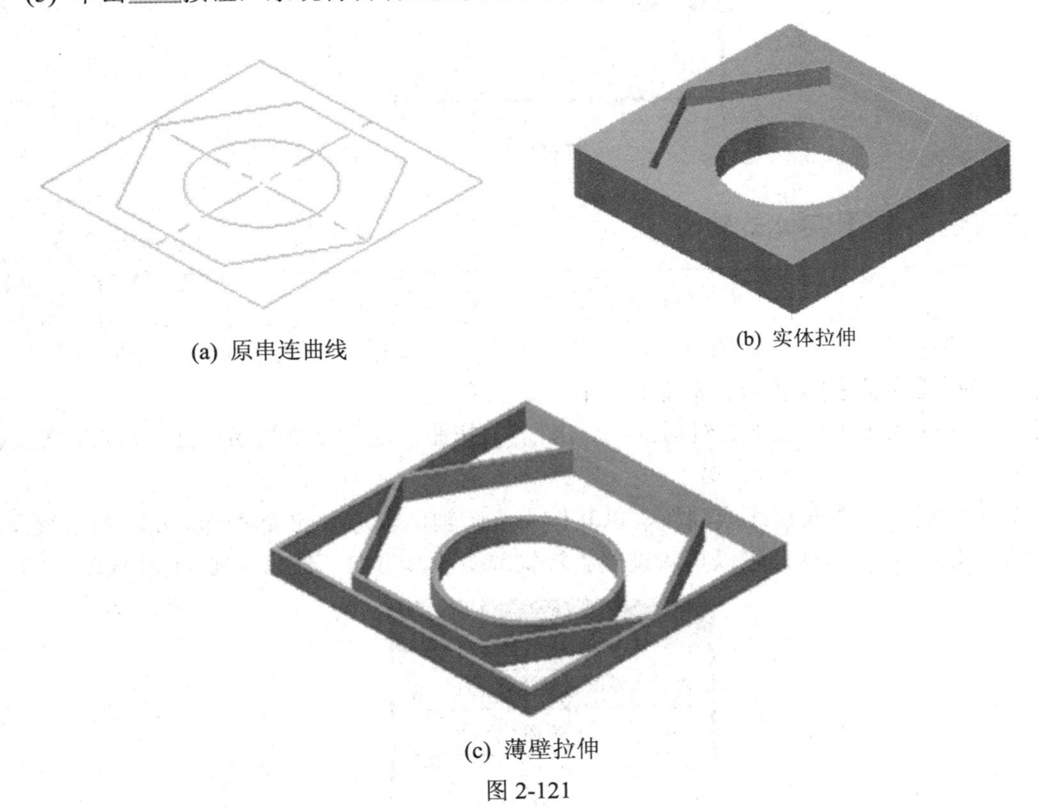

(a) 原串连曲线　(b) 实体拉伸

(c) 薄壁拉伸

图 2-121

2) 旋转实体

旋转实体是将二维图形绕中心轴旋转指定的角度后生成的回转体实体模型。选择菜单栏中的【实体】|【旋转】命令或者单击【实体】工具栏中的按钮，选取串连图素后，系统弹出【旋转实体的设置】对话框，选择【旋转】选项卡，如图 2-122 所示。

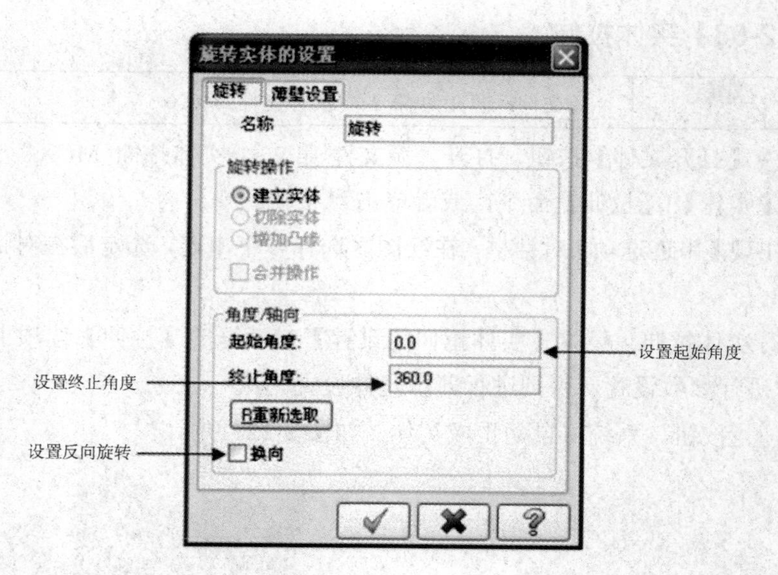

图 2-122

【操作实例 2-54】实体旋转

	源文件：源文件\第 2 章\实体旋转. MCX

(1) 单击【打开文件】按钮，打开“源文件\第 2 章\实体旋转. MCX”文件。

(2) 选择【实体】|【旋转】命令，或者单击按钮。

(3) 系统弹出【串连选项】对话框，单击按钮，选中一个封闭串连，然后单击按钮。

(4) 系统提示“选取直线或轴”，以其作为旋转轴，若选取的旋转轴无效，则系统弹出如图 2-123 所示的对话框，可以重新设置旋转轴或更改其方向，然后单击按钮。

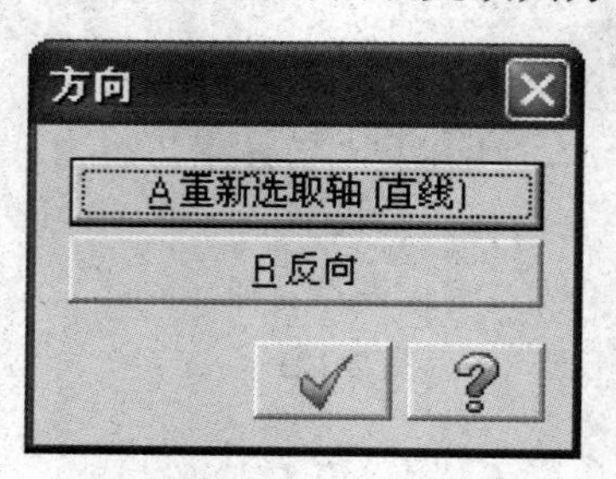

图 2-123

(5) 系统弹出【旋转实体的设置】对话框，可以进行旋转操作的参数设置。该对话框有【旋转】和【薄壁设置】两个选项卡。其参数设置与上一节的拉伸操作类似，这里不再赘述。

(6) 单击按钮，系统自动生成旋转实体，如图 2-124 所示。

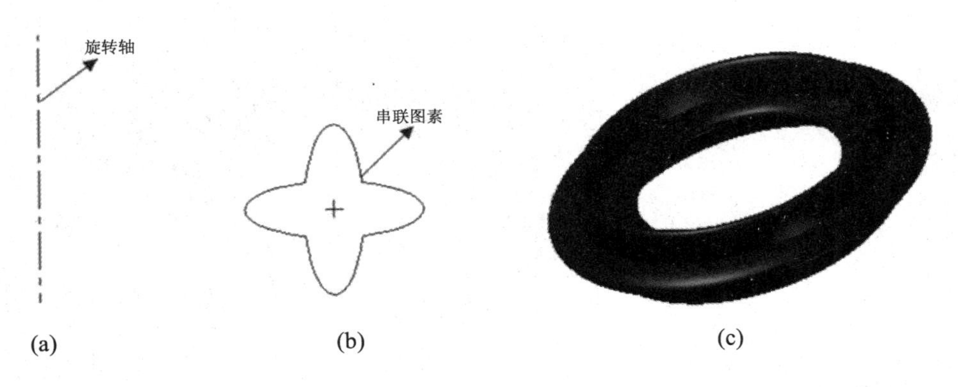

图 2-124

3) 扫描实体

扫描实体是将二维截面图形沿着一定的轨迹线运动后，由截面图形运动轨迹所形成的实体模型。选择菜单栏中的【实体】|【扫描】命令或者单击【实体】工具栏中的按钮，系统自动进入扫描实体模式。

【操作实例 2-55】实体扫描

源文件：源文件\第 2 章\实体扫描. MCX

(1) 单击【打开文件】按钮，打开“源文件\第 2 章\实体扫描. MCX”文件。

(2) 选择【实体】|【扫描】命令，或单击按钮。

(3) 系统弹出【串连选项】对话框，选取一个或多个封闭串连作为截面图形后，单击按钮。

(4) 系统提示选取一条曲线或者曲线串作为轨迹线，弹出如图 2-125 所示的【扫描实体的设置】对话框。

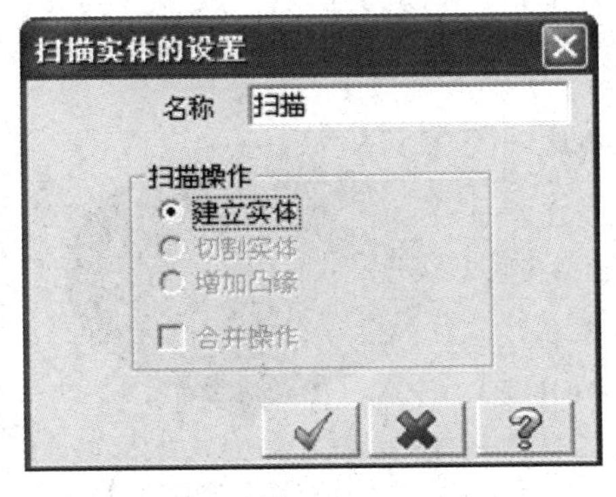

图 2-125

(5) 在【扫描实体的设置】对话框中选择扫描操作的模式，单击按钮，系统生成扫描实体，如图 2-126 所示。

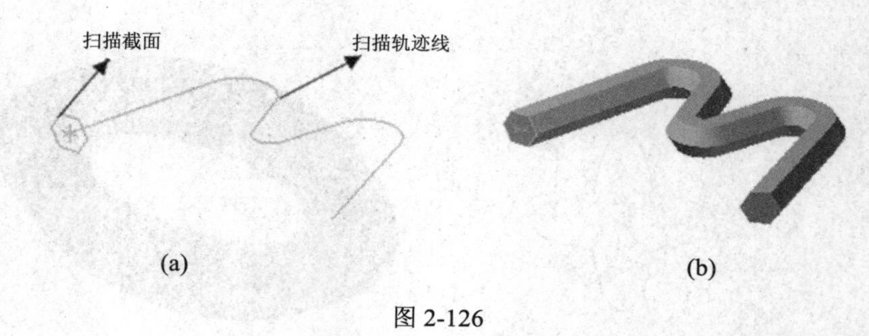

图 2-126

4) 举升实体

举升实体是将两个或两个以上的截面用直线或曲线熔接起来形成实体。用直线连接生成的实体又称为直纹实体。

【操作实例 2-56】实体举升

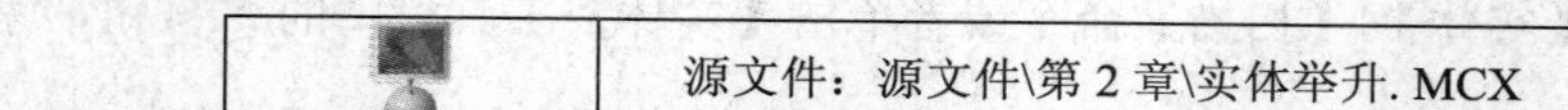

源文件：源文件\第 2 章\实体举升. MCX

(1) 单击【打开文件】按钮，打开“源文件\第 2 章\实体举升. MCX”文件。

(2) 选择【实体】|【举升】命令，或者单击按钮。

(3) 系统弹出【串连选项】对话框，选取串连 1，单击鼠标左键确定；重复上述操作，直至不重复地将截面图形全部选定，单击按钮。

(4) 系统弹出如图 2-127 所示的【举升实体的设置】对话框，选取举升操作的模式，其中有建立实体、切割实体、增加实体三种操作模式。在系统默认的情况下，以光滑熔接的方式生成举升实体；选中【以直纹方式产生实体】复选框，则以线性熔接的方式生成举升实体。

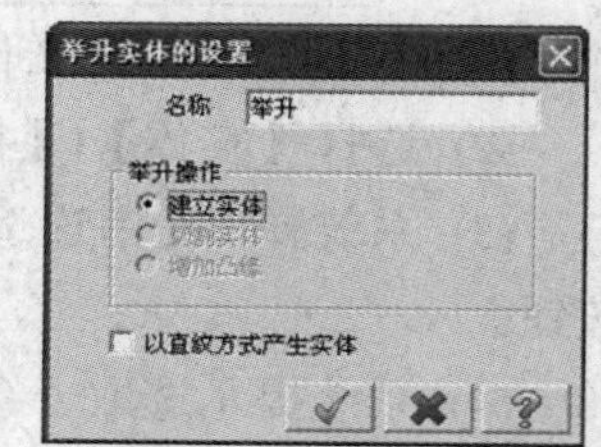

图 2-127

(5) 参数设定后，单击按钮，则系统自动生成举升实体，如图 2-128 所示。

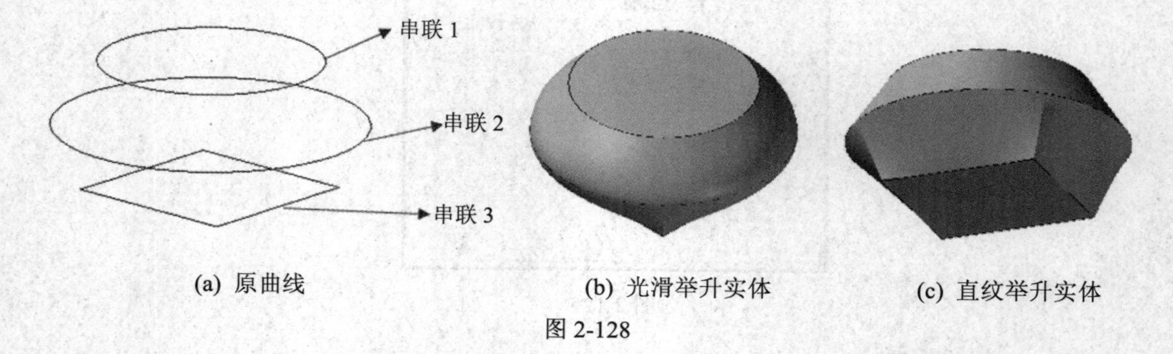

(a) 原曲线　(b) 光滑举升实体　(c) 直纹举升实体

图 2-128

5) 从曲面转换实体

【曲面转换实体】命令可以将空间曲面转换为实体，用于曲面实体化操作。

【操作实例 2-57】从曲面转换实体

(1) 选择【实体】|【由曲面生成】命令，或者单击按钮。

(2) 系统弹出如图 2-129 所示的【曲面转为实体】对话框，用户可以根据需求进行参数设定，单击按钮确定。

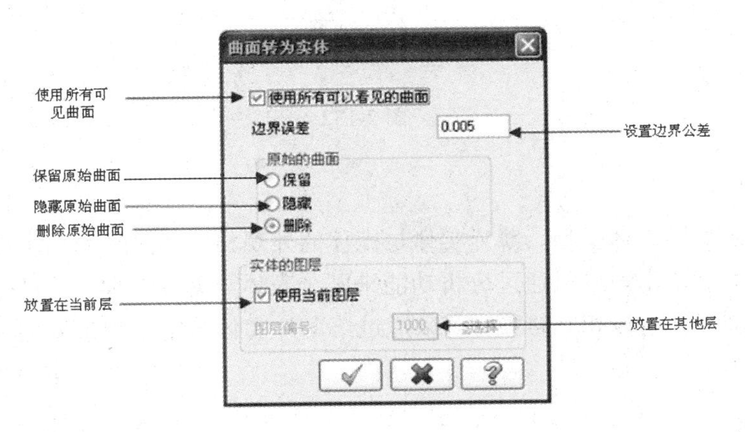

图 2-129

(3) 系统弹出如图 2-130 所示的消息提示框，用来选择是否在开放的边界绘制边界曲线。

(4) 单击【是】按钮，系统弹出如图 2-131 所示的【颜色设置】对话框，如果需要创建，可以选取一种颜色来显示边界。

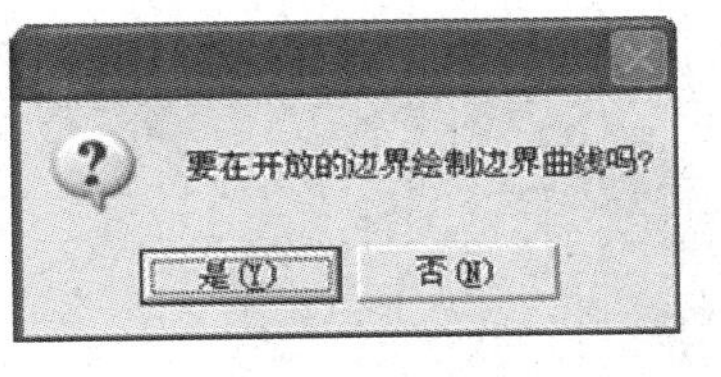

图 2-130

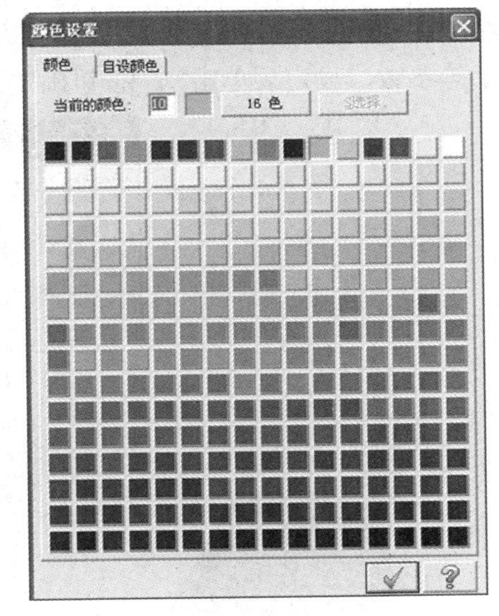

图 2-131

(5) 单击按钮，系统自动生成有边界的薄壁曲面，如图 2-132 所示。

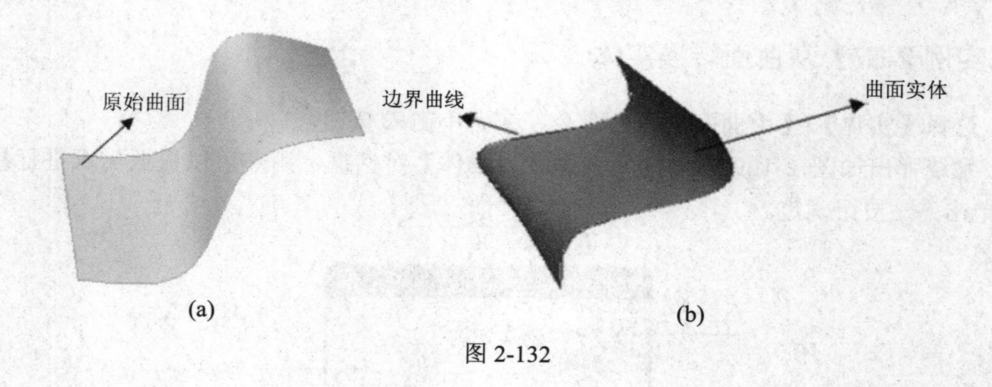

(a) (b)

图 2-132

3. 薄片实体

薄片实体是一种实体类型。薄片实体与壳体的外观相同，但是薄片实体没有厚度，而壳体具有一定的厚度。用户可以通过分析功能来区分壳体与薄片实体。

薄片实体与壳体可以相互转换，可以通过给薄片实体指定厚度来创建壳体，也可以从壳体中提取出薄片实体。

1) 抽壳

【操作实例 2-58】抽壳

(1) 选择【实体】|【抽壳】命令，或者单击按钮。

(2) 选取实体或面，选定后按 Enter 键确定。

(3) 系统弹出如图 2-133 所示的【实体薄壳的设置】对话框，设定【薄壳的方向】、【薄壳的厚度】等参数，设定后单击按钮确定。系统自动生成薄壳实体，如图 2-134 所示。

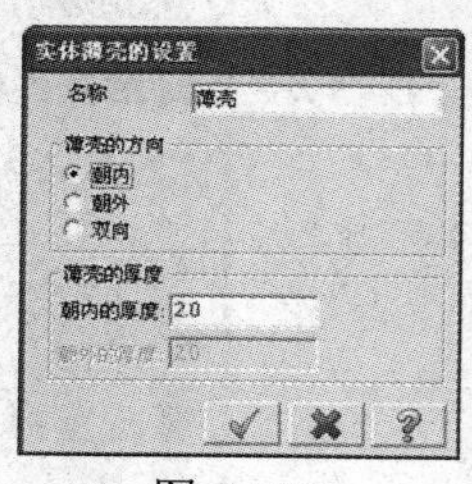

图 2-133

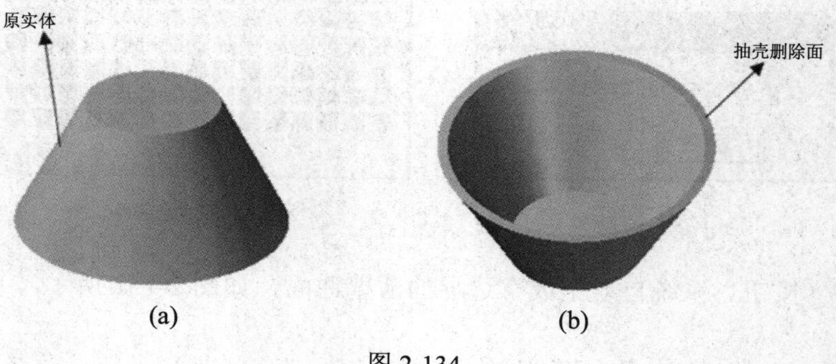

(a) (b)

图 2-134

2) 删除面生成薄壁实体

该命令用于移除指定的实体表面，生成一个中空的薄壁实体。

【操作实例 2-59】删除面生成薄壁实体

(1) 选择【实体】|【移动实体表面】命令，或者单击按钮。

(2) 在系统提示下，单击鼠标左键选取实体。

(3) 选取要移除的面，在要移除的面上单击鼠标左键，然后按 Enter 键确定。

(4) 系统弹出如图 2-135 所示的【移除实体的表面】对话框，设定参数后单击按钮。

(5) 系统弹出如图 2-136 所示的消息提示框，如果单击【是】按钮，则出现【颜色设置】对话框，可以设置生成边界的颜色；否则自动移除实体表面，如图 2-137 所示。

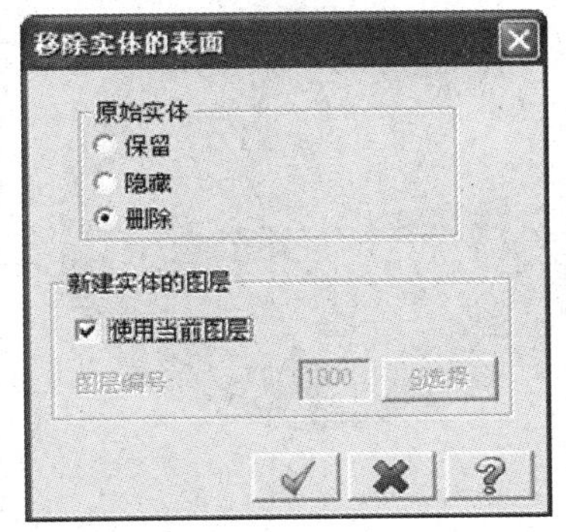

图 2-135

图 2-136

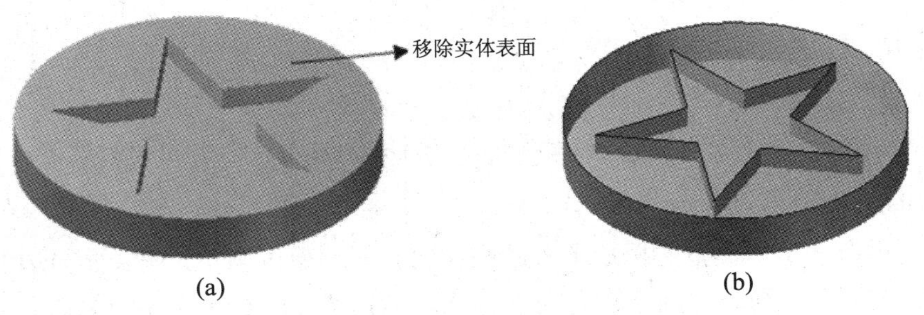

(a)　　(b)

图 2-137

3) 薄片实体加厚

用于对薄片实体进行加厚操作，使之成为具有一定厚度的壳体。

【操作实例 2-60】薄片实体加厚

(1) 选择【实体】|【加厚】命令，或者单击按钮。

(2) 在系统提示下，在绘图区内选择薄片目标实体后，按 Enter 键确定。

(3) 系统弹出如图 2-138 所示的【增加薄片实体的厚度】对话框，根据用户需求设置参数后，单击按钮。

(4) 系统弹出如图 2-139 所示的【厚度方向】对话框，确定是否更改方向后，单击 ✓ 按钮。系统自动生成薄壁实体增加厚度后的实体，如图 2-140 所示。

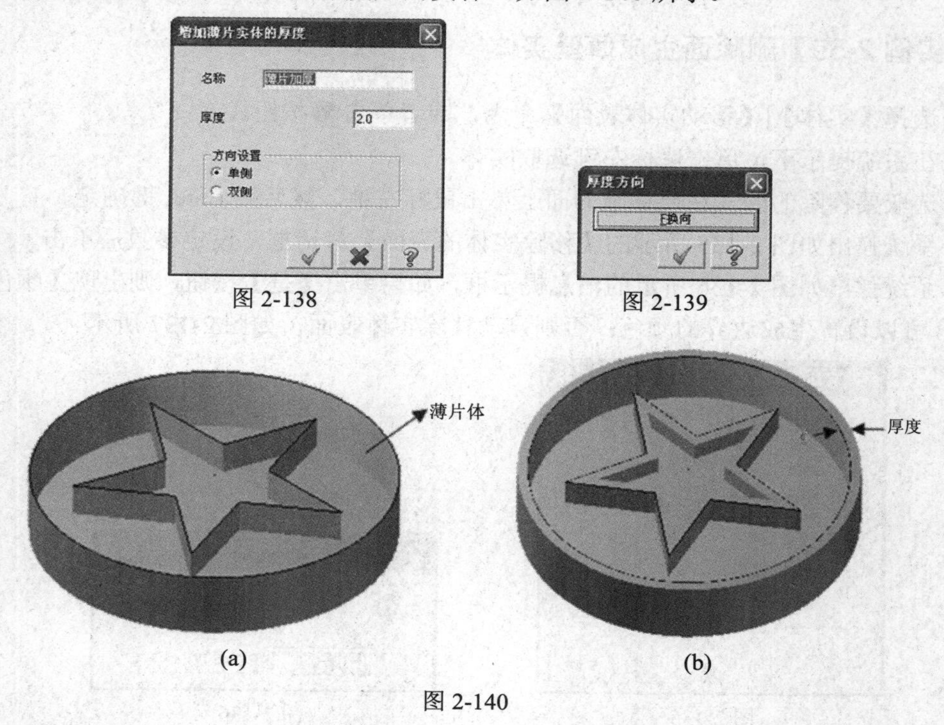

图 2-138

图 2-139

(a)

(b)

图 2-140

2.6.2 实体编辑

Mastercam X6 的实体编辑操作包括倒圆角、倒角、抽壳、牵引面和修剪等。

1. 实体倒圆角

实体倒圆角指在实体模型的棱边上或者两曲面之间创建倒圆角，使表面与边的两个面相切。倒圆角有倒圆角和面与面间倒圆角两种方式。选择【实体】|【倒圆角】命令，系统弹出如图 2-141 所示的菜单。

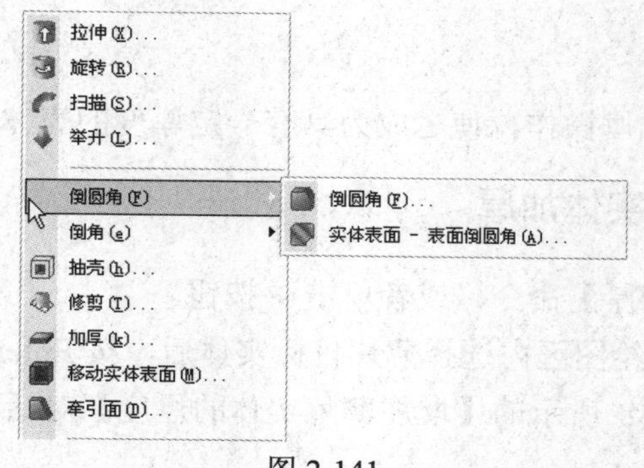

图 2-141

1) 实体倒圆角

该命令用于对实体的边进行倒圆角操作。

【操作实例 2-61】实体倒圆角

(1) 选择【实体】|【倒圆角】|【倒圆角】命令，或者单击按钮。

(2) 在系统提示下，选取图素，按 Enter 键确定。

(3) 系统弹出如图 2-142 所示的【实体倒圆角参数】对话框，对倒圆角的半径进行设置，然后单击按钮。

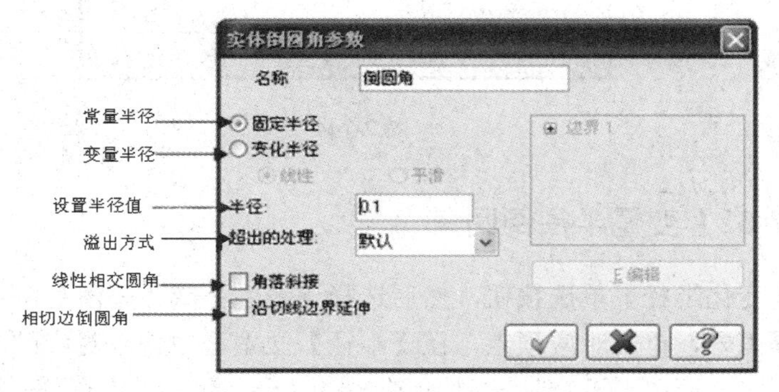

图 2-142

(4) 系统将自动给选定体素倒圆角，如图 2-143 所示。

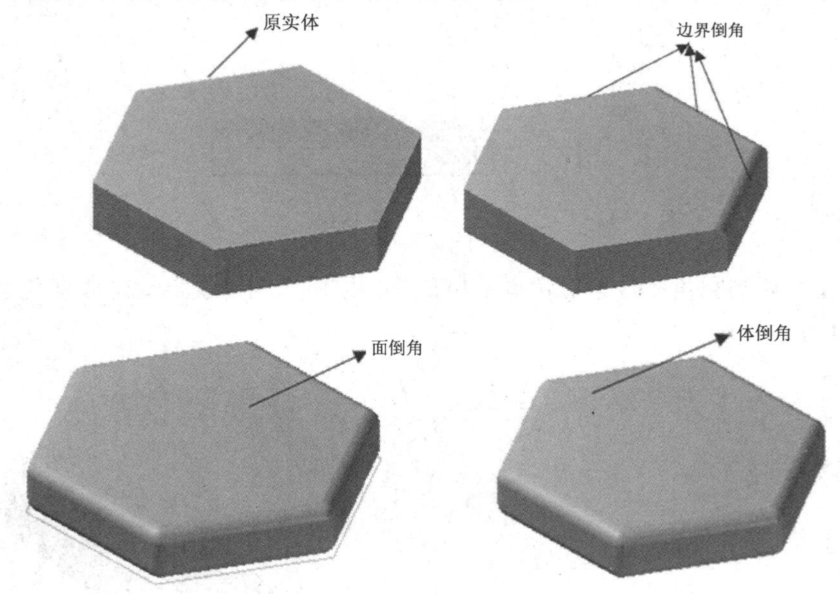

图 2-143

2) 变量半径倒圆角

在系统弹出的如图 2-144 所示的【实体倒圆角参数】对话框中，选择【变化半径】单选

按钮，可以使用变化的半径值对实体进行倒圆角。变化半径倒圆角有【线性】和【平滑】两种方式。

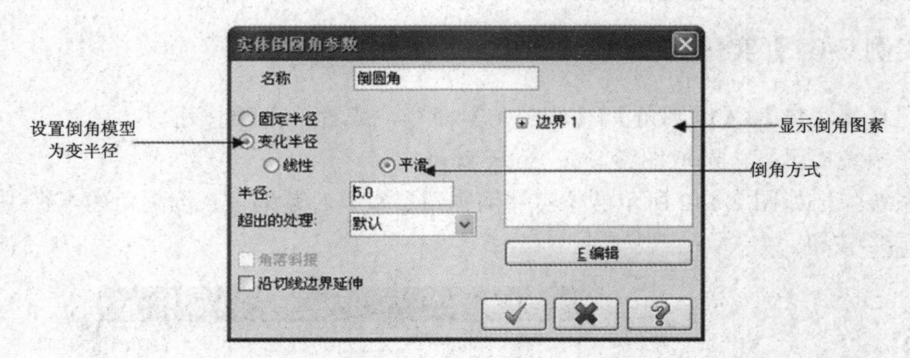

图 2-144

【操作实例 2-62】变量半径倒圆角

(1) 选中【变化半径】单选按钮，然后选择【线性】或【平滑】两种方式之一。

(2) 在边界 1 内，单击对应顶点，在【半径】文本框中输入对应的半径值。

(3) 单击 E 编辑 按钮，出现如图 2-145 所示的下拉菜单，选择需要的插入点方式，然后在边界上单击，指定点的位置来添加倒圆角。

(4) 在系统弹出的如图 2-146 所示的【输入半径】对话框中输入半径值，按 Enter 键确认。

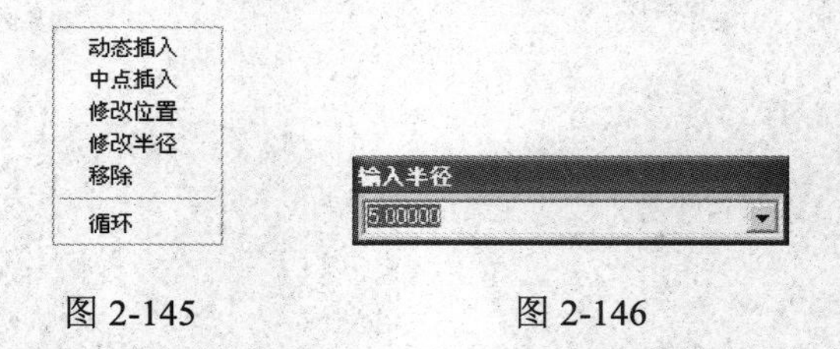

图 2-145　　图 2-146

(5) 返回【实体倒圆角参数】对话框，单击 ✓ 按钮，则系统自动生成变化半径的倒圆角，如图 2-147 所示。

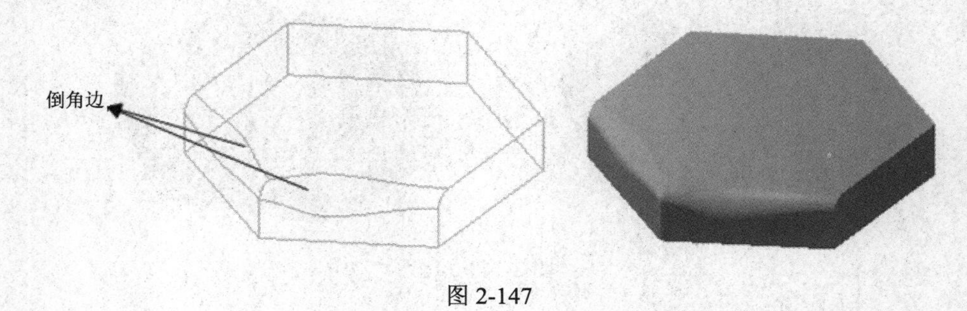

图 2-147

2. 实体倒直角

倒直角操作可以切除凸边的实体或填充凹边的实体，该操作按设定的距离生成实体的一个表面，该表面与原选取边的两个面的相交线上各点距选取边的距离等于设定值，并采用线性熔接方式生成该表面。实体倒直角有单一距离、不同距离、距离/角度三种方法，如图 2-148 所示。

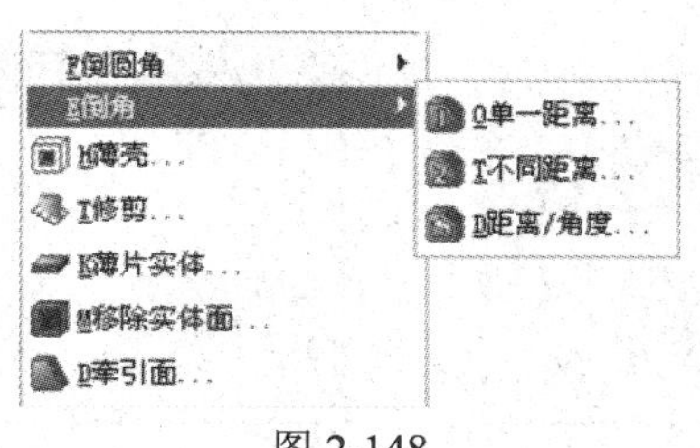

图 2-148

1) 单一距离倒直角

【操作实例 2-63】单一距离倒直角

(1) 选择【实体】|【倒角】|【单一距离】命令，或者单击按钮。

(2) 在系统提示下，单击鼠标左键选取图素，按 Enter 键确定。

(3) 系统弹出如图 2-149 所示的【实体倒角参数】对话框，设置倒角距离，单击按钮。

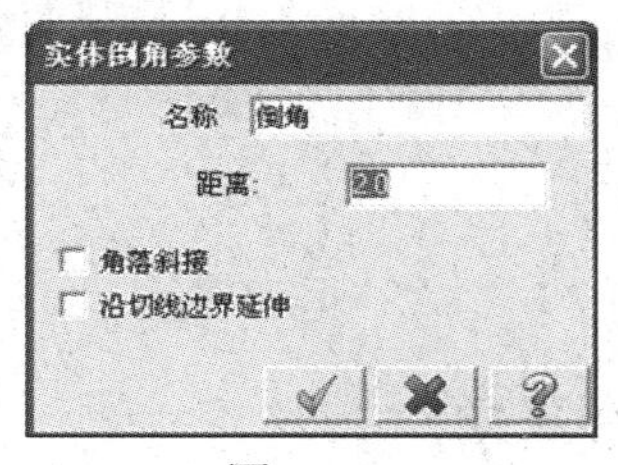

图 2-149

(4) 系统按照参数设置自动生成倒直角，如图 2-150 所示。

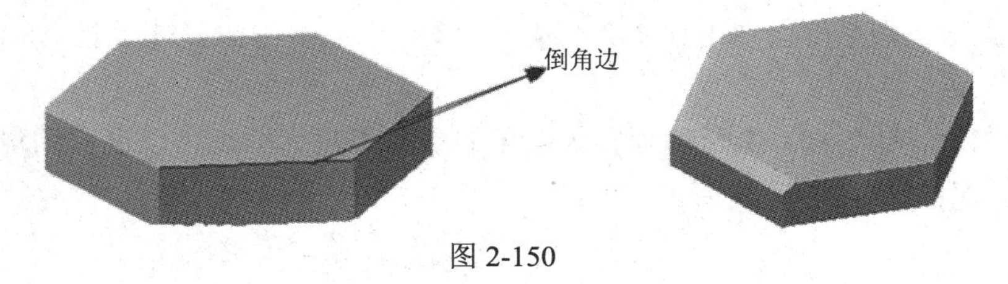

图 2-150

2) 不同距离倒直角

【操作实例 2-64】不同距离倒直角

(1) 选择【实体】|【倒角】|【不同距离】命令，或者单击按钮。

(2) 在系统提示下，单击鼠标左键选取图素，按 Enter 键确定。此时所选图素应为平面，若选择的是一条边，则系统会出现如图 2-151 所示的【选取参考面】对话框，选定后按 Enter 键确定。

(3) 系统弹出如图 2-152 所示的【实体倒角的参数】对话框，可以设置倒角距离，然后单击 ✓ 按钮。

图 2-151

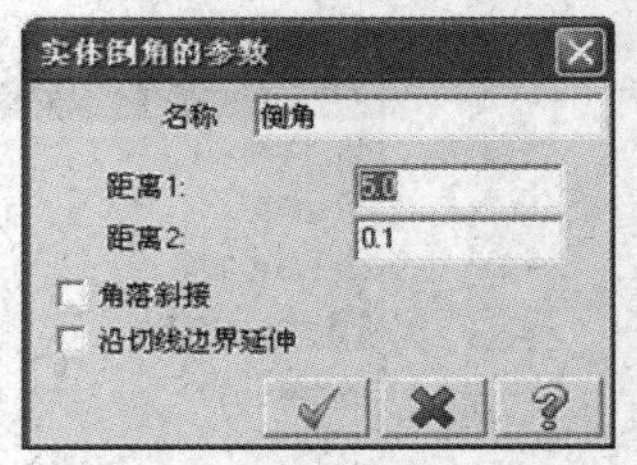

图 2-152

(4) 系统按照参数设置自动生成倒直角，如图 2-153 所示。

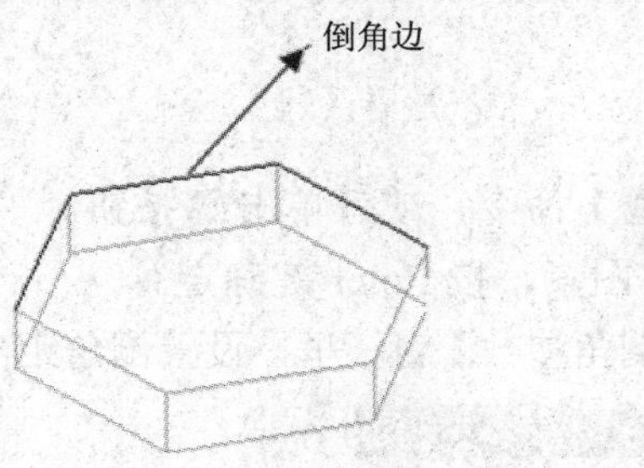

图 2-153

3) 距离/角度倒直角

【操作实例 2-65】距离/角度倒直角

(1) 选择【实体】|【倒角】|【距离/角度】命令，或者单击按钮。

(2) 在系统提示下，单击鼠标左键选取图素，按 Enter 键确定。此时所选图素应为平面，若选择的是一条边，则系统会弹出如图 2-154 所示的【选取参考面】对话框，选定后按 Enter 键确定。

(3) 系统弹出如图 2-155 所示的【实体倒角的参数】对话框，可以设置倒角的距离和角度，然后单击 ✓ 按钮。

图 2-154

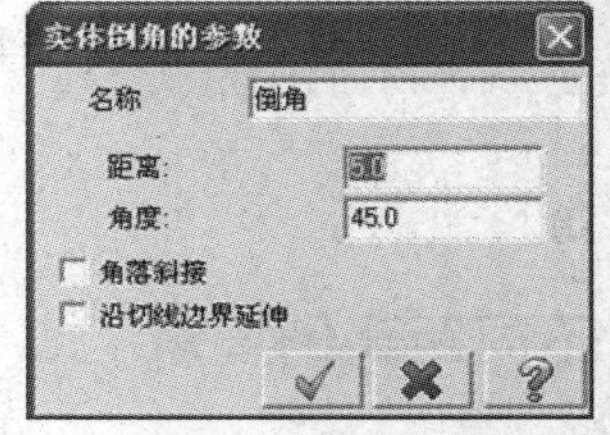

图 2-155

(4) 系统按照参数设置自动生成倒直角。

3. 实体修剪

实体修剪就是用平面、曲面或薄壁实体切割实体，从而将实体分割，并可以按照用户需求保留或删除其中的任一部分。

【操作实例 2-66】实体修剪

(1) 选择【实体】|【修剪】命令，或者单击按钮。

(2) 系统弹出如图 2-156 所示的【修剪实体】对话框，选择要修剪到的对象类型，单击按钮。

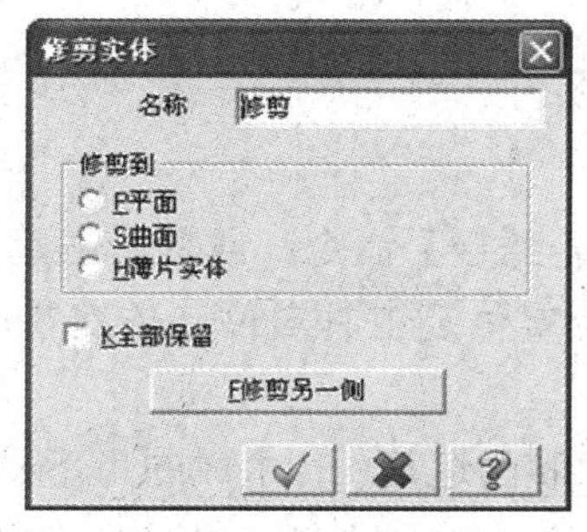

图 2-156

(3) 系统会再次弹出【修剪实体】对话框，单击按钮。

(4) 系统将实体自动修剪到所选的平面/曲面/薄片实体。

4. 实体布尔运算

在 Mastercam X6 系统中，系统可以对三维实体进行求和、求交、求差等布尔操作来构建一些比较复杂的实体模型。如图 2-157 所示为实体布尔运算的菜单栏和工具栏。

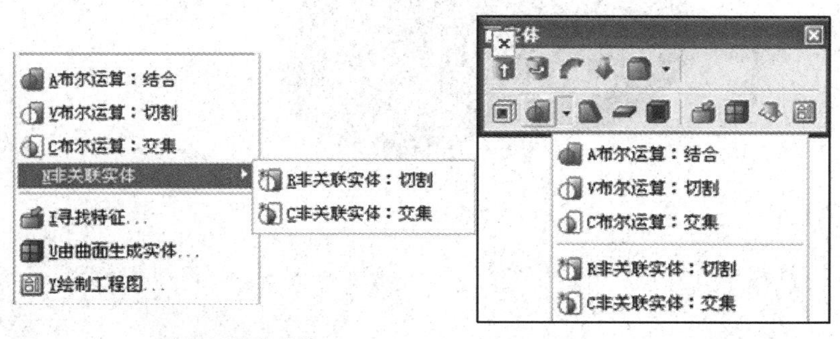

(a) 布尔运算菜单栏　　(b) 布尔运算工具栏

图 2-157

下面将以如图 2-158 所示的多实体为例，分别进行布尔求和、求差和求交运算，来比较不同布尔运算的作用。

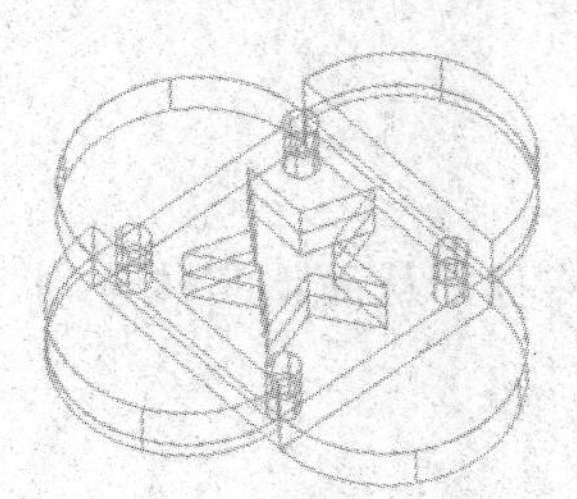

图 2-158

1) 求和

该命令的功能是将选取的实体进行并操作(求和操作)，其操作结果是生成一个新的实体，该实体为参加运算实体的并。

【操作实例 2-67】求和

(1) 选择【实体】|【布尔运算-结合】命令，或者单击按钮。

(2) 在系统提示下，选取目标实体及工具实体，依次单击鼠标左键选取，然后按 Enter 键确定。

(3) 系统自动进行实体布尔求和的运算，若生成的为不相连的实体，则布尔加运算失败；若计算结果为一个相连的实体，则系统生成布尔加运算结果并删除所有选取的实体，如图 2-159 所示。

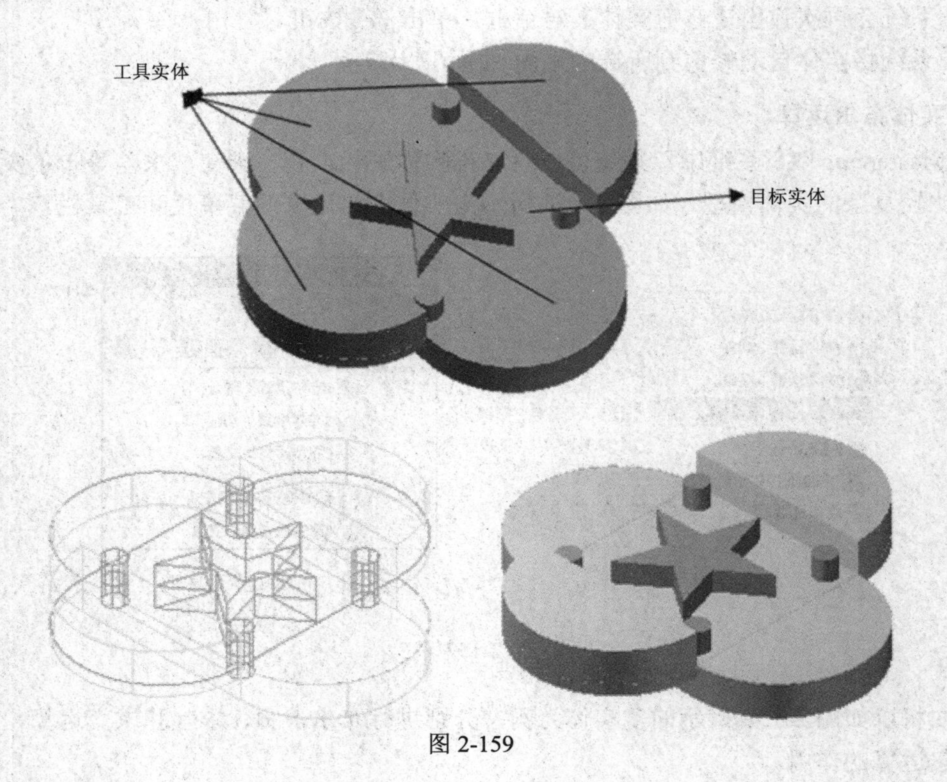

图 2-159

2) 求差

该命令是将工具实体从目标实体中除去，以生成新的实体。

【操作实例 2-68】求差

(1) 选择【实体】|【布尔运算 切割】命令，或者单击按钮。

(2) 在系统提示下，选取目标实体和工具实体，依次单击鼠标左键选取，然后按 Enter 键确定。

(3) 系统自动进行实体布尔求差的运算，若选取的为不相连的实体，则布尔运算失败；若计算结果为一个相连的实体，则系统生成布尔运算结果并删除所有选取的实体，如图 2-160 所示。

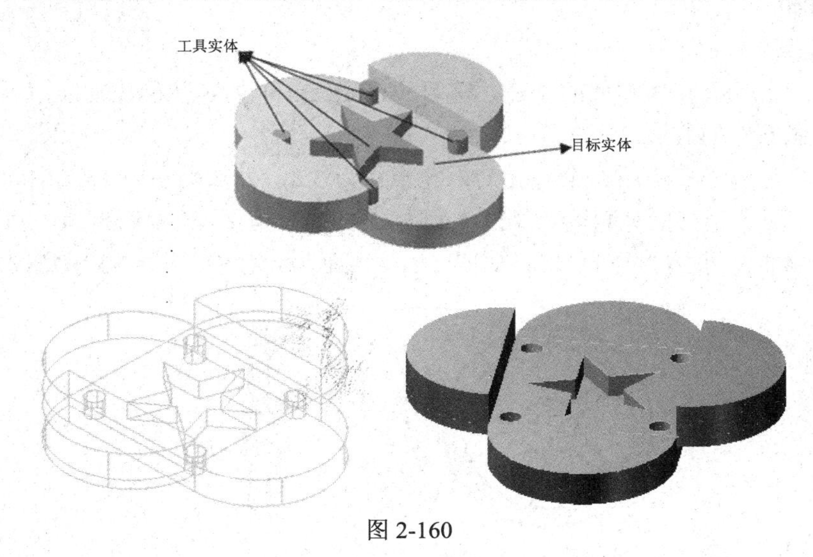

图 2-160

3) 求交

【操作实例 2-69】求交

(1) 选择【实体】|【布尔运算-交集】命令，或者单击按钮。

(2) 在系统提示下，选取目标实体及工具实体，依次单击鼠标左键选取，然后按 Enter 键确定。

(3) 系统自动进行实体布尔求交的运算，若选取的为不相连的实体，则布尔运算失败；若计算结果为一个相连的实体，则系统生成布尔运算结果并删除所有选取的实体，如图 2-161 所示。

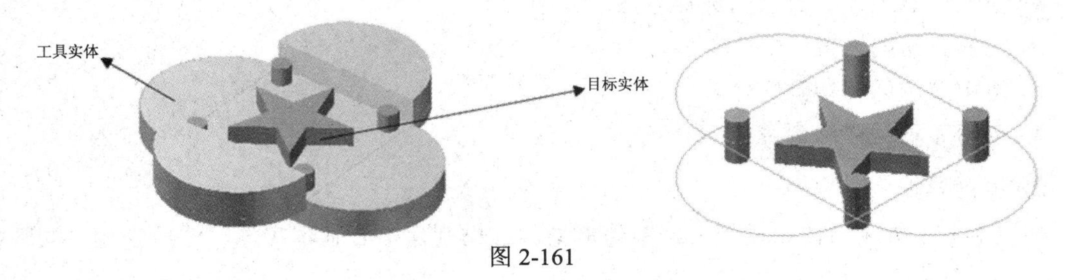

图 2-161

2.7 三维造型综合实例

本节介绍基础和进阶的两个实例，练习 Mastercam X6 的实体造型功能。

【操作实例 2-70】轮盘实体设计

	源文件：源文件\第 2 章\轮盘实体三维造型综合实例.MCX

1. 零件分析

1) 本例要点

本例通过一个轮盘实体零件的创建，练习 Mastercam 中的实体创建功能，以及运用布尔运算命令对实体操作的方法。

该轮盘中心为起连接作用的中心孔，内孔半径为 3.8，外部直径为 15；中间有 5 个中间圆柱连杆，相邻两个连杆的夹角均为 72°，圆柱连杆半径为 2，长度约为 50；外圆环的整体大半径为 50，截面的小圆半径为 2.5。如图 2-162 所示为轮盘的几何结构示意图。

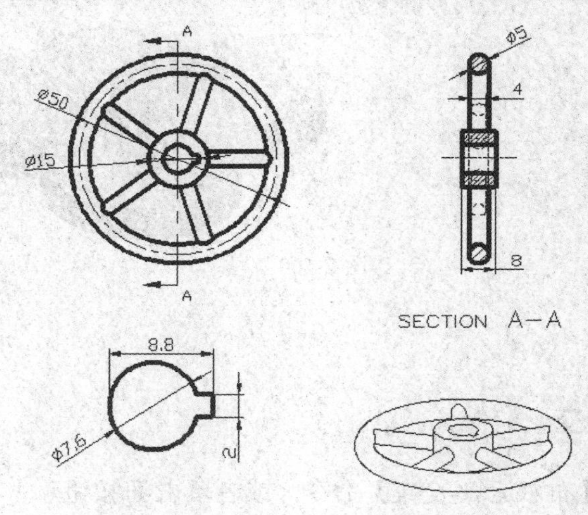

图 2-162

通过本实例，应该掌握以下几个要点。

- 实体设计的基本操作步骤。
- 拉伸功能中操作对象的选择方法。
- 拉伸方法的设置。
- 运用布尔运算切割实体。
- 运用布尔运算结合实体。

2) 设计思路

如图 2-163 所示为该轮盘的三维实体模型。首先创建中心基本实体，然后创建中间圆柱连杆，最后创建外圆环。

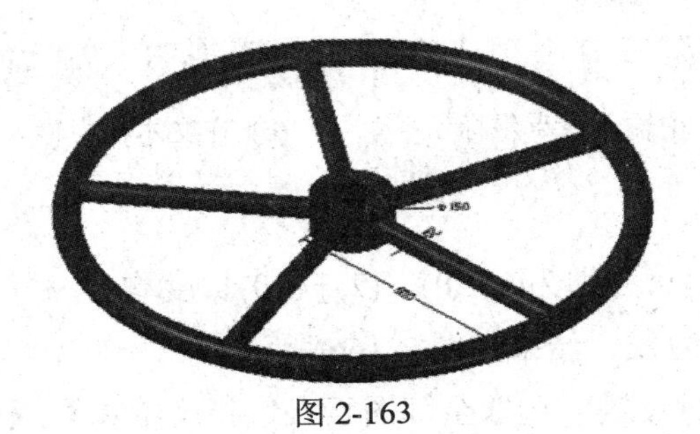

图 2-163

具体操作步骤如下。

(1) 绘制中心体平面图。

(2) 拉伸生成中心实体。

(3) 创建基本实体生成中间圆柱杆和外部圆环。

(4) 运用布尔运算切割多余圆柱连杆。

(5) 执行变换操作旋转复制多个圆柱连杆。

(6) 运用布尔运算结合操作。

如图 2-164 所示为本实例的设计流程图。

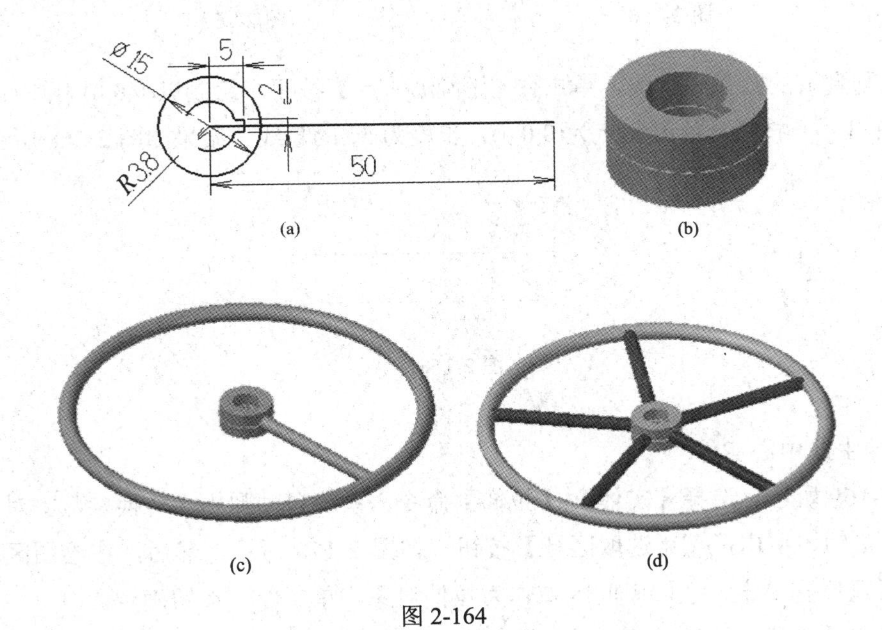

图 2-164

2. 设计过程详解

1) 绘制中心体平面图

(1) 绘制中心孔。单击【圆心＋点】按钮，在坐标栏中输入(0,0,0)，然后再输入直径

7.6，如图 2-165 所示，单击按钮。

(a) 在坐标栏中输入原点坐标　　(b) 在文本框中输入直径 7.6

图 2-165

单击按钮，绘制起点分别为(2,1,0)、(2, －1,0)长度均为 3 的直线，以及绘制起点为(5,1,0)，终点为(5, －1,0)的直线，结果如图 2-166 所示。

(2) 编辑图素。按 Ctrl+A 键，选取全部图素，选择【编辑】|【修剪/打断】|【在交点处打断】命令；单击【删除图素】按钮，单击多余的部分图素，单击按钮确定，结果如图 2-167 所示。

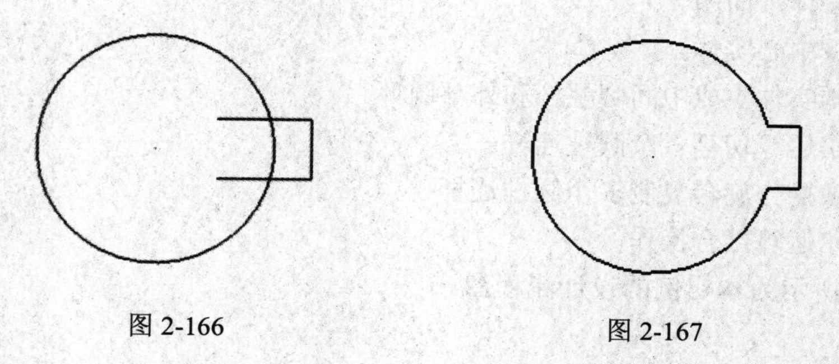

图 2-166　　图 2-167

(3) 绘制剩余的圆弧和直线。单击【圆心＋点】按钮，绘制以(0,0,0)为圆心，直径为 15 的圆；单击按钮，绘制起点为(0,0,0)，长度为 50 的直线。结果如图 2-168 所示。

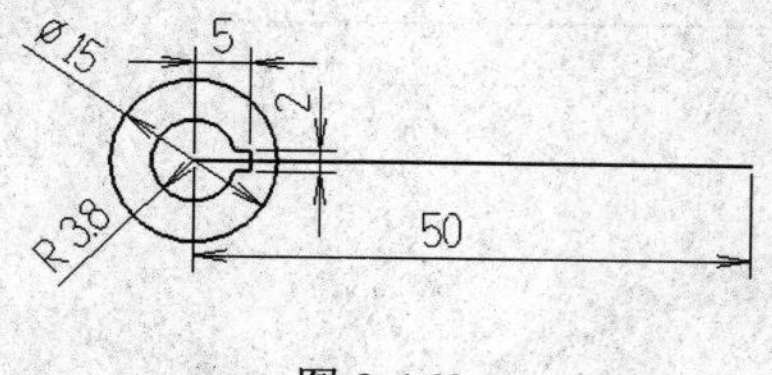

图 2-168

2) 拉伸生成中心实体

如图 2-169 所示，选择【实体】|【拉伸】命令，系统自动弹出【转换参数】对话框，选择 2D 单选按钮，单击【选取区域】按钮，如图 2-170 所示。然后，在绘图区内两个圆环内部的任意位置单击，选中中间区域作为拉伸对象，单击按钮确定。

系统弹出【实体拉伸的设置】对话框，选择【建立实体】单选按钮，指定拉伸距离为 4，选择【两边同时延伸】复选框，如图 2-171 所示，单击按钮确定。

拉伸生成中心实体，如图 2-172 所示。

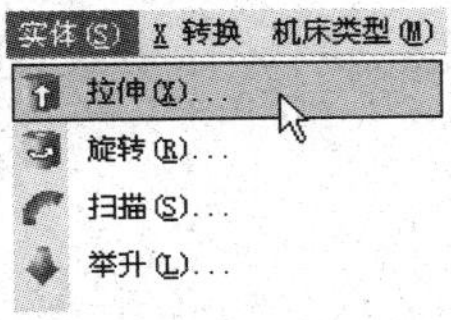

实体(S) X 转换 机床类型(M)
拉伸(X)...
旋转(R)...
扫描(S)...
举升(L)...

图 2-169

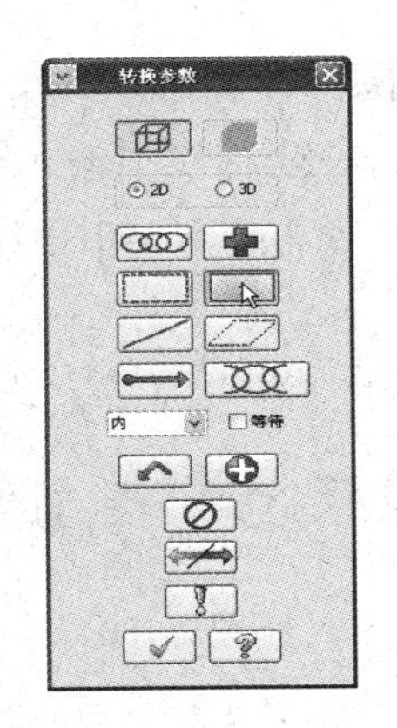

图 2-170

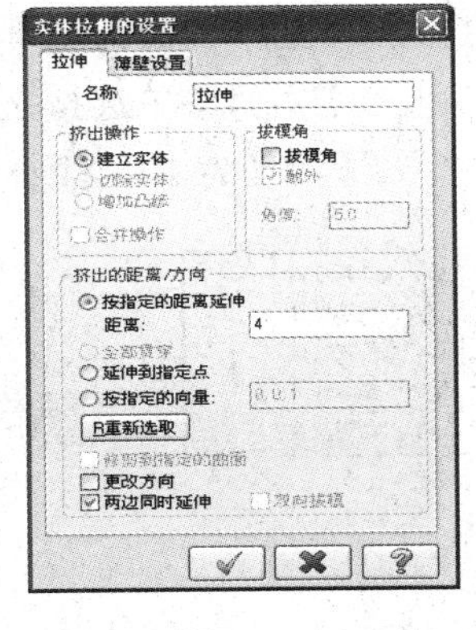

图 2-171

图 2-172

3) 创建基本实体——圆柱和圆环

(1) 创建中间圆柱连杆。选择【绘图】|【基本曲面】|【画圆柱体】命令，如图 2-173 所示。系统弹出【圆柱状】对话框，选择【实体】单选按钮，设置半径为 2，长度为 50，轴的定义选择"直线"，如图 2-174 所示。

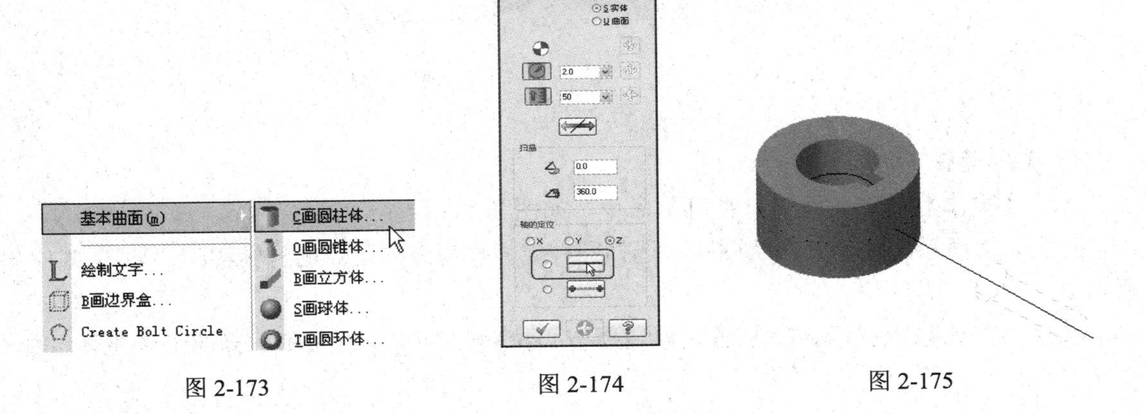

图 2-173　　图 2-174　　图 2-175

在绘图区内选择直线作为圆柱的参考轴线，如图 2-175 所示。系统弹出"以线段长度取代高度？"提示框，单击【是】按钮，如图 2-176 所示。

选取线段的一个端点作为圆柱体的基准点位置，如图 2-177 所示。

系统生成圆柱体，结果如图 2-178 所示。

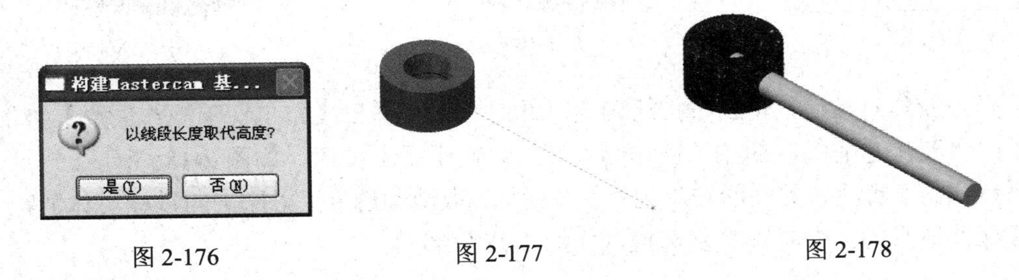

图 2-176　　图 2-177　　图 2-178

(2) 创建圆环。选择【绘图】|【基本曲面】|【画圆环体】命令，如图 2-179 所示。系统弹出【圆环体选项】对话框，选择【实体】单选按钮，在坐标栏中输入圆环的基准点位置为(0,0,0)，如图 2-180 所示。设置圆环半径为 50，较小半径为 2.5，如图 2-181 所示。

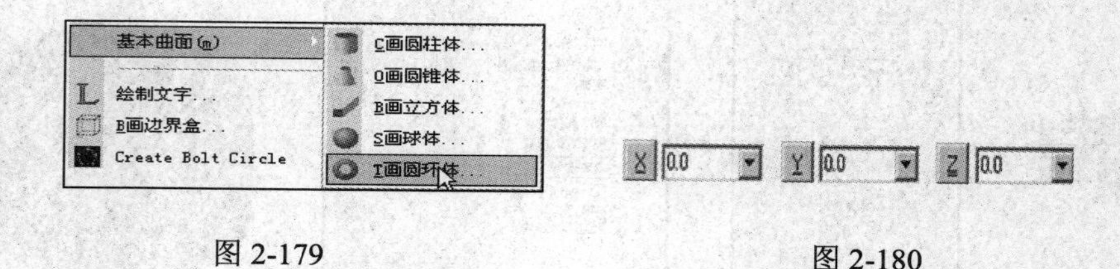

图 2-179　　图 2-180

单击按钮确定，在绘图区内生成圆环实体，如图 2-182 所示。

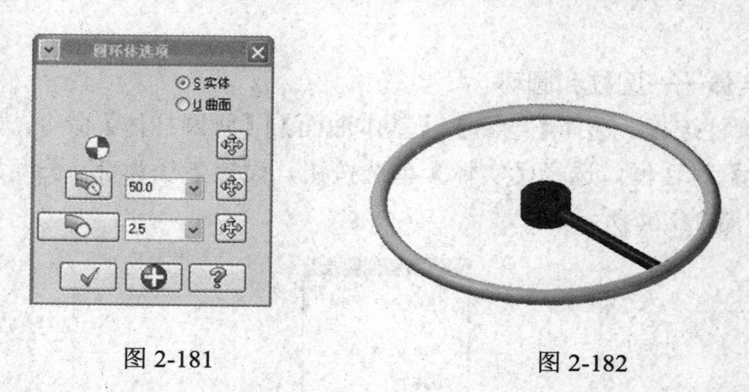

图 2-181　　图 2-182

4) 布尔运算－切割

选择【实体】|【布尔运算－切割】命令，如图 2-183 所示。

首先，按照系统提示，在绘图区内选择圆柱连杆作为布尔运算的目标实体，如图 2-184 所示。

然后，按照系统提示，在绘图区内选择中心拉伸的实体作为布尔运算的工件主体，如图 2-185 所示。

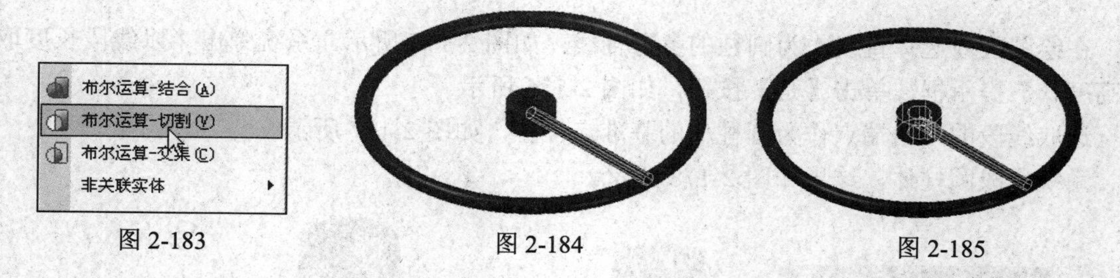

图 2-183　　图 2-184　　图 2-185

选择好操作对象后，单击按钮确定，此时，系统弹出【布尔切割操作失败】警告框，询问用户“要构建非关联的布尔操作吗？”，单击【是】按钮，如图 2-186 所示。

系统弹出【实体非关联的布尔运算】对话框，取消勾选【保留原来的目标实体】复选框，选择【保留原来的工件实体】复选框，如图 2-187 所示。

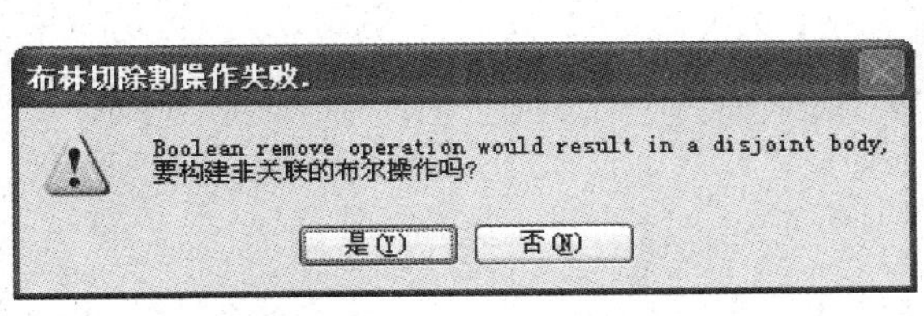

图 2-186

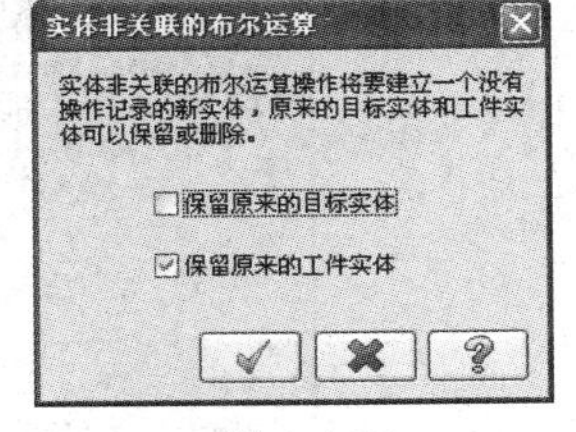

图 2-187

单击　按钮确定，圆柱连杆被分割成两个不相关联的部分，如图 2-188 所示。

单击　【删除】按钮，在绘图区内选择多余的连杆部分，将其删除，结果如图 2-189 所示。

此时，创建的零件的整体结果如图 2-190 所示。

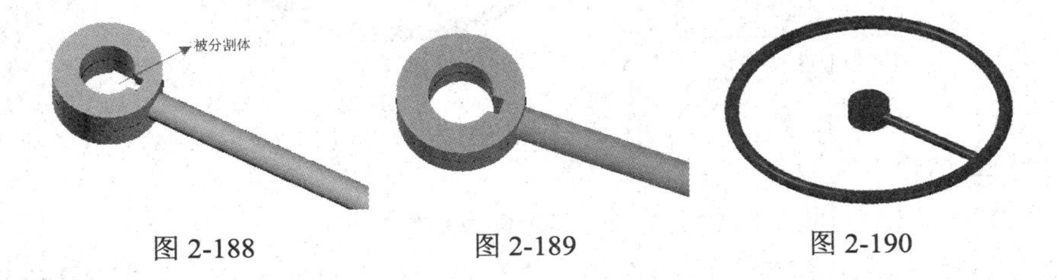

图 2-188　　图 2-189　　图 2-190

5) 转换—旋转复制

选择【转换】|【旋转】命令，如图 2-191 所示。

首先，按照系统提示选取要旋转的图素，选择中间连杆，如图 2-192 所示。

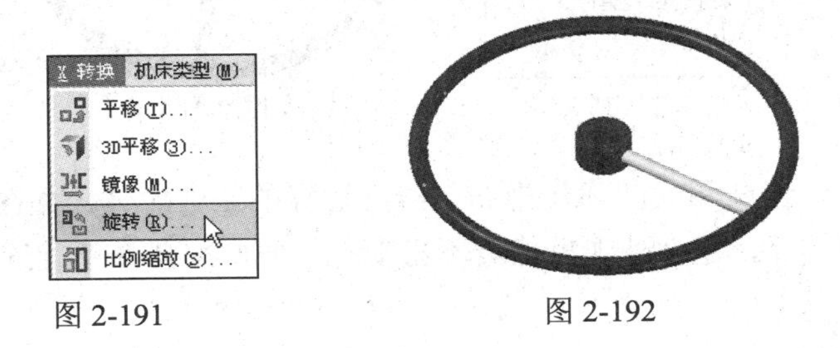

图 2-191　　图 2-192

选定操作对象后，单击　按钮确定，系统弹出【旋转】对话框，选择【复制】单选按钮，设置次数为 4，选择【单次旋转角度】单选按钮，设置角度值为 72，如图 2-193 所示，单击　按钮确定。

> 单次旋转角度与总旋转角度的关系：在均匀旋转的情况下，单次旋转角度是两个相邻旋转实体间的夹角，总旋转角度是指原实体和最后一个旋转实体间的夹角(在 0°～360° 之间)，总旋转角度 = 次数 × 单次旋转角度。例如本例中，复制次数为 4，可以设置单次旋转角度为 72° 或者总旋转角度为 288°。

系统生成另外四个圆柱连杆，均匀地分布在大圆环内部，如图 2-194 所示。

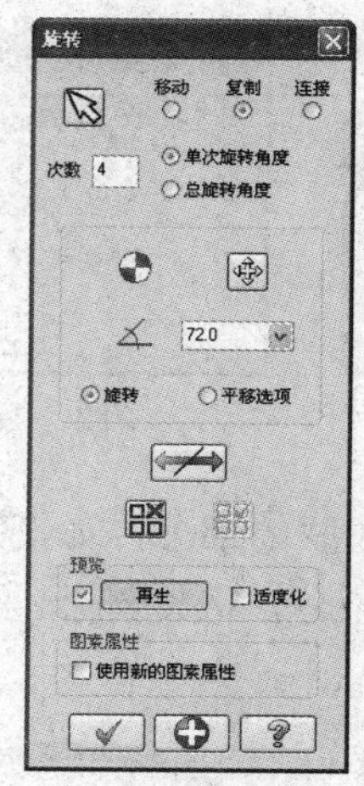

图 2-193

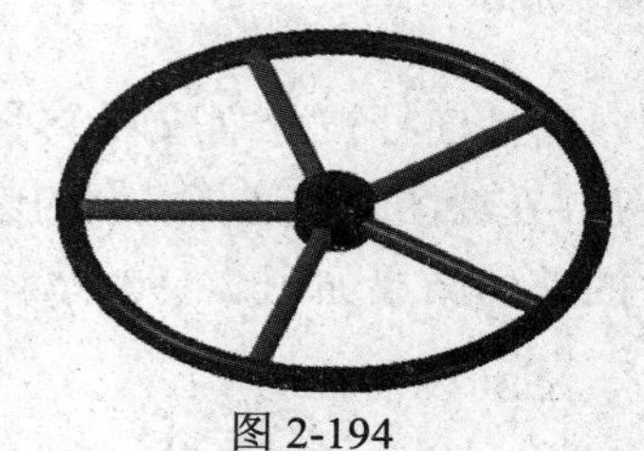
图 2-194

6) 布尔运算-结合

选择【实体】|【布尔运算-结合】命令，如图 2-195 所示。

首先，按照系统提示，选择中心拉伸体作为布尔运算的目标主体，如图 2-196 所示。

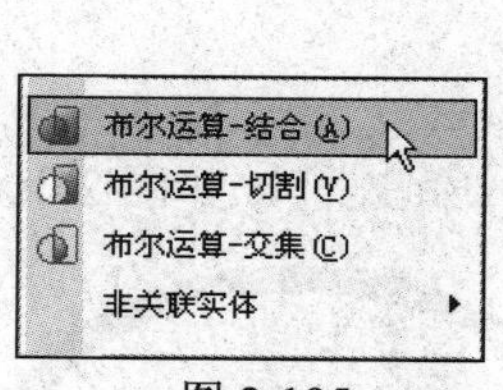

图 2-195

图 2-196

然后，选择中间连杆和大圆环作为布尔结合运算的工件主体，如图 2-197 所示。

单击按钮确定后，零件外观虽然看不出变化，但原来各个不相连的实体结合成为了一个整体。

7) 检视图形并保存

(1) 隐藏多余图素。单击【隐藏图素】按钮，选择绘图区中的唯一实体，即轮盘零件作为要保留的图素，此时，系统将多余的线隐藏起来，结果如图 2-198 所示。

图 2-197　　　　图 2-198

(2) 检视图形。在工具条上单击【等角视图】按钮，再单击【适度化】按钮，查看图形。单击【动态旋转】按钮，从不同角度对模型的整体和局部进行检视。单击【线架实体】按钮，可以方便地检查模型的线图素。如图 2-199 所示为轮盘零件的框架示意图。

(3) 保存文件。选择【文件】|【另存文件】命令，在弹出的【另存为】对话框中选择文件保存的路径，输入文件名为“轮盘.MCX”，单击按钮确定，完成文件的保存。

3. 基础实例小结

本小节通过一个轮盘模型的构建讲述了两种基本的实体创建方法：基本实体(曲面)和拉伸实体。

Mastercam 中提供的基本实体有圆柱体、圆锥体、立方体、球体和圆环体，如图 2-200 所示。

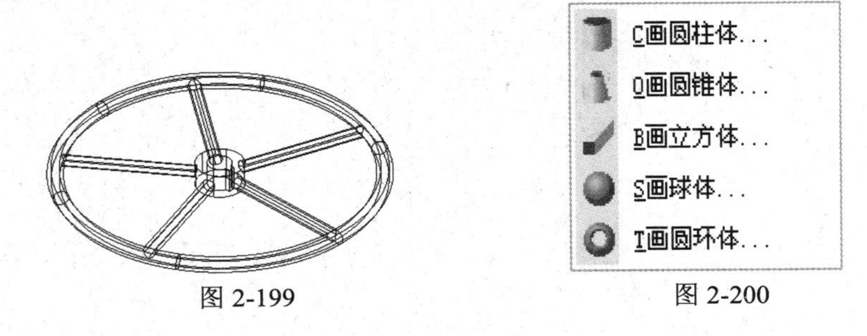

图 2-199　　图 2-200

拉伸实体的操作是将二维的闭合曲线沿着指定的方向进行拉伸生成或删除实体。这个方法适用于已经有截面形状的尺寸、侧面垂直于截面或者侧面的倾斜角度为一个定值的零件模型的创建。拉伸操作有创建实体、增建凸缘和切割实体三种操作方法，是最常用的实体创建方法。

2.8 本章小结

本章主要介绍了 Mastercam X6 的建模方法，包括二维图形的绘制和编辑、三维曲面造型和三维实体造型，并通过相应的实例对相关技能进行了深入的讲解和强化。学习时，应注重知识点的基本概念和相互关系，然后进行细致的功能操作练习。CAD 是 CAM 的基础，反映了设计的最终产品在电脑中的情况，而加工只是将其转化为实际的产品。再好的设计和创意，如果无法充分、正确地表达出来，也就谈不上加工成产品。希望大家认真练习，灵活掌握，为后续学习打好基础。

2.9 练　　习

2.9.1 思考题

1. 在 Mastercam X6 中绘制二维图形前，通常需要设置哪些状态参数？练习状态参数的

设置。

2. 简述 Mastercam X6 中点、线、圆弧的绘制方式及适用场合。

3. 简述尺寸标注的基本原则、尺寸标注的样式及其基本参数的设定。

2.9.2 操作题

1. 绘制如图 2-201 所示的图形，并完成尺寸标注。

2. 绘制如图 2-202 所示的二维图形，并完成尺寸标注。

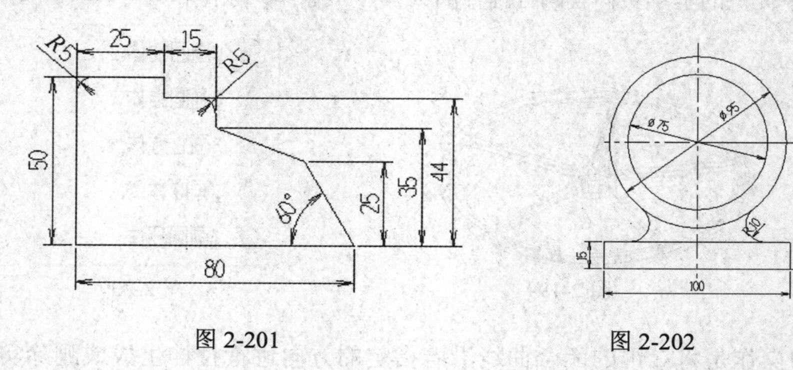

图 2-201　　图 2-202

该图形的绘制步骤如下。

(1) 绘制水平、垂直中心线。

(2) 绘制直线：水平线、垂直线。

(3) 绘制 ø75 和 ø95 的圆。

(4) 选择【绘图】|【圆弧】|【切弧】|【切两物体】命令，绘制 *R*10 的圆弧。

(5) 尺寸标注。

3. 运用螺旋线及扫描曲面的方法绘制三维曲面，其中螺旋线的半径为 20，圈数为 5，间距为 6；扫描截面圆的直径为 3。三维曲面如图 2-203 所示。

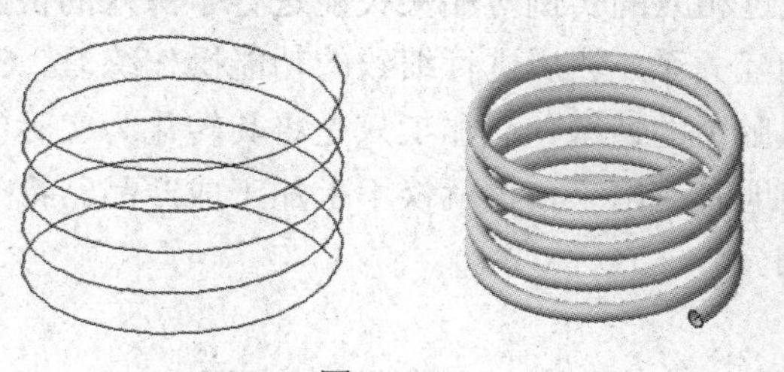

图 2-203

4. 如图 2-204 所示，创建实体模型，其中底板半径为 40，厚度为 15，实体最高点到底板的距离为 50。

5. 如图 2-205 所示为一个三维实体模型。该实体的二维图形的几何尺寸如图 2-206 所示，要求按照指定尺寸，完成该零件的三维设计。

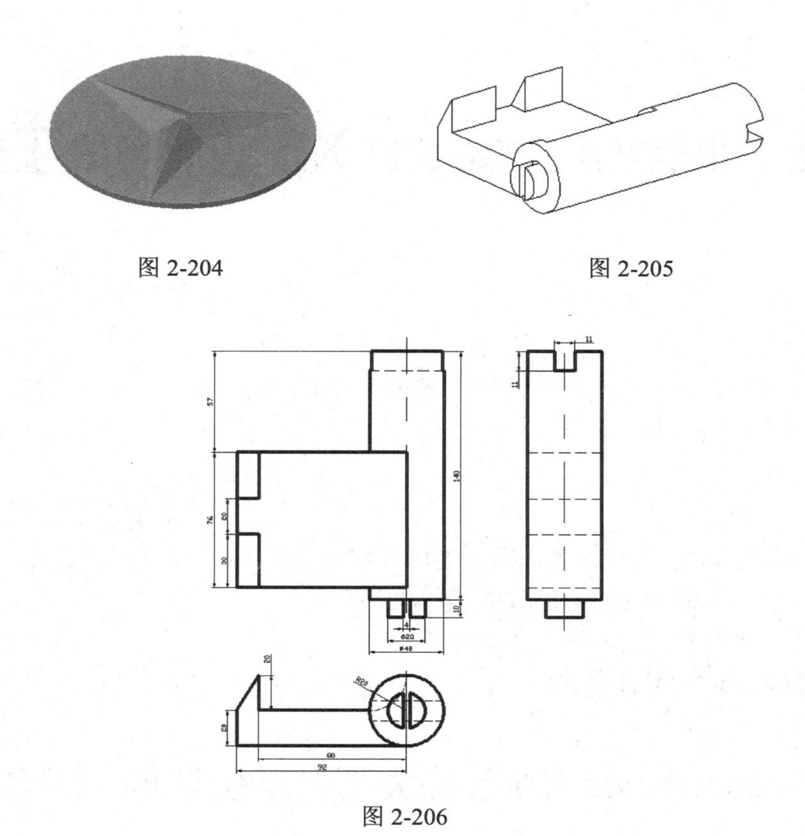

图 2-204　　　　图 2-205

图 2-206

6. 如图 2-207 所示为一个三维连杆机构。其平面几何尺寸如图 2-208 所示。要求按照指定尺寸，完成该零件的三维实体的创建。

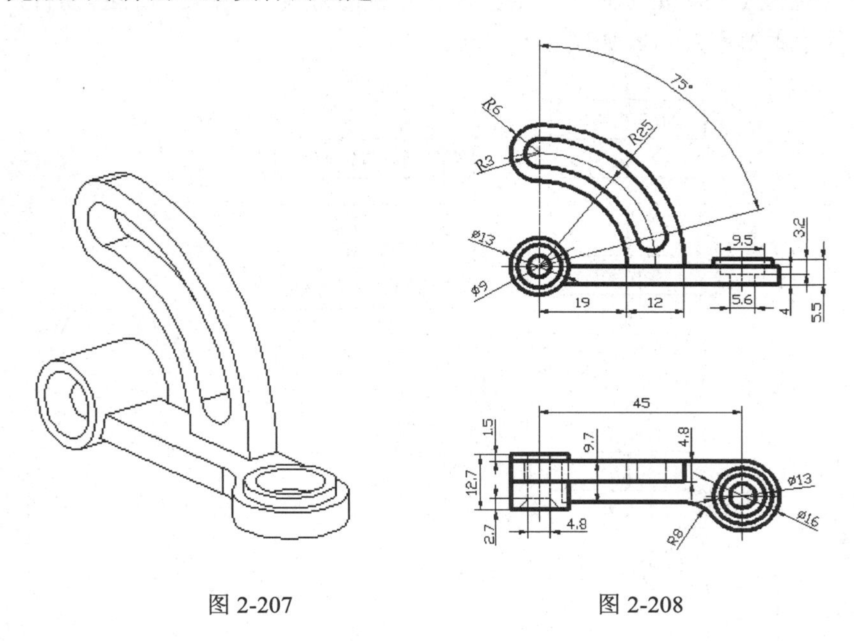

图 2-207　　　　图 2-208

第3章　Mastercam X6数控加工基础

本章重点内容

本章主要介绍 Mastercam X6 数控加工的基本功能、数控加工的一般流程、数控加工工艺参数的设置及数控加工操作管理。

本章学习目标

- 了解 Mastercam X6 数控加工的基本原理和思路
- 熟悉 Mastercam X6 数控加工的一般流程
- 掌握工件、材料和刀具参数的设置方法
- 为分类加工的学习打好基础

3.1　Mastercam X6 数控加工自动编程的一般流程

Mastercam X6 系统加工的一般流程为：用 CAD 模块设计产品的 3D 模型；用 CAM 模块产生 NCI 文件；通过 POST 后处理生成数控加工设备的可执行代码，即 NC 文件。

数控编程的基本过程及内容如图 3-1 所示。

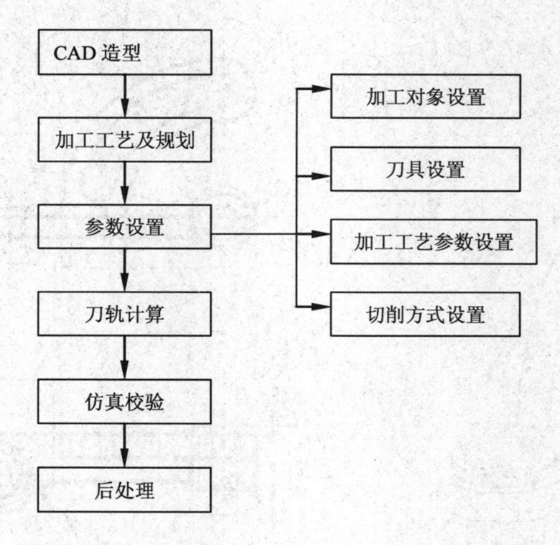

图 3-1

3.2　选择加工设备及设定安全区域

Mastercam X6 包括铣削系统、车削系统、线切割系统、雕铣系统、设计模块等五类机床设备，各模块都包含有完整的设计(CAD)系统，其中铣削系统和车削系统的应用最广泛。铣床模块可以实现外形铣削、型腔加工、钻孔加工、平面加工、曲面加工和多轴加工等加工方式；车床模块可实现粗车、精车、切槽和车螺纹等加工方式。

1. 选择机床类型

选择【机床类型】下的子菜单，即可进入对应的加工系统。下面介绍铣床和车床两类常用的加工设备。

1) 铣床

铣削系统是 Mastercam X6 数控加工的主要组成部分，选择【机床类型】|【铣削系统】命令，如图 3-2 所示。

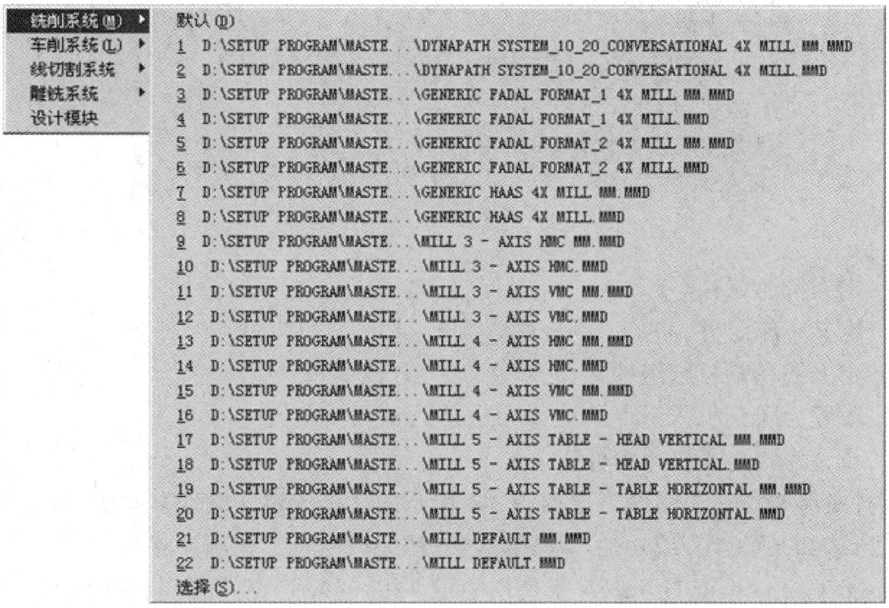

```
铣削系统(M) ▸   默认(D)
车削系统(L) ▸   1  D:\SETUP PROGRAM\MASTE...\DYNAPATH SYSTEM_10_20_CONVERSATIONAL 4X MILL MM.MMD
线切割系统  ▸   2  D:\SETUP PROGRAM\MASTE...\DYNAPATH SYSTEM_10_20_CONVERSATIONAL 4X MILL.MMD
雕铣系统    ▸   3  D:\SETUP PROGRAM\MASTE...\GENERIC FADAL FORMAT_1 4X MILL MM.MMD
设计模块        4  D:\SETUP PROGRAM\MASTE...\GENERIC FADAL FORMAT_1 4X MILL.MMD
                5  D:\SETUP PROGRAM\MASTE...\GENERIC FADAL FORMAT_2 4X MILL MM.MMD
                6  D:\SETUP PROGRAM\MASTE...\GENERIC FADAL FORMAT_2 4X MILL.MMD
                7  D:\SETUP PROGRAM\MASTE...\GENERIC HAAS 4X MILL MM.MMD
                8  D:\SETUP PROGRAM\MASTE...\GENERIC HAAS 4X MILL.MMD
                9  D:\SETUP PROGRAM\MASTE...\MILL 3 - AXIS HMC MM.MMD
                10 D:\SETUP PROGRAM\MASTE...\MILL 3 - AXIS HMC.MMD
                11 D:\SETUP PROGRAM\MASTE...\MILL 3 - AXIS VMC MM.MMD
                12 D:\SETUP PROGRAM\MASTE...\MILL 3 - AXIS VMC.MMD
                13 D:\SETUP PROGRAM\MASTE...\MILL 4 - AXIS HMC MM.MMD
                14 D:\SETUP PROGRAM\MASTE...\MILL 4 - AXIS HMC.MMD
                15 D:\SETUP PROGRAM\MASTE...\MILL 4 - AXIS VMC MM.MMD
                16 D:\SETUP PROGRAM\MASTE...\MILL 4 - AXIS VMC.MMD
                17 D:\SETUP PROGRAM\MASTE...\MILL 5 - AXIS TABLE - HEAD VERTICAL MM.MMD
                18 D:\SETUP PROGRAM\MASTE...\MILL 5 - AXIS TABLE - HEAD VERTICAL.MMD
                19 D:\SETUP PROGRAM\MASTE...\MILL 5 - AXIS TABLE - TABLE HORIZONTAL MM.MMD
                20 D:\SETUP PROGRAM\MASTE...\MILL 5 - AXIS TABLE - TABLE HORIZONTAL.MMD
                21 D:\SETUP PROGRAM\MASTE...\MILL DEFAULT MM.MMD
                22 D:\SETUP PROGRAM\MASTE...\MILL DEFAULT.MMD
                选择(S)...
```

图 3-2

铣削设备可以分为两大类：卧式铣床(主轴平行于机床台面)和立式铣床(主轴垂直于机床台面)。常用设备有以下类型。

- MILL 3-AXIS HMC：3 轴卧式铣床。
- MILL 3-AXIS VMC：3 轴立式铣床。
- MILL 4-AXIS HMC：4 轴卧式铣床。
- MILL 4-AXIS VMC：4 轴立式铣床。

- MILL 5-AXIS TABLE- HEAD VERTICAL：5 轴立式铣床。
- MILL 5-AXIS TABLE- HEAD HORIZONTAL：5 轴卧式铣床。
- MILL DEFAULT：系统默认铣床。

2) 车床

选择【机床类型】|【车削系统】命令，系统弹出级联子菜单。车床主要有以下类型。

- LATHE 2-AXIS：两轴车床。
- LATHE C-AXIS MILL-TURN BASIC：带旋转台的 C 轴车床。
- LATHE MULTI-AXIS MILL-TURN ADVANCED 2-2：带 2-2 旋转台的多轴车床。
- LATHE MULTI-AXIS MILL-TURN ADVANCED 2-4-B：带 2-4-B 旋转台的多轴车床。
- LATHE MULTI-AXIS MILL-TURN ADVANCED 2-4：带 2-4 旋转台的多轴车床。

2. 机床定义管理

选择【设置】|【机床定义管理器】命令，系统弹出如图 3-3 所示的【CNC 机床类型】对话框。

图 3-3

- ：定义铣床组件。
- ：定义车床组件。
- ：定义线切割机床组件。
- ：设置为雕刻机床组件。
- ：设置为自定义机床组件库。

选择一种机床类型后，系统弹出如图 3-4 所示的【机床定义管理】对话框。用户可以根据需要为机床增加某种配置或功能。单击按钮完成配置。选项设置如下。

- Unused Component Groups：未使用的组件组，显示当前机床未使用的组件，用户可以直接双击需要添加的机床组件。
- Component File：组件文件，显示当前组件文件的路径，并列出其包含的组件。
- 说明：用来简单描述当前的机床信息。
- 定义控制器：用以指定机床控制器。
- Post processor：后处理器，用于指定系统的后处理器。
- Machine Configuration：机器配置，设定相应的机床类型、机床组件后，其下拉列表框中将显示相应的条目。

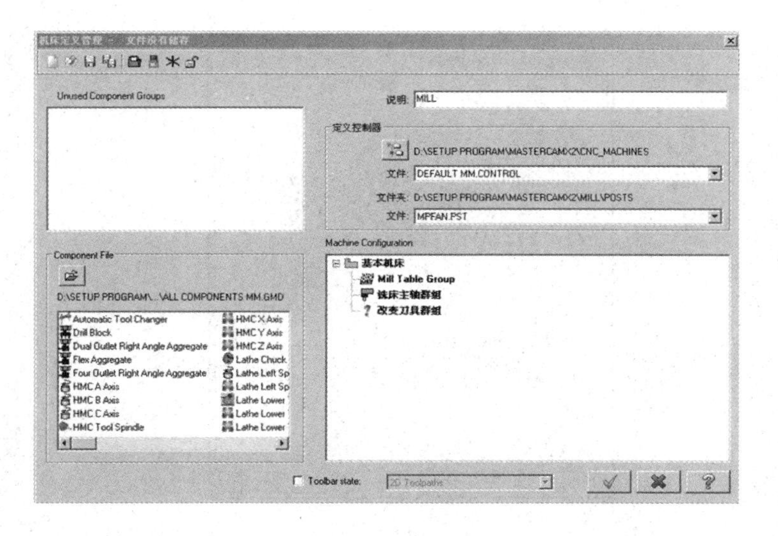

图 3-4

3. 安全区域

打开【加工群组属性】对话框中的【安全区域】选项卡，可以设置安全区域的形状为立方体、球体或者圆柱，并且进行相关参数设置，如图 3-5 所示。

- 无：不设置安全区域。
- 显示安全区域：显示安全区域，系统将在工件周围显示出安全区域。
- 安全区域视角：将安全区域以适合整个屏幕的方式显示。

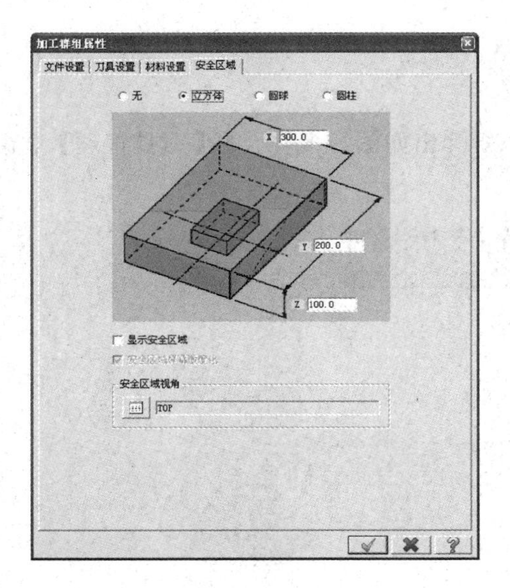

(a)

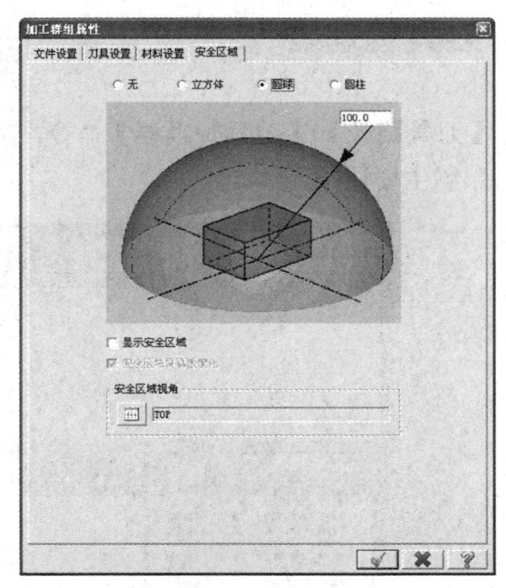

(b)

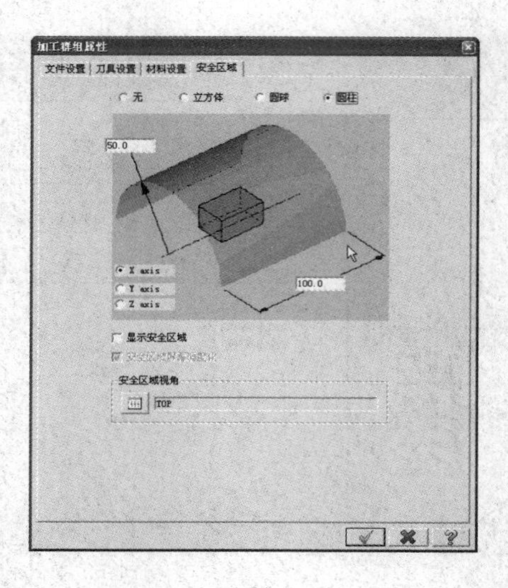

(c)

图 3-5

3.3　设置刀具

Mastercam X6 在生成刀具路径前，首先要选择加工使用的刀具。按照零件的加工工艺，加工通常分为多个加工步骤，需要使用多把刀具，刀具的选取对加工的效率和质量影响很大。

3.3.1　刀具管理器

选择【刀具路径】|【刀具管理器】命令，系统弹出如图 3-6 所示的【刀具管理】对话框。下面分别介绍主要选项。

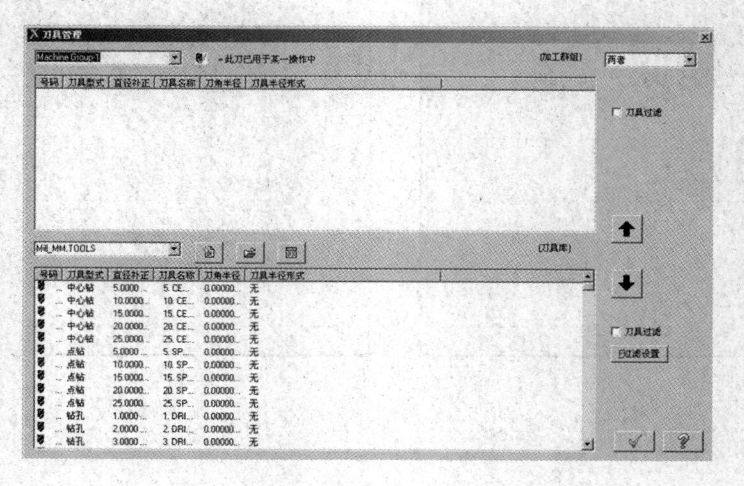

图 3-6

1. 刀具列表区

刀具列表区主要由上方的用户选定的刀具和下方的刀具库列表组成。列表框显示了刀具的主要参数，包括号码、刀具型式、直径补正、刀具名称、刀角半径、刀具半径形式等。

- 号码：设置刀具编号。
- 刀具型式：设置刀具的类型，如平底铣刀、球头铣刀等。
- 直径补正：设置刀具的直径。
- 刀具名称：设置刀具的名称。
- 刀具半径形式：通过该参数的设置可以区分刀角的基本类型，系统提供了【无】、【半刀角】、【全刀角】三种格式。

2. 过滤器

当刀具列表中的刀具数量较多时，可以单击 F过滤设置... 按钮，系统弹出如图 3-7 所示的【刀具过滤设置】对话框。

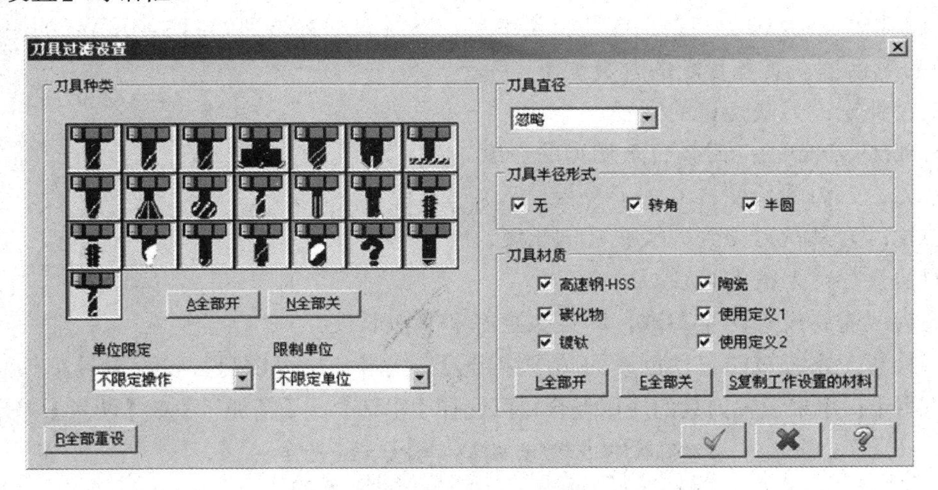

图 3-7

系统可从刀具种类、刀具直径、刀具半径形式、刀具材质等方面来设置过滤条件，设置好后，刀具管理器只显示满足过滤条件的刀具。

3.3.2 定义刀具

Mastercam X6 系统提供了自定义新刀具和从刀具库中选取刀具两种方式来定义刀具。

1. 自定义新刀具

在刀具栏空白区单击鼠标右键，系统弹出如图 3-8 所示的快捷菜单；选择【新建刀具】命令，系统弹出如图 3-9 所示的【定义刀具】对话框，打开【刀具型式】选项卡。

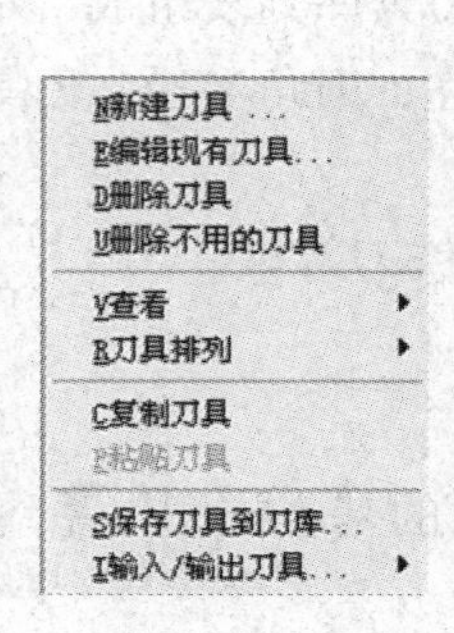

图 3-8

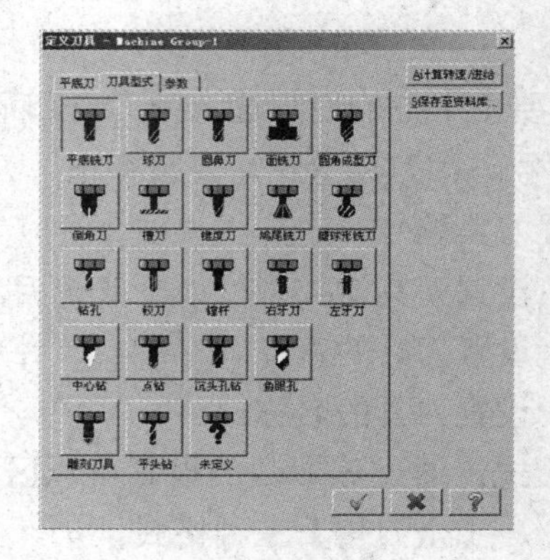

图 3-9

系统提供的刀具有平底铣刀、球刀、圆鼻刀、面铣刀、圆角成型刀、倒角刀、槽刀、锥度刀、鸠尾铣刀、糖球形铣刀、钻孔、铰刀、镗杆、右牙刀、左牙刀、中心钻、点钻、沉头孔钻、鱼眼孔等 20 余种类型。选取刀具类型后，系统自动跳转到如图 3-10 所示的用于设置刀具参数的对话框，其各参数的含义如下。

- 直径补正：刀具切口的直径。
- 肩部(切刃长度)：刀具有效切刃的长度。
- 刀刃：刀刃的长度。
- 刀长：刀具从刀刃到夹头底端的长度。
- 刀柄直径：刀柄的直径。
- 夹头：需要设置两个参数，即夹头直径和夹头长度。
- 刀具号：系统按照自动创建的顺序给出刀具编号，也可以自行设置编号。
- 可用于：用来设置刀具的应用场合，可选择【粗切】、【精加工】或【两者】单选按钮。

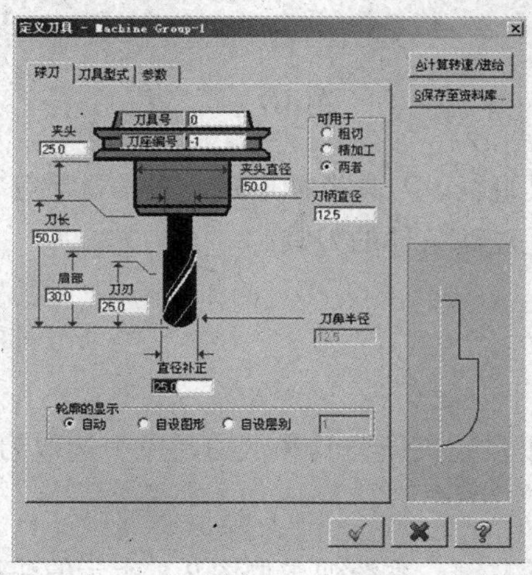

图 3-10

设置刀具参数后，单击S保存至资料库...按钮可以将自定义的刀具保存到刀具库中，然后单击✓按钮确定。

在【刀具型式】选项卡中，选中所需的刀具类型后，单击【参数】选项卡，系统弹出用于该类型刀具进行参数设置的对话框，如图 3-11 所示。用户可以设置刀具进给率、刀具材料和冷却方式等参数，其含义如下。

- XY 粗铣步进：在粗加工时，在垂直于刀轴的方向上(XY 方向)每次的进给量。该参数以刀具直径的百分率表示。
- Z 向粗铣步进：在粗加工时，在刀轴的方向上(Z 方向)每次的进给量。
- XY 精铣步进：在精加工时，在垂直于刀轴的方向上(XY 方向)每次的进给量。

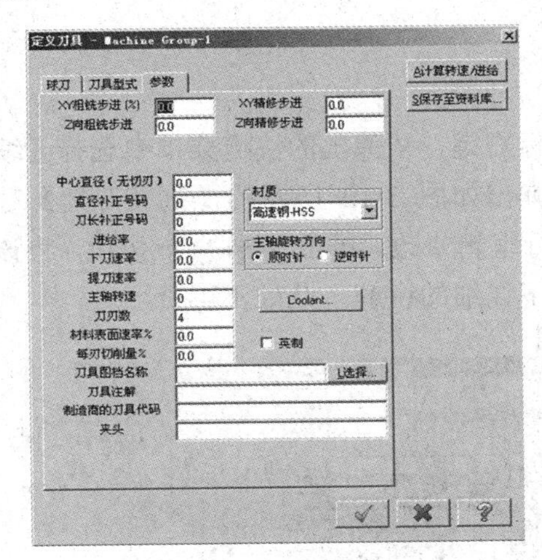

图 3-11

- Z 向精铣步进：在精加工时，在刀轴的方向上(Z 方向)每次的进给量。
- 中心直径：通常用于攻丝、镗孔时，设置刀具所需的中心孔直径。
- 直径补正号码/刀长补正号码：当用 CNC 控制器设置刀补参数时，该值赋予刀补号，相当于一个寄存器。
- 进给率：用于控制刀具进给的速度。
- 下刀速率：用于控制刀具趋近工件的速度。
- 提刀速率：用于控制刀具提刀返回的速度。
- 刀刃数：使用该参数来计算进给率。
- 主轴旋转方向：有顺时针方向、逆时针方向。
- (Coolant)加工时的冷却方式：单击该按钮，可以在打开的对话框中选择不使用冷却液、液体冷却、薄雾喷射冷却、经过刀具内部冷却等方式。
- 材料表面速率：刀具切削线速度的百分比。
- 每刃切削量：刀具进刀量的百分比。
- 制造商的刀具代码：刀具文件名参数。
- 刀具图档名称：在文本框中输入刀具名称。也可以单击【选择】按钮进行选择。
- 夹头：设置机床上夹紧刀具的附件。

- 材质：设置刀具的材料，材料的选择与主轴转速、进给率和插入速率的计算有关，不同材料的这些参数值可能不同。

2. 从刀具库中选取刀具

1) 选取刀具

从刀具库中选取刀具是设置刀具的最基本形式，操作相对简单。在刀具栏的空白区域单击鼠标右键，在弹出的快捷菜单中选择【刀具管理器】命令，在系统弹出的【刀具管理】对话框中选中刀具，双击即可。

2) 修改刀具库刀具

在已有的刀具上单击鼠标右键，从弹出的快捷菜单中选择【编辑现有刀具】命令，或者在选定的刀具上双击，系统弹出如图 3-12 所示的【定义刀具】对话框。用户可以对刀具类型、刀具尺寸和加工参数进行编辑修改。单击 S保存至资料库... 按钮，将该刀具保存到库中。各参数设置已在自定义刀具中进行了详细的讲解，此处不再赘述。

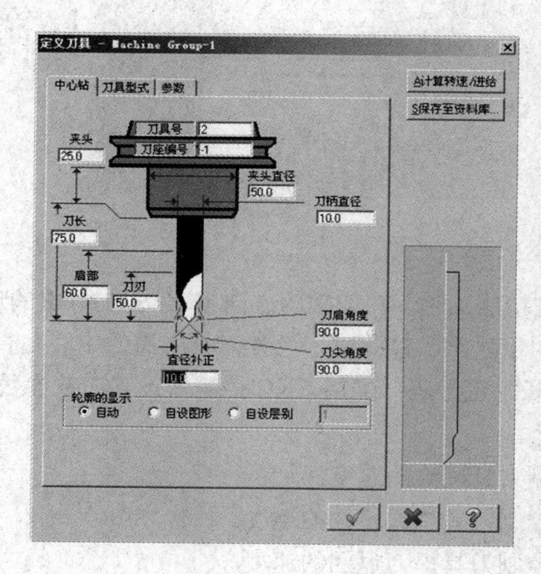

图 3-12

3.4 工件设置

工件设置用来设置当前的工作参数，包括工件形状、尺寸和原点等。在如图 3-13 所示的【刀具路径管理器】中双击【材料设置】，系统弹出如图 3-14 所示的【加工群组属性】对话框，在该对话框中可以进行工件的设置。

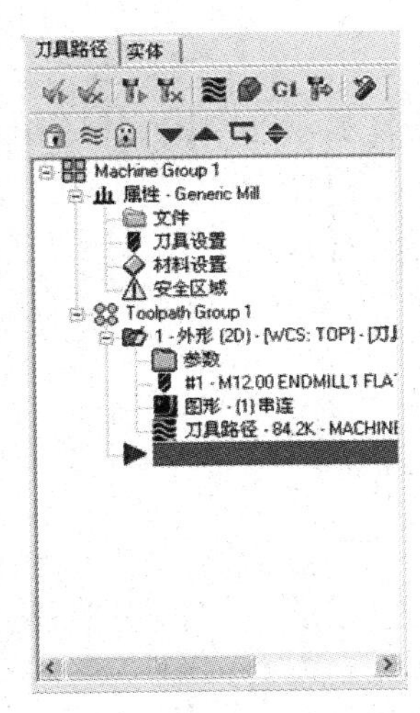

图 3-13

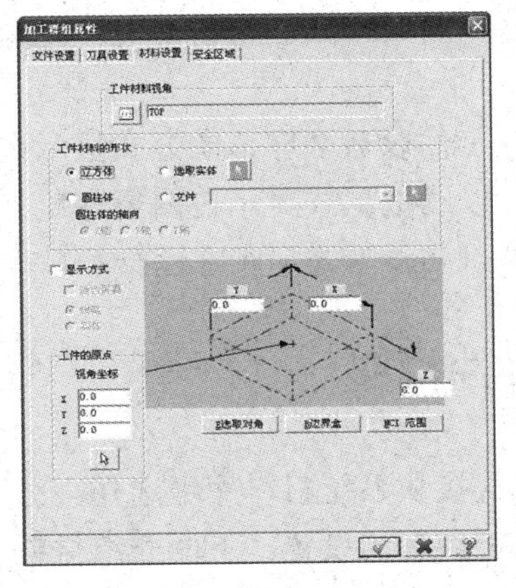

图 3-14

3.4.1　设置工件形状、尺寸及原点

1. 设置工件材料的形状

系统提供了三种方式来设定工件材料的形状。

- 零件形状：可以选择【立方体】或【圆柱体】。当选择【圆柱体】时，可设定【圆柱体的轴向】为【X 轴】、【Y 轴】或【Z 轴】。
- 选取实体：可以通过单击按钮在绘图区选择一部分实体作为毛坯形状。
- 文件：可以通过单击按钮从一个 STL 文件输入毛坯形状。

2. 设置工件的大小

工件的尺寸是根据所创建的产品来确定的，系统提供了四种方式。

- 直接输入：在 X、Y 和 Z 文本框中直接输入数值，以确定工件尺寸。
- E选取对角：在绘图区内选择零件对角线上的两个点，系统重新计算毛坯原点及 X 轴、Y 轴的尺寸。
- B边界盒：根据图形边界确定工件尺寸，并自动改变 X 轴、Y 轴和原点的坐标。
- NCI 范围：根据刀具在 NCI 文档中的移动范围确定工件尺寸，并自动改变 X 轴、Y 轴和原点的坐标。

3. 设置工件原点

设置工件原点的目的是便于工件定位。系统提供三种方法来设置工件原点的位置。

- 系统默认：以系统默认的工件中心为毛坯原点。
- 直接输入：在工件设置的 X、Y 和 Z 文本框内直接输入工件原点的坐标值。
- ：在绘图区内单击一个点作为工件原点。

4. 显示工件

工件类型、尺寸以及原点设置完后，便可以将工件显示在绘图窗口中。系统提供了三种显示方式。

- 适合屏幕：工件以适合屏幕的方式显示在图形窗口中。
- 线架：工件以线框形式显示在图形窗口中。
- 实体：工件以实体形式显示在图形窗口中。

3.4.2 设置工件材料

工件材料可以直接从系统材料库中选择，也可以自己定义。工件的材料直接影响主轴转速、进给速度等加工参数的设置。下面介绍材料设置和材料管理。

1. 材料设置

1) 从材料库中选取

- 在【机器群组属性】对话框中选择【刀具设置】选项卡，如图 3-15 所示。

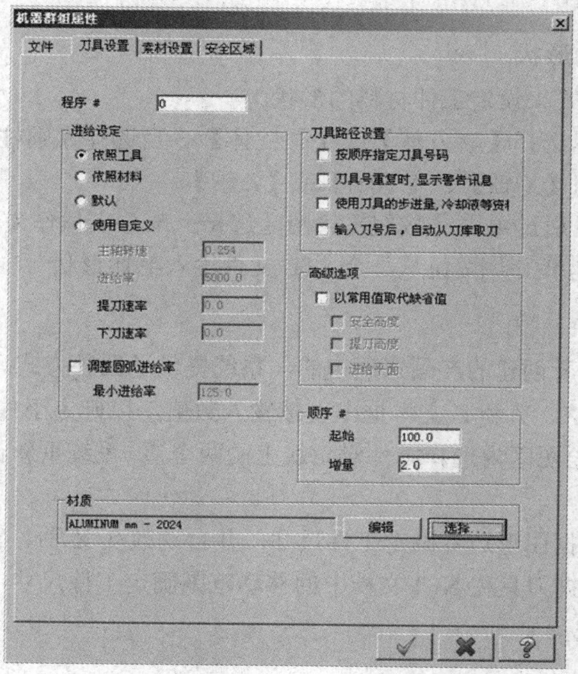

图 3-15

单击 选择... 按钮，出现如图 3-16 所示的【材料表】对话框，显示现有的材料列表，可从列表中选择需要使用的材料。

在【来源】下拉列表中选择其他材料库，可以获得更多的材料，如图 3-17 所示。

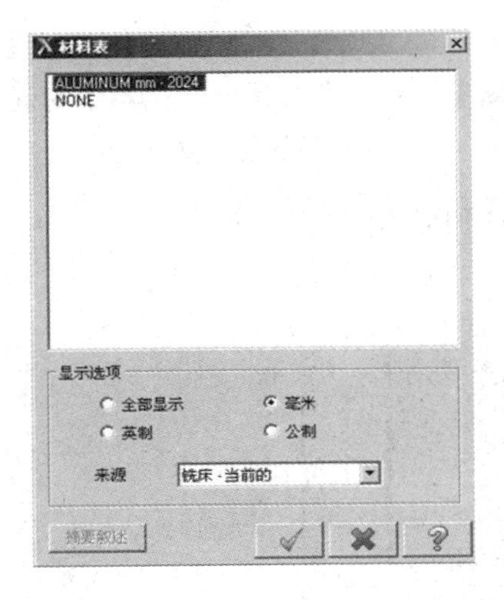

图 3-16

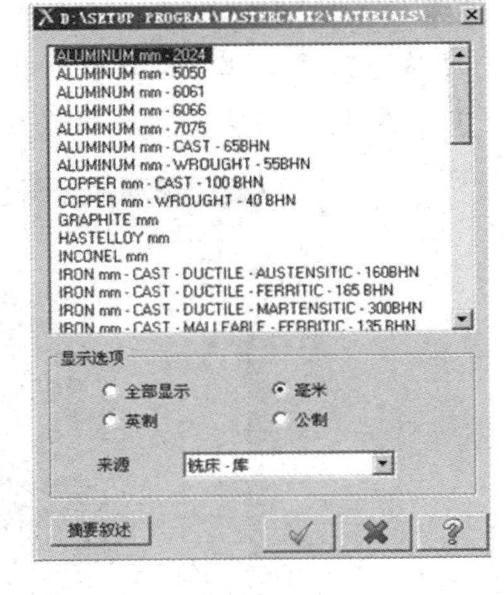

图 3-17

2) 自定义材料

如果当前材料库中的材料不能满足设计加工的要求，在如图 3-15 所示的【刀具设置】选项卡中单击 编辑 按钮，出现如图 3-18 所示的【材料定义】对话框。用户可以根据零件需要，设置材料参数。各参数的含义如下。

- 材料名称：输入自定义的材料名称。
- 材料表面速率：设置材料的基本切削线速度。
- 材料每转速率：设置材料每转或每齿的基本进刀量。
- 输入进给率单位：设置进给量长度单位。
- 允许的刀具材料和附加的转速/切速百分比：设置用于加工该材料的刀具材料，以及该种材料采用的主轴转速和进给速度分别占刀具管理器中设置的主轴转速和进给速度的百分比。

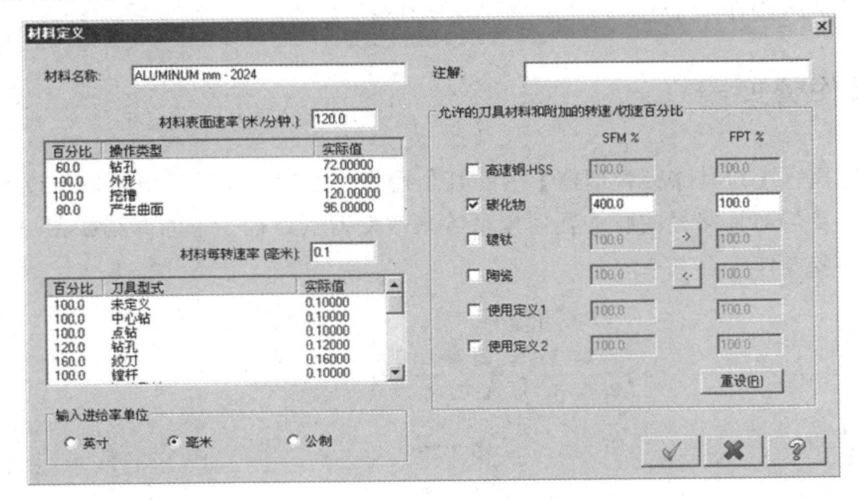

图 3-18

2. 材料管理

选择【刀具路径】|【材料管理器】命令，出现【材料表】对话框，在其中的任意位置单击鼠标右键，打开如图 3-19 所示的快捷菜单，在此可实现材料的管理及设置。

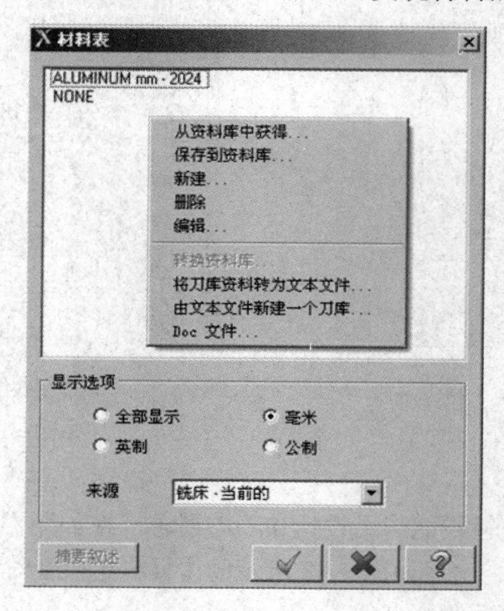

图 3-19

3.5　加工操作管理与后处理

所有的加工参数和工件参数设置完成后，可以利用系统提供的加工操作管理器模拟切削过程。模拟显示没有错误后，利用系统提供的 POST 后处理器输出正确的 NC 加工程序，即可进行实际的加工操作。

3.5.1　操作管理器

可以通过执行【刀具路径管理器】中的某个操作改变加工次序，也可以通过改变刀具路径参数、刀具及与刀具路径关联的几何模型等来改变刀具路径。下面介绍如图 3-20 所示的管理器中的主要操作。

图 3-20

- ：选取所有加工操作。

- ：取消已选取的操作。
- ：重新生成所有刀具路径。
- ：重新生成修改后失效的刀具路径。
- ：选取刀具路径的模拟方式。
- ：选取实体验证方式。
- G1：后处理产生 NC 程序。
- ：高速切削。
- ：删除所有的群组、刀具及操作。
- ：锁定所选操作，不允许对锁定操作进行编辑。
- ：切换刀具路径的显示开关。
- ：关闭后处理，即在后处理时不生成 NC 代码。

3.5.2　刀具路径模拟

刀具路径是指刀尖运动的轨迹。刀具路径的模拟可以在机床加工前检验刀具路径是否存在错误，避免产生撞刀等加工错误。

在操作管理器中选取一个或几个加工操作，单击按钮，系统弹出如图 3-21 所示的【刀路模拟】对话框，并出现如图 3-22 所示的刀具路径模拟执行操作栏。

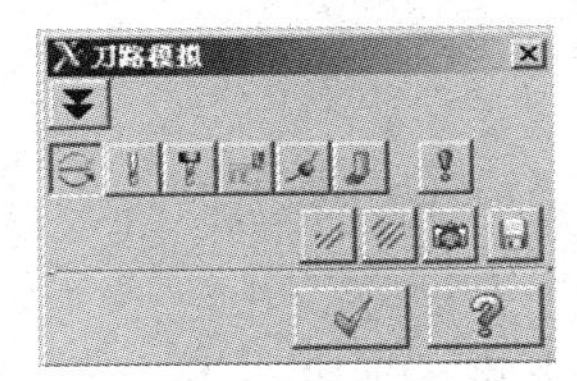

图 3-21

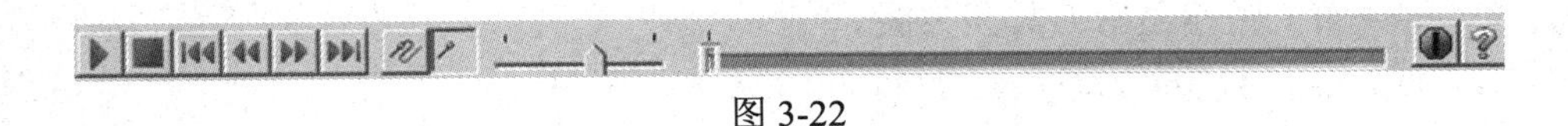

图 3-22

1. 刀具路径模拟设置

- ：设置彩色显示刀具路径。
- ：显示刀具。
- ：显示夹头。
- ：显示退刀路径。
- ：显示刀具端点运动轨迹。
- ：着色显示刀具路径。
- ：配置刀具路径模拟参数。
- ：打开受限制的图形。

- ：关闭受限制的图形。
- ：保存刀具及夹头在某处的显示状态。

2. 执行操作控制

- ：执行操作。
- ：停止操作。
- ：返回前一个停止状态。
- ：向后一步。
- ：向前一步。
- ：移动到下一个停止状态。
- ：执行时显示全部的刀具路径。
- ：执行时只显示执行段的刀具路径。
- ：执行速度调整。

3.5.3 加工过程仿真

在操作管理器中选择一个或几个操作，单击按钮，可验证指定的操作。系统弹出如图 3-23 所示的【实体切削验证】对话框，可以控制仿真过程。下面分类介绍各选项。

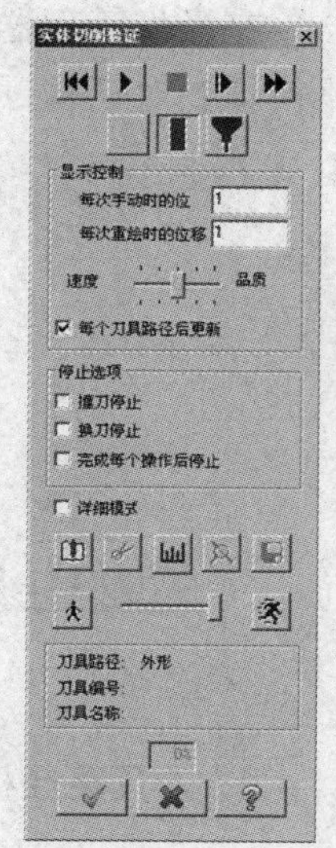

图 3-23

1. 模拟控制及刀具显示区

- ：结束前面的仿真加工，返回至初始状态。
- ：开始连续仿真加工。
- ：步进仿真加工，单击一下走一步或几步。
- ：快速仿真，不显示加工过程。
- ：仿真加工中不显示刀具和夹头。
- ：仿真加工中显示刀具。
- ：仿真加工中显示刀具和夹头。

2. 显示控制区

- 每次手动时的位：移动步长，设定在模拟切削时刀具的移动步长。
- 每次重绘时的位移：移动刷新速度，设定在模拟切削时屏幕显示的刷新速度。
- 每个刀具路径后更新：设置在每个刀具路径执行后是否立刻更新。
- 速度 品质：设置模拟速度或者模拟质量。

3. 停止选项区

- 撞刀停止：在碰撞到冲突的位置时停止。
- 换刀停止：在换刀时停止。

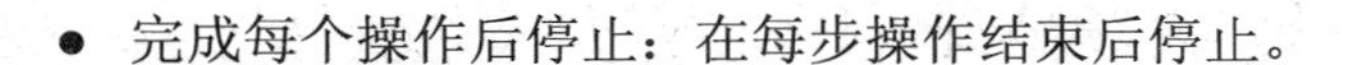

- 完成每个操作后停止：在每步操作结束后停止。

4. 详细模式区

- ：参数设置，对仿真加工中的参数进行设置。
- ：用于尺寸测量。
- ：显示工件截面，将工件上需要剖切的位置显示为剖面图。
- ：减慢模拟速度。
- ：加快模拟速度。
- ：将工件模型保存为一个 STL 文件。

3.5.4　后置处理

后置处理是将 NCI 刀具路径文件翻译成数控 NC 程序的过程。NC 程序可用于控制数控机床进行加工。刀具路径产生后，若未发现任何加工参数设置的问题，即可进行后处理操作。

1. 选择后处理器

后处理器是将刀具路径转换为特定机床的数控代码的转换器。不同数控系统所用的 NC 程序格式不同，应根据所使用的数控系统类型选择相应的后处理器。系统默认的后处理器为日本 FANUC 数控加工系统的 MPFAN.PST，可以通过单击 Select Post 按钮选取其他后处理器。

2. 后处理操作

在操作管理器中，单击按钮弹出【后处理程序】对话框，如图 3-24 所示。该对话框可显示和设置后处理的有关参数，主要有【NC 文件】和【NCI 文件】两个选项组。

1) NC 文件

用来设置后处理生成的 NC 代码，包括以下选项。

- 覆盖：当存在同名 NC 文件时，系统将直接覆盖已有的 NC 文件。
- 覆盖前询问：当存在同名 NC 文件时，提示是否覆盖已有的文件。
- 编辑：保存 NC 文件后，弹出 NC 文件编辑器供用户检查和编辑 NC 程序。
- NC 文件的扩展名：设置 NC 文件的扩展名。
- 将 NC 程式传输至：将生成的 NC 程序通过连接电缆传输到加工机床。

2) NCI 文件

对后处理过程中生成的 NCI 文件(刀具路径文件)进行设置。主要的选项设置与【NC 文件】类似，这里不再赘述。

后处理完成后，系统自动打开专用的文件编辑器，打开如图 3-25 所示的 NC 文件，可以对其进行检视和修改。

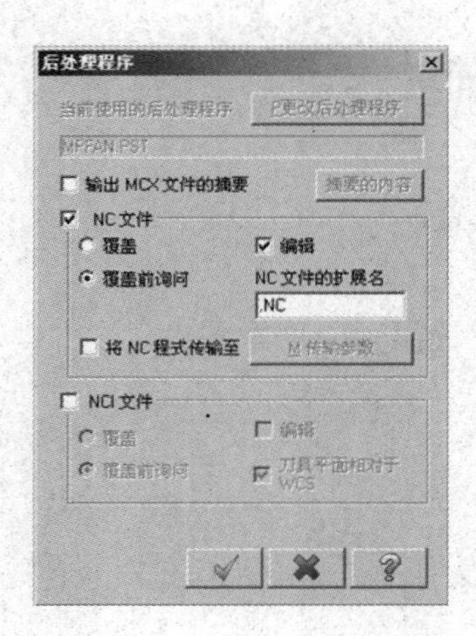

图 3-24

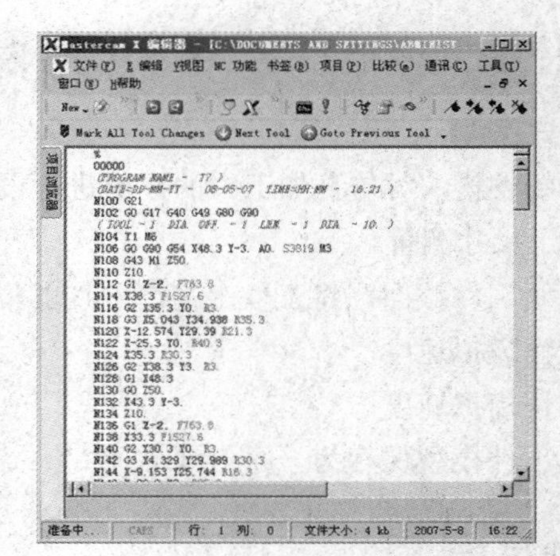

图 3-25

3.6　编辑刀具路径

Mastercam X6 加工系统允许对刀具路径进行编辑操作，主要包括修剪、转换。

3.6.1　修剪路径

对已经生成的刀具路径进行裁剪，使生成的刀具路径符合实际加工的要求。

选择【刀具路径】|【修整刀具路径】命令，系统弹出【串连选项】对话框，按照提示选取修剪边界，单击 按钮后，弹出如图 3-26 所示的【刀路修剪】对话框，具体的修剪设置过程将在第 8 章中详细介绍。

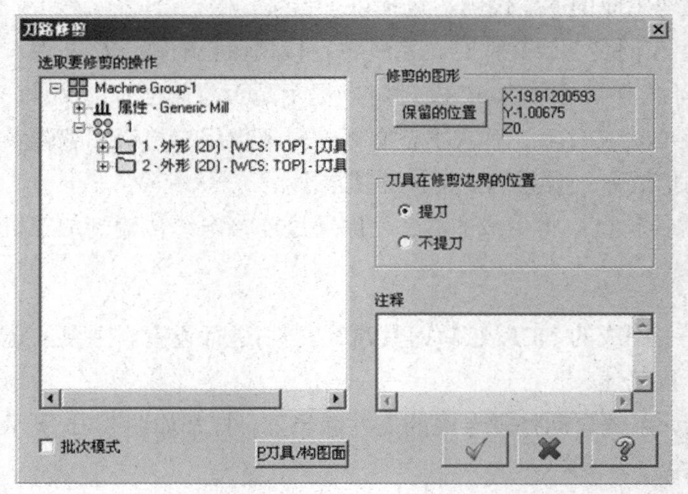

图 3-26

对刀具路径修剪时，设置的修剪边界必须封闭。

3.6.2　转换路径

零件加工过程中，当需要重复的刀具路径比较多时，可以通过对已有的刀具路径进行平移、镜像和旋转等转换操作，简化操作过程。具体操作见第 8 章。

选择【刀具路径】|【路径转换】命令，系统打开如图 3-27 所示的【转换操作之参数设定】对话框。

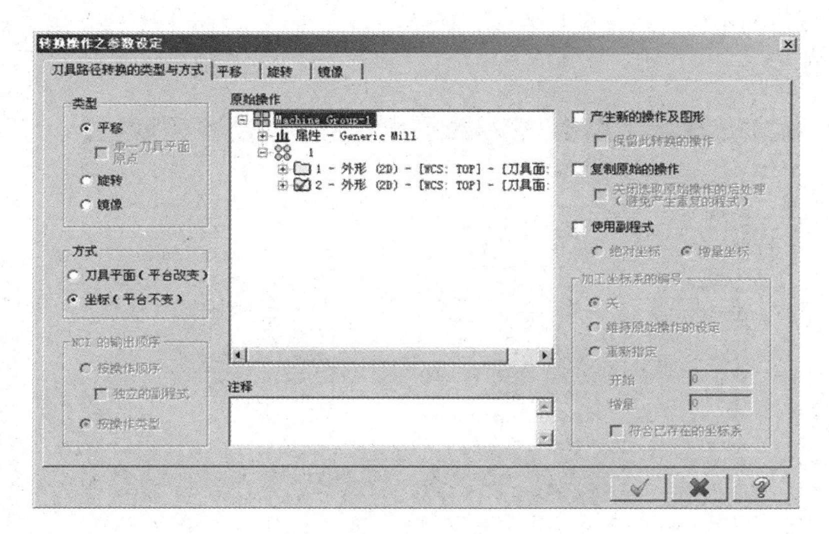

图 3-27

选择【平移】选项卡，如图 3-28 所示。

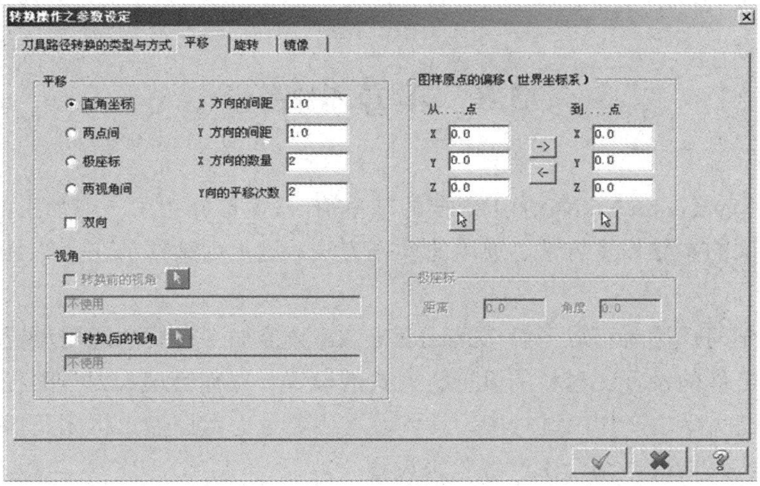

图 3-28

3.7 生成加工报表

数控程序生成后，还可以生成数控加工工艺文件，为生产加工人员提供各种与加工有关的数据，这就是加工报表。加工报表有文本和图形两种格式。

按 Alt+F8 组合键进入【系统配置】对话框，在【刀具路径设置】选项卡的【加工报表】下拉列表中设置加工报表的格式，如图 3-29 所示。若选择【.SET 文件】，则生成文本格式的加工报表；若选择【GUI 图形用户界面】，则生成图形格式的加工报表。

在操作管理器的空白处单击鼠标右键，从弹出的快捷菜单中选择【建立加工报表】命令，即可生成加工报表。

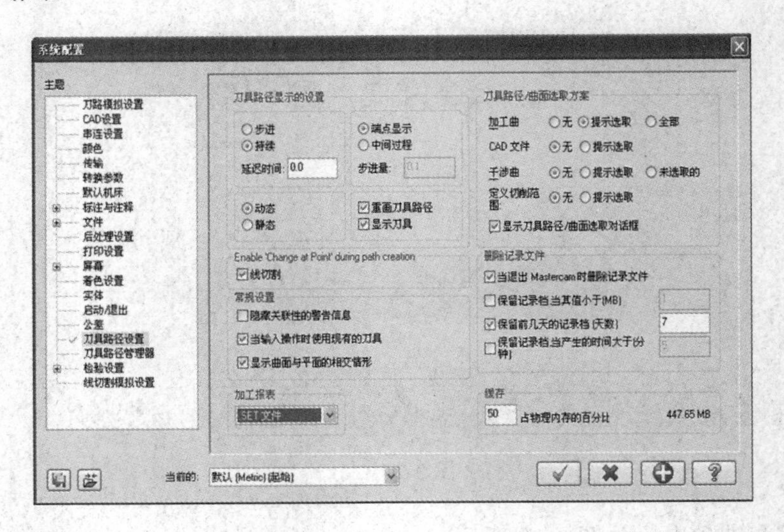

图 3-29

3.8 本章小结

本章介绍了 Mastercam X6 NC 加工部分的基本情况，简单介绍了一般加工的流程和原理，以及加工模块共同的参数设置方法、通用的操作方法，这是后续章节在介绍具体加工方式时的基础。

通过本章的学习，读者可以了解 Mastercam X6 数控加工模块的通用设置；主要包括加工模块的选择、工件的设置、材料的设置、刀具的设置、操作管理、刀具路径模拟、仿真加工和后处理等。在实际生产加工过程中，具体设置还要考虑数控加工机床及切削条件等因素的影响，需根据实际情况、结合生产经验来设置。

3.9　练　　习

3.9.1　思考题

1. 简述 Mastercam X6 数控加工的一般流程及通用设置。

2. 简述 Mastercam X6 的机床设备种类及加工范围、刀具定义方式及系统提供的刀具类型。

3.9.2　操作题

1. 打开“习题/第 3 章/习题 3-1.MCX”文件，在已有的铣削系统中分别添加一个新铣床和两把铣刀、一个新车床和一把车刀。

2. 创建一个车削加工系统，设置其工件、材料以及刀具。

3. 已知毛坯是直径为 40mm、高度为 20mm 的圆柱体，试完成工件的设置。其中，工件原点位于圆柱体的几何中心。

第4章　二维加工系统

本章重点内容

二维加工是 Mastercam X6 加工模块中最基础的加工方式。二维加工所产生的刀具路径在切削深度 Z 方向上保持不变。本章主要介绍 Mastercam X6 的轮廓铣削、挖槽、钻孔工、面铣削、雕刻等二维加工系统。生成刀具路径时，首先选择加工对象，然后设置刀具路径参数，最后设置加工参数。

本章学习目标

- ✔ 熟悉 Mastercam X6 二维加工的基本步骤
- ✔ 掌握外形铣削加工方式
- ✔ 熟悉和掌握挖槽加工方式
- ✔ 熟悉和掌握钻孔加工方式
- ✔ 熟悉和掌握面铣削加工方式
- ✔ 熟悉和掌握文字雕刻加工方式

4.1　外形轮廓铣削加工

外形铣削加工是利用铣削加工方式，按照指定的轮廓线进行加工，形成工件的外部轮廓或者内部型腔的加工方式。

二维外形铣削加工过程中，刀具的切削深度一般固定不变；三维外形铣削加工过程中，刀具的切削深度则可随着外形位置的变化而变化，刀具在三个方向上都可运动。

二维外形加工的工作原理是：在电机驱动下，刀具沿预先设置好的刀具路径运转，切除工件上多余的材质，从而形成指定的外形轮廓。

4.1.1　外形铣削环境

选择【刀具路径】|【外形铣削】命令，系统弹出【串连选项】对话框，串连选择要加工的几何模型后，单击✔按钮确定，系统弹出如图 4-1 所示的【外形】对话框。

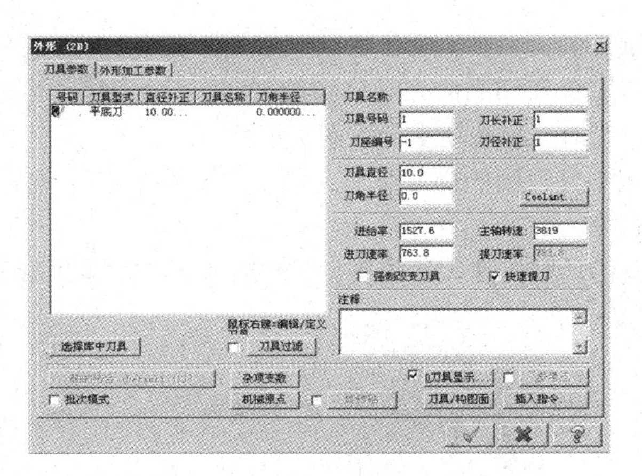

图 4-1

4.1.2　设置外形铣削参数

选择【外形】对话框中的【外形加工参数】选项卡，如图 4-2 所示。选项卡参数较多，这里将其分为高度参数、刀具补偿、切削深度、程式过滤、进/退刀向量、预留量等分别进行详细介绍。

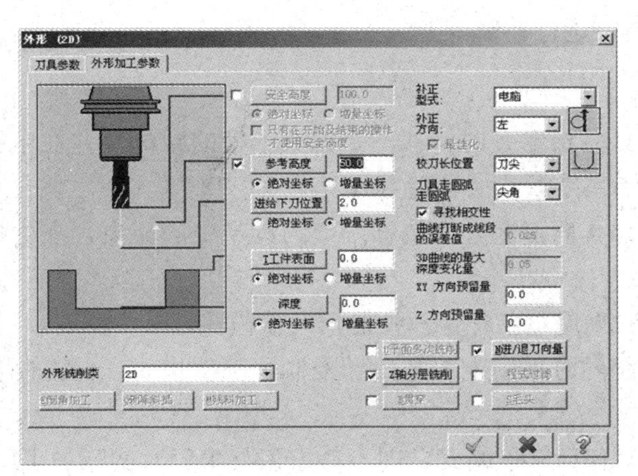

图 4-2

1. 高度参数

Mastercam X6 所有铣削加工模组的参数设置中都包含有高度参数的设置，如图 4-3 所示。高度参数主要包括以下选项。

- 安全高度：设置刀具在没有切削工件时与工件之间的安全距离。系统提供了两种设置方法，即绝对坐标和增量坐标(相对坐标)设置。绝对坐标相对于系统原点设置，而相对坐标相对于工件表面设置。
- 参考高度：设置刀具在下一个刀具路径前刀具回缩的位置。此参数的设置必须高于下刀位置。系统提供了绝对坐标和增量坐标两种设置方式。

- 进给下刀位置：设置在切削时刀具移动的平面。该平面是刀具的进刀路径所在的平面。系统提供了绝对坐标和增量坐标两种设置方式。
- 工件表面：设置工件表面的高度位置。若工件表面的绝对高度设置为零，则增量高度与绝对高度相等。
- 深度：设置刀具的切削深度。系统提供了绝对坐标和增量坐标两种设置方式。

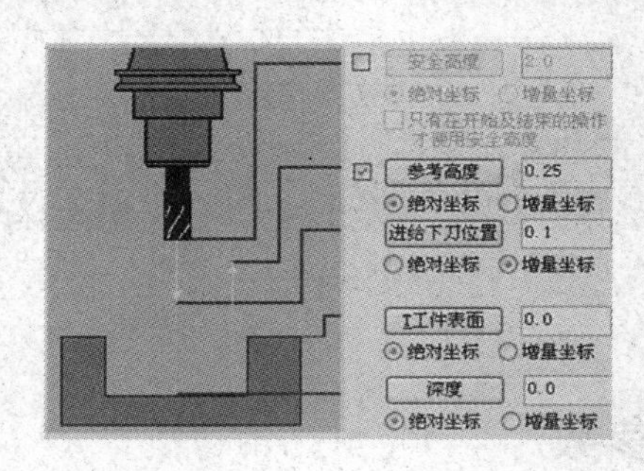

图 4-3

2. 刀具补偿

加工零件时，需要考虑由于实际使用刀具的半径对零件最终成型产生的影响，因此必须设置一些参数对刀具半径进行补偿。

1) 补偿类型

- 电脑补偿：刀具向指定方向偏移一个刀具半径的距离，并在电脑屏幕上显示出来。这种补偿方式为系统默认的补偿方式。
- 控制器补偿：刀具向指定方向偏移一个刀具半径的距离，在生成的加工代码中给出补偿控制代码。
- 两者：系统同时采用电脑补偿和控制器补偿模式。
- 两者相反：系统同时采用电脑补偿和控制器补偿模式，但控制器偏移的方向和设置的方向相反。
- 关：系统不采用任何补偿模式，即不考虑刀具半径对实际加工的影响。

2) 补偿方向

按照补偿方向针对轨迹前进方向的不同，刀具半径补偿分为左补偿和右补偿。

- 左补偿：沿串连方向看去，刀具中心向外形轮廓的左侧方向移动一个补偿量。
- 右补偿：沿串连方向看去，刀具中心向外形轮廓的右侧方向移动一个补偿量。

左补偿

右补偿

3) 补偿位置

- 球心(Center)：设置补偿位置为球头刀的球心。
- 刀尖(Tip)：设置补偿为球头刀的尖端位置。

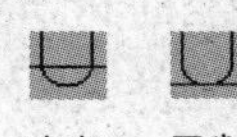

4) 刀具转角

刀具在转角处走圆弧的方式。

- 无：系统在几何图形的转角处不插入圆弧切削轨迹，转角均为锐角切削轨迹。
- 尖角：系统在夹角小于 135° 的几何图形的转角处插入圆弧切削刀具路径。
- 全部：系统在所有的转角处均插入圆弧切削轨迹。

3. 切削深度

1) 平面分层铣削

当毛坯材料的厚度比成品尺寸的厚度大很多时，需要对同一刀具路径的径向进行多次铣削加工以达到加工尺寸的要求，这就是平面分层铣削。

单击【平面多次铣削】按钮，系统弹出【XY 平面多次切削设置】对话框，如图 4-4 所示。

- 粗切次数：粗切削的次数。
- 粗切间距：粗切削的间距，一般为刀具直径的 60%。
- 精修次数：精修的次数。
- 精修间距：精切削的间距。

2) Z 轴分层铣削

当铣削的厚度较大时，可以采用分层铣削。单击【Z 轴分层铣削】按钮，系统弹出如图 4-5 所示的【深度分层切削设置】对话框。

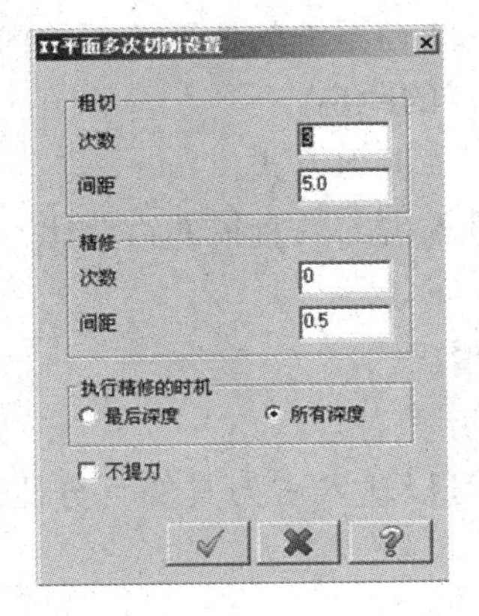

图 4-4

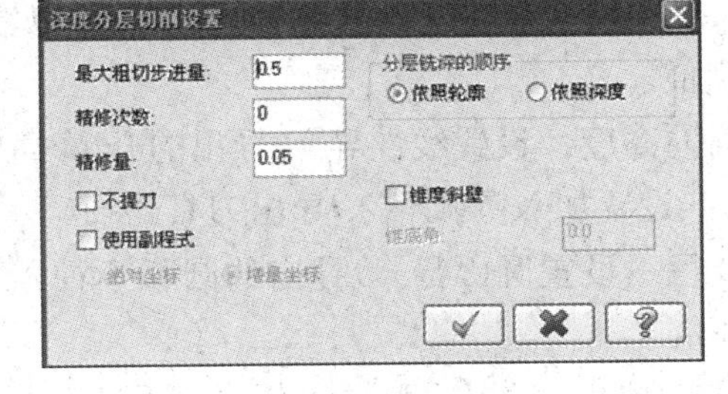

图 4-5

- 最大粗切步进量：设置深度方向上每次粗切削的切削量。
- 精修次数：设置深度方向上精切削的次数。
- 精修量：设置深度方向上每次精切削的切削量。
- 不提刀：设置刀具在每一层切削后，是否回到下刀位置的高度。
- 使用副程式：设置在 NC 文件中是否用子程序处理相同的深度循环。
- 分层铣深的顺序：设置深度铣削的顺序，有依照轮廓和依照深度两种方式。
- 锥度斜壁：系统按设置的角度进行深度铣削。

4. 程式过滤

设置程式过滤，可以在满足加工精度要求的前提下，删除切削轨迹中不必要的点，减少不必要的刀具路径，缩短 NC 文件中的程序，从而优化刀具路径，提高加工效率。单击【程式过滤】按钮，系统弹出如图 4-6 所示的【过滤设置】对话框。

- 公差设定：设置最小公差值。
- 过滤的点数：设置切削轨迹中过滤删除的最大点数。
- 单向过滤：系统只对单一方向的切削轨迹进行过滤，常用于精加工。
- 产生 XY 平面的圆弧：系统在 XY 平面把过滤掉的切削轨迹用圆弧代替。
- 产生 XZ 平面的圆弧：系统在 XZ 平面把过滤掉的切削轨迹用圆弧代替。
- 产生 YZ 平面的圆弧：系统在 YZ 平面把过滤掉的切削轨迹用圆弧代替。
- 最小的圆弧半径：设置系统允许的最小圆弧半径。
- 最大的圆弧半径：设置系统允许的最大圆弧半径。

5. 进/退刀向量

刀具切入/切出时，由于切削力突然变化，会产生振动留下刀痕。因此加工编程时，需要添加相应的隐线和圆弧，使切入/切出时的外形铣削更平稳，淡化接痕，以提高加工质量。单击【进/退刀向量】按钮，系统弹出如图 4-7 所示的【进刀/退刀】对话框。

- 在封闭轮廓的中点位置执行进/退刀：设置在几何图形的中点处产生导入/导出刀具路径，否则选择在几何图形的端点处产生导入/导出刀具路径。
- 执行进/退刀的过切检查：确保导入/导出刀具路径不铣削外形轮廓的内部材料。
- 重叠量：设置导出刀具路径超出外形轮廓端点的距离。
- 进刀/退刀：系统提供垂直、相切两种线性进刀/退刀方式。
    - 长度：设置线性导入/导出的长度，可以输入占刀具直径的百分比，或直接输入长度值。
    - 斜向高度：设置线性导入/导出的升/降高度。
- 圆弧：设置加入圆弧导入/导出刀具路径。
    - 半径：设置圆弧导入/导出的圆弧半径，可以输入占刀具的百分比或直接输入半径值。
    - 扫掠角度：设置圆弧导入/导出的圆弧角度。
    - 螺旋高度：设置圆弧导入/导出的螺旋高度。
- 指定进刀点：指定点作为导入点。
- 使用指定点的深度：导入点使用所选点的深度。
- 第一个位移后才下刀：当采用深度分层切削时，在第一个刀具路径在安全高度位置执行完毕后才下刀。
- 覆盖进给率：设置导入的切削速率，否则系统按平面进给率设置的速率导入。

调整轮廓的起始/终止位置：设置导入/导出刀具路径在外形起点或终点的延伸或缩短量。

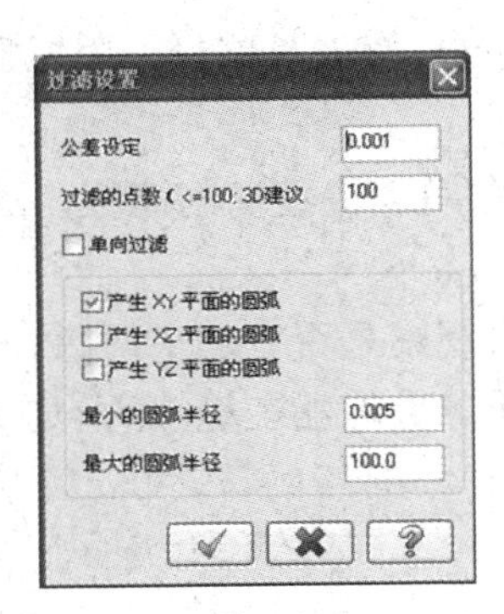

图 4-6

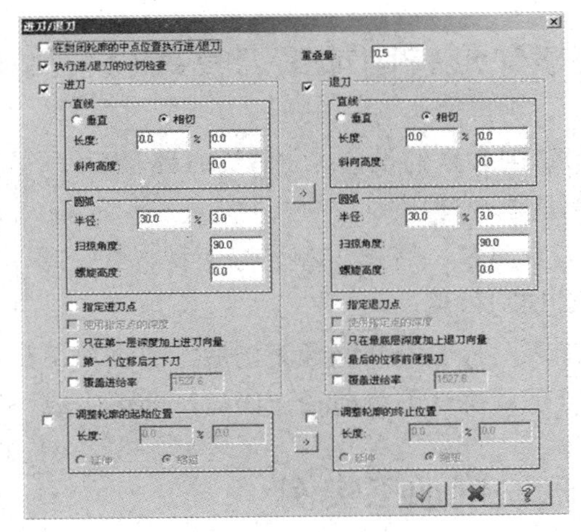

图 4-7

6. 预留量

实际加工中经常碰到预留量的问题。设置预留量是为了得到更精确和更高质量的加工效果。通常加工分为粗加工和精加工两个过程，粗加工过程会为精加工过程预留一定的材料厚度，作为精加工的加工余量。

> 当补正设置关闭时，系统忽略毛坯预留量的设置。当毛坯预留量为负值时，为过切加工。通常粗加工后在 X、Y 和 Z 轴方向的预留量为 0.1 ~ 0.5mm。

7. 其他外形铣削加工方式

Mastercam X6 除了进行标准外形铣削外，还提供倒角、斜坡、残料等加工方式。

- 倒角加工：利用倒角刀在 2D 或者 3D 外形轮廓上产生倒角铣削结构。要注意铣削刀具必须为倒角刀，如图 4-8 所示。
- 斜坡加工：采用逐层斜线下刀的方式对外形进行铣削加工。这种方式在高速加工的条件下深度进刀比较平稳。斜线铣削加工对话框如图 4-9 所示。
- 残料加工：此加工可以加工较小的区域，对粗加工操作未加工到的区域进行加工。残料加工可缩短加工时间，降低加工成本。残料加工对话框如图 4-10 所示。

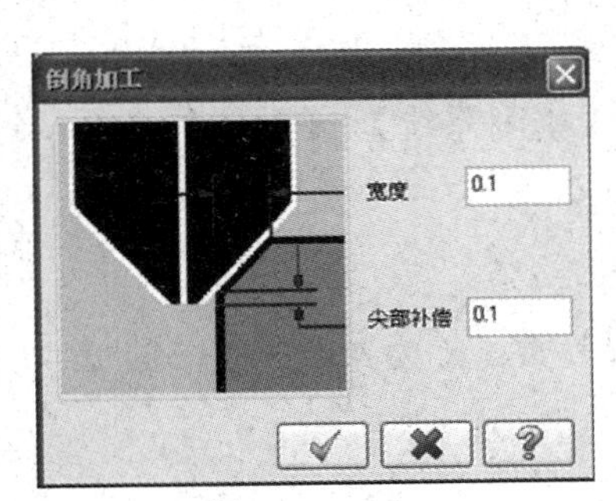

图 4-8

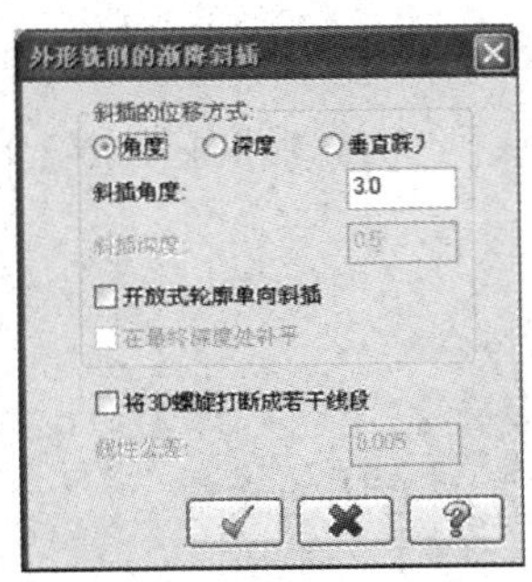

图 4-9

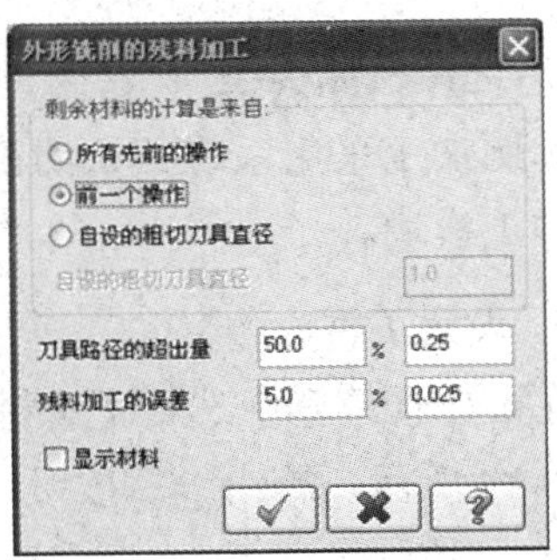

图 4-10

4.1.3 校核外形铣削加工刀具路径与后处理

完成外形铣削参数的设置，生成刀具路径后，可以通过校核刀具路径、模拟加工过程来检查切削流程是否合理。

- 校验刀具路径：有单步和连续两种方式。单步方式用于检查切削流程，连续方式用于检查切削效果。
- 模拟加工：检验刀具路径正确后，通过加工模拟来观察是否有加工问题。
- 后置处理：确认刀具路径正确后，即可生成用于实际数控加工机床的 NC 程序。

4.1.4 外形铣削加工实例

【操作实例 4-1】外形铣削加工

	源文件：源文件\第 4 章\外形铣削加工.MCX
	操作结果文件：操作结果\第 4 章\外形铣削加工.MCX

1. 打开加工模型文件

单击【打开文件】按钮，打开“源文件\第 4 章\外形铣削加工.MCX”文件，如图 4-11 所示。

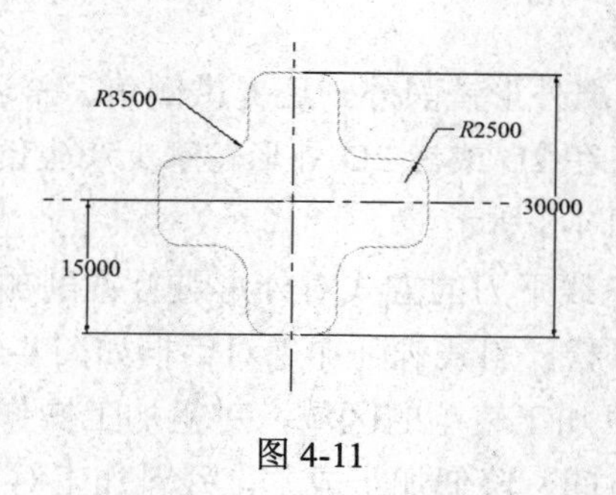

图 4-11

2. 选择机床类型

本例加工采用系统默认的铣床，选择【机床类型】|【铣削系统】|【默认】命令，进入铣削加工模块。

3. 设置工件

在操作管理器中选择【素材设置】|【立方体】，设置参数：X 为 40，Y 为 50，Z 为 10，如图 4-12 所示，单击按钮，完成毛坯的设置。

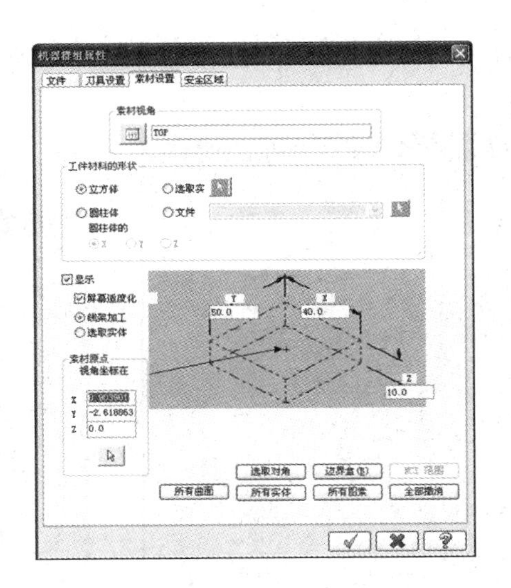

图 4-12

4. 创建刀具路径

选择【刀具路径】|【外形铣削】命令，系统弹出【输入新 NC 名称】对话框，输入“外形铣削”，如图 4-13 所示，单击按钮完成。

(1) 设置转换参数。系统提示选取串连外形，选取如图 4-14 所示的图素，单击【串连选项】对话框中的按钮。

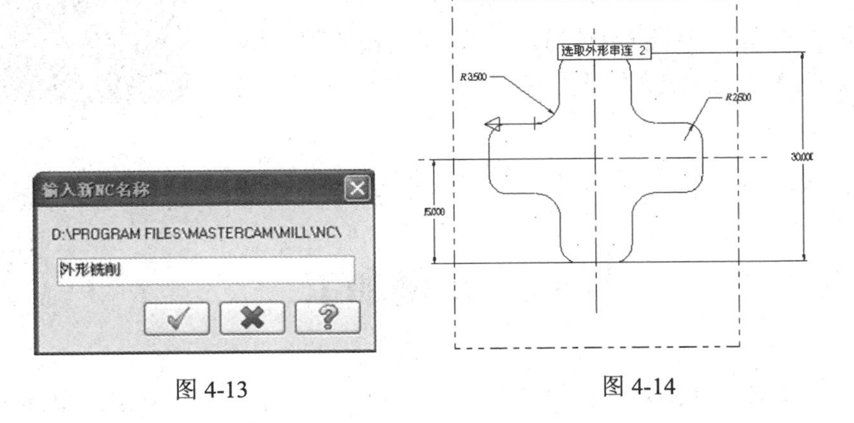

图 4-13　　　　图 4-14

(2) 设置刀具参数。选择【外形】对话框中的【刀具参数】选项卡；单击选择库中刀具，选择直径为 5mm 的平底刀，设置【进给率】为 200、【主轴转速】为 1000、【进刀速率】为 200。

(3) 外形加工参数。选取【外形】对话框中的【外形加工参数】选项卡；设置【参考高度】为 20、【进给下刀位置】为 3、【深度】为－10、【补正型式】为【电脑】、【补正方向】为【右】、【刀具走圆弧】为【圆弧】，其他参数不变，如图 4-15 所示。

(4) 分层切削参数。设置【粗切次数】为 1，【精修次数】为 2，【精修间距】为 0.1，如图 4-16 所示。

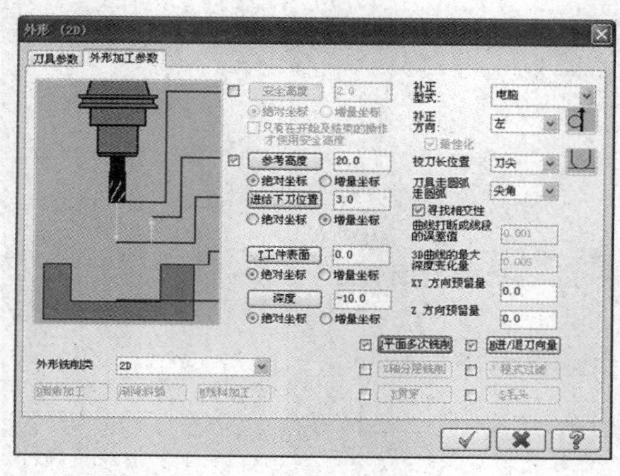

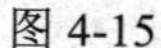
图 4-15

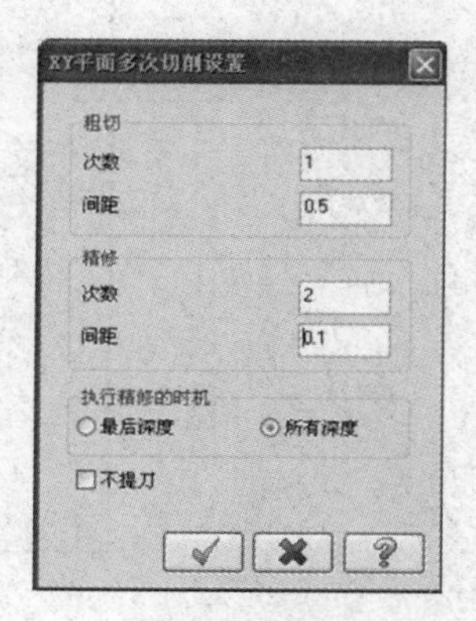

图 4-16

5. 刀具路径模拟、验证及后处理

刀具路径设置完成后，通过刀具路径模拟来判断刀具路径的设置是否正确。

(1) 在操作管理器中单击按钮，完成实体切削验证，如图 4-17 所示。

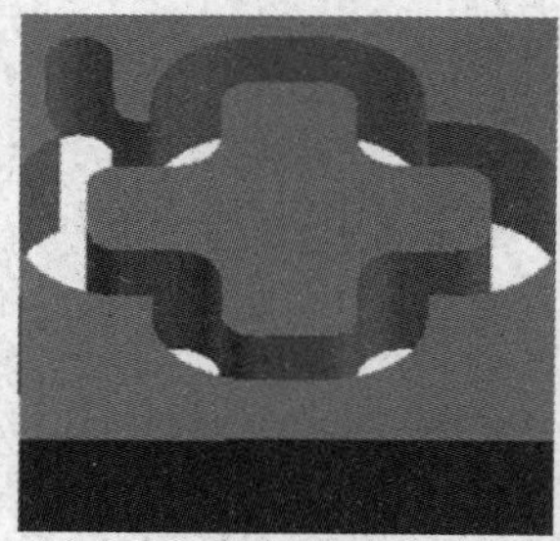

图 4-17

(2) 在操作管理器中单击按钮，完成路径模拟。

(3) 在操作管理器中单击按钮，生成 NC 加工代码，设置文件名和保存路径，完成文件的存储。

6. 保存文件

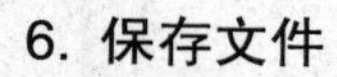

单击按钮保存文件。

4.2 挖槽加工

挖槽加工主要用于切除封闭外形所包含的材料。用于定义封闭外形的串连可以是封闭的，也可以是不封闭的。挖槽加工通常采用平底铣刀。

4.2.1 设置挖槽参数

选择【刀具路径】|【挖槽】命令，系统打开【串连选项】对话框，按照提示选择挖槽刀具路径的几何图素，单击按钮，系统弹出【挖槽】对话框，选择【2D 挖槽参数】选项卡，如图 4-18 所示。

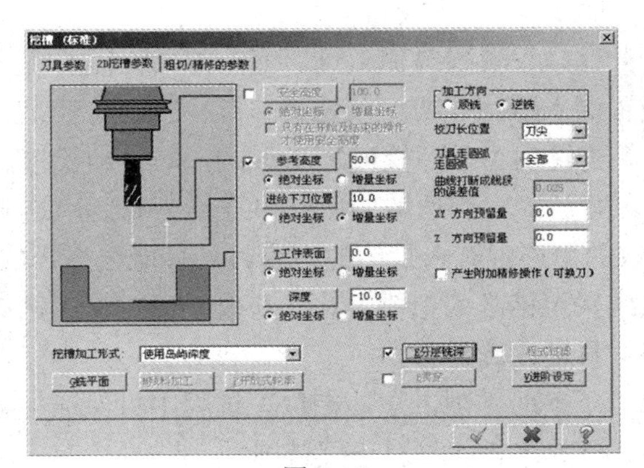

图 4-18

挖槽加工的参数和外形铣削基本相同。不同的参数主要有加工方向、分层铣深、进阶设定及挖槽加工形式。

- 加工方向：设置挖槽时刀具的旋转方向与其运动方向的关系，有顺铣和逆铣两种方式。
  - 顺铣：刀具的旋转方向、材料的抛出方向与刀具的运动方向相同。
  - 逆铣：刀具的旋转方向、材料的抛出方向与刀具的运动方向相反。
- 分层铣深：与外形轮廓分层铣削相似，挖槽加工也可深度分层铣削。单击分层铣深按钮，弹出【深度分层切削设置】对话框，如图 4-19 所示。
  - 最大粗切深度：设置深度方向上每次粗切的切削量。
  - 精修次数：设置深度方向上的精切次数。
  - 精修量：设置深度方向上每次精切的切削量。
  - 不提刀：刀具在切削完一层后直接进入下一层，不抬刀，否则回到参考高度等待下一次切削。
  - 使用岛屿深度：当岛屿深度与外形深度不一致时，对岛屿深度进行铣削，否则岛屿深度与外形深度相同。
  - 使用副程式：系统在 NC 程序中用子程序处理相同的深度循环。
  - 按区域：挖槽外形均铣削相同深度，然后继续铣削各外形的下一个深度。
  - 依照深度：同一个挖槽外形的所有深度铣削完毕后再进行下一个外形铣削。
  - 锥度斜壁：系统按设置的角度进行深度铣削。
- 进阶设定：用户可以借助高级铣削设置功能设置挖槽残料的加工量及等距环切的误差量。单击进阶设定按钮，弹出【进阶设定】对话框，如图 4-20 所示。

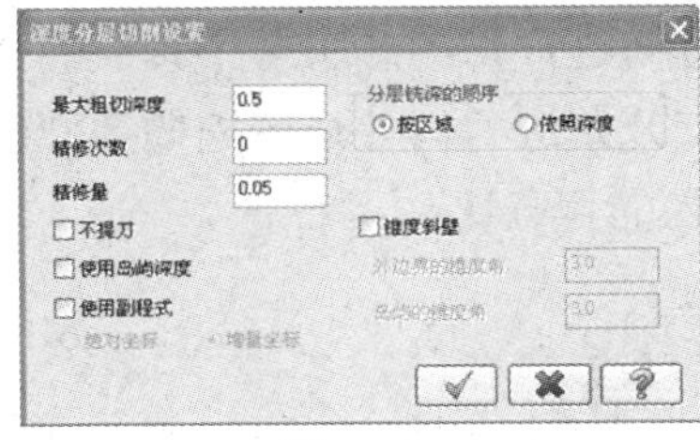

图 4-19

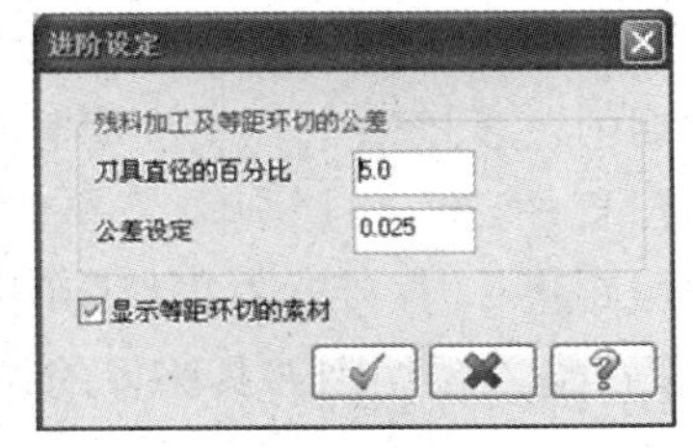

图 4-20

- 刀具直径的百分比：设置残料加工量，值为刀具直径的百分比。
- 公差设定：设置深入等距环切的误差值。

● 挖槽加工形式：系统提供了五种挖槽加工形式，即标准挖槽、平面加工、使用岛屿深度、残料加工、开放式。当选取的所有串连均为封闭串连时，可以选择前四种加工方式；而当选取的串连中有未封闭的串连时，只能选择开放式的轮廓加工方式。

- 标准挖槽：系统采用标准的挖槽方式，即仅铣削定义凹槽内的材料，而不会对边界外或岛屿的材料进行铣削。
- 平面加工：相当于平面铣削方法，在加工过程中只保证加工出选择的表面，而不考虑是否对边界外或岛屿的材料进行铣削。
- 使用岛屿深度：不会对边界外进行铣削，但可以将岛屿铣削至设置的深度。
- 残料加工：进行残料挖槽加工。

4.2.2 设置粗切/精修参数

选择【挖槽】对话框中的【粗切/精修的参数】选项卡，如图 4-21 所示。其参数包括粗加工方式、粗切削间距、下刀方式及精加工参数设置。

1. 设置粗切参数

● 切削方式：系统提供了八种走刀方式，即双向、等距环切、平行环切、平行环切清角、依外形环切、高速切削、单向切削、螺旋切削。选中【粗切】复选框，则在加工过程中，先进行粗切削。

- 双向：线性切削，双向切削。
- 等距环切：旋转切削，等距环切。
- 平行环切：旋转切削，环绕切削。
- 平行环切清角：旋转切削，环绕切削并清角。
- 依外形环切：旋转切削，依外形切削。
- 高速切削：旋转切削，高速环切。
- 单向切削：线性切削，单向切削。
- 螺旋切削：旋转切削，螺旋切削。

这八种走刀方式又可分为直线切削和螺旋切削两大类。

- 直线切削：包括双向切削和单向切削，双向切削产生一组来回的直线刀具路径来粗切削凹槽，单向切削则按照同一个方向进行切削产生一个直线的刀具路径。
- 螺旋切削：以挖槽中心或特定挖槽起点开始进刀，并沿着挖槽壁螺旋切削。

● 切削间距(直径%)：粗切削间距占刀具直径的百分比。

● 切削间距(距离)：直接输入粗切削间距值。

● 粗切角度：输入粗切削刀具路径的切削角度。

2. 设置精加工参数

- 次数：设置精加工次数。
- 间距：设置精加工量。
- 修光次数：设置在精加工基础上增加的环切次数。
- 精修外边界：选中时，对外边界也进行精铣削，否则仅对岛屿边界进行精铣削。
- 由最靠近的图素开始精修：选中时，在靠近粗切削结束点位置时开始精铣削，否则按选取边界的顺序进行精铣削。
- 只在最后深度才执行一次精修：选中时，仅在最后的铣削深度进行精铣削，否则在所有深度进行精铣削。
- 完成所有槽的粗切后，才执行分层精修：选中时，仅在完成了所有粗切削后进行精铣削，否则在每一次粗切削后都进行精铣削。

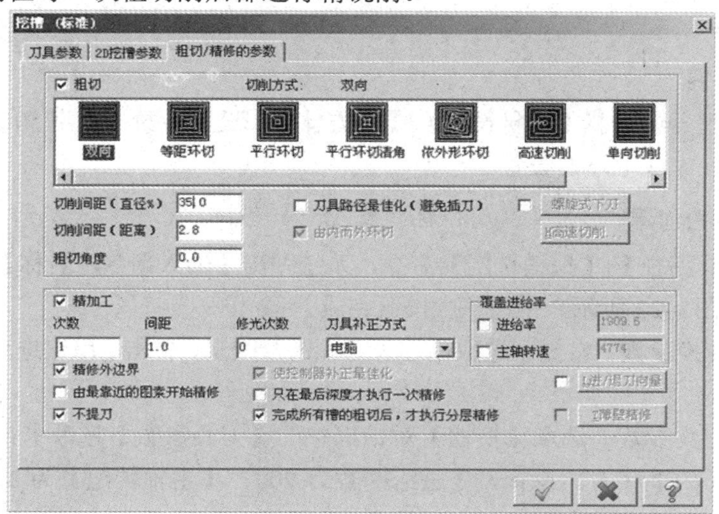

图 4-21

4.2.3　挖槽加工实例

【操作实例 4-2】挖槽铣削加工

	源文件：源文件\第 4 章\挖槽铣削加工.MCX
	操作结果文件：操作结果\第 4 章\挖槽铣削加工.MCX

1. 打开加工模型文件

单击【打开文件】按钮，打开“源文件\第 4 章\挖槽铣削加工.MCX”文件，如图 4-22 所示。

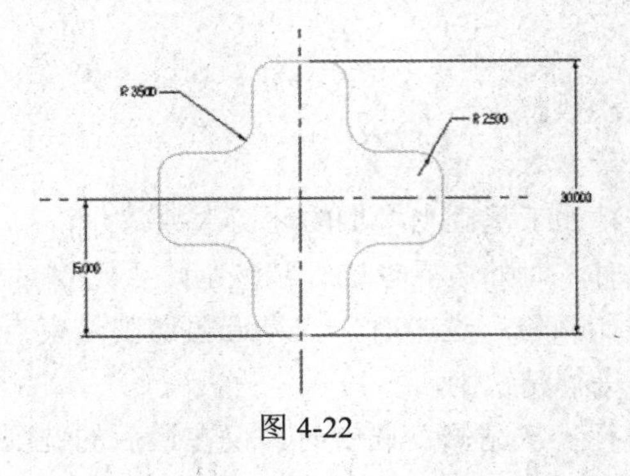

图 4-22

2. 选择机床类型

本例加工采用系统默认的铣床，选择【机床类型】|【铣削系统】|【默认】命令，进入铣削加工模块。

3. 工件设置

在操作管理器中选择【素材设置】|【立方体】，设置参数：X 为 50，Y 为 50，Z 为 10，单击 ✓ 按钮，完成毛坯的设置。

4. 刀具路径创建

选择【刀具路径】|【挖槽铣削】命令，系统弹出【输入新 NC 名称】对话框，输入“挖槽加工”，如图 4-23 所示，单击 ✓ 按钮完成。

(1) 设置转换参数。按提示选取串连外形，选取图素，单击【串连选项】对话框中的 ✓ 按钮。

(2) 设置刀具参数。选取【挖槽】对话框中的【刀具参数】选项卡；单击 选择库中刀具，选择直径为 2mm 的平底刀，设置刀【进给率】为 200、【主轴转速】为 1000、【进刀速率】为 200。

(3) 设置挖槽参数。选择【挖槽】对话框中的【2D 挖槽参数】选项卡，设置【参考高度】为 20、【进给下刀位置】为 3、【深度】为 - 5，其他参数不变，如图 4-24 所示。

图 4-23

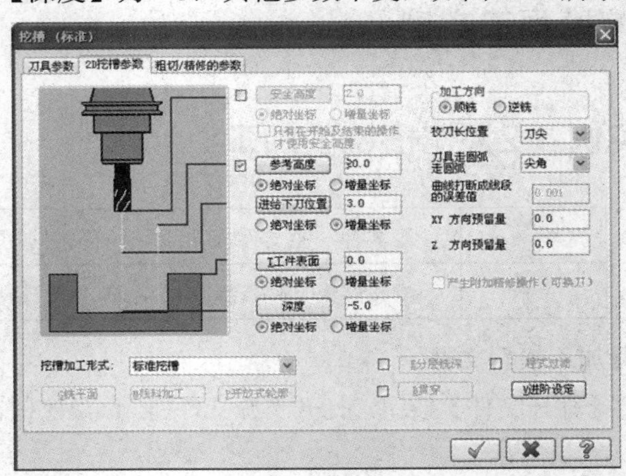

图 4-24

(4) 设置粗切/精修参数。选取【挖槽】对话框中的【粗切/精修的参数】选项卡，设置【加工方式】为【平行环形清角】、【切削距离】为 0.75、【次数】为 2、【间距】为 0.05、【修光次数】为 1。

5. 刀具路径模拟、验证及后处理

刀具路径设置完成后，通过刀具路径模拟来判断刀具路径的设置是否正确，如图 4-25 所示，完成实体切削验证。

图 4-25

4.3　钻孔加工

钻孔模组主要用于在指定的点上产生钻孔、镗孔或攻牙刀具路径。钻孔铣削除了设置共同参数外，还要设置专用的两组铣削参数，即钻孔参数和用户自定义参数。

4.3.1　点的选择

钻孔的大小是由刀具确定的，钻孔加工时只要确定圆心的位置即可。选择【刀具路径】|【钻孔铣削】命令，系统弹出如图 4-26 所示的【选取钻孔的点】对话框。

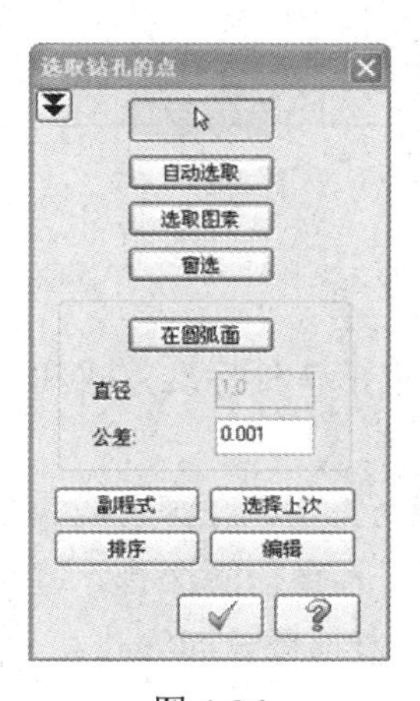

图 4-26

系统提供了九种孔加工的点选择方式。

- ：手动选择，用户通过在绘图区单击鼠标左键来确定钻孔的位置或直接输入值。
- 自动选取：在屏幕上选取三个已经存在的点，系统就会尽可能多地选取屏幕上的点，主要用于大批量选点。
- 选取图素：选取图素，使其端点或圆心等特殊点作为钻孔点。
- 窗选：选取矩形窗口的两个对角点，矩形窗口中的所有点均被选中。
- 在圆弧面：选取圆或圆弧的圆心作为钻孔中心点。
- 副程式：可通过子(副)程序进行重复钻削。
- 选择上次：采用上次钻孔刀具路径的点和排列方式作为当前点。
- 排序：将选择的孔进行有序的排列。系统提供三种主要方式：网格矩阵式、环形方式和旋转轴方式。
- 编辑：编辑已经选择的点。

4.3.2 钻孔参数

选择【刀具路径】|【钻孔铣削】|【深孔钻 无啄钻】选项，系统弹出【Drill/Counterbore】对话框。默认情况下，选中【深孔钻 无啄钻】选项卡，如图 4-27 所示。

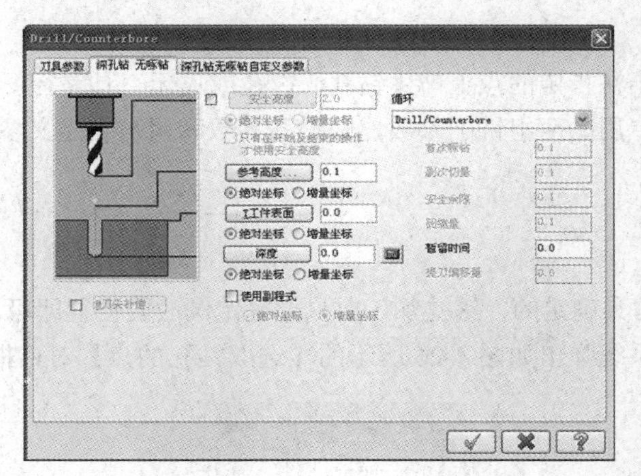

图 4-27

1. 钻孔形式

系统共提供了 20 种钻孔方式，包括 7 种标准方式和 13 种自定义方式，其中常用的 7 种标准钻孔方式如下。

- Drill/Counterbore：钻孔或镗沉头孔。孔深一般小于 3 倍的刀具直径。
- Peck Drill：钻深度大于 3 倍刀具直径的深孔。特别用于碎屑不易移除的情况。
- Dhip Break：钻深度大于 3 倍刀具直径的深孔。
- Tap：攻左内螺纹孔。

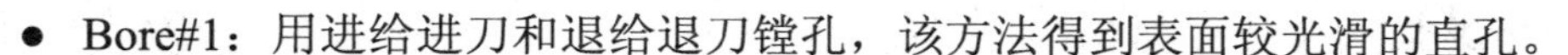

- Bore#1：用进给进刀和退给退刀镗孔，该方法得到表面较光滑的直孔。
- Bore#2：用进给进刀、主轴停止、快速退刀镗孔。
- Fine bore (shift)：在钻孔深度处停转，将刀具旋转设置的角度后退刀。

2. 刀尖补偿

选择【刀具路径】|【钻孔铣削】|【深孔钻 无啄钻】|【刀尖补偿】选项，系统弹出如图 4-28 所示的【钻头尖部补偿】对话框。

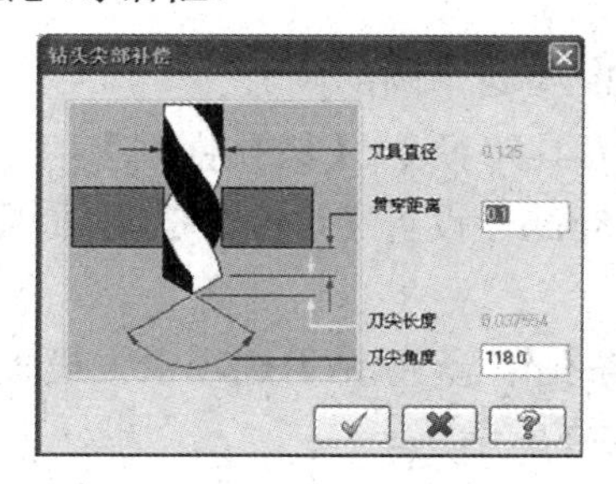

图 4-28

4.3.3　钻孔加工实例

【操作实例 4-3】钻孔铣削加工

	源文件：源文件\第 4 章\钻孔铣削加工.MCX
	操作结果文件：操作结果\第 4 章\钻孔铣削加工.MCX

1. 打开加工模型文件

单击【打开文件】按钮，打开“源文件\第 4 章\钻孔铣削加工.MCX”文件，如图 4-29 所示。

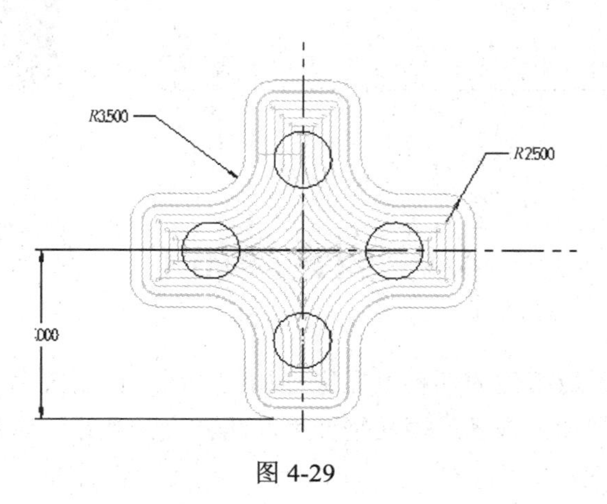

图 4-29

2. 选择机床类型

本例加工采用系统默认的铣床，选择【机床类型】|【铣削系统】|【默认】命令，进入铣削加工模块。

3. 设置工件

此例在上例挖槽加工的基础上进行加工，工件设置采用上例挖槽加工的设置。

4. 创建刀具路径

(1) 选取加工点。选取图 4-29 中四个圆的圆心。

(2) 设置刀具参数。选择【刀具路径】|【钻孔铣削】|【刀具参数】命令，创建直径为 5mm 的钻孔刀具，刀刃长度为 15mm，设置【进给率】为 200、【主轴转速】为 1000、【进刀速率】为 200。

(3) 设置钻孔参数。选择【深孔钻 无啄钻】选项卡，设置【参考高度】为 10、【深度】为 - 15，其他参数不变，如图 4-30 所示。

5. 刀具路径模拟、验证及后处理

刀具路径设置完成后，通过刀具路径模拟来判断刀具路径的设置是否正确，完成实体切削验证，如图 4-31 所示。

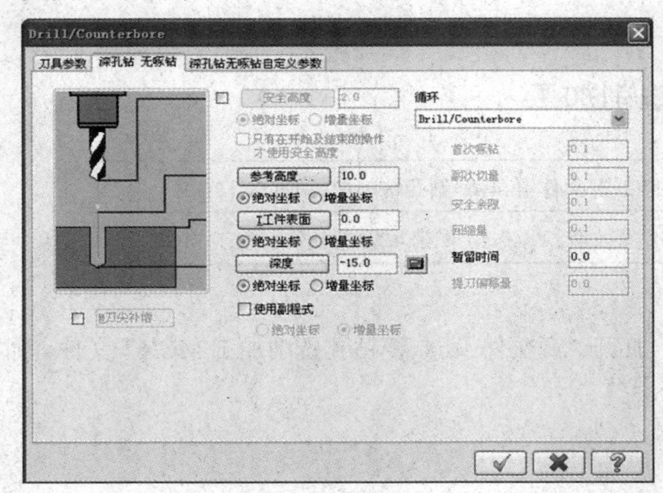

图 4-30

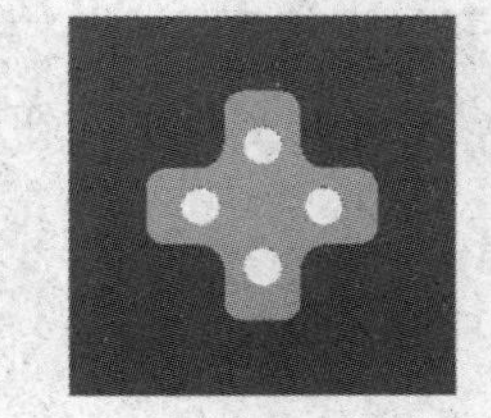

图 4-31

4.4 面铣削加工

面铣削模组主要用于对工件的坯料表面进行加工，用于铣削较大面积的平面；可采用平面铣削模组进行表面铣削加工来满足表面平面度和粗糙度的要求，以便后续进行挖槽、钻孔等加工操作。

4.4.1　面铣削参数

平面铣削加工的参数设置与前面所述的各加工方法类似，此处不再赘述。下面介绍其特有的参数设置。

选择【面铣刀】对话框中的【平面加工参数】选项卡，如图 4-32 所示。

- 高度：高度参数包括安全高度、进给下刀位置、参考高度、工件表面和深度。
  - 安全高度：刀具可以在任何位置平移而不会与工件或夹具发生碰撞的高度。
  - 进给下刀位置：刀具在下刀位置之上时先快速降至该位置后再以慢速接近工件。
  - 参考高度：开始下一个刀具路径前，刀具回缩的位置。
  - 工件表面：指工件上表面的高度值。
  - 深度：最后的加工深度。
- 分层铣削：当铣削的厚度超过一定范围时，可采用分层铣削以获得较光滑的表面。选中【Z 轴分层铣深】复选框后，单击【Z 轴分层铣深】按钮，弹出【深度分层切削设置】对话框，如图 4-33 所示。

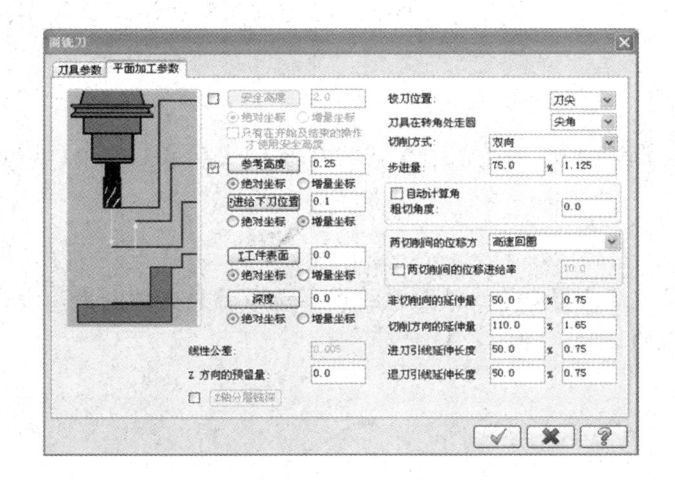

图 4-32

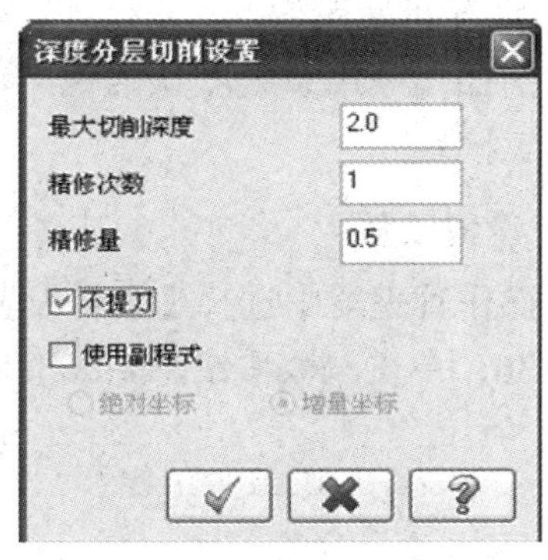

图 4-33

- 刀具超出量：系统提供了四个超出量参数。
  - 非切削向的延伸量：Y 方向切削刀具路径超出面铣削轮廓的量。
  - 切削方向的延伸量：X 方向切削刀具路径超出面铣削轮廓的量。
  - 进刀引线延伸长度：面铣削引导切削刀具路径超出面铣削轮廓的量。
  - 退刀引线延伸长度：面铣削导出切削刀具路径超出面铣削轮廓的量。
- 两切削间的位移方式：系统提供了三种位移方式。
  - 高速回圈：切完一行后，走圆弧快速移动到下一行。
  - 线性移动：走直线到下一行。
  - 快速移动：走直线快速到下一行。

- 切削方式：系统提供了四种铣削方式。
  - 双向：双向切削方式。
  - 单向顺铣：单向顺切削方式。
  - 单向逆铣：单向逆切削方式。
  - 一刀式：一次性切削方式。

4.4.2 面铣削加工实例

【操作实例 4-4】面铣削加工

	源文件：源文件\第 4 章\面铣削加工.MCX
	操作结果文件：操作结果\第 4 章\面铣削加工.MCX

1. 打开加工模型文件

单击【打开文件】按钮，打开“源文件\第 4 章\面铣削加工.MCX”文件，如图 4-34 所示。

2. 选择机床类型

本例加工采用系统默认的铣床，选择【机床类型】|【铣削系统】|【默认】命令，进入铣削加工模块。

3. 设置工件

在操作管理器中选择【素材设置】|【边界盒】，按照系统提示选取外长方体图素，设置 Z 值为 30，单击按钮，完成毛坯的设置，如图 4-35 所示。

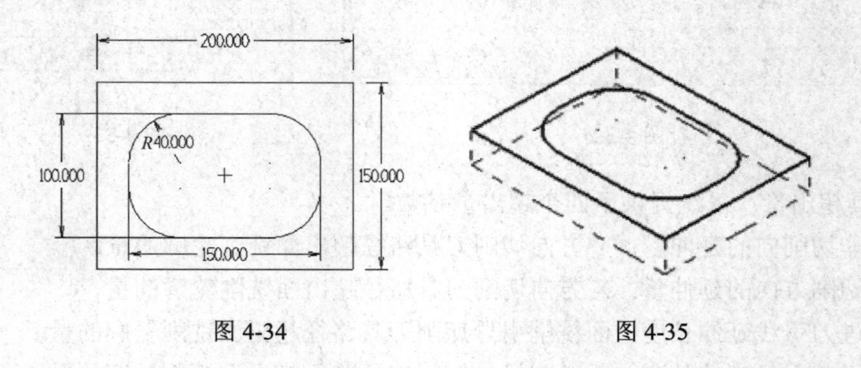

图 4-34　　图 4-35

4. 创建刀具路径

(1) 选择加工方式。选择【刀具路径】|【面铣】命令，进入加工工作环境，系统弹出【输入新 NC 名称】对话框，在文本框中输入文件名，单击按钮确定，如图 4-36 所示。

(2) 选取面铣削加工区域。系统自动弹出【转换参数】对话框，选择 2D 单选按钮，如

图 4-37 所示。

在绘图区内选择矩形轮廓线，如图 4-38 所示。

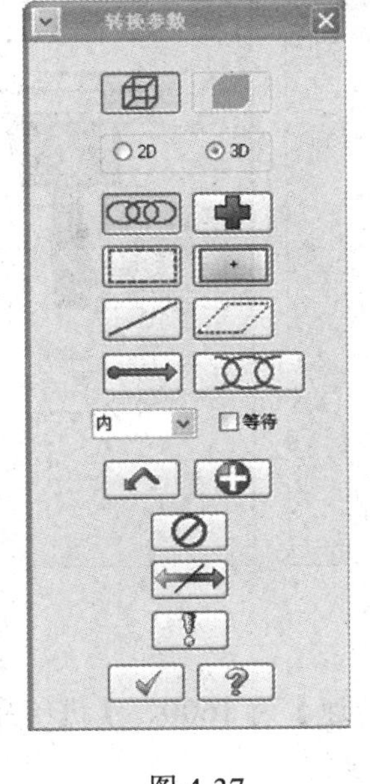

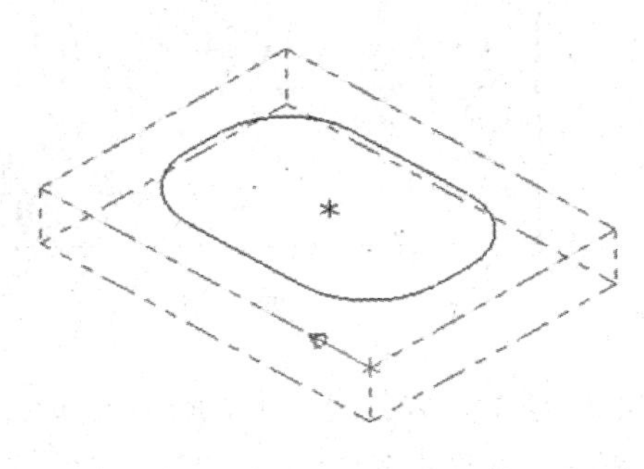

图 4-36　　图 4-37　　图 4-38

(3) 设置刀具参数。系统弹出【面铣刀】对话框，在空白处右击，从弹出的快捷菜单中选择【创建新刀具】命令，如图 4-39 所示。

图 4-39

系统弹出【定义刀具】对话框，在【刀具类型】选项卡中选择【平底铣刀】，如图 4-40 所示。

选择【平底刀】选项卡，设置【刀具号】和【刀座编号】均为 1，如图 4-41 所示。

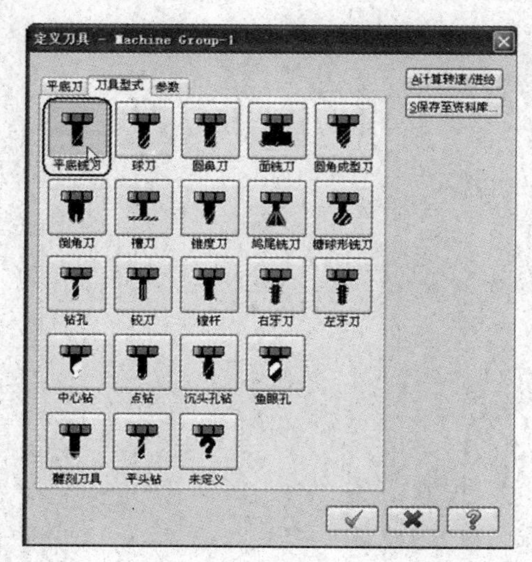

图 4-40

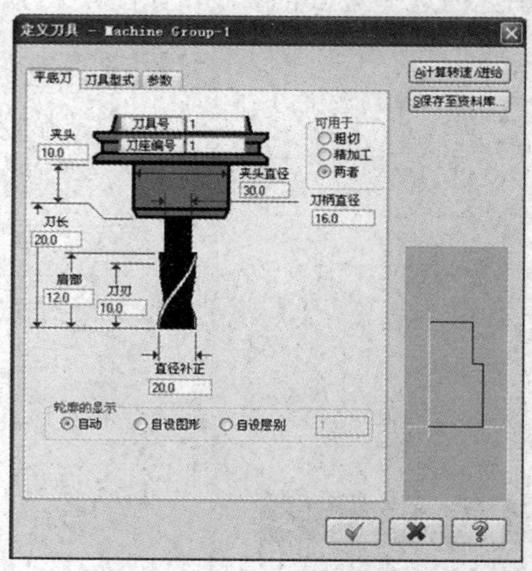

图 4-41

选择【参数】选项卡，设置【主轴转速】为 1600、【进给率】为 1000、【下(提)刀速率】为 800，如图 4-42 所示，单击 ✓ 按钮确定。

(4) 面铣削加工的参数设置。设置【参考高度】为 50、【深度】为 -2、【切削方式】为【双向】，如图 4-43 所示。

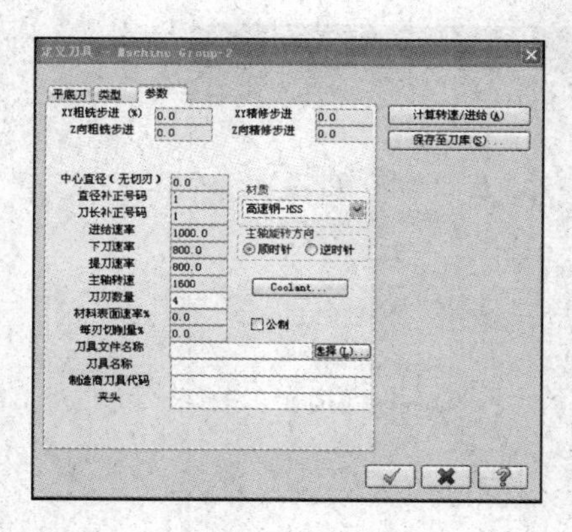

图 4--42

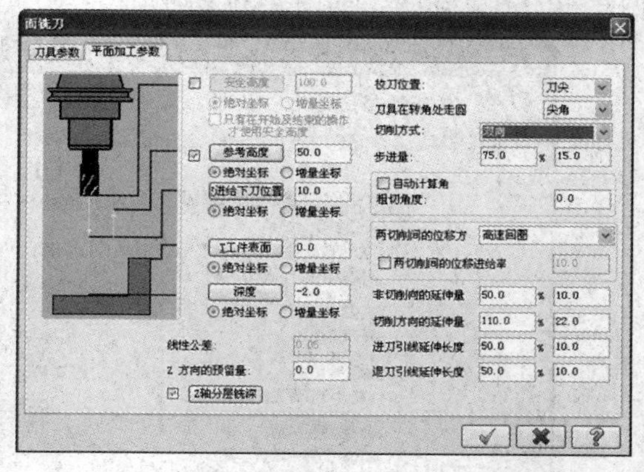

图 4-43

(5) Z 轴分层铣深的参数设置。单击 Z轴分层铣深 按钮，系统弹出【深度分层切削设置】对话框，如图 4-44 所示，设置【最大切削深度】为 2、【精修次数】为 1、【精修量】为 0.5，选中【不提刀】复选框，单击 ✓ 按钮确定。

系统生成的面铣削加工上表面的刀具路径如图 4-45 所示。

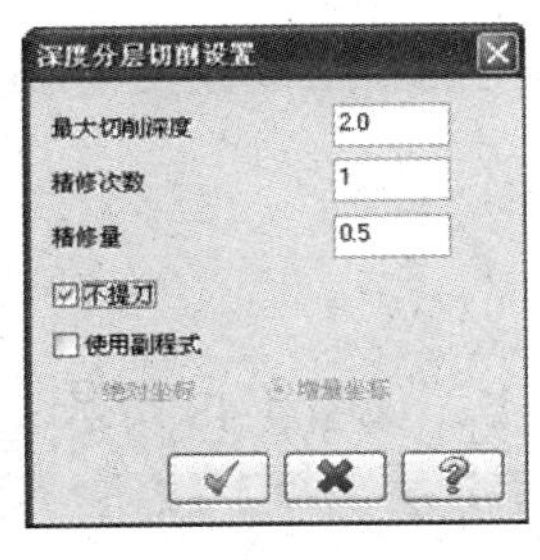

图 4-44

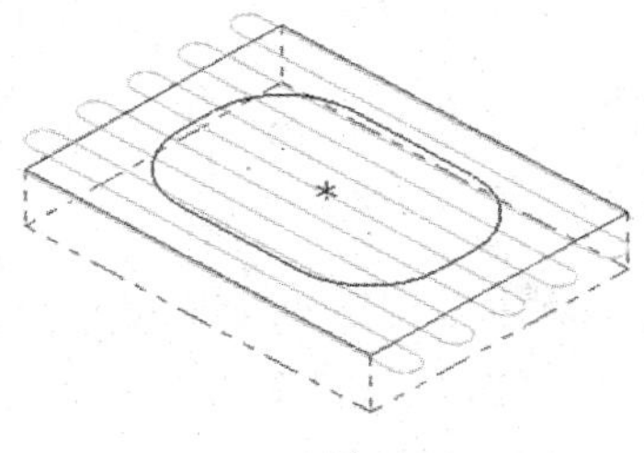

图 4-45

5. 检验仿真以及后处理

刀具路径设置完成后，通过刀具路径模拟来判断刀具路径的设置是否正确，完成实体切削验证，如图 4-46 所示。

(1) 单击【动态旋转】按钮，从各个不同角度检视生成的刀具路径。

(2) 单击按钮，验证已选择的操作，仿真模拟的过程和结果。

(3) 单击按钮，系统弹出【后处理程序】对话框，采用系统默认的设置，单击按钮生成后处理 NC 文件，如图 4-47 所示。

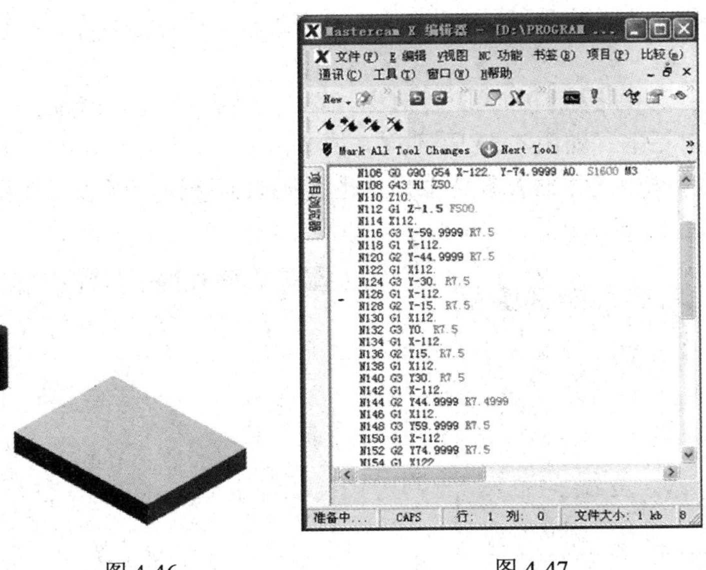

图 4-46　　　　图 4-47

(4) 单击【保存】按钮，选择文件保存路径，保存 NC 文件为“面铣削加工.NC”，保存图形和刀具路径文件为“面铣削加工.MCX”，单击按钮保存。

4.5　雕刻加工

雕刻加工主要用于对文字及产品装饰图案进行雕刻加工，以提高产品的美观度。雕刻加

工参数设置与挖槽加工参数设置类似，下面就雕刻加工的专用参数设置进行介绍。

4.5.1 雕刻参数

选择【雕刻】对话框中的【雕刻加工参数】选项卡，如图 4-48 所示。

- 分层铣深：选中【分层铣深】复选框，单击【分层铣深】按钮，弹出【深度切削设置】对话框，如图 4-49 所示。

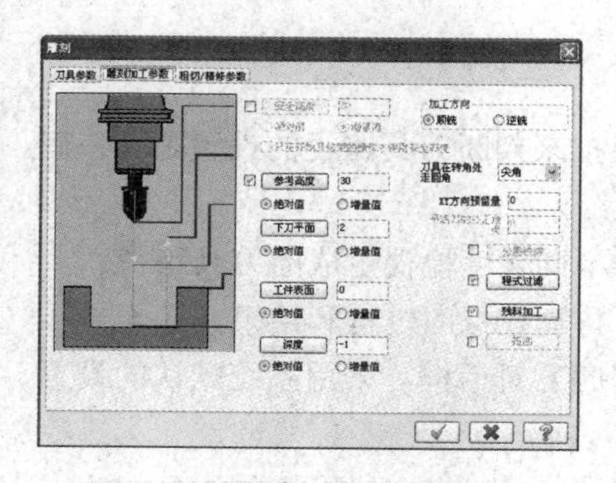

图 4-48

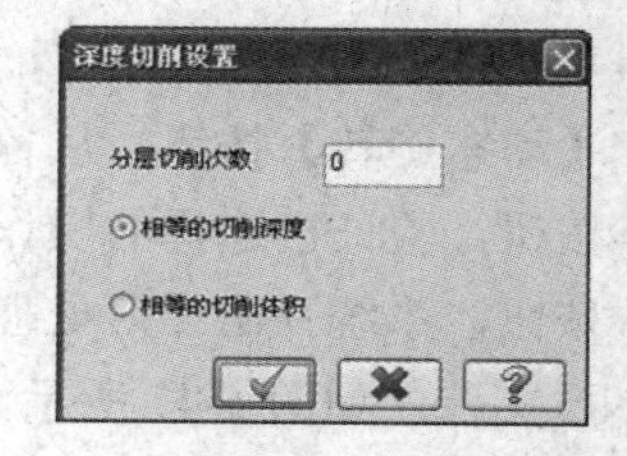

图 4-49

- 残料加工：选中【残料加工】复选框，单击【残料加工】按钮，弹出【雕刻残料加工设置】对话框，如图 4-50 所示。
- 扭曲加工：选中【扭曲】复选框，单击【扭曲】按钮，弹出【扭曲刀具路径】对话框，如图 4-51 所示。

图 4-50

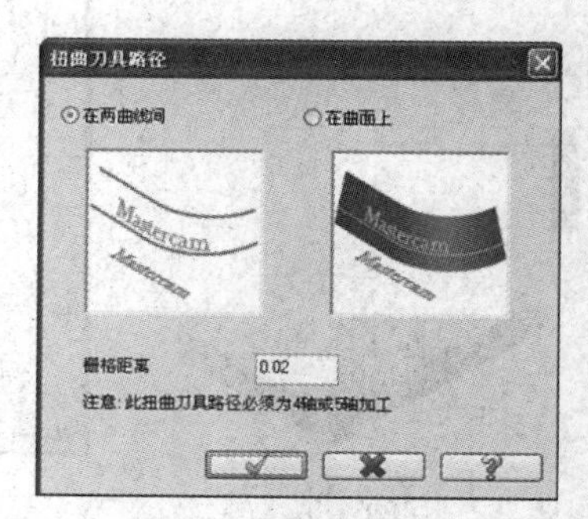

图 4-51

4.5.2 粗/精加工参数

选择【雕刻】对话框中的【粗切/精修参数】选项卡，系统弹出如图 4-52 所示的用于设置粗/精加工参数的对话框。

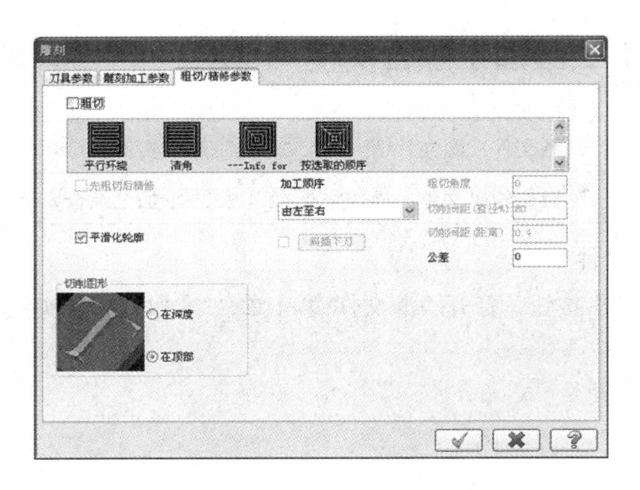

图 4-52

- 几何图素的加工要求：需要设置两个选项，即【在深度】(保证加工深度)和【在顶部】(保证几何图素的尺寸)。由于雕刻加工使用的刀具为锥度刀，顶部和底部字体的尺寸不一样，加工时可根据具体情况，选择一个必须保证的加工要素。
- 斜插下刀：选中【斜插下刀】复选框，单击【斜插下刀】按钮，弹出【斜插下刀】对话框，设置下刀的倾斜角度，设置完毕后单击【确定】按钮。

4.6　二维加工综合实例

本章前几节介绍了 Mastercam X6 中外形铣削、钻孔加工、挖槽加工、平面加工和雕刻加工的加工特点、使用场合和参数设置。在实际加工中，零件通常使用一种或几种加工方法组合加工完成。

本例零件加工的步骤较多，应该在合理的范围内减少刀具数量，即减少换刀次数，并把使用相同刀具的加工工艺安排在一起，按照从外向内，从上到下的顺序进行加工。具体工步参数如表 4-1 所示。

表 4-1　二维铣削参数

序号	加工对象	加工工艺	刀具/mm	主轴转速/(r/min)	进给 /(mm/min)	进/退刀速度 /(mm/min)
1	外部轮廓	外形铣削	ø10 平底刀	1000	500	500
2	上表面	平面铣削	ø10 平底刀	1000	500	500
3	中间凹槽	挖槽	ø10 平底刀	1000	500	500
4	ø10 的孔	钻孔	ø10 的钻头	1000	500	500

【操作实例 4-5】二维加工综合实例

	源文件：源文件\第 4 章\二维加工综合实例.MCX
	操作结果文件：操作结果\第 4 章\二维加工综合实例.MCX

1. 打开加工模型文件

单击【打开文件】按钮，打开“源文件\第 4 章\二维加工综合实例.MCX”文件，如图 4-53 所示。

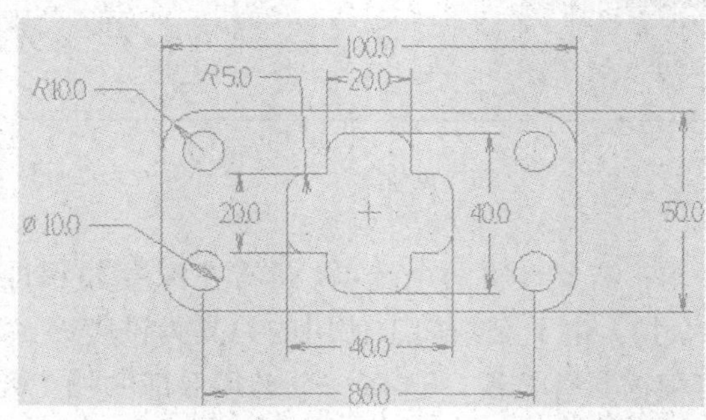

图 4-53

2. 选择机床类型

本例加工采用系统默认的铣床，选择【机床类型】|【铣削系统】|【默认】命令，进入铣削加工模块。

3. 设置毛坯

在操作管理器中双击【材料设置】选项，如图 4-54 所示。

系统弹出【机器群组属性】对话框，设置毛坯大小为 120×60×30，中心点坐标为(0,0,30)，如图 4-55 所示，单击按钮确定。

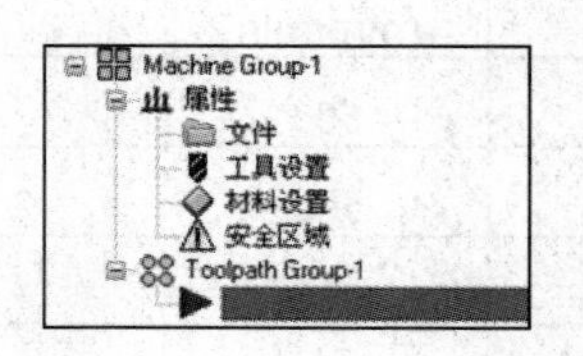

图 4-54

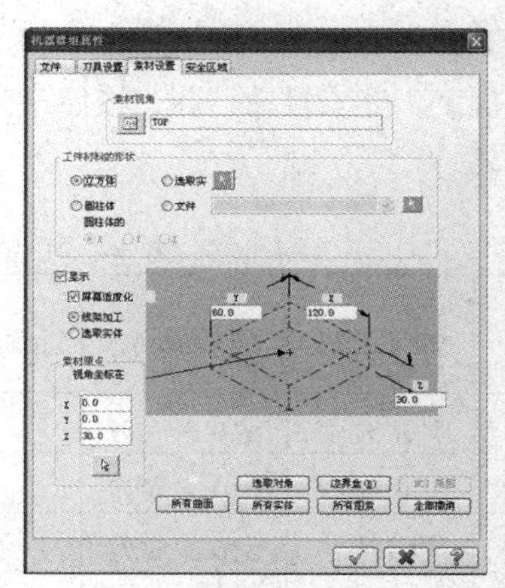

图 4-55

如图 4-56 所示为绘图区内的毛坯。

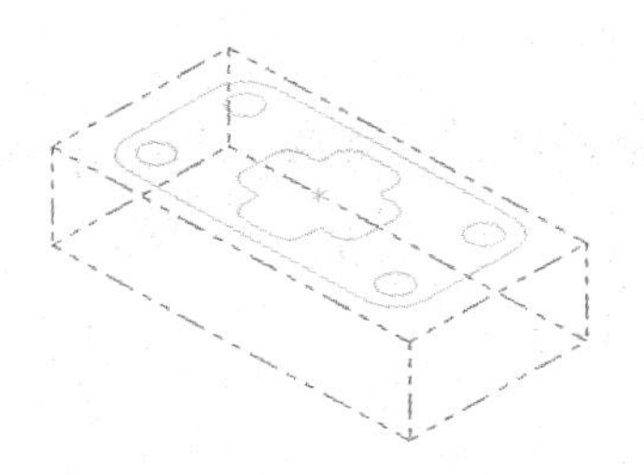

图 4-56

4. 创建外形铣削刀具路径

(1) 选择加工方式。选择【刀具路径】|【外形铣削】命令，进入加工外形铣削环境，如图 4-57 所示。系统弹出【输入新 NC 名称】对话框，在文本框中输入“二维铣削综合加工”，如图 4-58 所示，单击 ✓ 按钮确定。

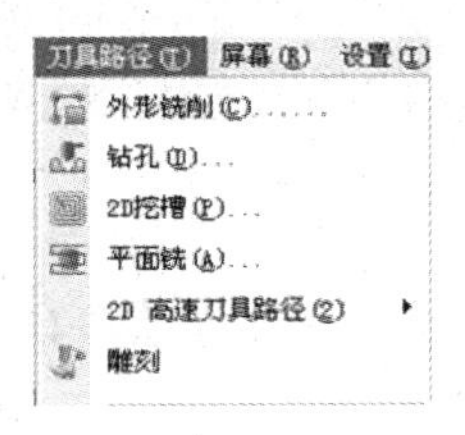

图 4-57

图 4-58

(2) 选择加工对象。系统弹出【转换参数】对话框，选择 2D 单选按钮，选择【串连】方式，在加工范围的下拉列表中选择【内】，如图 4-59 所示。在绘图区选中加工对象，如图 4-60 所示。

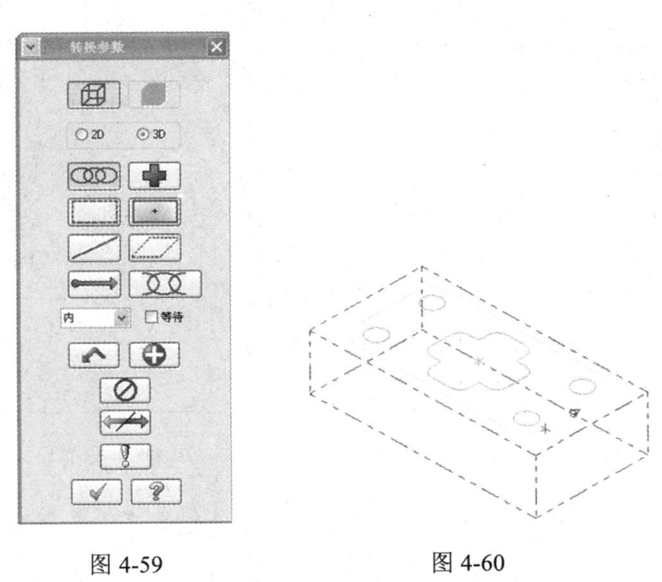

图 4-59　　图 4-60

(3) 设置刀具参数。系统弹出【外形】对话框，在空白处右击，从弹出的快捷菜单中选择【创建新刀具】命令，如图 4-61 所示。

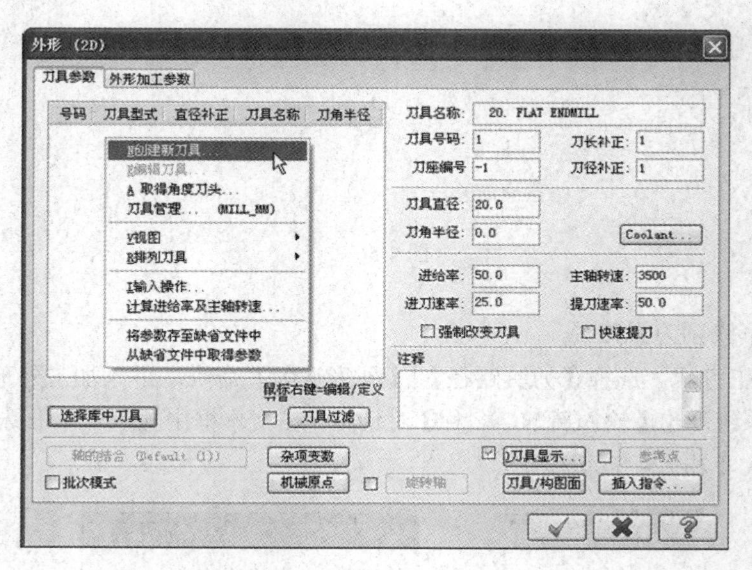

图 4-61

系统弹出【定义刀具】对话框，选择【平底刀】选项卡，设置【刀具号】和【刀座编号】均为 1、【刀柄直径】为 10，如图 4-62 所示。

选择【参数】选项卡，设置【主轴转速】为 1000、【进给率】为 500、【下(提)刀速率】为 500，如图 4-63 所示，单击 按钮确定。

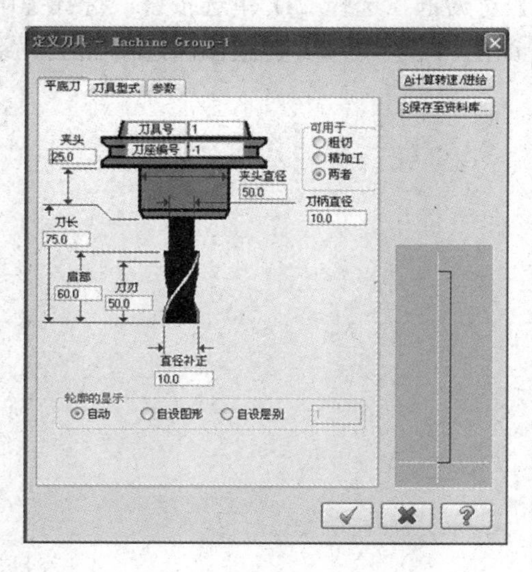

图 4-62

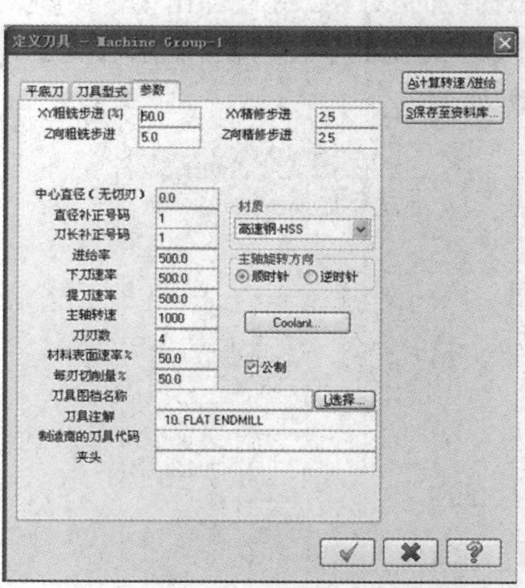

图 4-63

(4) 设置加工参数。选择【外形加工参数】选项卡，设置【安全高度】的【绝对坐标】为 50、【参考高度】的【绝对坐标】为 40、【下刀位置】的【增量坐标】为 5、【工件表面】

的【绝对坐标】为 30、【深度】的【绝对坐标】为 0、【补正方向】为【右】、【刀具走圆弧】为【全部】，如图 4-64 所示。

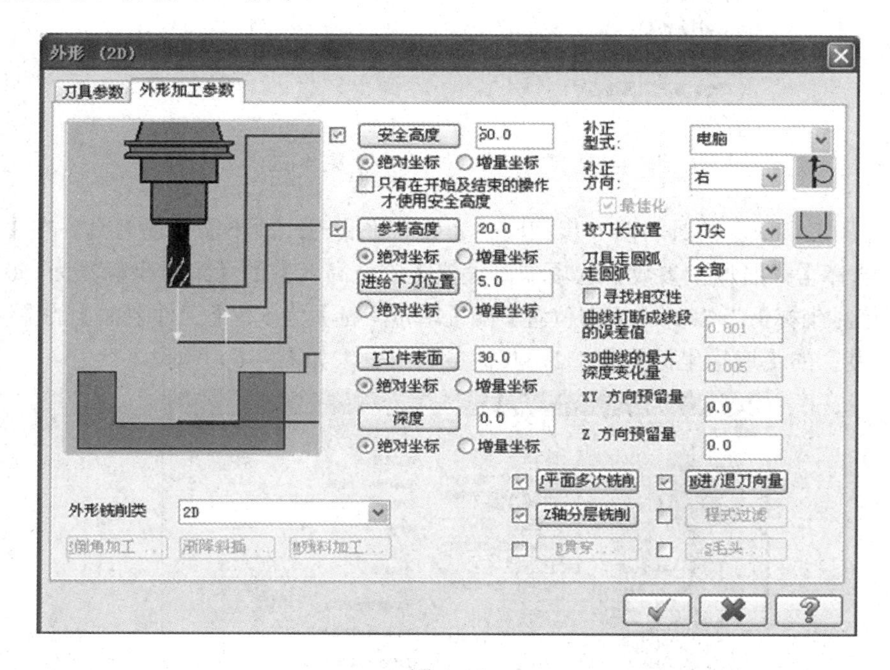

图 4-64

选择【Z 轴分层铣削】复选框，单击 Z轴分层铣削 按钮，系统弹出【深度分层切削设置】对话框，设置【最大粗切步进量】为 5、【精修次数】为 2，选中【不提刀】复选框，如图 4-65 所示，单击 ✓ 按钮确定。

系统自动生成外形铣削的刀具路径，实体仿真结果如图 4-66 所示。

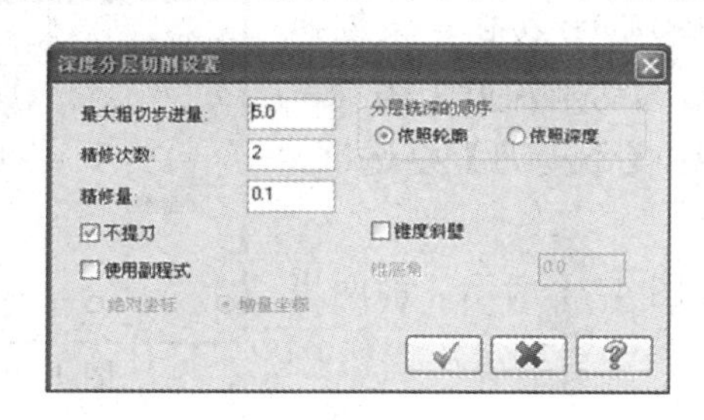

图 4-65

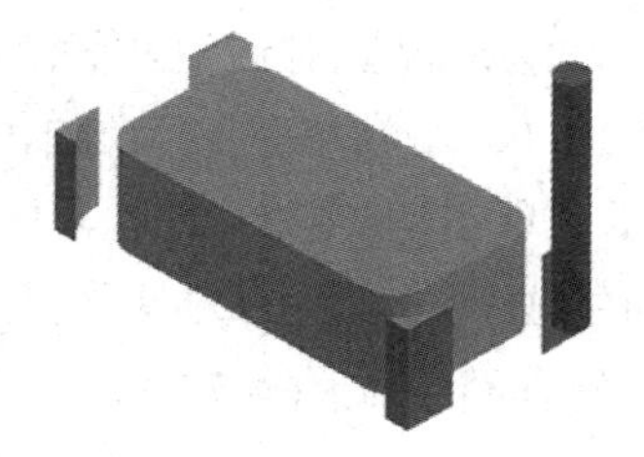

图 4-66

5. 创建平面铣削加工路径

(1) 选择加工方式。选择【刀具路径】|【平面铣】命令，进入加工工作环境，如图 4-67 所示。

(2) 选择加工对象。通过【转换参数】对话框，在绘图区内选择加工对象，如图 4-68 所示。

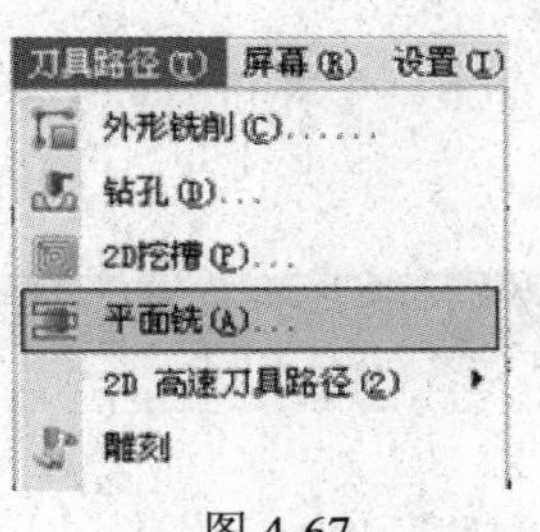

图 4-67

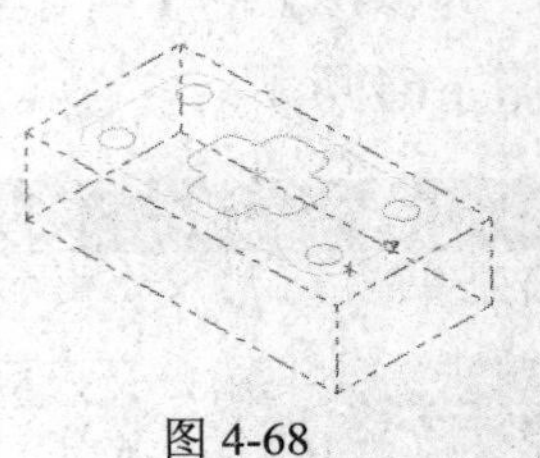

图 4-68

(3) 设置加工参数。刀具与前一步相同，为 ø10 平底刀，故不需新建刀具。在【面铣刀】对话框中，选择【平面加工参数】选项卡，设置【安全高度】的【绝对坐标】为 50、【参考高度】的【绝对坐标】为 20、【下刀位置】的【增量坐标】为 5、【工件表面】的【绝对坐标】为 30、【深度】的【增量坐标】为－2，其他参数不变，如图 4-69 所示。

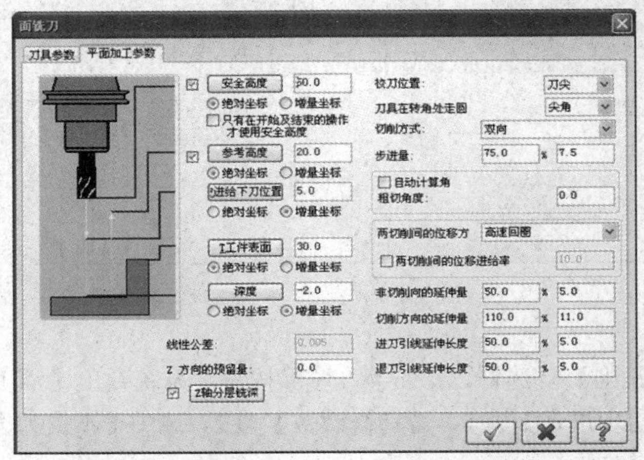

图 4-69

选择【Z 轴分层铣削】复选框，单击 Z轴分层铣削 按钮，系统弹出【深度分层切削设置】对话框，设置【最大切削深度】为 1、【精修次数】为 1、【精修量】为 0.2，选中【不提刀】复选框，如图 4-70 所示，单击 ✓ 按钮确定。

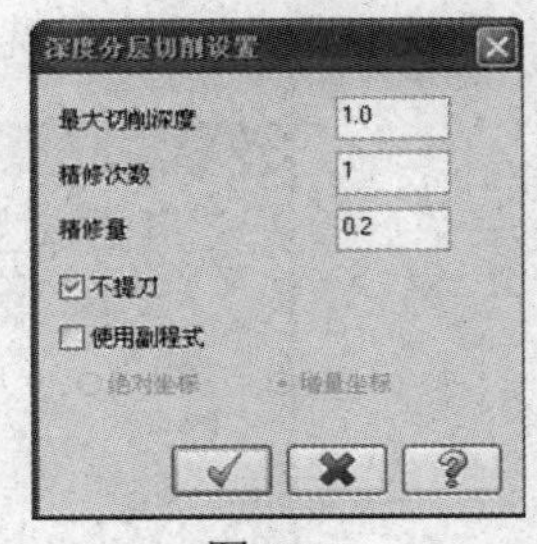

图 4-70

系统自动生成平面铣削的刀具路径，如图 4-71 所示。前两步加工后的实体仿真结果如图 4-72 所示。

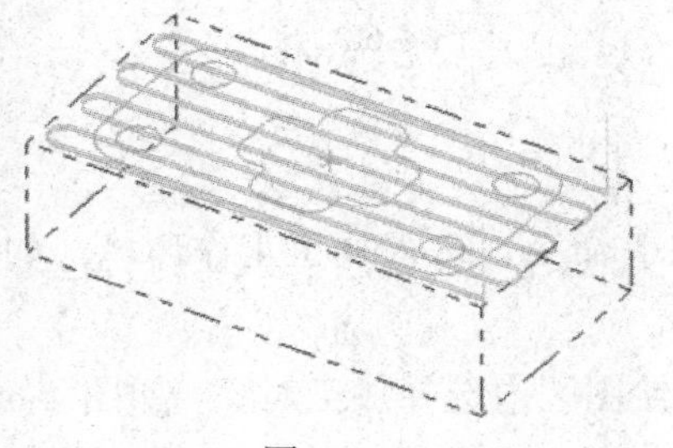

图 4-71

图 4-72

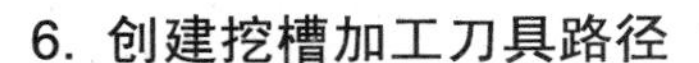

6. 创建挖槽加工刀具路径

(1) 选择加工方式。选择【刀具路径】|【2D 挖槽】命令，如图 4-73 所示。

(2) 选择加工对象。通过【转换参数】对话框，在绘图区内选择加工对象，如图 4-74 所示。

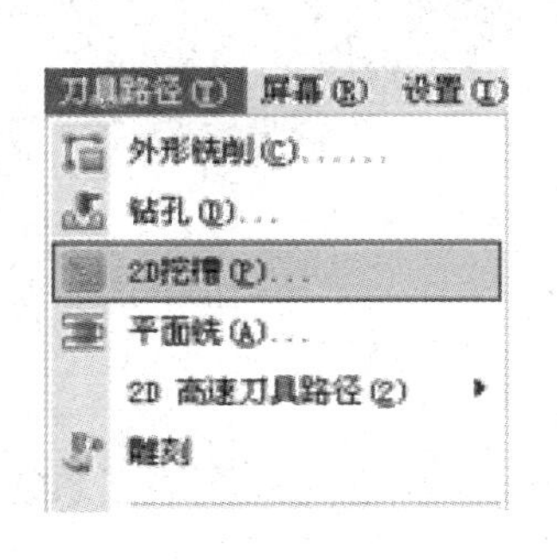

图 4-73

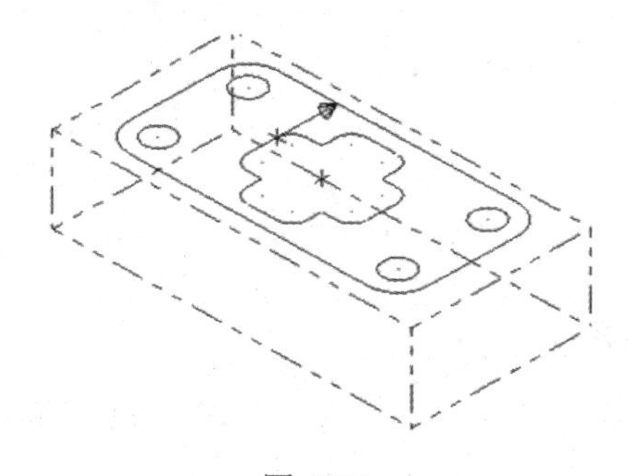

图 4-74

(3) 设置加工参数。刀具与前一步相同，为 ø10 平底刀，在【挖槽】对话框中选择【2D 挖槽参数】选项卡，设置【安全高度】的【绝对坐标】为 50、【参考高度】的【绝对坐标】为 40、【下刀位置】的【增量坐标】为 5、【工件表面】的【绝对坐标】为 30、【深度】的【相对坐标】为 -10，其他参数不变，如图 4-75 所示。

单击【E分层铣深】按钮，系统弹出【深度分层切削设置】对话框，设置【最大粗切深度】为 2、【精修次数】为 1、【精修量】为 0.1，选中【不提刀】复选框，如图 4-76 所示，单击【✓】按钮确定。

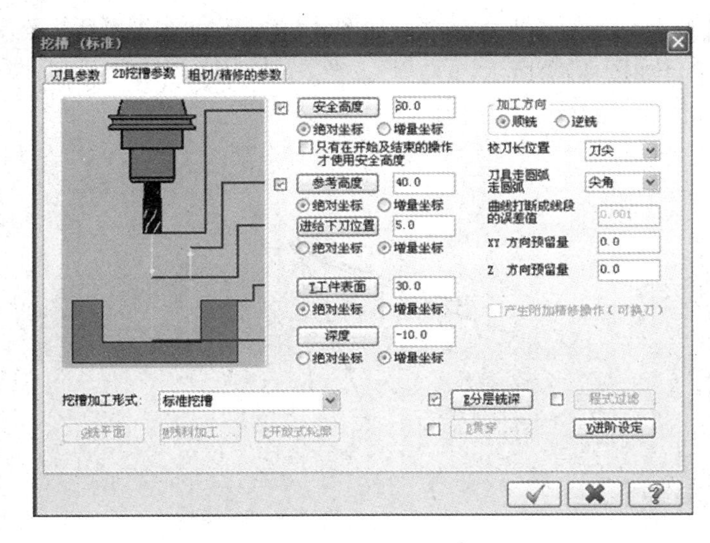

图 4-75

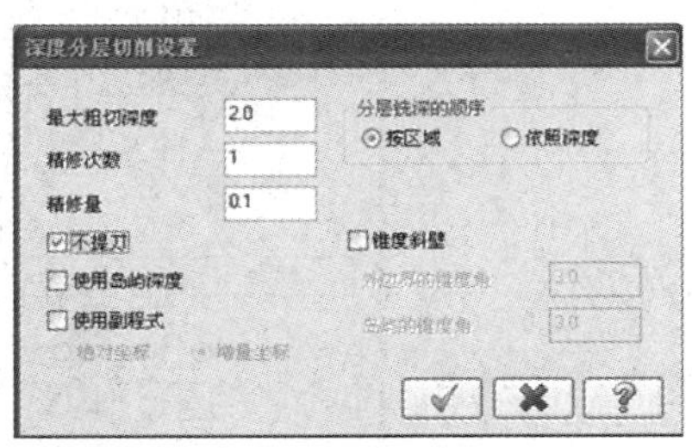

图 4-76

系统自动生成挖槽的刀具路径，如图 4-77 所示。前三步加工后的实体仿真结果如图 4-78 所示。

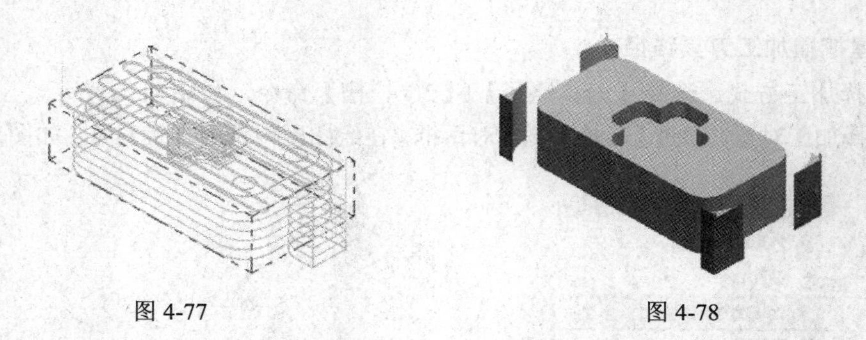

图 4-77　　　　图 4-78

7. 创建钻孔加工刀具路径

(1) 选择加工方式。选择【刀具路径】|【钻孔】命令，系统进入钻孔加工系统，如图 4-79 所示。

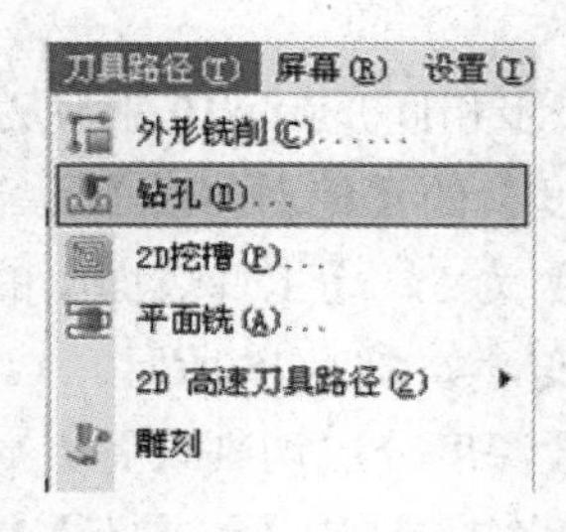

图 4-79

(2) 选择加工对象。系统弹出【选取钻孔的点】对话框，如图 4-80 所示。在绘图区内选择四个 ø10 圆弧的圆心作为加工对象，如图 4-81 所示。

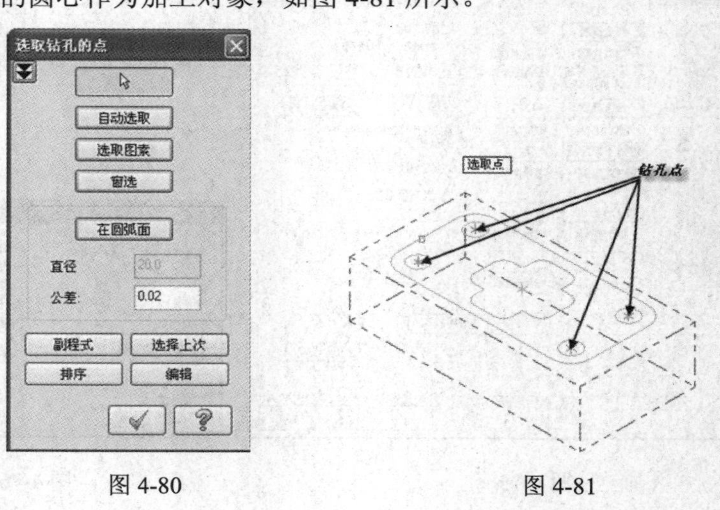

图 4-80　　　　图 4-81

在选择钻孔点时，每次都必须先单击按钮，然后再选择圆弧，这样选中的加工对象就是对应圆弧的圆心。

(3) 设置刀具参数。系统弹出 Drill(钻孔)对话框，在空白处右击，从弹出的快捷菜单中选择【创建新刀具】命令，如图 4-82 所示。

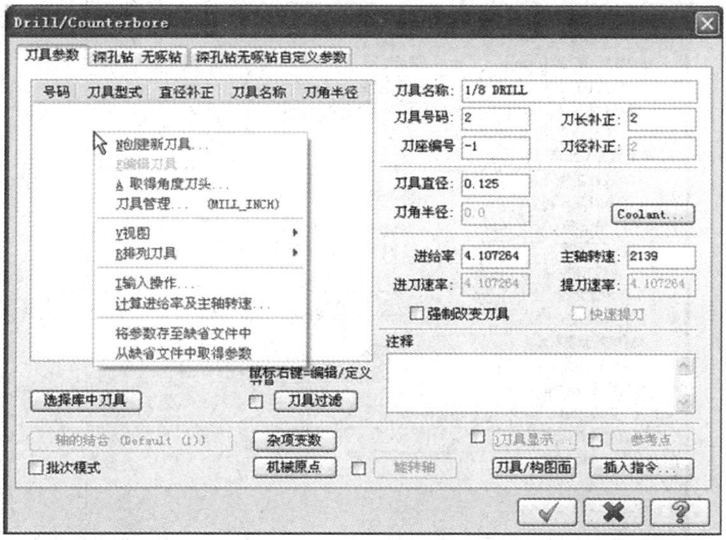

图 4-82

系统弹出【定义刀具】对话框，在【刀具型式】选项卡中选择【钻孔】，如图 4-83 所示。

选择【钻孔】选项卡，设置【刀具号】和【刀座编号】均为 2、【刀柄直径】为 10，如图 4-84 所示。

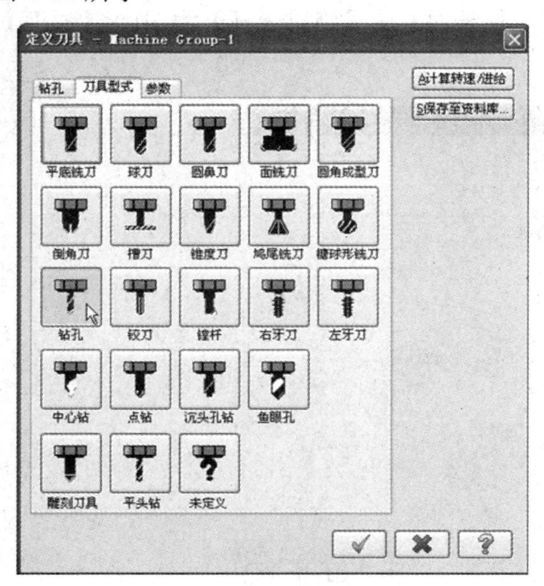

图 4-83

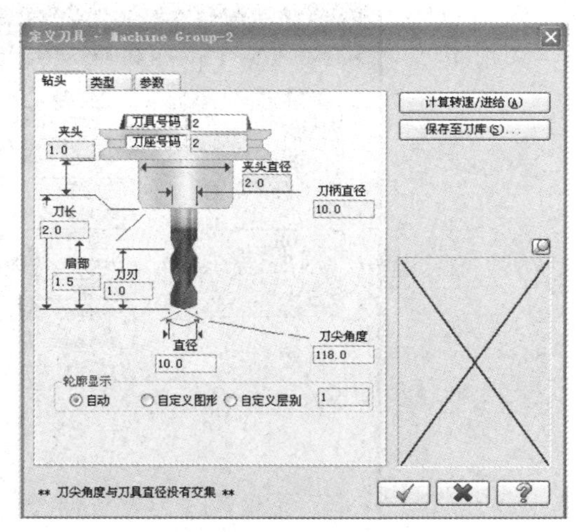

图 4-84

选择【参数】选项卡，设置【主轴转速】为 1000、【进给率】为 500、【下(提)刀速率】为 500，如图 4-85 所示，单击 ✓ 按钮确定。

定义刀具 - Machine Group-1

钻孔 刀具型式 参数

首次啄钻 (直径%) 30.0 暂留时间 0.0
副次啄钻 (直径%) 0.0 回退量 (直径%) 15.0
安全余隙 (%) 15.0 循环 深孔啄钻 完整回

中心直径(无切刃) 0.0
直径补正号码 2
刀长补正号码 2
进给率 500.0
下刀速率 500.0
提刀速率 500.0
主轴转速 1000
刀刃数 2
材料表面速率% 50.0
材料每转速率% 50.0
刀具图档名称 选择
刀具注解 10. DRILL
制造商的刀具代码
夹头

材质 高速钢-HSS
主轴旋转方向 顺时针 逆时针
Coolant...
公制

A计算转速/进给
S保存至资料库...

图 4-85

(4) 设置加工参数。选择【深孔钻 无啄钻】选项卡，设置【安全高度】的【绝对坐标】为 50、【参考高度】的【绝对坐标】为 40、【工件表面】的【绝对坐标】为 30、【深度】的【增量坐标】为 - 15，如图 4-86 所示。

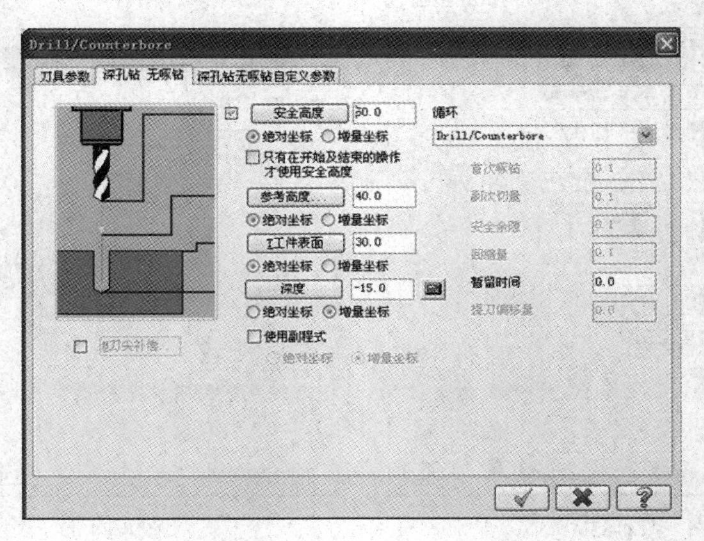

图 4-86

单击 ✓ 按钮确定，系统自动生成钻孔的刀具路径，如图 4-87 所示。所有加工工艺的实体仿真结果如图 4-88 所示。

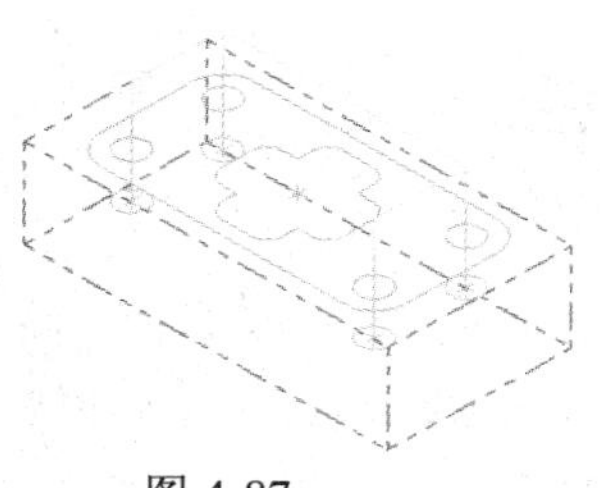
图 4-87

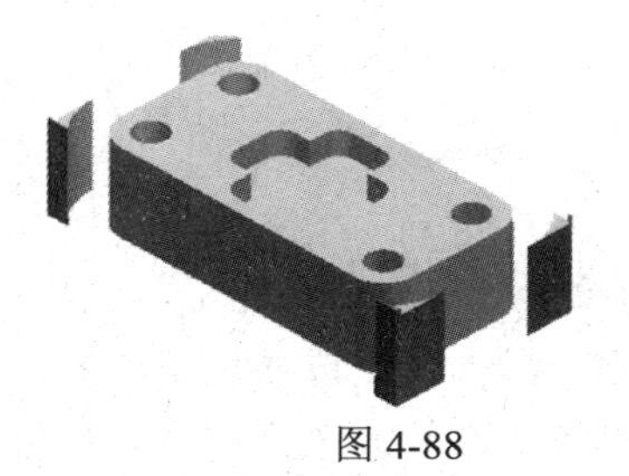
图 4-88

8. 检验仿真以及后处理

(1) 生成刀路并检视。全部工步加工后生成的所有刀具路径如图 4-89 所示。

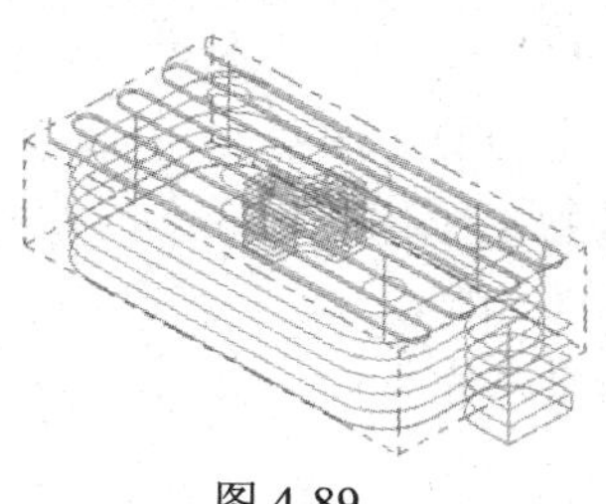
图 4-89

(2) 单击【动态旋转】按钮，从各个不同角度检视生成的刀具路径。

(3) 单击按钮，验证已选择的操作，仿真模拟的结果。

(4) 单击按钮，后处理已经选择的操作，系统弹出【后处理程序】对话框，采用系统默认参数，如图 4-90 所示，单击按钮确定。

选择 NC 文件的保存路径，保存 NC 文件为“二维综合加工.NC”。单击 保存(S) 按钮，后处理生成 NC 文件，如图 4-91 所示。

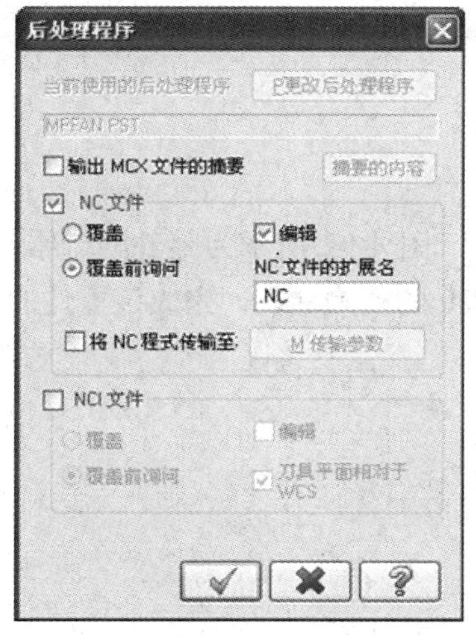

图 4-90

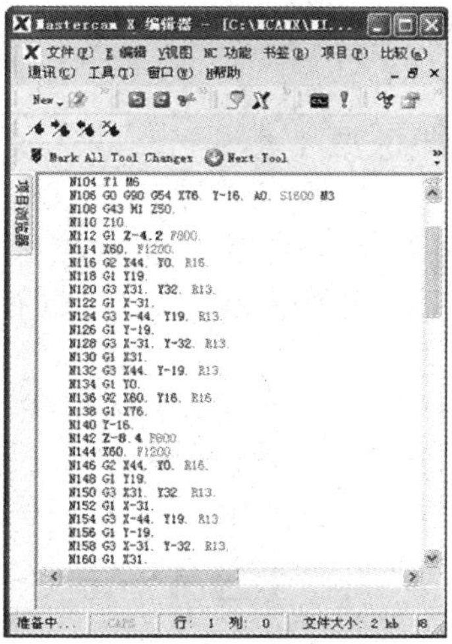

图 4-91

(5) 单击【保存】按钮，保存图形和刀路文件为“二维加工综合实例.MCX”，单击按钮确定。

4.7　本章小结

本章介绍了外形铣削、钻孔加工、挖槽加工、平面铣削以及雕刻加工等五种二维加工方式。

生成刀具路径时，首先选择加工对象，然后设置刀具路径参数，最后设置加工参数。设置参数时，注意每个参数的选择都要有依据，这些依据主要来源于加工经验。例如，加工过程中每一步的进给量和进给速度，都要综合考虑加工工件的材料、加工刀具的类型等因素，如果进给量过大或进给速度过快，加工模拟过程即使不出现问题，真实加工时也有可能会造成刀具损坏。这些经验与软件无关，需要读者不断地学习和积累。

Mastercam X6 系统的 NC 加工程序部分内容相当多，加工方式和参数也比较丰富。各加工模组生成的刀具路径一般由加工用刀具、加工的几何模型及各模组的特有参数来决定，各模组可进行加工的几何模型和模组的参数各不相同。只有通过不断地实践和学习，才能真正地掌握二维加工方法，设计出合理的加工参数。

二维加工是 Mastercam 使用的最早而且用得最多的一种加工功能，一般复杂程度不大的零件利用二维加工功能都可完成。

4.8　练　　习

4.8.1　思考题

简述 Mastercam X6 二维加工的基本方法、各自的特点以及应用场合。

4.8.2　操作题

1. 打开“习题/第 4 章/习题 4-1.MCX”文件，图 4-92 所示为零件的二维尺寸图形，已知零件的整体高度为 30，中间凹槽深为 15，四角 ø20 的孔为通孔。完成该零件的数控编程加工。

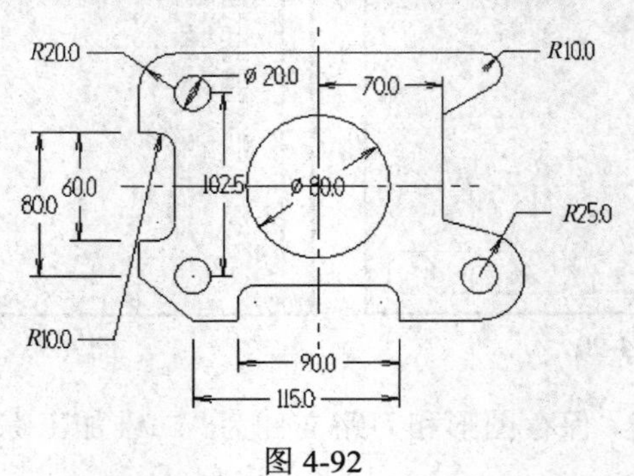

图 4-92

加工过程如下。

(1) 绘制零件图或打开已有的图形文件。

(2) 选择铣床以及设置毛坯。

(3) 选择外形铣削加工外部轮廓。

(4) 选择平面铣削加工上表面。

(5) 选择挖槽加工中间凹槽。

(6) 选择钻孔加工通孔。

(7) 检验仿真以及后处理。

2. 打开“习题/第 4 章/习题 4-2.MCX”文件，图 4-93 所示为零件的二维尺寸图形，已知毛坯大小为 300×300×20，要求在该毛坯上加工出图中花形的凹槽，凹槽深度为 10。完成该零件的数控编程加工。

图 4-93

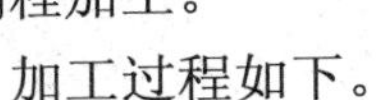
加工过程如下。

(1) 绘制零件图或打开已有的图形文件。

(2) 选择铣床以及设置毛坯大小为 300×300×20。

(3) 选取外形铣削加工圆形状。

(4) 选择挖槽加工中间凹槽，深度为 10。

(5) 检验仿真以及后处理。

第5章　三维曲面加工系统

本章重点内容

曲面加工是三维加工，主要用来生成加工曲面、实体及实体表面的刀具路径。曲面加工是 Mastercam X6 系统加工模块的核心部分，本章主要介绍其曲面加工的共同参数设置、曲面加工的各种方法及使用特点，以及三维曲面加工的基本思路。

本章学习目标

- 了解曲面粗加工和曲面精加工的各种方法
- 掌握曲面粗加工和曲面精加工的基本参数设置的含义
- 熟练制作本章的加工范例，掌握三维刀具路径生成的流程

5.1　三维曲面概述

Mastercam 三维曲面加工系统能生成复杂的三维刀具加工路径，能够准确加工具有三维曲面形状的零件。曲面加工系统的加工参数包括通用刀具参数、通用曲面参数和一组专用的曲面加工参数。曲面加工方法包括曲面粗加工和曲面精加工，系统提供了 8 种粗加工方式，如图 5-1(a)所示，以及 11 种精加工方式，如图 5-1(b)所示。

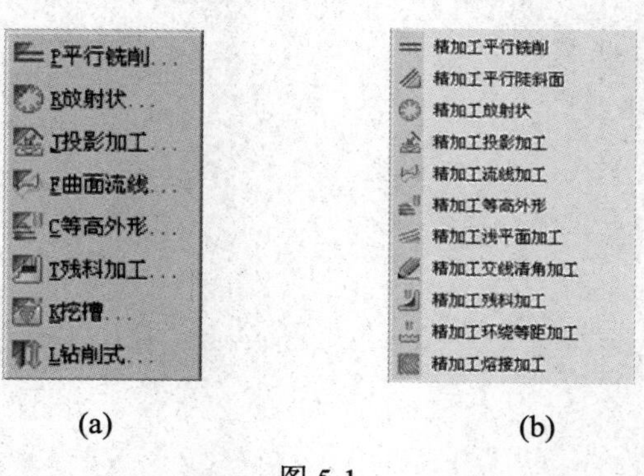

(a)　　　　(b)

图 5-1

曲面粗加工主要用于快速去除坯料的大部分材料，以便后续精加工；通常采用大直径刀具、大进给率及大加工误差，粗铣效率高。

曲面精加工切削余量小，通常采用小直径刀具、小进给率及小加工误差，曲面表面加工质量高。

曲面粗加工、曲面精加工与二维加工类似，也有一些相同的参数设置，即刀具参数和曲面参数。刀具参数设置的方法与二维加工类似，如图 5-2 所示，在此不再赘述。

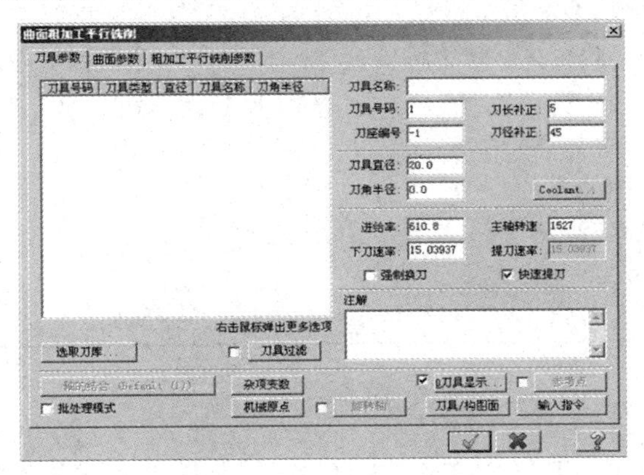

图 5-2

曲面共有的参数设置包括高度设置、进/退刀向量、刀具补偿位置等，如图 5-3 所示。

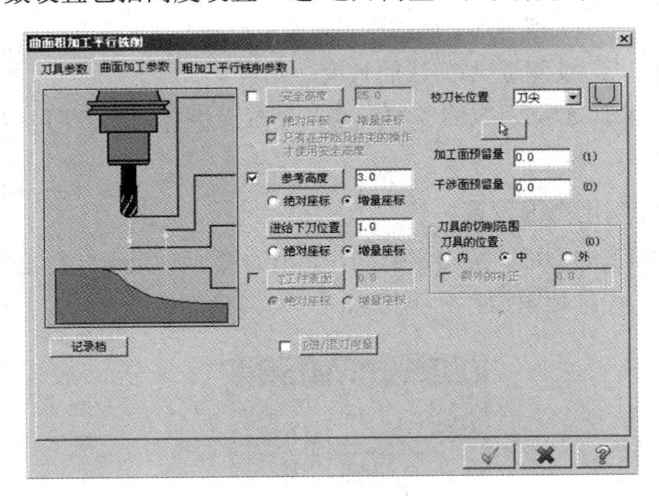

图 5-3

1. 高度参数

曲面加工的高度参数设置与二维加工相似，包括安全高度、参考高度、进给下刀位置及工件表面；曲面加工的深度根据曲面的外形自动设置，无须手动设置。

2. 刀具补偿位置

系统提供了刀尖和球心两种刀具补偿方式。

- 刀尖：补偿时产生的刀具路径显示为刀尖所走的轨迹。
- 球心：补偿时产生的刀具路径显示为球心所走的轨迹。

3. 进/退刀向量

设置曲面加工时刀具的切入与退出方式，单击 D进/退刀向量 按钮，弹出如图 5-4 所示的对话框。

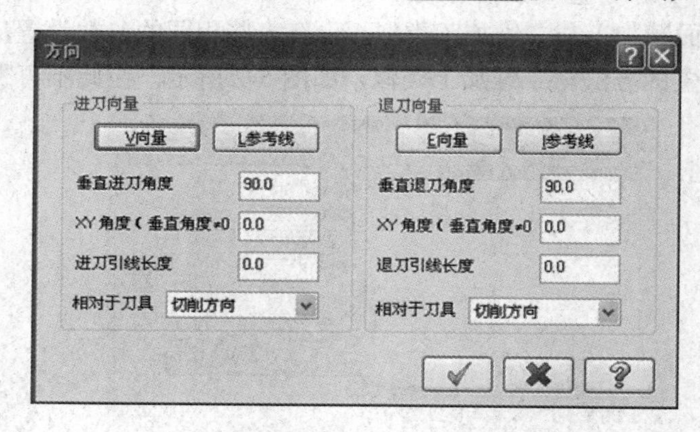

图 5-4

- V 向量：输入 X、Y、Z 三个方向的向量来确定进/退刀线的长度和角度。
- L 参考线：选择已有线段来确定进/退刀线的位置、长度和角度。
- 垂直进刀角度：设置进刀和退刀的角度。
- XY 角度：设置进/退刀线与 XY 面的相对角度。
- 进/退刀引线长度：设置进/退刀线的长度。
- 相对于刀具：设置进/退刀线的参考方向，系统提供了切削方向、刀具平面 X 轴方向两种设置方式。

4. 加工面/干涉面/切削范围设置

在绘图区选择要加工的曲面，按确定返回，弹出如图 5-5 所示的【刀具路径的曲面选取】对话框，指定切削面、切削范围边界和下刀点。

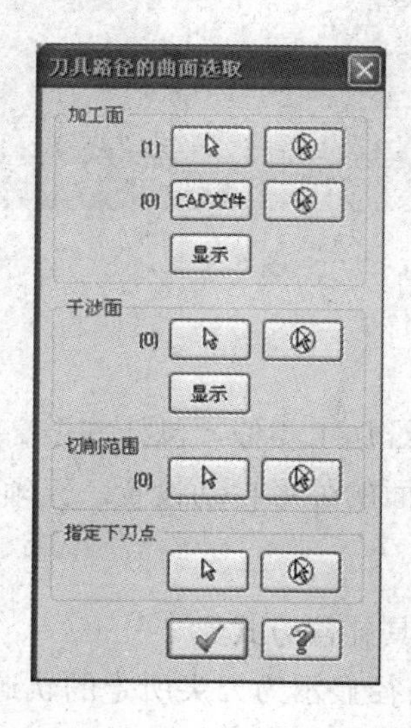

图 5-5

- 加工面：需要加工的曲面。
- 干涉面：不需要加工的曲面。
- 切削范围：在加工曲面的基础上再给出某个区域进行加工，这样针对某个结构进行加工，可减少空走刀，提高加工效率。

5. 加工面预留量

为便于后续精加工操作，粗加工时一般设置加工曲面的预留量，此值一般为 0.3~0.5。

6. 干涉面预留量

为防止刀具碰撞干涉曲面，需在加工前设置加工刀具避开干涉曲面的距离。

7. 刀具的切削范围

系统提供了三种切削范围。

- 内：刀具在加工区域内侧切削，即切削范围为选取的加工区域。
- 中：刀具中心走加工区域的边界，即切削范围比选取的加工区域多一个刀具半径。
- 外：刀具在加工区域外侧切削，即切削范围比选取的加工范围多一个刀具直径。

5.2　曲面粗加工

Mastercam X6 提供了 8 种曲面粗加工方式来适应不同工件的加工要求。

选择【刀具路径】|【曲面粗加工】命令，系统弹出如图 5-6 所示的加工方法菜单。

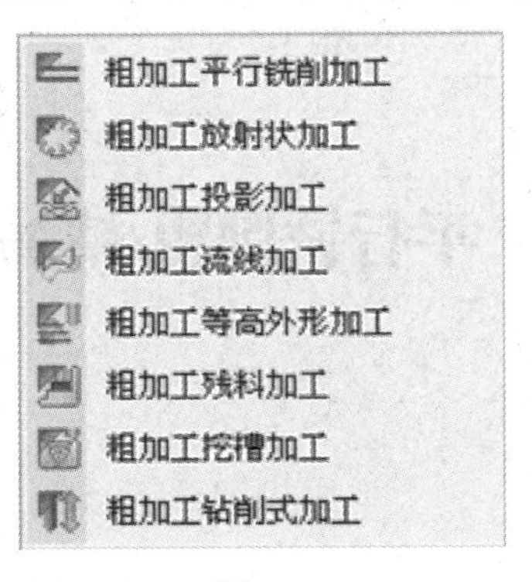

图 5-6

- 粗加工平行铣削加工：沿特定方向产生一系列的平行的刀具路径，一般用于加工单一的凸体或者凹体。
- 粗加工放射状加工：生成放射状的粗加工路径，通常用于加工圆形类零件。
- 粗加工投影加工：采用已有刀具路径或者几何图形投影到选择的曲面上生成刀具路径。
- 粗加工流线加工：生成沿曲面流线方向的刀具路径。
- 粗加工等高外形加工：沿着曲面的外形轮廓生成刀具路径，类似于二维轮廓加工。

- 粗加工残料加工：生成清除前一刀具路径残余材料的刀具路径。
- 粗加工挖槽加工：主要用于切除封闭外形所包括的材料。
- 粗加工钻削式加工：在 Z 轴反向下降生成刀具路径。

5.3　曲面精加工

曲面精加工用于进一步加工粗加工后的工件或铸件，以提高曲面加工的质量。曲面精加工有平行铣削精加工、陡斜面式精加工等 11 种加工模组，如图 5-7 所示。曲面精加工的方法与粗加工类似，某些加工类型将在后续章节详细介绍。

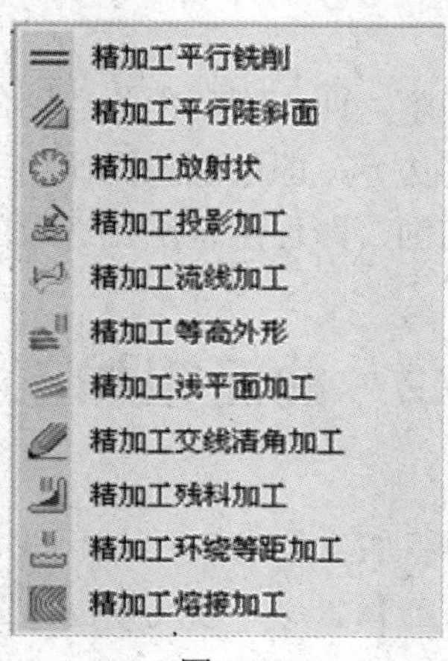

图 5-7

5.4　平行铣削粗/精加工

5.4.1　平行铣削粗加工

平行铣削粗加工的刀具沿着指定的方向进行切削，生成的刀具路径相互平行。打开【曲面粗加工平行铣削】对话框中的【粗加工平行铣削参数】选项卡，进行平行铣削加工专用的参数设置，如图 5-8 所示。

1. 整体误差

设置刀具路径的精度误差。整体误差为过滤误差与切削误差之和，通常加工误差为 0.05~0.2。单击［整体误差］按钮，弹出如图 5-9 所示的【整体误差设置】对话框。

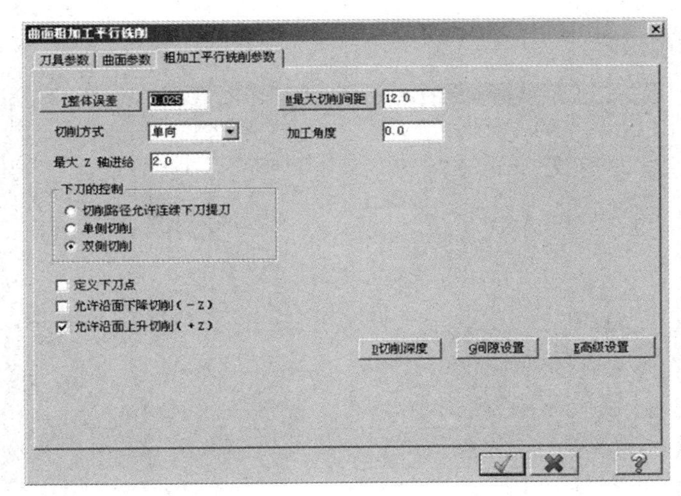

图 5-8

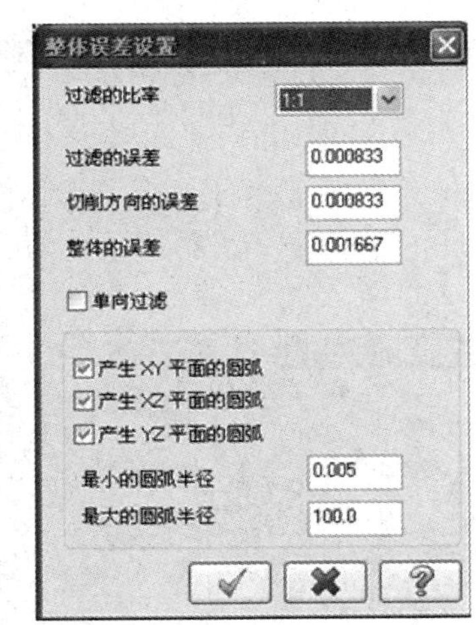

图 5-9

- 过滤的比率：过滤误差和切削误差的比例。
- 过滤的误差：系统将两条路径视为一条路径的最大距离，以精简刀具路径，提高加工效率。
- 切削方向的误差：指刀具路径逼近真实曲面的精度，指定值越小越接近真实曲面。
- 产生 XY/XZ/YZ 平面的圆弧：在过滤刀具路径时，使用一段半径在指定范围内的圆弧路径取代原有的路径。

2. 切削方式

系统提供单向和双向两种切削方式。

- 单向：加工时刀具仅沿着一个方向走刀，完成一行切削后，抬刀返回到起始侧，然后进行下一行的加工。
- 双向：刀具加工完一行后，不抬刀，反向转向下一行。

3. 下刀的控制

- 切削路径允许连续下刀提刀：在加工曲面的两边连续的下刀和提刀。
- 单侧切削：只在曲面的一边加工，不加工另一侧。
- 双侧切削：在加工曲面的一侧，可连续加工另一侧。

4. 最大切削间距

最大切削间距指相邻切削路径之间的最大距离。加工中，最大切削间距应比刀具直径小，否则，将存在毛坯工件不能完全被铣削的情况。

单击[最大切削间距]按钮，系统弹出如图 5-10 所示的【最大切削间距】对话框，可对其参数进行设置。

5. 切削深度

单击[切削深度]按钮，系统弹出如图 5-11 所示的【切削深度的设定】对话框，可以选择绝

对坐标或相对坐标的方式来设置切削深度。

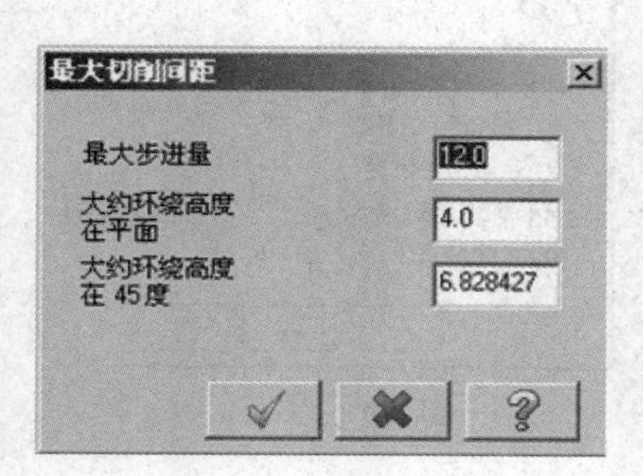

图 5-10

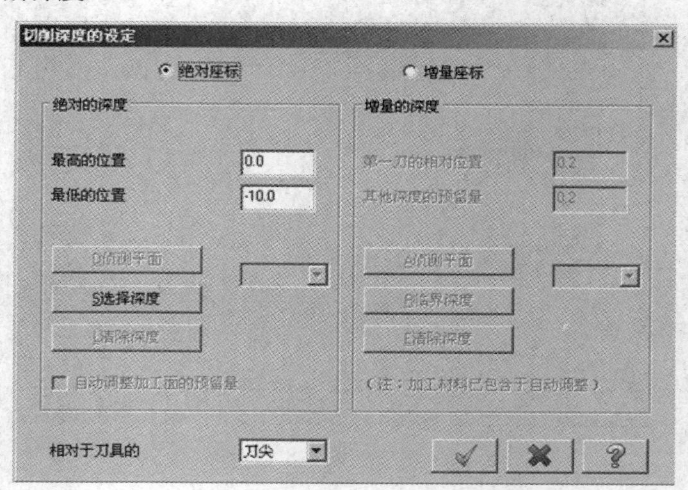

图 5-11

6. 间隙设置

加工过程中，系统将连续曲面上有缺口或有断开的地方看做间隙。单击 间隙设置 按钮，弹出如图 5-12 所示的对话框。

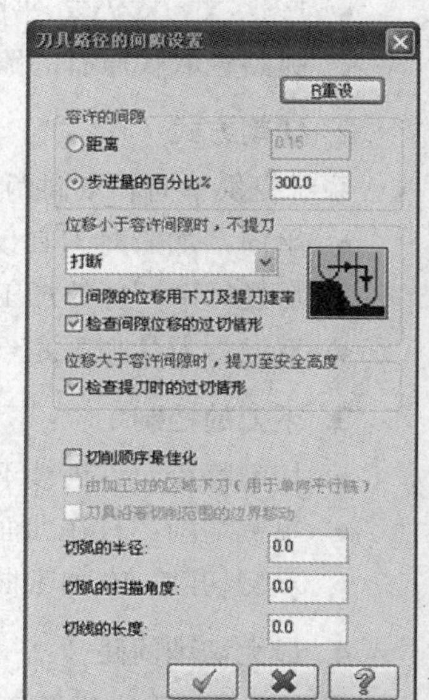

图 5-12

- 容许的间隙：系统提供了两种设置方式。
  - 距离：直接输入距离值。
  - 步进量的百分比：根据步进量的百分比确定间隙。
- 跨越间隙方式：系统提供了四种方式。
  - 直接：刀具直接从一端移动到另一端进行切削，加工时不提刀。
  - 打断：在切削过程中，遇到间隙时，刀具退刀后，移动到间隙另一边，继续加工。
  - 平滑：刀具平滑越过间隙，常用于高速加工。
  - 跟随曲面：刀具从一段曲面移动到另一段曲面。
- 切削顺序最佳化：适用于零件凹槽比较多的情况下，刀具先在一个区域加工完后，再移到另一个区域加工。
- 检查提刀时的过切情况：自动判别过切情况，并调整刀具路径以避免过切。
- 切弧参数：设置经过一段圆弧后切削曲面，切削完成后再经过一段圆弧切出。

7. 高级设置

单击 高级设置 按钮，系统弹出如图 5-13 所示的对话框。具体参数如下。

- 自动：系统根据曲面的情况自动确定是否走圆弧。如果定义了切削边界，则在所有边界走圆弧；如果没有定义刀具的切削边界，则在曲面相交处和实体边界走圆弧。
- 只在两曲面(实体面)之间：在设定的两曲面间走圆角。
- 在所有的边缘：在所有边缘走圆角。
- 忽略实体中隐藏面的侦测：跳开隐藏面的计算，可以提高生成程序的速度。
- 检查曲面内部的锐角：局部凸面可能导致刀具过切，在遇到凸面时发出警告，便于调整刀具路径。

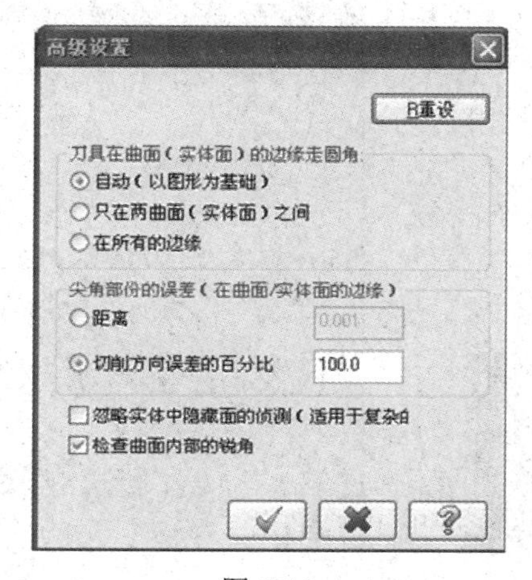

图 5-13

5.4.2 平行铣削精加工

选择【刀具路径】|【曲面精加工】|【精加工平行铣削】命令，系统自动进入曲面平行铣削精加工设置。平面铣削精加工的参数设置与平面铣削粗加工的参数设置类似，这里不再赘述。

5.4.3 平行铣削粗/精加工实例

【操作实例 5-1】平行铣削加工

	源文件：源文件\第 5 章\平行铣削加工.MCX
	操作结果文件：操作结果\第 5 章\平行铣削加工.MCX

1. 打开加工模型文件

单击【打开文件】按钮，打开“源文件\第 5 章\平行铣削加工.MCX”文件，如图 5-14 所示。

2. 选择机床类型

本例加工采用系统默认的铣床，选择【机床类型】|【铣削系统】|【默认】命令，进入铣削加工模块。

3. 设置工件

在操作管理器中选择【素材设置】|【边界盒】，坐标点如图 5-15 所示，单击 ✓ 按钮，完成毛坯的设置。

图 5-14

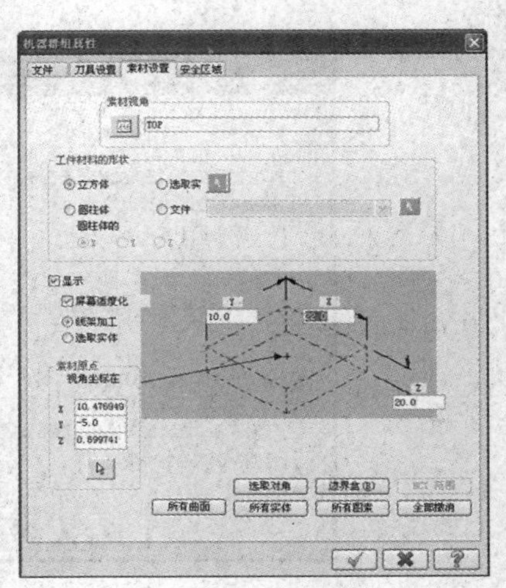

图 5-15

4. 创建平行铣削粗加工刀具路径

选择【刀具路径】|【曲面粗加工】|【粗加工平行铣削加工】命令，设置工件形状为【未定义】，系统弹出【输入新 NC 名称】对话框，输入“平行铣削”，如图 5-16 所示，单击 ✓ 按钮完成。

图 5-16

(1) 选取加工曲面。按提示选取如图 5-17 所示的圆弧曲面，单击 ✓ 按钮。

(2) 设置刀具参数。选择【曲面粗加工平行铣削】对话框中的【刀具参数】选项卡，单击 选择库中刀具，选择直径为 4mm 的球刀，设置【进给率】为 100、【主轴转速】为 1000、【进刀速率】为 100。

(3) 曲面粗加工参数设置。选择【曲面粗加工平行铣削】对话框中的【曲面加工参数】选项卡，设置【参考高度】为 10、【进给下刀位置】为 0、【加工面预留量】为 0.5，其他参数不变。

(4) 粗加工平行铣削参数设置。选择【曲面粗加工平行铣削】对话框中的【粗加工平行铣削参数】选项卡，设置【整体误差】为 0.1、【最大切削间距】为 1、【最大 Z 轴进给】为 1、【切削方式】为【双向】，选中【定义下刀点】复选框，其他参数设置不变，如图 5-18 所示。单击【曲面粗加工平行铣削】对话框中的 按钮，完成粗加工路径的设置。

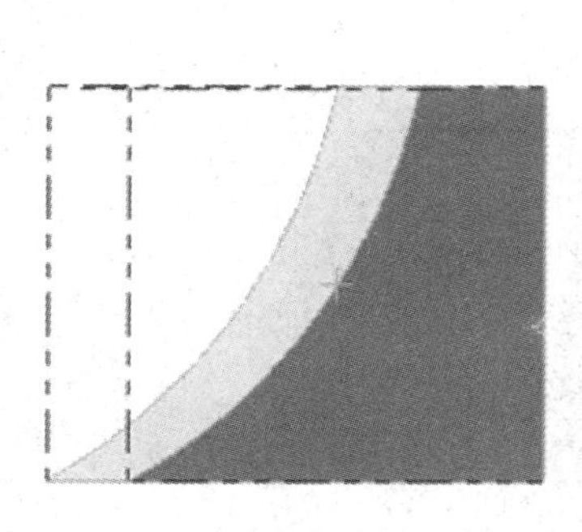

图 5-17

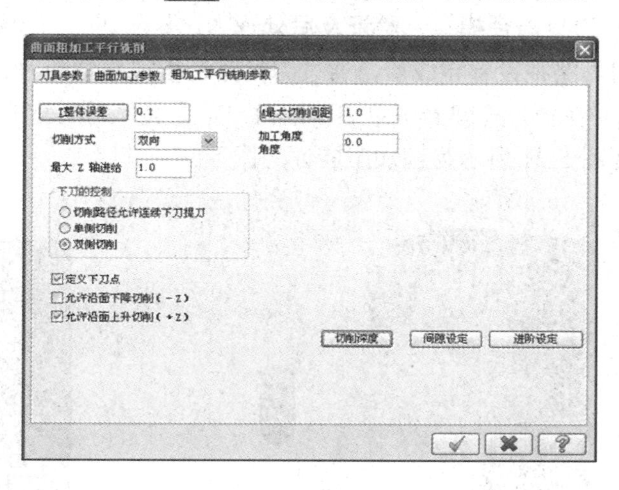

图 5-18

5. 创建平行铣削精加工刀具路径

平行铣削精加工是在粗加工的基础上进行的，工件毛坯、机床类型、刀具参数等不需要再进行设置，主要需要进行平行铣削精加工参数设置。

(1) 选取加工曲面。按提示选取与粗加工面一样的圆弧曲面，单击 按钮。

(2) 设置曲面精加工参数。选择【曲面精加工平行铣削】对话框中的【曲面加工参数】选项卡，设置【安全高度】为 20、【参考高度】为 10、【进给下刀位置】为 0、【加工面预留量】为 0，其他参数不变，如图 5-19 所示。

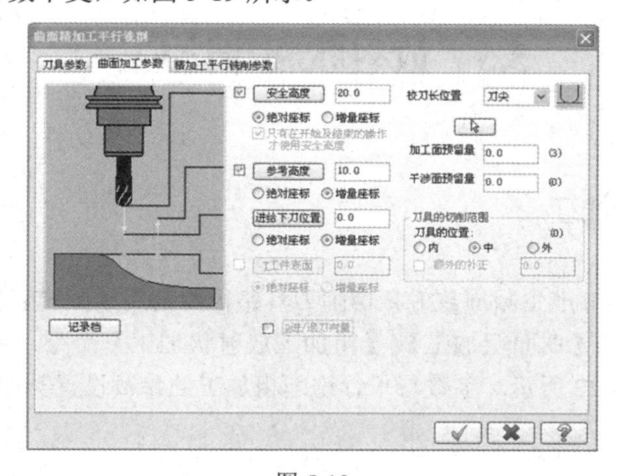

图 5-19

(3) 设置精加工平行铣削参数。选择【曲面精加工平行铣削】对话框中的【精加工平行铣削参数】选项卡，设置【整体误差】为 0.005、【最大切削间距】为 0.1、【切削方式】为【双向】，其他参数设置不变。单击【曲面精加工平行铣削】对话框中的 ✓ 按钮，完成精加工路径的设置。

6. 刀具路径模拟、验证及后处理

刀具路径设置完成后，通过刀具路径模拟来判断刀具路径的设置是否正确。

(1) 在操作管理器中单击按钮，完成实体切削验证。如图 5-20 所示为粗加工验证的情况，如图 5-21 所示为精加工验证的图形。

图 5-20

图 5-21

(2) 在操作管理器中单击按钮，完成路径模拟。

(3) 在操作管理器中单击 G1 按钮，生成 NC 加工代码，设置文件名和保存路径，完成文件的存储。

5.5 放射状粗/精加工

5.5.1 放射状粗加工

放射状加工方式能够产生圆周放射状切削刀具路径，适用于回转表面的加工。

选择【刀具路径】|【曲面粗加工】|【粗加工放射状加工】命令，弹出【曲面粗加工放射状】对话框，如图 5-22 所示。参数与平行铣削粗加工的参数设置类似，在此不再赘述。

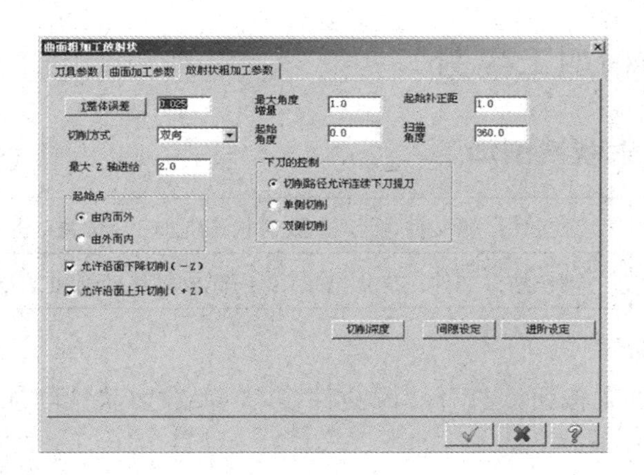

图 5-22

放射状粗加工的专用参数设置有以下六项。

- 最大角度增量：设置放射状切削刀具路径的增量角度。
- 起始补正距：输入放射状切削刀具路径起切点到中心点的距离。
- 起始角度：输入放射状切削刀具路径的起始角度。
- 扫描角度：输入放射状切削刀具路径的扫描角度。
- 起始点由内而外：刀具从放射状中心向圆周切削。
- 起始点由外而内：刀具从放射状圆周向中心点切削。

5.5.2　放射状精加工

选择【刀具路径】|【曲面精加工】|【精加工放射状】命令，系统弹出【曲面精加工放射状】对话框，选择【放射状精加工参数】选项卡，如图 5-23 所示。放射性精加工与粗加工的参数设置基本相同，在此不再赘述。

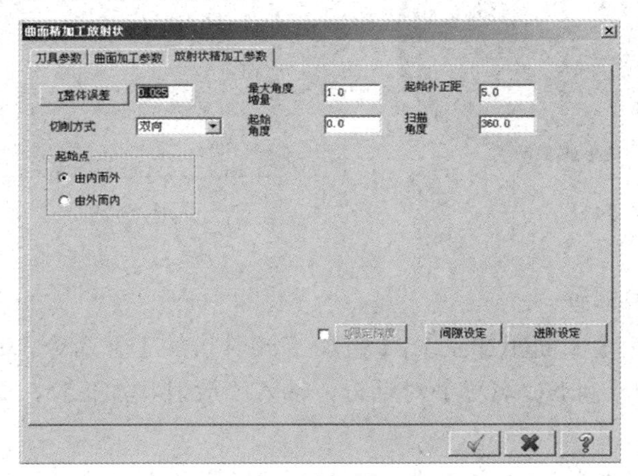

图 5-23

5.5.3 放射状粗/精加工实例

【操作实例 5-2】放射状铣削加工

	源文件：源文件\第 5 章\放射状铣削加工.MCX
	操作结果文件：操作结果\第 5 章\放射状铣削加工.MCX

1. 打开加工模型文件

单击【打开文件】按钮，打开“源文件\第 5 章\放射状铣削加工.MCX”文件，如图 5-24 所示。

2. 选择机床类型

本例加工采用系统默认的铣床，选择【机床类型】|【铣削系统】|【默认】命令，进入铣削加工模块。

3. 设置工件

在操作管理器中选择【素材设置】|【边界盒】命令，坐标点如图 5-25 所示，单击按钮，完成毛坯的设置。

图 5-24

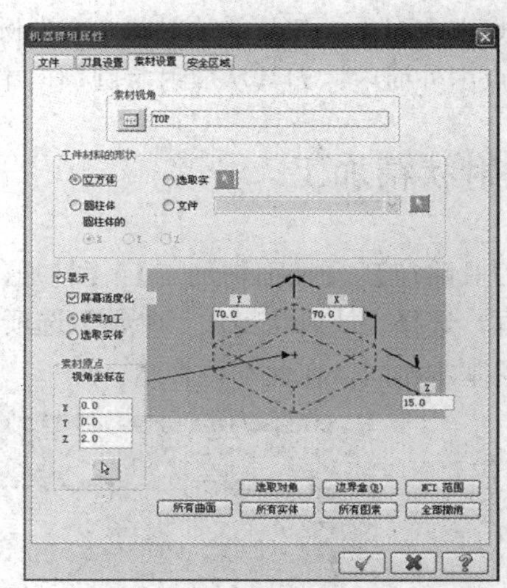

图 5-25

4. 创建粗加工刀具路径

选择【刀具路径】|【曲面粗加工】|【粗加工放射状加工】命令，设置工件形状为【未定义】，系统弹出【输入新 NC 名称】对话框，输入“放射状加工”，如图 5-26 所示，单击按钮完成。

(1) 选取加工曲面。按提示选取如图 5-27 所示的圆弧曲面，单击按钮。

图 5-26

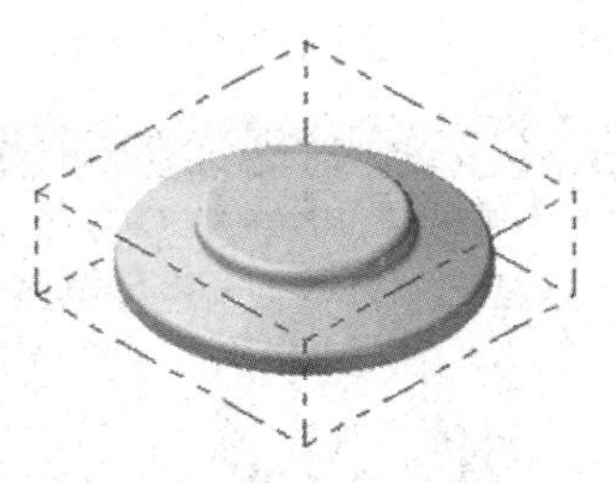

图 5-27

(2) 设置刀具参数。选择【曲面粗加工放射状】对话框中的【刀具参数】选项卡，单击选择库中刀具，选择直径为 6mm 的圆鼻铣刀，设置【进给率】为 100、【主轴转速】为 1000、【进刀速率】为 100。

(3) 设置曲面粗加工参数。选择【曲面粗加工放射状】对话框中的【曲面加工参数】选项卡，设置【安全高度】为 20、【参考高度】为 10、【进给下刀位置】为 0、【加工面预留量】为 0.5，其他参数不变。

(4) 设置粗加工放射状铣削参数。选择【曲面粗加工放射状】对话框中的【放射状粗加工参数】选项卡，设置【整体误差】为 0.1、【最大 Z 轴进给】为 2、【切削方式】为【双向】，其他参数设置不变，如图 5-28 所示。单击【曲面粗加工放射状】对话框中的 ✓ 按钮，完成粗加工路径的设置。

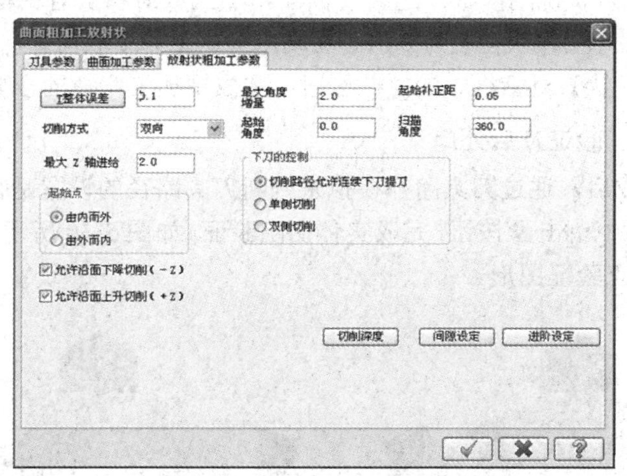

图 5-28

5. 创建放射状精加工刀具路径

放射状铣削精加工是在粗加工的基础上进行的，工件毛坯、机床类型、刀具参数等不需要再进行设置，主要需要设置放射状铣削精加工的参数。

(1) 选取加工曲面。在系统提示下选取与粗加工面一样的曲面，单击 ✓ 按钮。

(2) 设置曲面精加工参数。选择【曲面精加工放射状】对话框中的【曲面加工参数】选项卡，设置【安全高度】为 20、【参考高度】为 10、【进给下刀位置】为 0、【加工面预留

量】为 0，其他参数不变，如图 5-29 所示。

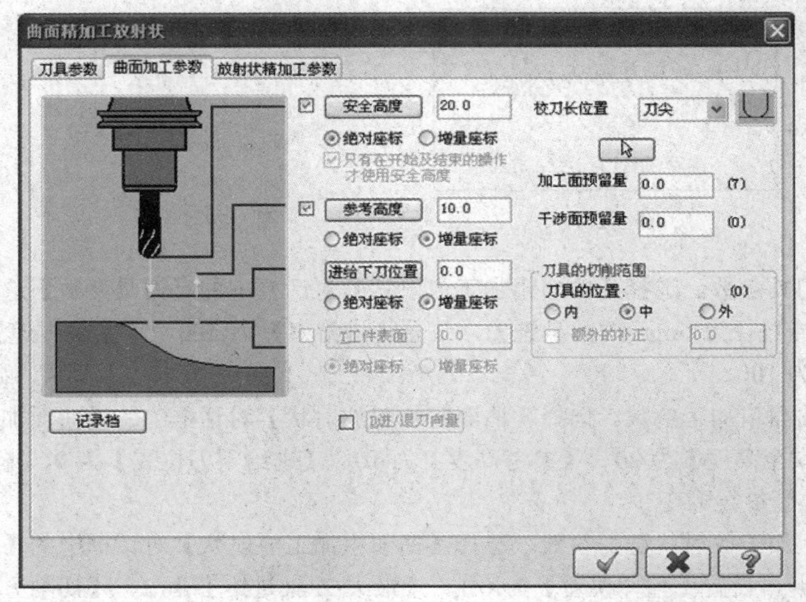

图 5-29

(3) 设置精加工放射状铣削参数。选择【曲面精加工放射状】对话框中的【放射状精加工参数】选项卡，设置【整体误差】为 0.01、【切削方式】为【双向】，其他参数设置不变。单击【曲面精加工放射状】对话框中的 ✓ 按钮，完成精加工路径的设置。

6. 刀具路径模拟、验证及后处理

刀具路径设置完成后，通过刀具路径模拟来判断刀具路径的设置是否正确。

(1) 在操作管理器中单击按钮，完成实体切削验证。如图 5-30 所示为粗加工验证图形，如图 5-31 所示为精加工验证图形。

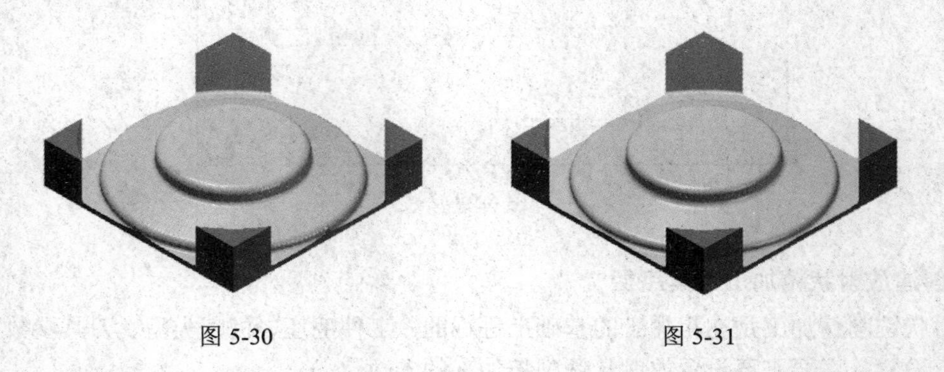

图 5-30　　图 5-31

(2) 在操作管理器中单击按钮，完成路径模拟。

(3) 在操作管理器中单击 G1 按钮，生成 NC 加工代码，设置文件名和保存路径，完成文件的存储。

5.6　曲面投影粗/精加工

本例投影铣削加工在以上放射加工的基础上进行，工件毛坯、机床类型不需要再进行设置，主要需要设置投影加工参数。

【操作实例 5-3】投影铣削加工

	源文件：源文件\第 5 章\投影铣削加工.MCX
	操作结果文件：操作结果\第 5 章\投影铣削加工.MCX

1. 打开加工模型文件

单击【打开文件】按钮，打开“源文件\第 5 章\投影铣削加工.MC”文件，如图 5-32 所示。

2. 投影粗加工

(1) 选取加工类型。选择【刀具路径】|【曲面粗加工】|【粗加工投影加工】命令，系统自动进入投影粗加工模式。

(2) 选取加工曲面。按提示选取放射加工上表面，单击按钮。

(3) 设置刀具参数。选择【曲面粗加工投影】对话框中的【刀具参数】选项卡，设置【刀具直径】为 0.25、【进给率】为 100、【主轴转速】为 1000、【进刀速率】为 100、【提刀速率】为 200，如图 5-33 所示。

图 5-32

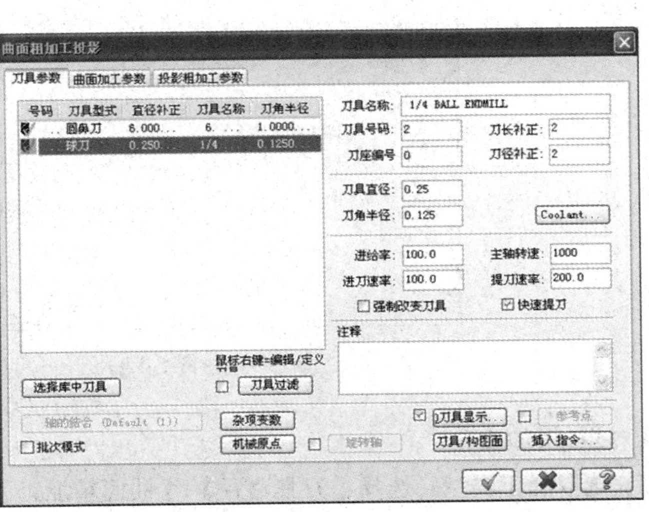

图 5-33

(4) 设置曲面粗加工参数。选择【曲面粗加工投影】对话框中的【曲面加工参数】选项卡，设置【安全高度】为 20、【参考高度】为 10、【进给下刀位置】为 0、【加工面预留量】为 –1，其他参数不变，如图 5-34 所示。

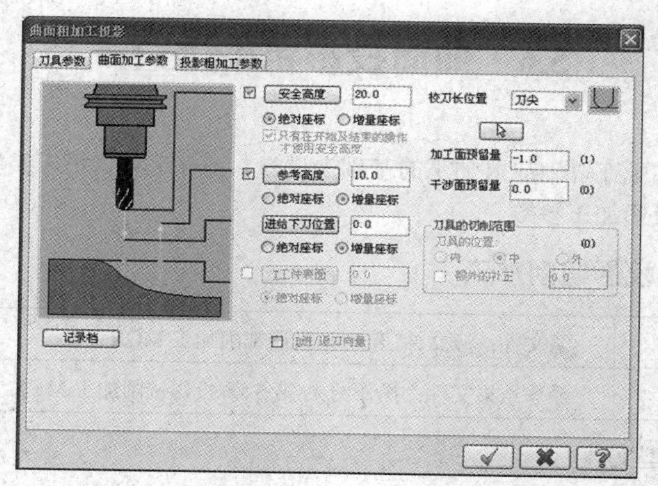

图 5-34

(5) 设置投影粗加工参数。选择【曲面粗加工投影】对话框中的【投影粗加工参数】选项卡，设置【整体误差】为 0.1、【最大 Z 轴进给量】为 0.5、【投影方式】为【选取曲线】，选取如图 5-32 所示的文字图形，选中【两切削间提刀】复选框，其他参数设置不变，如图 5-35 所示。单击【曲面粗加工投影】对话框中的 ✓ 按钮，完成粗加工路径的设置。

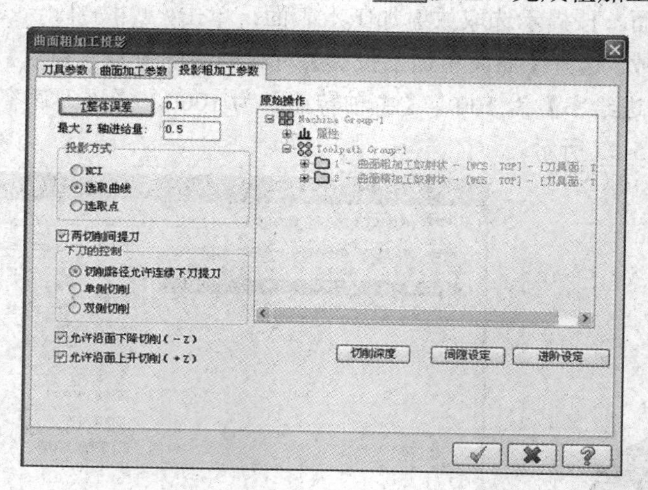

图 5-35

3. 投影精加工

(1) 选取加工类型。选择【刀具路径】|【曲面精加工】|【精加工投影加工】命令，进入投影精加工模式。

(2) 选取加工曲面。按提示选取放射加工上表面，单击 ✓ 按钮。

(3) 设置刀具参数。选择【曲面精加工投影】对话框中的【刀具参数】选项卡，设置【刀具直径】为 0.375、【进给率】为 100、【主轴转速】为 1000、【进刀速率】为 100、【提刀速率】为 200。

(4) 设置曲面精加工参数。选择【曲面精加工投影】对话框中的【曲面加工参数】选项卡，设置【安全高度】为 20、【参考高度】为 10、【进给下刀位置】为 0、【加工面预留量】为 - 1.5，其他参数不变。

(5) 设置投影精加工参数。选择【曲面精加工投影】对话框中的【投影精加工参数】选项卡，设置【整体误差】为 0.01、【投影方式】为 NCI，选中投影粗加工步骤，选中【两切削间提刀】复选框，不采用【增加深度】方式，其他参数设置不变，如图 5-36 所示。单击【曲面精加工投影】对话框中的 ✓ 按钮，完成精加工路径的设置。

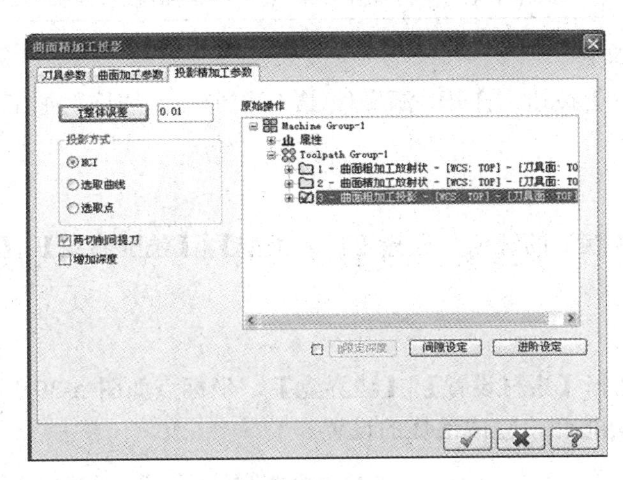

图 5-36

4. 刀具路径模拟、验证及后处理

刀具路径设置完成后，通过刀具路径模拟来判断刀具路径的设置是否正确。

(1) 在操作管理器中单击按钮，完成实体切削验证。如图 5-37 所示为粗/精加工实体验证的情况。

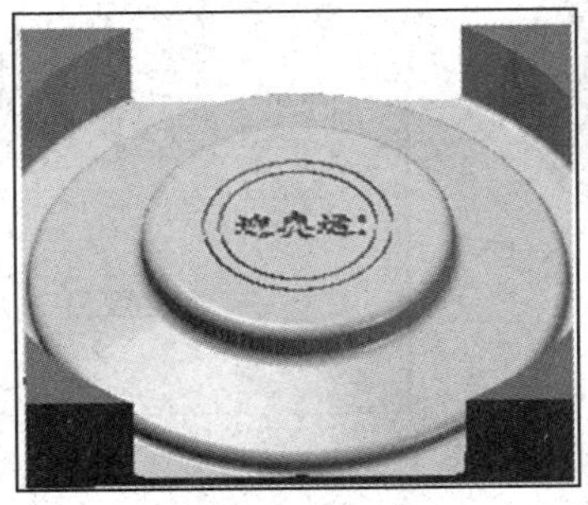

图 5-37

(2) 在操作管理器中单击按钮，完成路径模拟。

(3) 在操作管理器中单击 G1 按钮，生成 NC 加工代码，设置文件名和保存路径，完成文件的存储。

5.7 曲面流线粗/精加工

【操作实例 5-4】曲面流线铣削加工

	源文件：源文件\第 5 章\曲面流线铣削加工.MCX
	操作结果文件：操作结果\第 5 章\曲面流线铣削加工.MCX

1. 打开加工模型文件

单击【打开文件】按钮，打开“源文件\第 5 章\曲面流线铣削加工.MCX”文件，如图 5-38 所示。

2. 选择机床类型

本例加工采用系统默认的铣床，选择【机床类型】|【铣削系统】|【默认】命令，进入铣削加工模块。

3. 设置工件

在操作管理器中选择【素材设置】|【边界盒】，坐标点如图 5-39 所示，修改图素原点的 Z 值为 32，单击按钮，完成毛坯的设置。

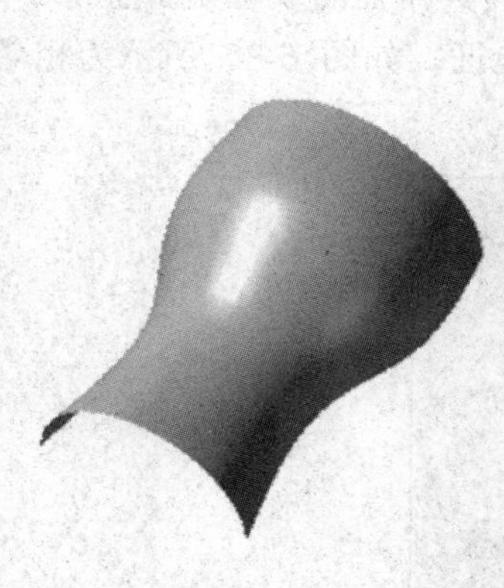

图 5-38

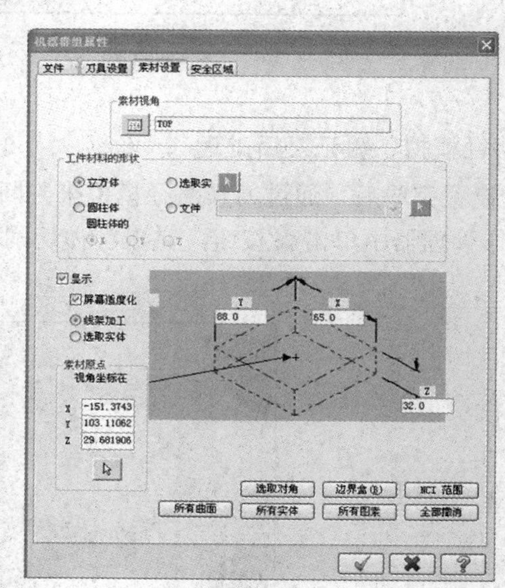

图 5-39

4. 创建曲面流线粗加工刀路

(1) 选取加工类型。选择【刀具路径】|【曲面粗加工】|【粗加工流线加工】命令，系统自动进入流线粗加工模式。

(2) 选取加工曲面。按提示选取如图 5-38 所示的曲面，单击 按钮。

(3) 设置刀具参数。选择【曲面粗加工流线】对话框中的【刀具参数】选项卡，选取刀具直径为 5mm 的球刀，设置【进给率】为 100、【主轴转速】为 1000、【进刀速率】为 100、【提刀速率】为 200，如图 5-40 所示。

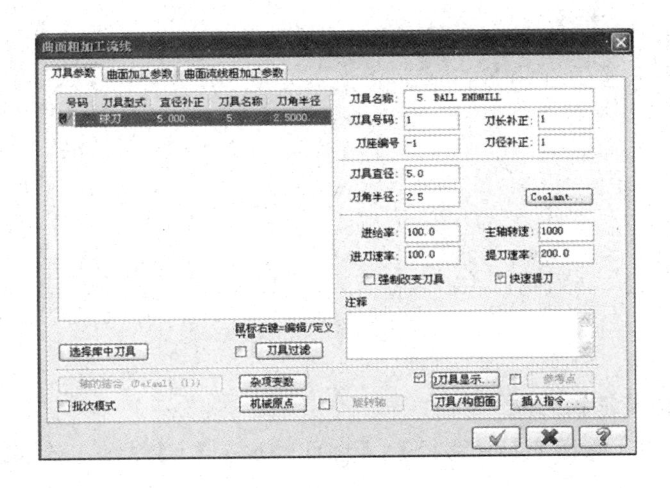

图 5-40

(4) 设置曲面粗加工参数。选择【曲面粗加工流线】对话框中的【曲面加工参数】选项卡，设置【安全高度】为 30、【参考高度】为 10、【进给下刀位置】为 0、【加工面预留量】为 1，其他参数不变，如图 5-41 所示。

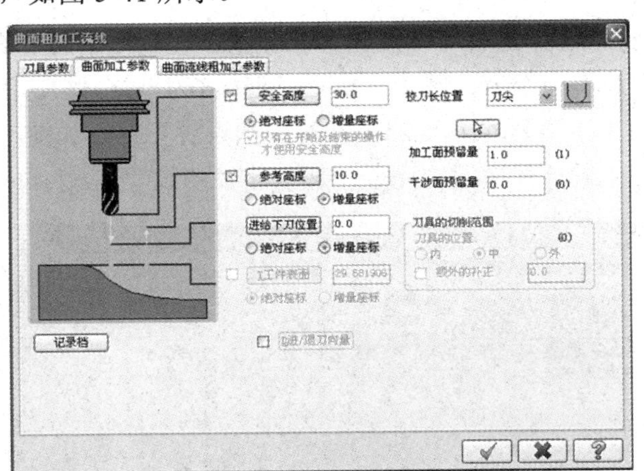

图 5-41

(5) 设置流线粗加工参数。选择【曲面粗加工流线】对话框中的【曲面流线粗加工参数】选项卡，设置【整体误差】为 0.1、【最大 Z 轴进给量】为 2.0、【切削方向的控制】与【截断方向的控制】的【距离】均为 2.0，其他参数设置不变，如图 5-42 所示。单击对话框中的 按钮确定，完成粗加工路径的设置。

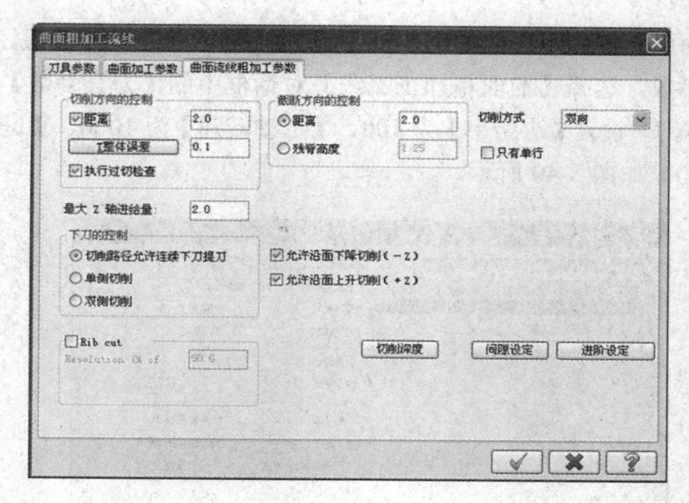

图 5-42

5. 创建曲面流线精加工刀路

(1) 选取加工类型。选择【刀具路径】|【曲面精加工】|【精加工流线加工】命令，进入流线精加工模式。

(2) 选取加工曲面。按提示选取与流线粗加工相同的曲面，单击✔按钮。

(3) 设置曲面精加工参数。选择【曲面精加工流线】对话框中的【曲面加工参数】选项卡，设置【安全高度】为 30、【参考高度】为 10、【进给下刀位置】为 0、【加工面预留量】为 0，其他参数不变。

(4) 设置流线精加工参数。选择【曲面精加工流线】对话框中的【曲面流线精加工参数】选项卡，设置【整体误差】为 0.01，选中【执行过切检查】复选框，【切削方向的控制】与【截断方向的控制】的【距离】均为 0.25，其他参数设置不变，如图 5-43 所示。单击【曲面精加工流线】对话框中的✔按钮，完成精加工路径的设置。

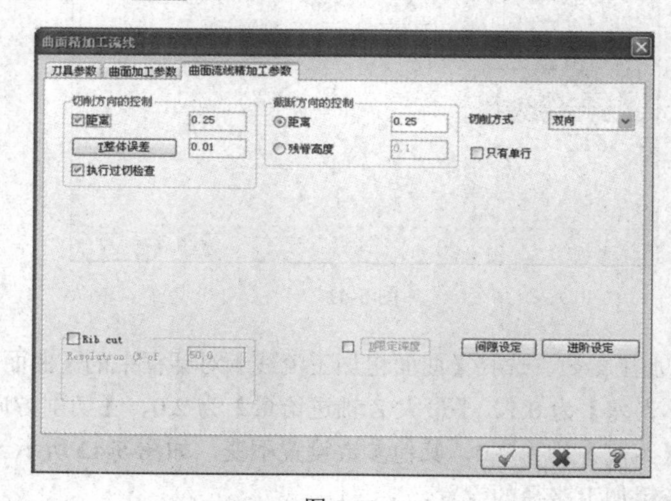

图 5-43

6. 刀具路径模拟、验证及后处理

刀具路径设置完成后，通过刀具路径模拟来判断刀具路径的设置是否正确。

(1) 在操作管理器中单击按钮，完成实体切削验证。如图 5-44 和图 5-45 所示分别为粗/精加工实体验证图。

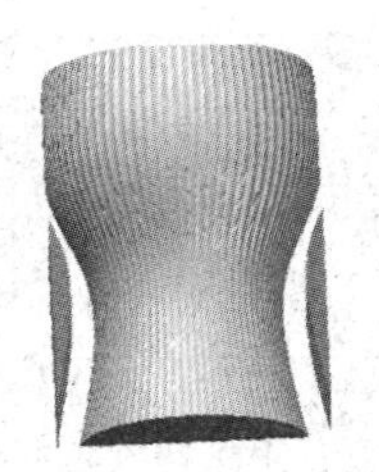

图 5-44

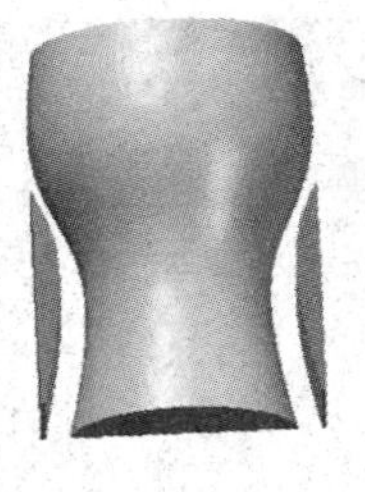

图 5-45

(2) 在操作管理器中单击按钮，完成路径模拟。

(3) 在操作管理器中单击G1按钮，生成 NC 加工代码，设置文件名和保存路径，完成文件的存储。

5.8　等高外形粗/精加工

等高加工指在相同 Z 值高度上执行多次切削操作，围绕曲面外形产生逐层梯田状的加工路径。

5.8.1　等高外形粗加工

选择【刀具路径】|【曲面粗加工】|【粗加工等高外形加工】命令，系统弹出如图 5-46 所示的【曲面粗加工等高外形】对话框，其中大部分参数设置与平行铣削粗加工的参数设置相同，在此不再赘述。其特有的粗加工参数如下。

1. 封闭式轮廓的方向

- 顺铣：刀具采用顺铣方式。
- 逆铣：刀具采用逆铣方式。
- 起始长度：输入每层等高外形粗加工刀具路径的起切点距离，使每层刀具路径都加入进/退刀向量，避免直接下刀。

2. 两区段间的路径过滤方式

当刀具路径移动量小于设定间隙时，如何从一区域移动到另一区域。系统提供了四种方式。

- 高速回圈：刀具以平滑方式越过曲面间隙，此方式常用于高速加工。
- 打断：刀具以打断方式越过曲面间隙。
- 斜插：刀具直接越过曲面间隙。
- 沿着曲面：刀具沿曲面上升/下降方式越过曲面间隙。

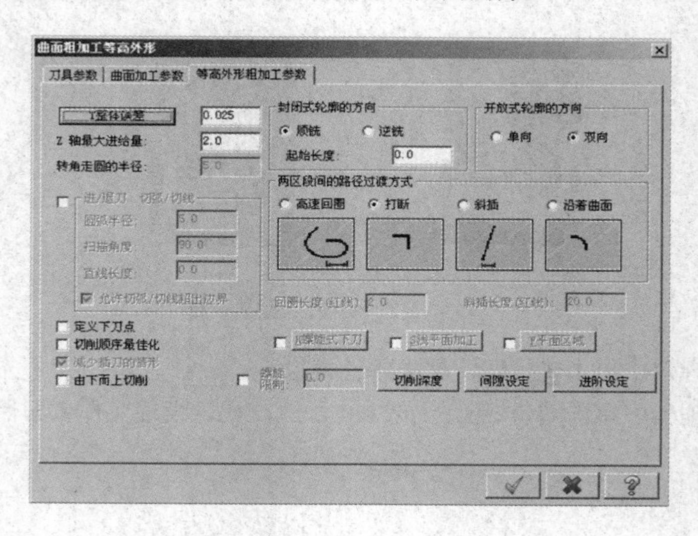

图 5-46

5.8.2 等高外形精加工

该方法是以等高加工的方式生成曲面精加工刀具路径。

选择【刀具路径】|【曲面精加工】|【精加工等高外形】命令，打开【曲面精加工等高外形】对话框，选择【等高外形精加工参数】选项卡。

该加工的参数设置与等高外形粗加工的参数设置相同，在此不再赘述。

5.8.3 等高外形粗/精加工实例

【操作实例 5-5】曲面等高外形加工

	源文件：源文件\第 5 章\曲面等高外形加工.MCX
	操作结果文件：操作结果\第 5 章\曲面等高外形加工.MCX

1. 打开加工模型文件

单击【打开文件】按钮，打开“源文件\第 5 章\曲面等高外形加工.MCX”文件，如图 5-47 所示。

2. 选择机床类型

本例加工采用系统默认的铣床，选择【机床类型】|【铣削系统】|【默认】命令，进入铣削加工模块。

3. 设置工件

在操作管理器中选择【素材设置】|【边界盒】，修改参数设置，如图 5-48 所示，单击✓按钮，完成毛坯的设置。

图 5-47

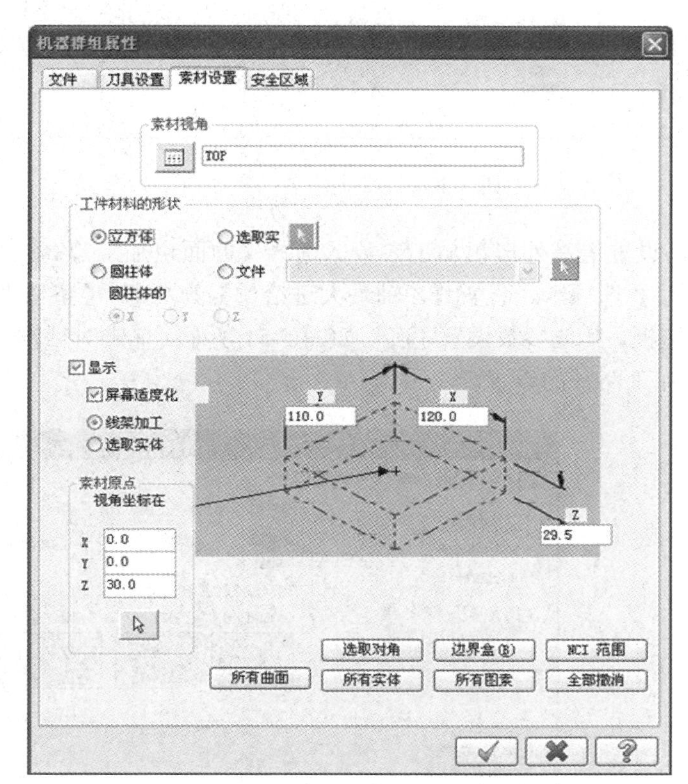

图 5-48

4. 创建曲面等高外形粗加工刀路

(1) 选取加工类型。选择【刀具路径】|【曲面粗加工】|【粗加工等高外形加工】命令，系统自动进入等高外形粗加工模式。

(2) 选取加工曲面。在系统提示下选取如图 5-47 所示的曲面，单击✓按钮。

(3) 设置刀具参数。选择【曲面粗加工等高外形】对话框中的【刀具参数】选项卡，选取刀具直径为 10mm 的圆鼻刀，设置【进给率】为 200、【主轴转速】为 1000、【进刀速率】为 200、【提刀速率】为 500，如图 5-49 所示。

(4) 设置曲面粗加工参数。选择【曲面粗加工等高外形】对话框中的【曲面加工参数】选项卡，设置【安全高度】为 20、【参考高度】为 10、【进给下刀位置】为 0、【加工面预留量】为 0.5，其他参数不变，如图 5-50 所示。

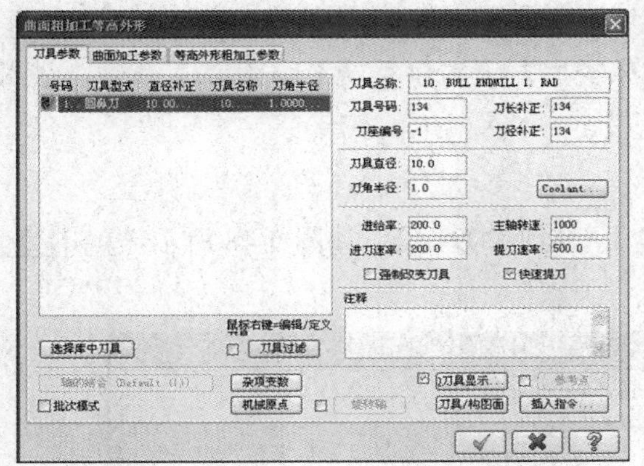

图 5-49

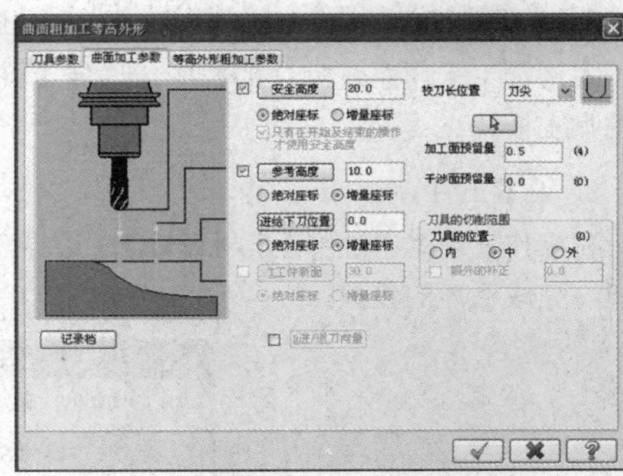

图 5-50

(5) 设置等高外形粗加工参数。选择【曲面粗加工等高外形】对话框中的【等高外形粗加工参数】选项卡，设置【Z 轴最大进给量】为 2.0、【整体误差】为 0.1，选中【定义下刀点】复选框，其他参数设置不变，如图 5-51 所示。单击对话框中的 ✓ 按钮，选取下刀点后，完成粗加工路径的设置。

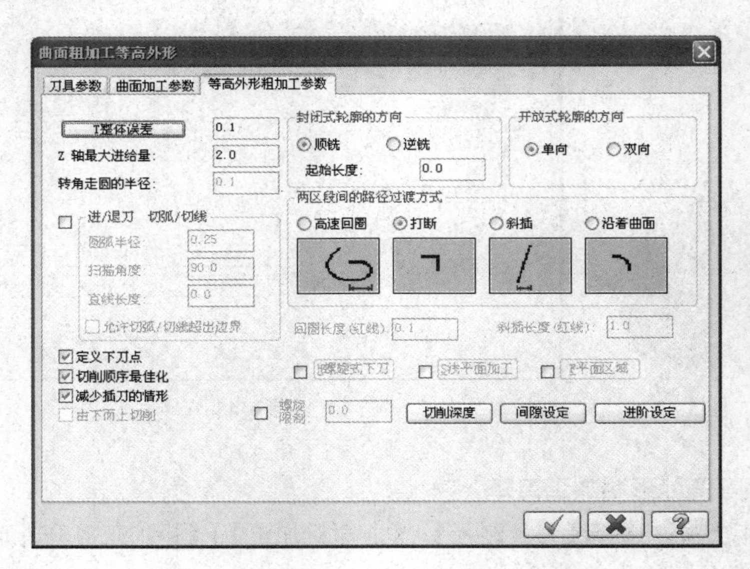

图 5-51

5. 创建曲面等高外形精加工刀路

(1) 选取加工类型。选择【刀具路径】|【曲面精加工】|【精加工等高外形】命令，进入等高外形精加工模式。

(2) 选取加工曲面。按提示选取与等高粗加工相同的曲面，单击 ✓ 按钮。

(3) 设置曲面精加工参数。选择【曲面精加工等高外形】对话框中的【曲面加工参数】

选项卡，设置【安全高度】为 20、【参考高度】为 10、【进给下刀位置】为 0、【加工面预留量】为 0，其他参数不变。

(4) 设置等高外形精加工参数。选择【曲面精加工等高外形】对话框中的【等高外形精加工参数】选项卡，设置【整体误差】为 0.005、【Z 轴最大进给量】为 0.2，选中【切削顺序最佳化】复选框，其他参数设置不变，如图 5-52 所示。单击【曲面精加工等高外形】对话框中的按钮，完成精加工路径的设置。

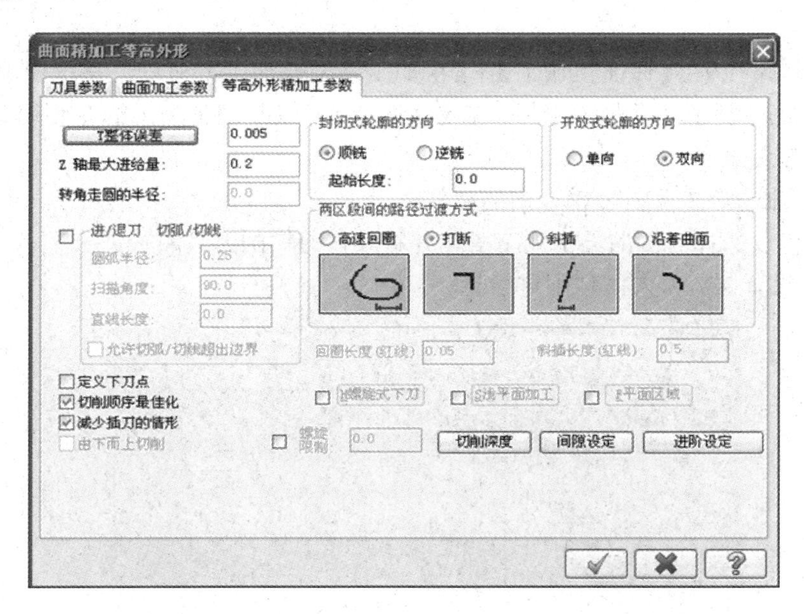

图 5-52

6. 刀具路径模拟、验证及后处理

刀具路径设置完成后，通过刀具路径模拟来判断刀具路径的设置是否正确。

(1) 在操作管理器中单击按钮，完成实体切削验证。如图 5-53 所示为粗/精加工实体验证图。

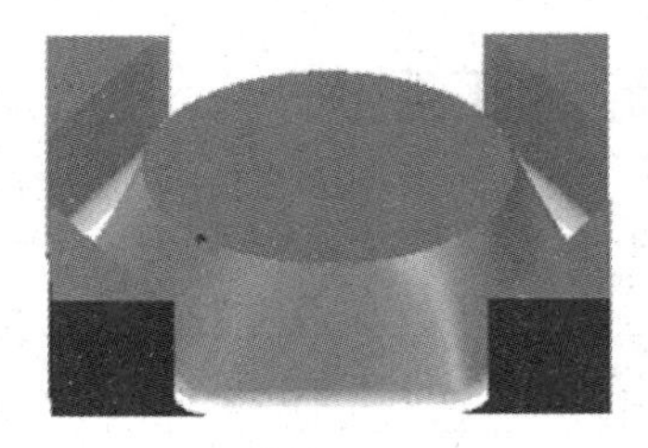

图 5-53

(2) 在操作管理器中单击按钮，完成路径模拟。

(3) 在操作管理器中单击 G1 按钮，生成 NC 加工代码，设置文件名和保存路径，完成文件的存储。

5.9 钻削粗加工

钻削式加工是指刀具连续在毛坯上采用钻孔的方式去除材料，以产生逐层钻削刀具路径。

5.9.1 钻削粗加工概述

选择【刀具路径】|【曲面粗加工】|【粗加工钻削式加工】命令，系统弹出【曲面粗加工钻削式】对话框，选择【钻削式粗加工参数】选项卡，设置钻削加工的专用参数，如图 5-54 所示。参数的含义如下。

- 最大 Z 轴进给：设置 Z 轴方向的钻削量。
- NCI：可以选择右侧的某个加工操作并将其作为钻削刀具路径。
- 最大：设置 XY 方向的钻削进给量。

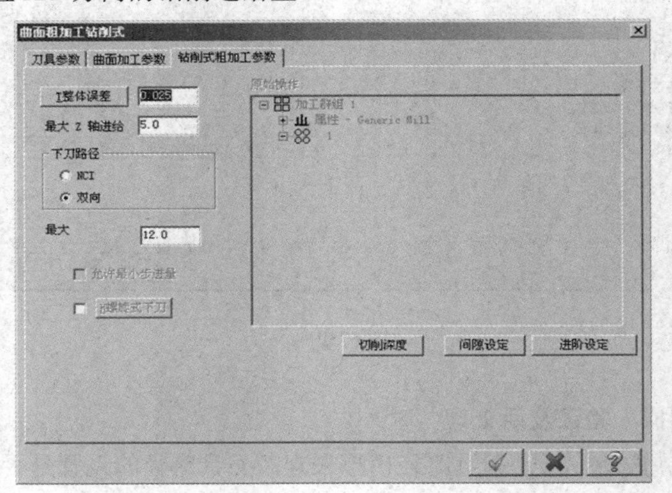

图 5-54

5.9.2 挖槽粗加工/钻削粗加工实例

【操作实例 5-6】挖槽钻削粗加工

	源文件：源文件\第 5 章\挖槽钻削粗加工.MCX
	操作结果文件：操作结果\第 5 章\挖槽钻削粗加工.MCX

1. 打开加工模型文件

单击【打开文件】按钮，打开“源文件\第 5 章\挖槽钻削粗加工.MCX”文件，如图 5-55 所示。

2. 选择机床类型

本例加工采用系统默认的铣床，选择【机床类型】|【铣削系统】|【默认】命令，进入铣削加工模块。

3. 设置工件

在操作管理器中选择【素材设置】|【边界盒】，修改参数设置，如图 5-56 所示，单击 ✓ 按钮，完成毛坯的设置。

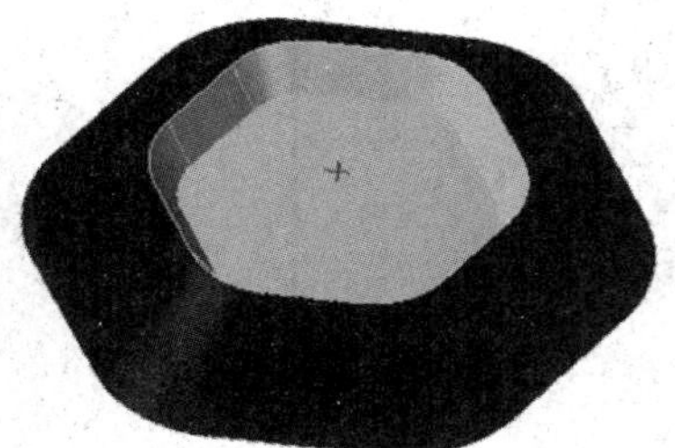

图 5-55

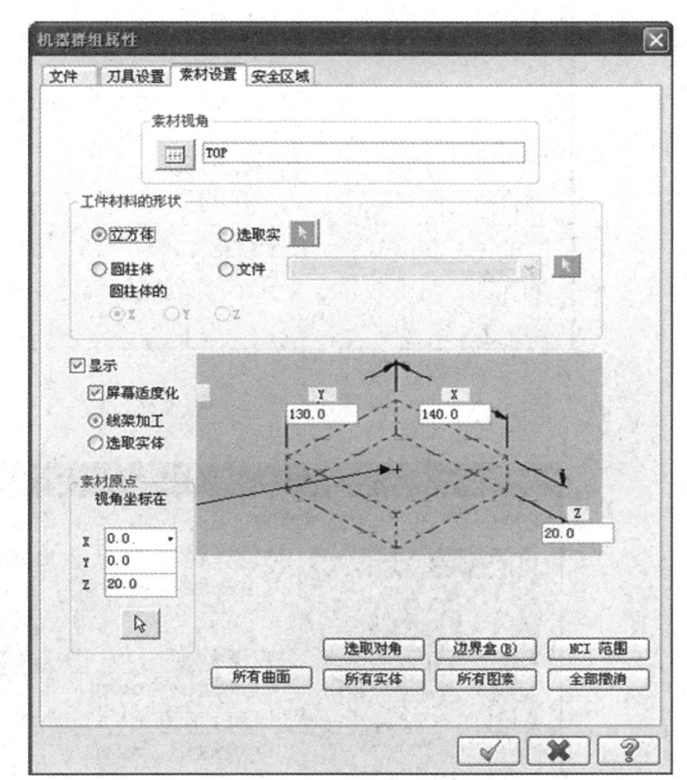

图 5-56

4. 创建钻削粗加工刀路

(1) 选取加工类型。选择【刀具路径】|【曲面粗加工】|【粗加工钻削式加工】命令，系统自动进入钻削外形粗加工模式。

(2) 选取加工曲面。按提示选取如图 5-55 所示的梯形曲面，单击 ✓ 按钮。

(3) 设置刀具参数。选择【曲面粗加工钻削式】对话框中的【刀具参数】选项卡，选取刀具直径为 20mm 的钻孔刀，设置【进给率】为 200、【主轴转速】为 1000、【进刀速率】为 200、【提刀速率】为 500，如图 5-57 所示。

(4) 设置曲面粗加工参数。选择【曲面粗加工钻削式】对话框中的【曲面加工参数】选项卡，设置【安全高度】为 20、【参考高度】为 10、【进给下刀位置】为 0、【加工面预留量】为 0.5，其他参数不变，如图 5-58 所示。

曲面粗加工钻削式
刀具参数
曲面加工参数
钻削式粗加工参数
号码 刀具型式 直径补正 刀具名称 刀角半径
... 钻孔 20.00... 20.... 0.0000...
2.. 平底刀 10.00... 10.... 0.0000...
刀具名称: 20. DRILL
刀具号码: 30
刀长补正: 30
刀座编号 -1
刀径补正: 30
刀具直径: 20.0
刀角半径: 0.0
Coolant...
进给率: 200.0
主轴转速: 1000
进刀速率: 200.0
提刀速率: 500.0
强制改变刀具
快速提刀
注释
鼠标右键=编辑/定义
选择库中刀具
刀具过滤
轴的结合 (Default (1))
杂项变数
刀具显示...
参考点
批次模式
机械原点
旋转轴
刀具/构图面
插入指令...

图 5-57

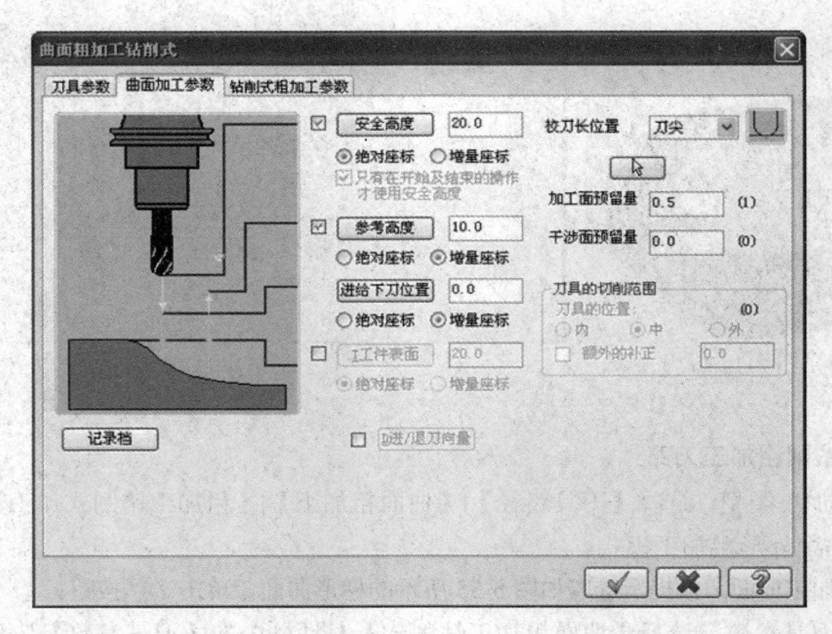

图 5-58

(5) 设置钻削粗加工参数。选择【曲面粗加工钻削式】对话框中的【钻削式粗加工参数】选项卡，设置【最大 Z 轴进给】为 5.0、【整体误差】为 0.05、【最大】为 8.0，其他参数设置不变，如图 5-59 所示。单击对话框中的 ✓ 按钮，选取两对角点，完成粗加工路径的设置。

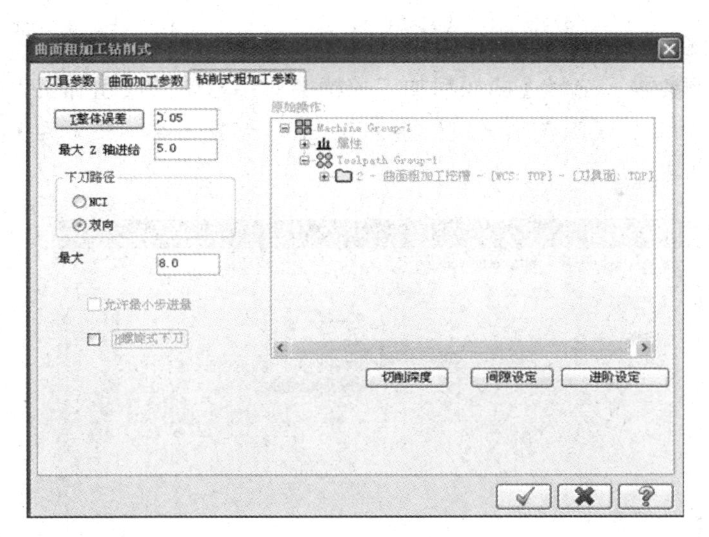

图 5-59

5. 曲面挖槽粗加工刀路创建

(1) 选取加工类型。选择【刀具路径】|【曲面粗加工】|【粗加工挖槽加工】命令，进入挖槽粗加工模式。

(2) 选取加工曲面。按提示选取如图 5-55 所示的内曲面，单击 ✓ 按钮。

(3) 设置刀具参数。选择【曲面粗加工挖槽】对话框中的【刀具参数】选项卡，选取刀具直径为 10mm 的平底刀，设置【进给率】为 200、【主轴转速】为 1000、【进刀速率】为 200、【提刀速率】为 500，如图 5-60 所示。

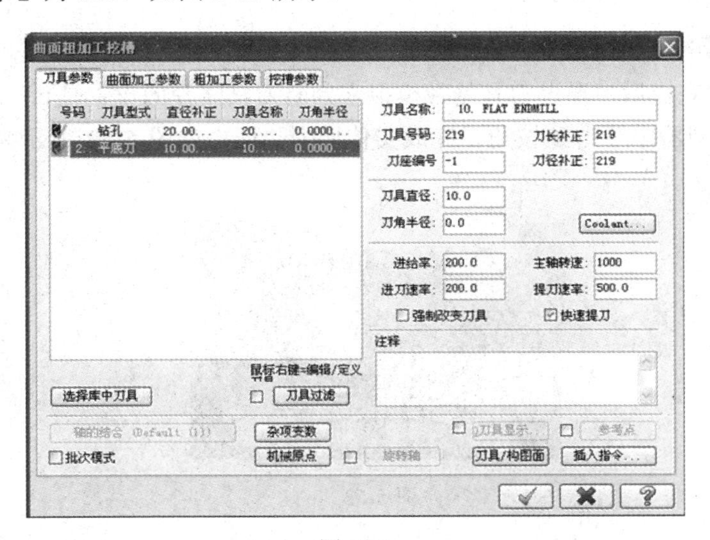

图 5-60

(4) 设置曲面粗加工参数。选择【曲面粗加工挖槽】对话框中的【曲面加工参数】选项卡，设置【安全高度】为 20、【参考高度】为 10、【进给下刀位置】为 0、【加工面预留量】

为 0，其他参数不变。

(5) 设置粗加工参数。选择【曲面粗加工挖槽】对话框中的【粗加工参数】选项卡，设置【整体误差】为 0.05、【Z 轴最大进给量】为 1.0，选择【螺旋式下刀】复选框，其他参数设置不变，如图 5-61 所示。

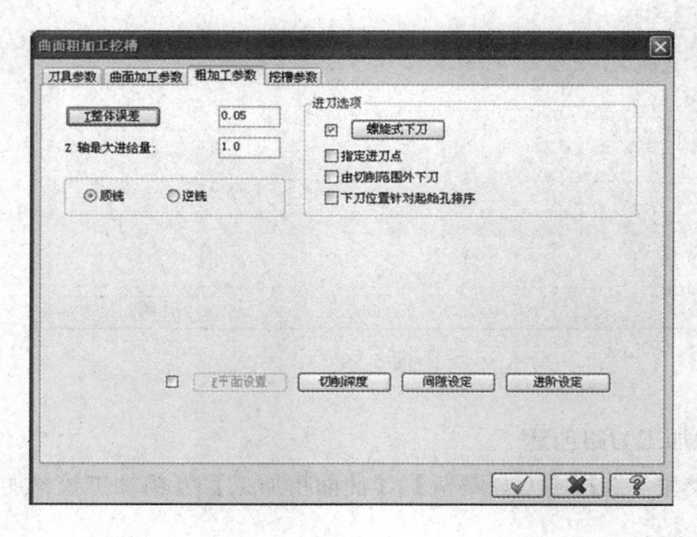

图 5-61

(6) 设置挖槽加工参数。选择【曲面粗加工挖槽】对话框中的【挖槽参数】选项卡，设置【切除方式】为【平行环切清角】、【精加工】的【次数】为 1、【间距】为 0.01，单击✔按钮，完成粗加工路径的设置。

6. 刀具路径模拟、验证及后处理

刀具路径设置完成后，通过刀具路径模拟来判断刀具路径的设置是否正确。

(1) 在操作管理器中单击按钮，完成实体切削验证。如图 5-62 所示为挖槽/钻削粗加工实体验证图。

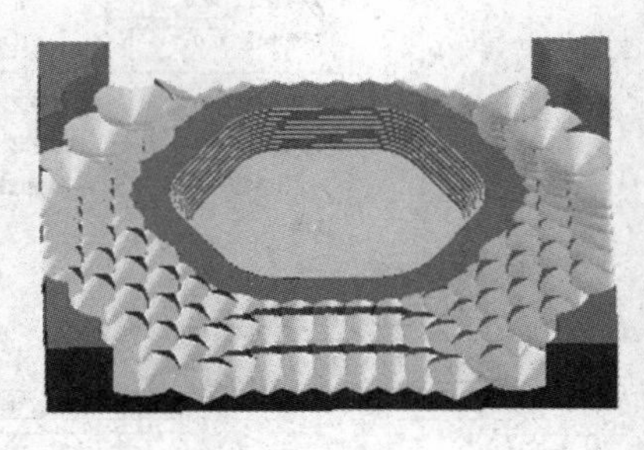

图 5-62

(2) 在操作管理器中单击按钮，完成路径模拟。

(3) 在操作管理器中单击 G1 按钮，生成 NC 加工代码，设置文件名和保存路径，完成文件的存储。

5.10　残料粗/精加工

5.10.1　残料粗加工

残料粗加工是对前面加工操作留下的残料区域进行加工而产生粗切削刀具路径的加工方式。选择【刀具路径】|【曲面粗加工】|【粗加工残料加工】命令，系统弹出【曲面残料粗加工】对话框，特有的参数设置如图 5-63 和图 5-64 所示。

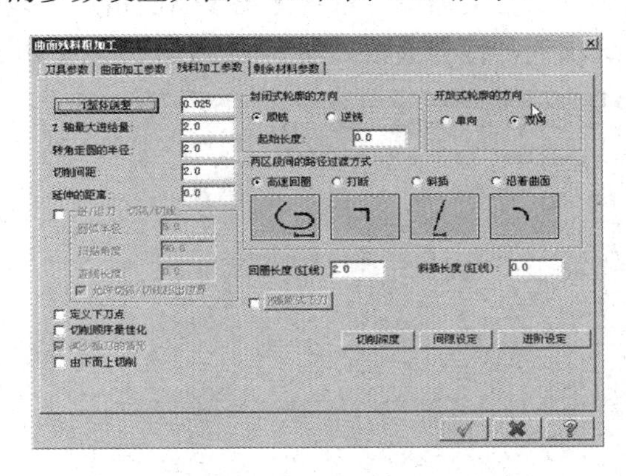

图 5-63

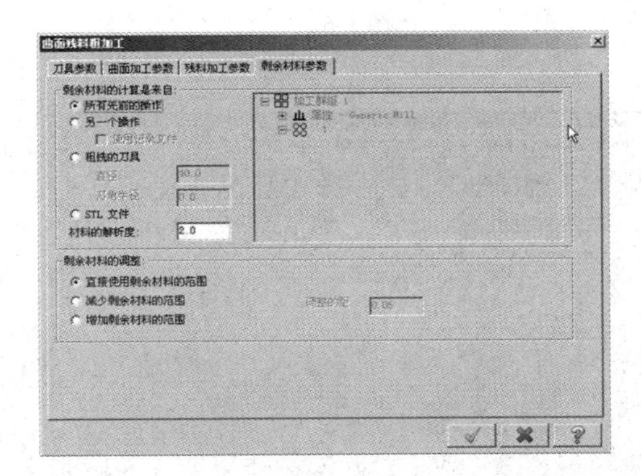

图 5-64

1. 剩余材料的计算

- 所有先前的操作：对前面所有的加工操作进行残料计算。
- 另一个操作：选取右侧加工操作栏中的某个加工操作并进行残料计算。
- STL 文件：系统对 STL 文件进行残料计算。
- 材料的解析度：设置影响残料加工的质量和速度参数，小数值产生好的残料加工质量，大数值能加快残料加工速度。

2. 剩余材料的调整

- 直接使用剩余材料的范围：残料的去除以系统计算为准。
- 减少剩余材料的范围：忽略符合在【调整的距】文本框中输入距离的残料。
- 增加剩余材料的范围：铣削符合在【调整的距】文本框中输入距离的残料。

5.10.2　残料清角精加工

残料清角精加工可以清除因前面加工的刀具直径较大所残留的材料。选择【刀具路径】|【曲面精加工】|【精加工残料加工】命令，系统弹出【曲面精加工残料清角】对话框。选择【残料清角的材料参数】选项卡，特有参数如图 5-65 和图 5-66 所示。

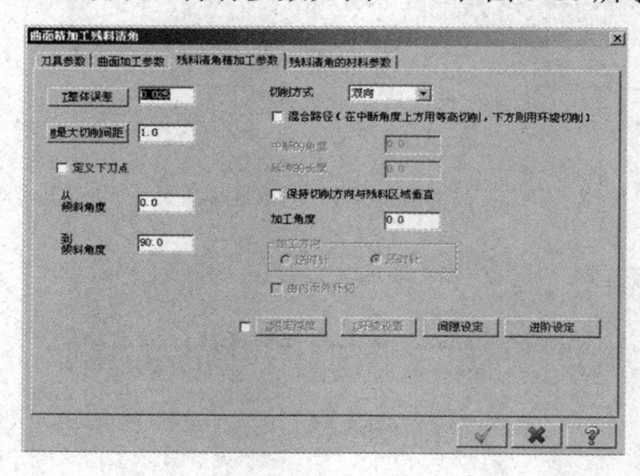

图 5-65

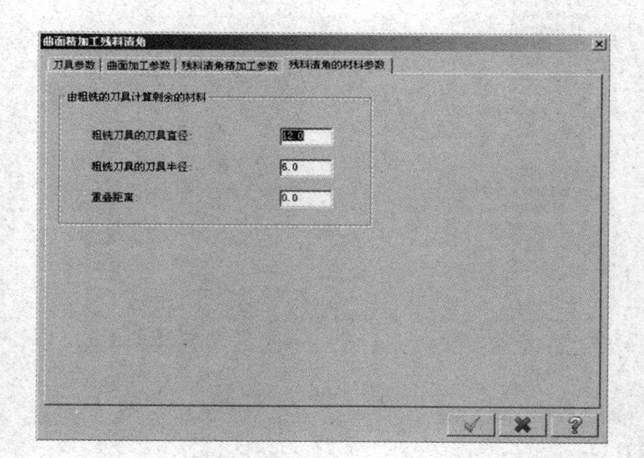

图 5-66

- 粗铣刀具的刀具直径：设置粗加工采用的刀具直径，以便系统计算余留的残料。
- 粗铣刀具的刀具半径：设置粗加工刀具的圆角半径。
- 重叠距离：设置粗加工刀具的圆角半径。

5.11　环绕等距精加工

5.11.1　环绕等距精加工概述

曲面环绕等距精加工产生的精切削刀具路径为等距离环绕加工曲面。该加工方法适用于曲面变化比较大的零件。

选择【刀具路径】|【曲面精加工】|【精加工环绕等距加工】命令，打开【曲面精加工环绕等距】对话框，选择【环绕等距精加工参数】选项卡，如图 5-67 所示。主要参数如下。

- 最大切削间距：设置环绕等距的步进量。
- 斜线角度：设置环绕等距的角度。
- 定义下刀点：设置环绕等距加工的切入点。
- 由内而外环切：环绕等距精加工从内圈往外圈加工。
- 切削顺序依照最短距离：优化环绕等距精加工的切削路径。

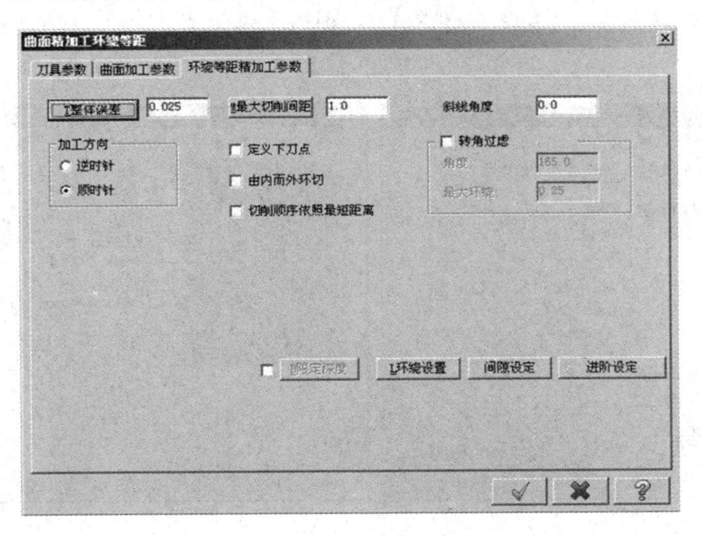

图 5-67

5.11.2　残料粗加工/环绕等距精加工实例

【操作实例 5-7】残料粗加工环绕等距精加工

	源文件：源文件\第 5 章\残料粗加工环绕等距精加工.MCX
	操作结果文件：操作结果\第 5 章\残料粗加工环绕等距精加工.MCX

1. 打开加工模型文件

单击【打开文件】按钮，打开“源文件\第 5 章\残料粗加工环绕等距精加工.MCX”文件，如图 5-68 所示。

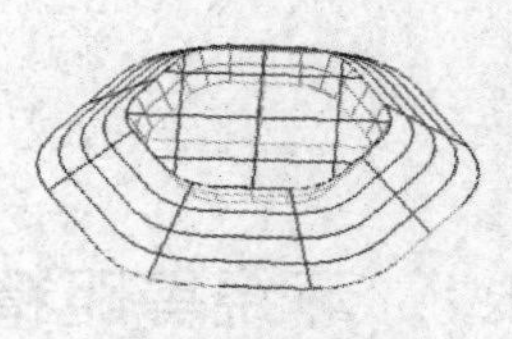

图 5-68

2. 选择机床类型

本例是在挖槽钻削粗加工的基础上进行进一步加工的，所以不需要再对加工机床类型和工件进行设置。

3. 创建残料粗加工刀路

(1) 选取加工类型。选择【刀具路径】|【曲面粗加工】|【粗加工残料加工】命令，进入残料粗加工模式。

(2) 选取加工曲面。按提示选取所有曲面，单击按钮。

(3) 设置刀具参数。选择【曲面残料粗加工】对话框中的【刀具参数】选项卡，选取刀具直径为 5mm 的圆鼻刀，设置【进给率】为 200、【主轴转速】为 1000、【进刀速率】为 200、【提刀速率】为 500，如图 5-69 所示。

(4) 设置曲面加工参数。选择【曲面残料粗加工】对话框中的【曲面加工参数】选项卡，设置【安全高度】为 20、【参考高度】为 10、【进给下刀位置】为 0，其他参数不变，如图 5-70 所示。

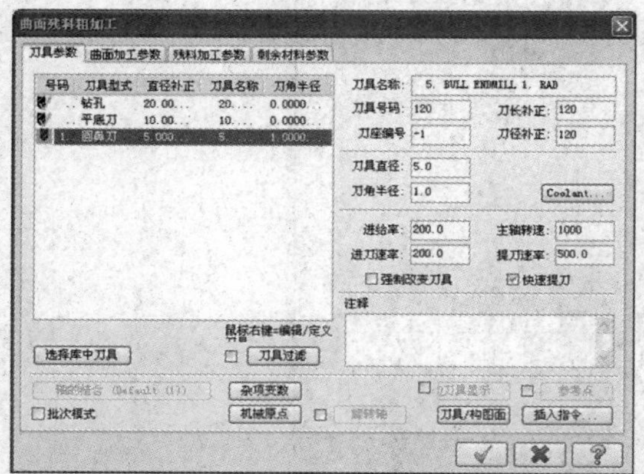

图 5-69

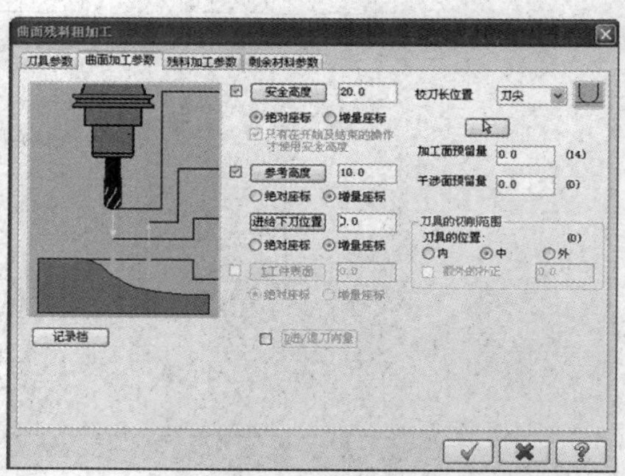

图 5-70

(5) 设置残料加工参数。选择【曲面残料粗加工】对话框中的【残料加工参数】选项卡，设置【Z 轴最大进给量】为 2.0、【整体误差】为 0.05、【切削间距】为 2.0，其他参数设置不变，如图 5-71 所示。

(6) 设置剩余材料参数。选择【曲面残料粗加工】对话框中的【剩余材料参数】选项卡，设置【剩余材料的计算是来自】为【另一个操作】，右侧选中【曲面粗加工钻削式】操作，如图 5-72 所示。单击对话框中的按钮，完成粗加工路径的设置。

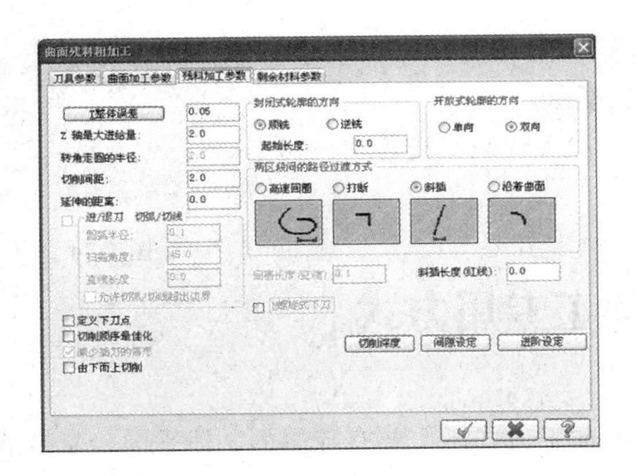

图 5-71

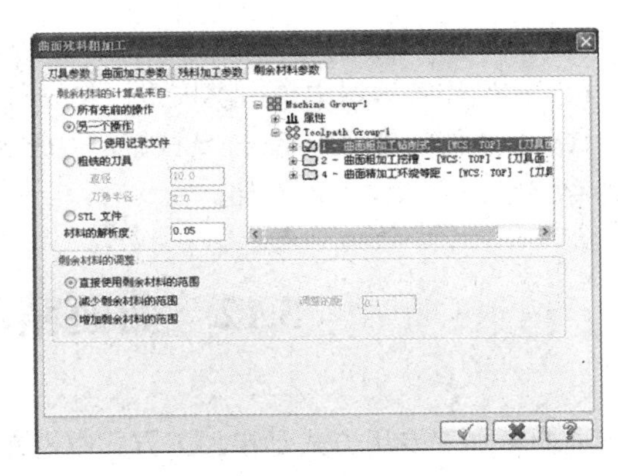

图 5-72

4. 创建环绕等距精加工刀路

(1) 选取加工类型。选择【刀具路径】|【曲面精加工】|【精加工环绕等距加工】命令，进入环绕等距精加工模式。

(2) 选取加工曲面。按提示选取梯形曲面，单击 ✓ 按钮。

(3) 设置曲面精加工参数。选择【曲面精加工环绕等距】对话框中的【曲面加工参数】选项卡，设置【安全高度】为 20、【参考高度】为 10、【进给下刀位置】为 0、【加工面预留量】为 0，其他参数不变。

(4) 设置环绕等距精加工参数。选择【曲面精加工环绕等距】对话框中的【环绕等距精加工参数】选项卡，设置【整体误差】为 0.005、【最大切削间距】为 0.2，其他参数设置不变，如图 5-73 所示。单击【曲面精加工环绕等距】对话框中的 ✓ 按钮，完成精加工路径的设置。

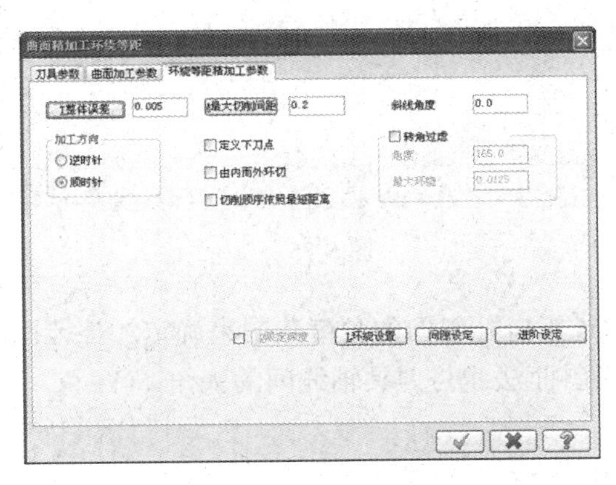

图 5-73

5. 刀具路径模拟、验证及后处理

刀具路径设置完成后，通过刀具路径模拟来判断刀具路径的设置是否正确。

(1) 在操作管理器中单击按钮，完成实体切削验证。如图 5-74 所示为粗/精加工实体

验证图。

(2) 在操作管理器中单击按钮，完成路径模拟。

(3) 在操作管理器中单击G1按钮，生成 NC 加工代码，设置文件名和保存路径，完成文件的存储。

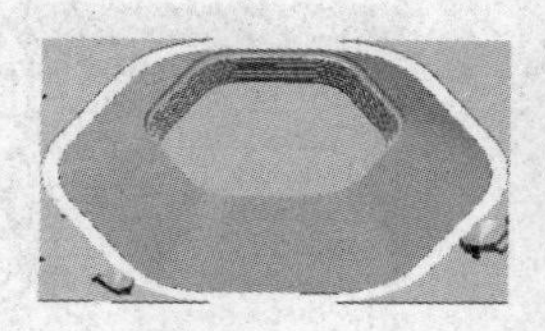

图 5-74

5.12 曲面精加工专用方式

曲面精加工专用方式是粗加工方式中没有的加工方式，主要有陡斜面、浅平面、交线清角、交线清角和混合精加工等。

5.12.1 陡斜面精加工

该方法适合于坡度较大的曲面的精加工，可以去除曲面粗加工时残留的材料。

选择【刀具路径】|【曲面精加工】|【精加工平行陡斜面】命令，打开【曲面精加工平行式陡斜面】对话框，选择【陡斜面精加工参数】选项卡，如图 5-75 所示。

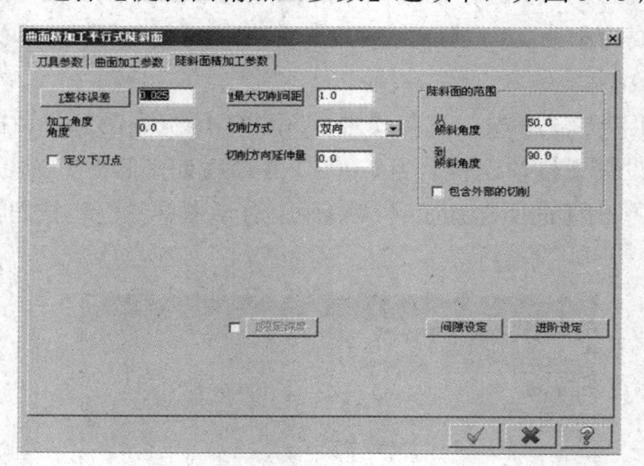

图 5-75

- 陡斜面的范围：通过指定陡斜面的角度范围来确定加工范围。
- 从/到倾斜角度：指斜面法线与刀具轴线间的夹角。

5.12.2 浅平面精加工

浅平面主要用于在符合条件的面上去除一层薄片材料，一般用于等高外形加工的后续加工。选择【刀具路径】|【曲面精加工】|【精加工浅平面加工】命令，系统弹出【曲面精加工浅平面】对话框，选择【浅平面精加工参数】选项卡，特有参数设置如图 5-76 所示。

- 倾斜角度：由“从倾斜角度”和“到倾斜角度”确定浅平面的范围，即生成刀具路径的曲面范围。
- 切削方式：系统提供“双向”、“单向”和“3D 环绕”三种设置方式。其中“3D 环绕”方式首先环绕浅平面的边界切削，然后逐层向内部进刀，直到定义的区域加工结束。
- L环绕设置：单击此按钮，系统弹出如图 5-77 所示的对话框，可以进行 3D 环绕加工相关参数的设置。

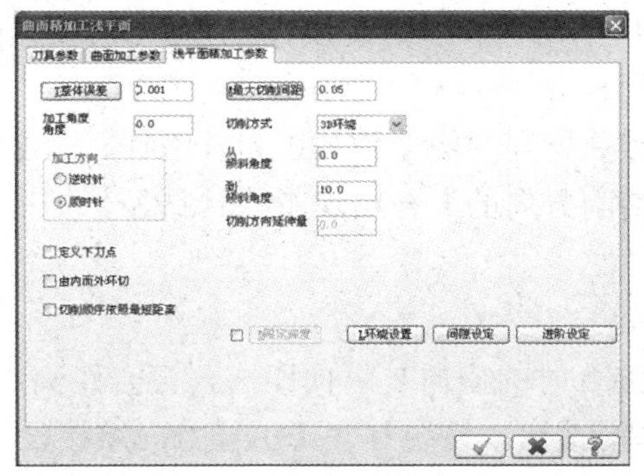

图 5-76

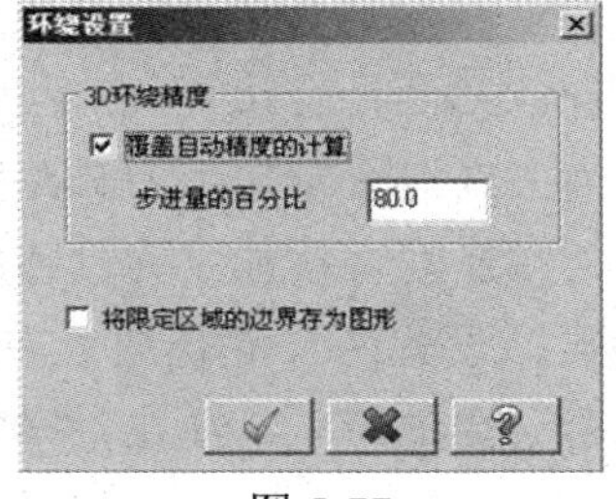

图 5-77

5.12.3　交线清角精加工

交线清角精加工方式可以在曲面交角处产生精切削刀具路径，选择【刀具路径】|【曲面精加工】|【精加工交线清角加工】命令，打开【曲面精加工交线清角】对话框，选择【交线清角精加工参数】选项卡，特有参数设置如图 5-78 所示。

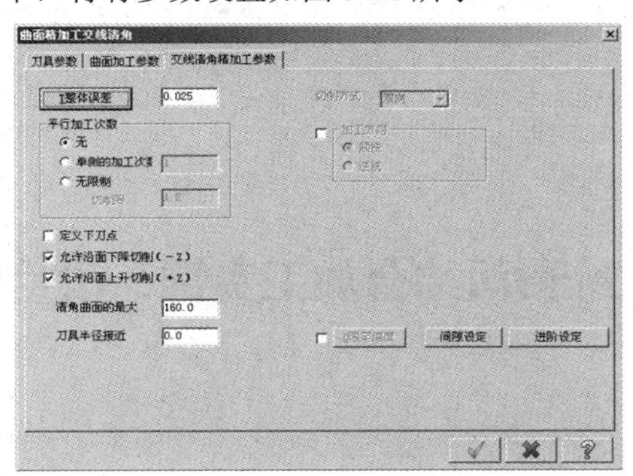

图 5-78

- 平行加工次数：刀具沿清角路径偏置的路径运动，可以由用户设置次数，设置为【无】时，将由系统自动计算次数。
- 清角曲面的最大：设置需要进行加工的清角范围，即两个相交曲面的夹角范围，一般在为 160° 左右可获得较好的加工结果。

- 刀具半径接近：在原有的刀具路径上增加厚度，以保证不产生过切。

5.12.4 混合精加工

曲面混合精加工可以在两个混合边界区域间产生精切削刀具路径。选择【刀具路径】|【曲面精加工】|【精加工熔接加工】命令，系统弹出【曲面熔接精加工】对话框，选择【熔接精加工参数】选项卡，特有参数如图 5-79 所示。

- 切削方式：系统提供“双向”、“单向”和“螺旋线”三种方式。选择“螺旋线”时，要求两条曲线至少有一条为闭合曲线。
- 截断方向：在两混合边界间产生截断方向的混合精加工刀具路径。
- 引导方向：在两混合边界间产生切削方向的混合精加工刀具路径。
- 2D：产生 2D 混合精加工刀具路径。
- 3D：产生 3D 混合精加工刀具路径。
- 熔接设置：设置两个混合边界在混合时的横向与纵向距离，混合距离越小越能反映两个混合边界的形状，单击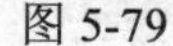按钮，系统打开【引导方向熔接设置】对话框，如图 5-80 所示。

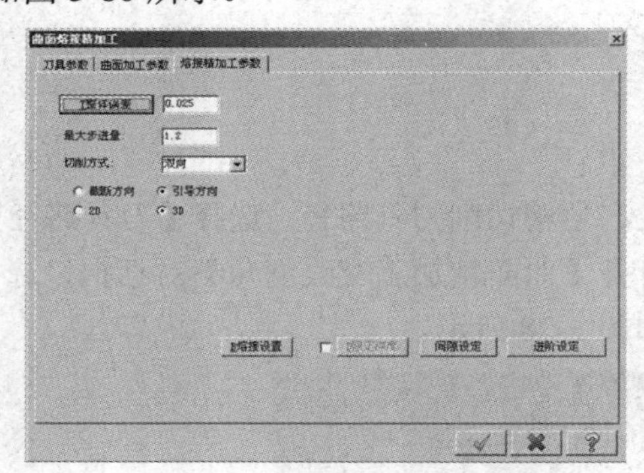

图 5-79

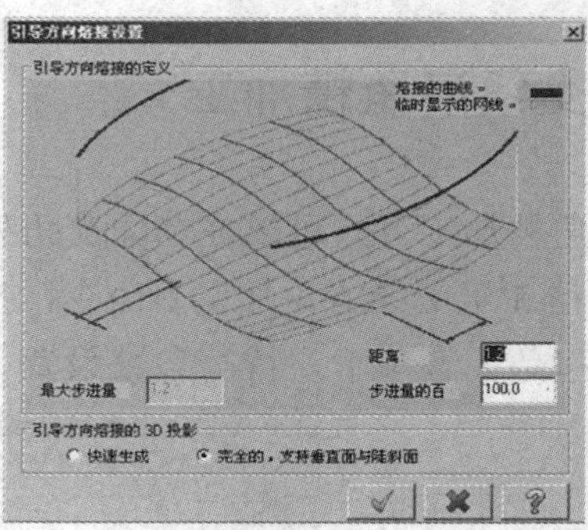

图 5-80

5.13 三维曲面综合加工实例：法兰板加工

5.13.1 工件简介

如图 5-81 所示为某法兰板零件。已知该零件的尺寸为：最大直径为 100、整体高为 10、中间孔直径为 40、边缘沟槽宽度为 14。在绘图区内，上表面 Z 值为 0。

图 5-81

5.13.2　加工工艺及参数

由于本零件内部有一个直径较大的通孔，如果一次加工到位需要使用较小的刀具直径，这将大大影响零件的加工速度。因此，本例零件加工分六步：先采用 ø20 的大直径刀具进行整体粗加工，快速去除大量的多余材料，粗加工出外形轮廓；在第一步产生的半成品的零件基础上，精加工法兰板外形轮廓及通孔；粗铣加工上表面，由于平行铣削刀具的可选范围很大，故使用与第一步中相同的刀具；精铣加工上表面；进行投影粗加工；进行投影精加工。具体工步参数如表 5-1 所示。

表 5-1　工步参数

序号	加工对象	加工工艺	刀具/mm	主轴转速 /(r/min)	进给速度 /(mm/min)	精度 /mm	余量 /mm
1	整体粗加工	曲面粗加工—等高外形	ø10 平底刀	1000	800	0.2	0.5
2	整体精加工	曲面精加工—等高外形	ø5 平底刀	1000	800	0.01	0
3	上表面粗加工	曲面粗加工—平行铣削	ø10 平底刀	1000	800	0.2	0.5
4	上表面精加工	曲面精加工—平行铣削	ø5 平底刀	1000	800	0.01	0
5	投影粗加工	曲面粗加工—投影	ø0.3 球刀	1000	500	0.2	－0.5
6	投影精加工	曲面精加工—投影	ø0.5 球刀	1000	500	0.01	－0.6

具体加工过程可分为以下步骤。

(1) 完成铣削加工的初始设置。

(2) 以曲面粗加工—等高外形的方式完成整体粗加工。

(3) 以曲面精加工—等高外形的方式完成整体精加工。

(4) 以曲面粗加工—平行铣削的方式完成上表面粗加工。

(5) 以曲面精加工—平行铣削的方式完成上表面精加工。

(6) 以曲面粗加工—投影铣削的方式完成上表面文字投影粗加工。

(7) 以曲面精加工—投影铣削的方式完成上表面文字投影精加工。

(8) 检验仿真以及后处理。

如图 5-82 所示为每步加工工序后的模拟结果。

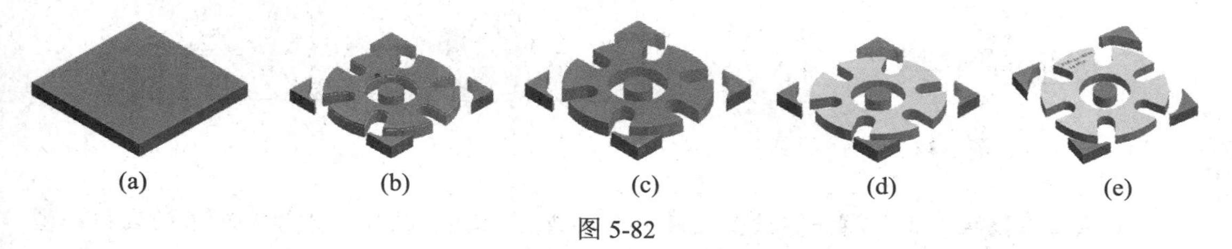

(a)　(b)　(c)　(d)　(e)

图 5-82

5.13.3 法兰板加工前处理

【操作实例 5-8】法兰板加工

	源文件：源文件\第 5 章\法兰板加工.MCX
	操作结果文件：操作结果\第 5 章\法兰板加工.MCX

(1) 打开文件。单击【打开文件】按钮，打开“源文件\第 5 章\法兰板加工.MCX”文件，如图 5-83 所示。

(2) 选择机床类型。如图 5-84 所示，选择【机床类型】|【铣床】|【默认】命令，进入铣削加工模块。

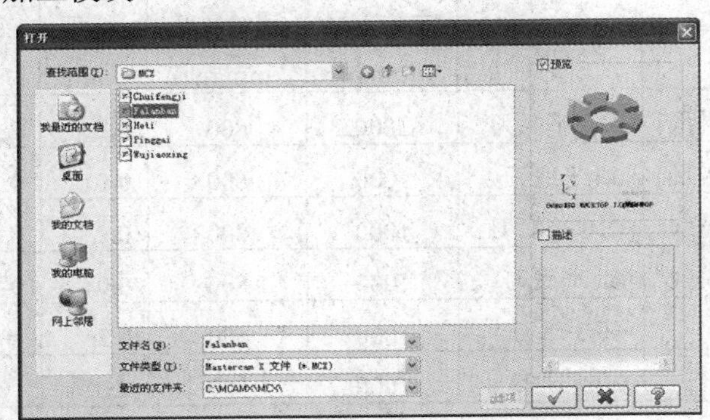

图 5-83

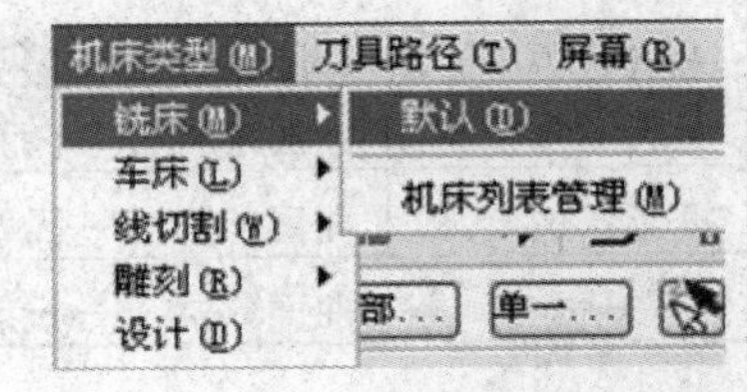

图 5-84

(3) 设置毛坯大小。如图 5-85 所示，在操作管理器中，单击【素材设置】按钮。

系统弹出【机器群组属性】对话框，设置毛坯大小为 105×105×11，中心点坐标为(0,0,2)，如图 5-86 所示，单击按钮确定。

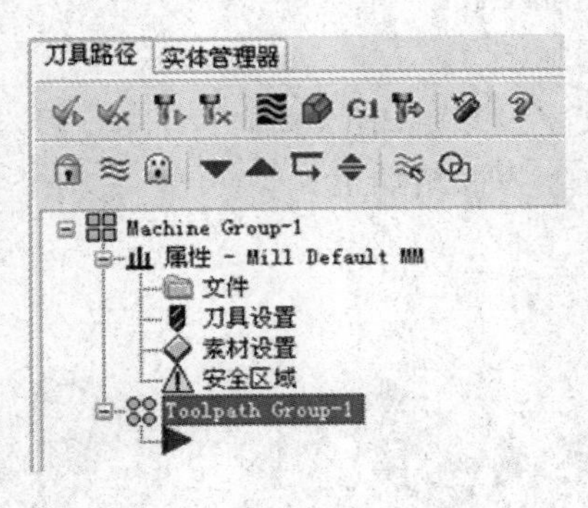

图 5-85

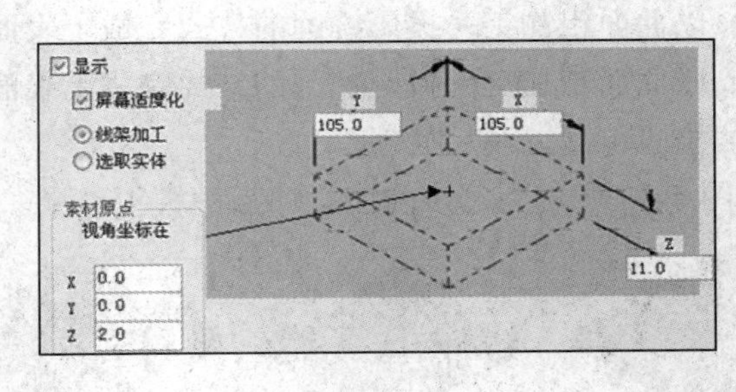

图 5-86

在三维数控加工过程中，设置毛坯时，单击 边界盒(B) 按钮，选择要加工的实体模型后，系统按照最大边界自动生成毛坯，用户可以根据需要，在此基础上修改毛坯数值。

如图 5-87 所示为绘图区内的零件和毛坯。

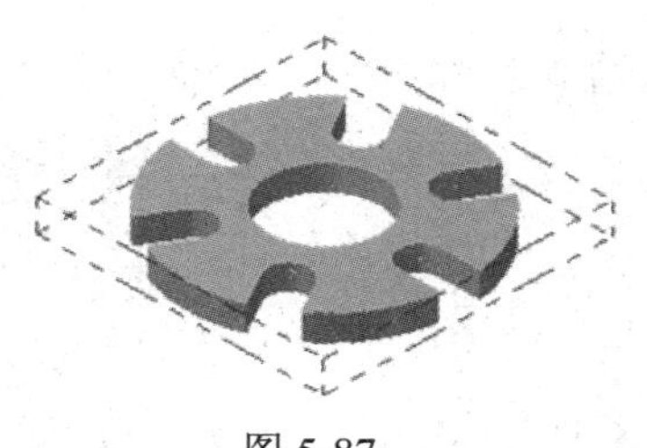

图 5-87

> 设置毛坯时，可以在【机器群组属性】对话框中选择【显示】复选框，选择【线架加工】或【选取实体】来设置毛坯的显示方式。取消选择【显示】复选框，则绘图区内不显示毛坯。

5.13.4　以曲面粗加工—等高外形加工方式完成整体粗加工

1. 选择加工方式

如图 5-88 所示，选择【刀具路径】|【曲面粗加工】|【等高外形加工】命令，进入等高外形粗加工工作环境。

2. 输入新 NC 名称

系统弹出【输入新 NC 名称】对话框，在文本框中输入“法兰板加工”，如图 5-89 所示，单击![]按钮确定。

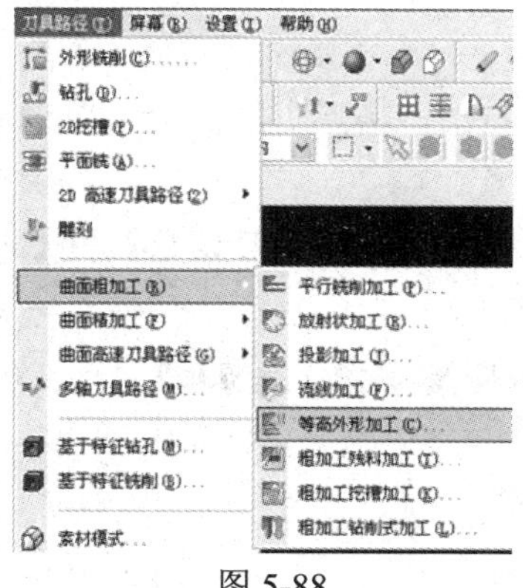

图 5-88

图 5-89

3. 选择加工对象

系统弹出【选择加工曲面】的提示，在绘图区内选择全部的曲面，如图 5-90 所示，单击![]按钮确定。

> 曲面加工的对象为曲面。如果导入的模型为实体，可以通过选择【绘图】|【绘制曲面】|【由实体产生曲面】命令，由实体生成曲面，再将实体删除，即得到可以加工的曲面对象。

系统弹出【刀具路径的曲面选取】对话框，如图 5-91 所示，单击 按钮确定。

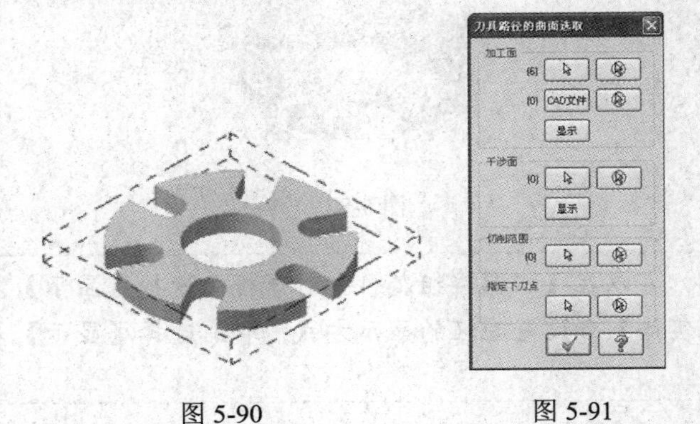

图 5-90　　　　图 5-91

【刀具路径的曲面选取】对话框的功能介绍。

- 加工面：单击 按钮，可在绘图区内选择要加工的对象。
- 干涉面：单击 按钮，可在绘图区内选择图素，刀具遇到所选图素会自动停止以避免撞刀或过切。
- 切削范围：单击 按钮，系统弹出【转换参数】对话框，可以选择 2D 或 3D 图形来限制刀路产生的区域。
- 指定下刀点：单击 按钮，选择绘图区内已有的一点，作为刀具下刀的位置。

此外，在该对话框中，单击 按钮，可取消所有选择；单击 显示 按钮，则在绘图区内仅显示已经选择的曲面。

4. 定义刀具

系统弹出【曲面粗加工等高外形】对话框，右击，从弹出的快捷菜单中选择【创建新刀具】命令，如图 5-92 所示。

系统弹出【定义刀具】对话框，创建一把平底刀，设置【刀具号】和【刀座编号】为 1，设置【刀柄直径】为 10，如图 5-93 所示。

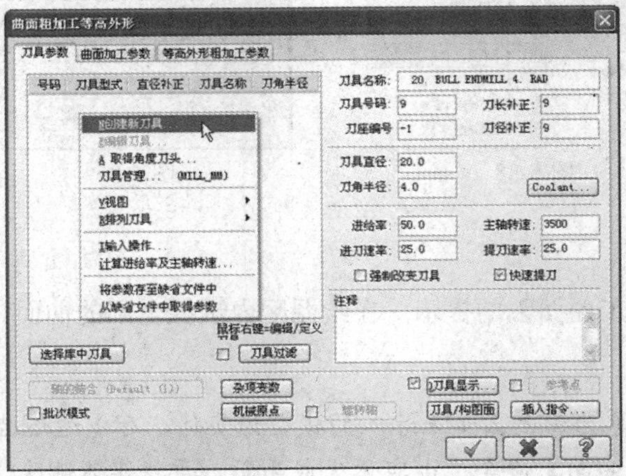

图 5-92

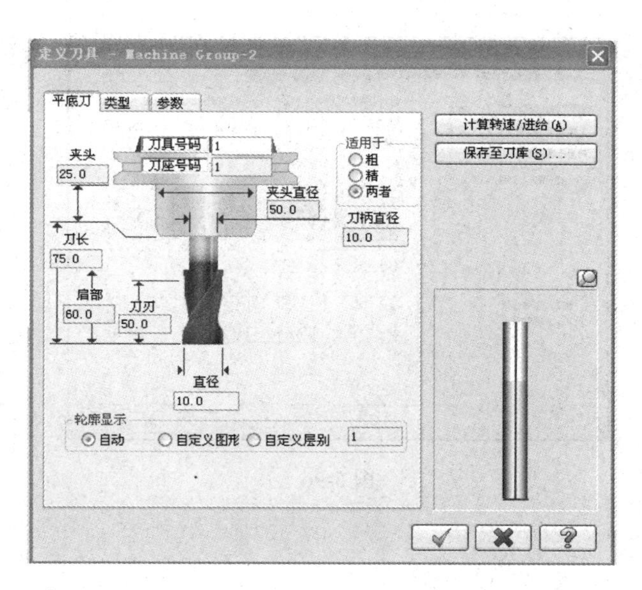

图 5-93

选择【参数】选项卡，设置【主轴转速】为 1000、【进给率】为 800、【下(提)刀速率】为 500，如图 5-94 所示，单击 ✓ 按钮确定。

5. 设置加工参数

系统返回【曲面粗加工等高外形】对话框，选择【曲面加工参数】选项卡，设置【安全高度】为 30、【加工面预留量】(即加工余量)为 0.5，如图 5-95 所示。

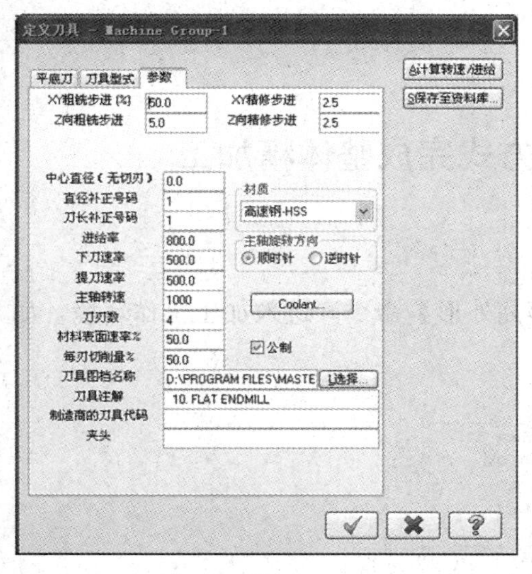

图 5-94

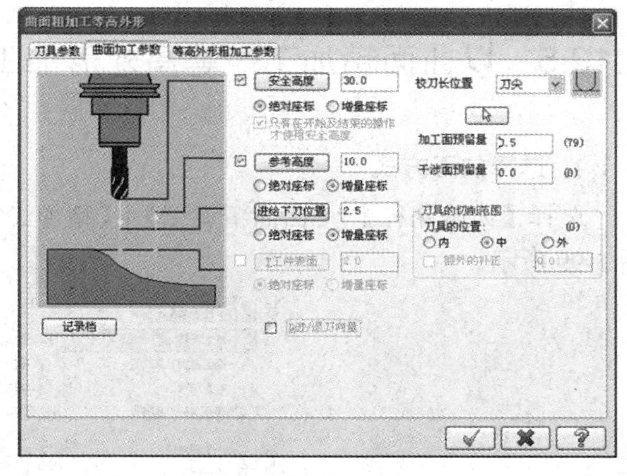

图 5-95

选择【等高外形粗加工参数】选项卡，设置【整体误差】为 0.2、【Z 轴最大进给量】为 4.0，选中【切削顺序最佳化】复选框，如图 5-96 所示，单击 ✓ 按钮确定。

图 5-96

6. 生成刀路

如图 5-97 所示为系统自动生成的该工步的刀具路径。

如图 5-98 所示为完成该工步后的实体模拟结果。

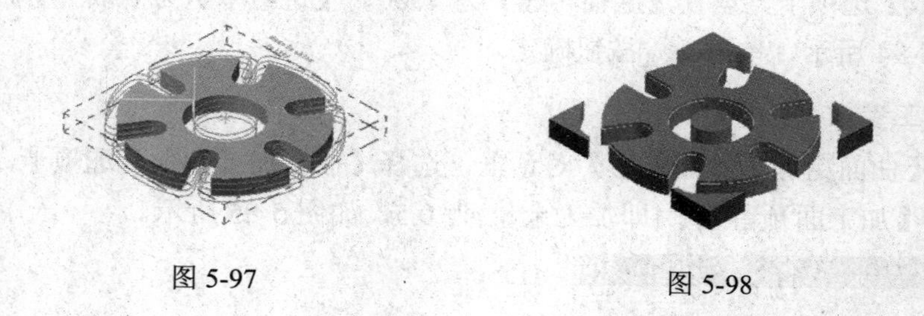

图 5-97　　　　图 5-98

5.13.5　以曲面精加工—等高外形加工方式完成整体精加工

1. 选择加工方式

选择【刀具路径】|【曲面精加工】|【精加工等高外形】命令，进入加工工作环境，如图 5-99 所示。

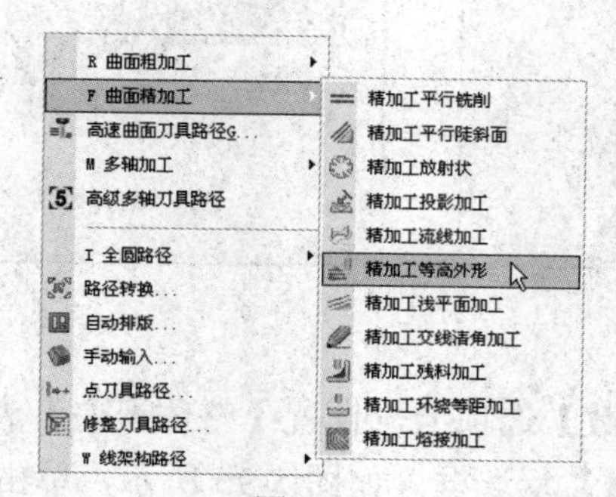

图 5-99

2. 选择加工对象

系统弹出【选择加工曲面】的提示，在绘图区内选择全部的曲面，如图 5-100 所示，单击按钮确定。

系统弹出【刀具路径的曲面选取】对话框，如图 5-101 所示，单击按钮确定。

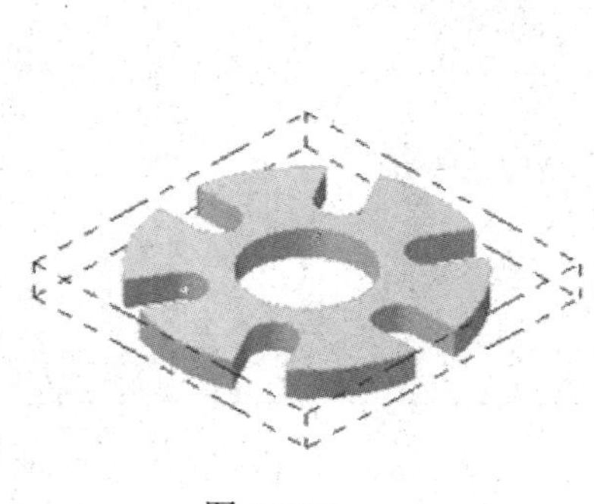

图 5-100

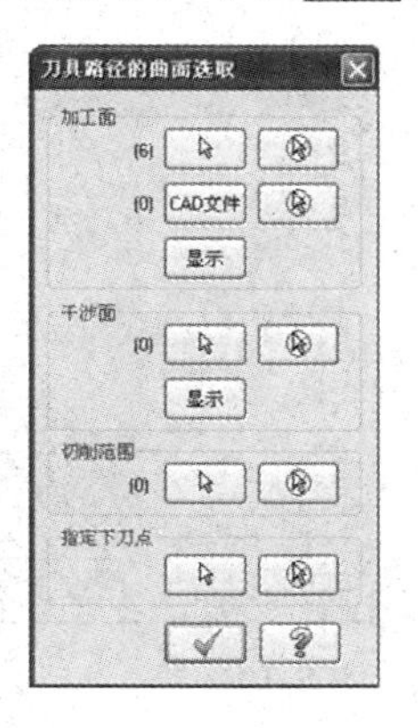

图 5-101

3. 定义刀具

系统弹出【曲面精加工等高外形】对话框，右击，从弹出的快捷菜单中选择【创建新刀具】命令，如图 5-102 所示。

系统弹出【定义刀具】对话框，创建一把平底刀，设置【刀具号】和【刀座编号】为 2，设置【刀柄直径】为 5，如图 5-103 所示。

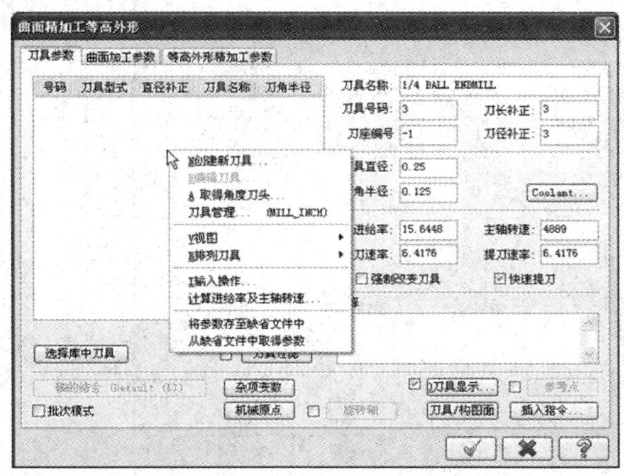

图 5-102

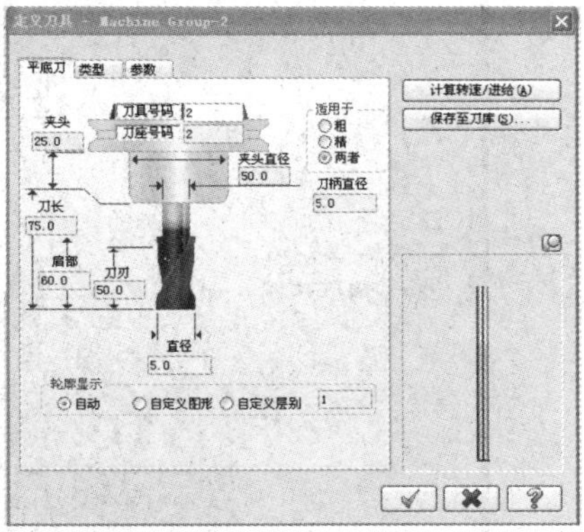

图 5-103

选择【参数】选项卡，设置【主轴转速】为 1000、【进给率】为 800、【下(提)刀速率】为 500，如图 5-104 所示，单击按钮确定。

4. 设置加工参数

系统返回【曲面精加工等高外形】对话框，选择【曲面加工参数】选项卡，设置【安全高度】为 30、【加工面预留量】(即加工余量)为 0，如图 5-105 所示。

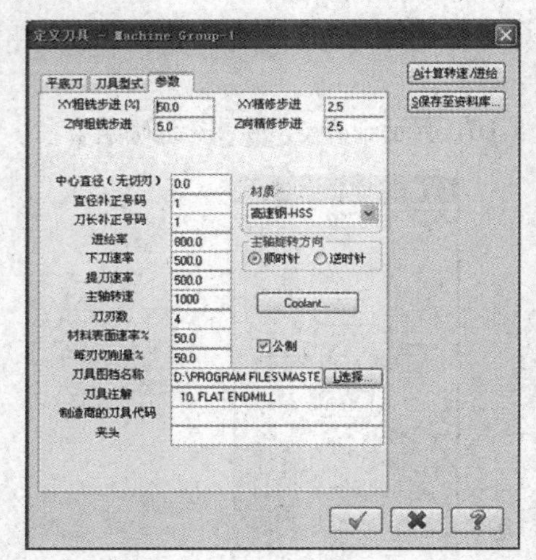

图 5-104

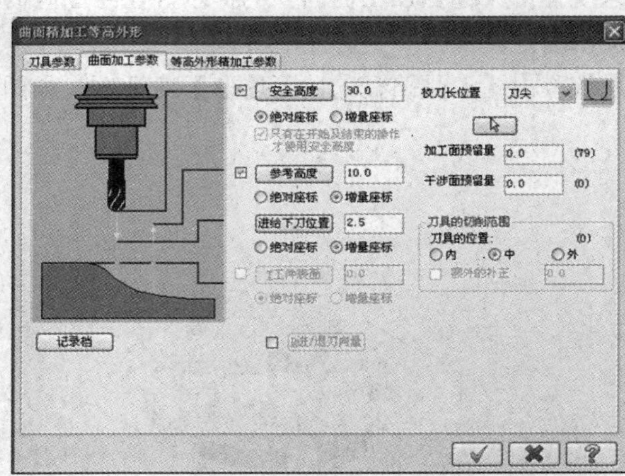

图 5-105

选择【等高外形精加工参数】选项卡，设置【整体误差】为 0.01、【Z 轴最大进给量】为 1.0，选中【切削顺序最佳化】复选框，如图 5-106 所示，单击 ✓ 按钮确定。

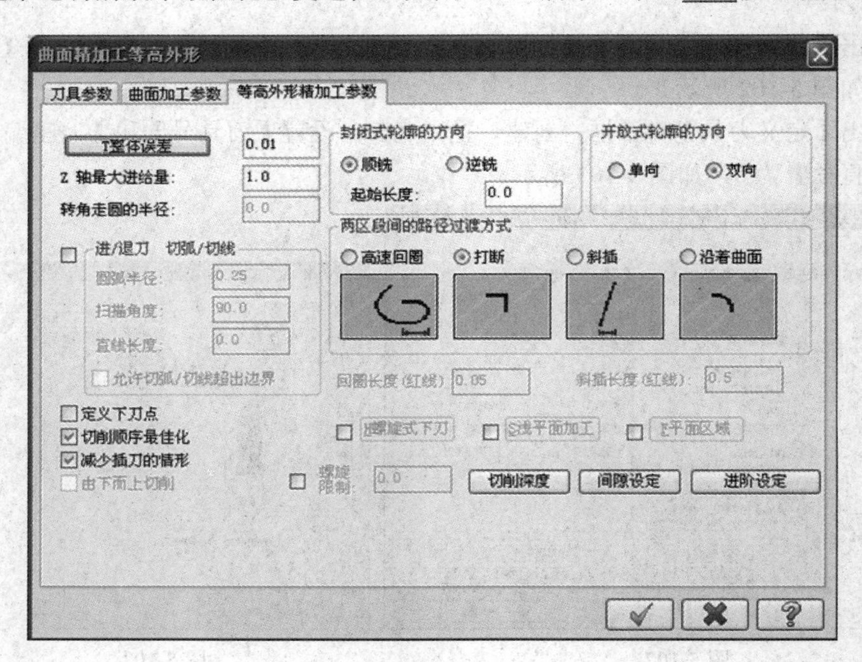

图 5-106

5. 生成刀路

如图 5-107 所示为系统自动生成的该工步的刀具路径。

如图 5-108 所示为完成该工步后的实体模拟结果。

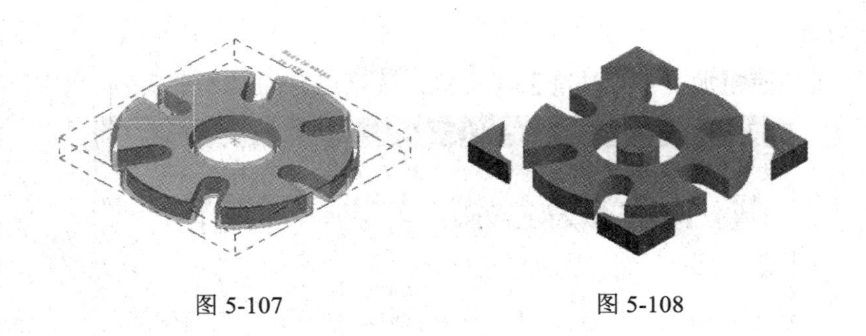

图 5-107　　　　　　　　图 5-108

5.13.6　以曲面粗加工—平行铣削加工方式完成上表面粗加工

1. 选择加工方式

选择【刀具路径】|【曲面粗加工】|【粗加工平行铣削加工】命令，进入加工工作环境，如图 5-109 所示。

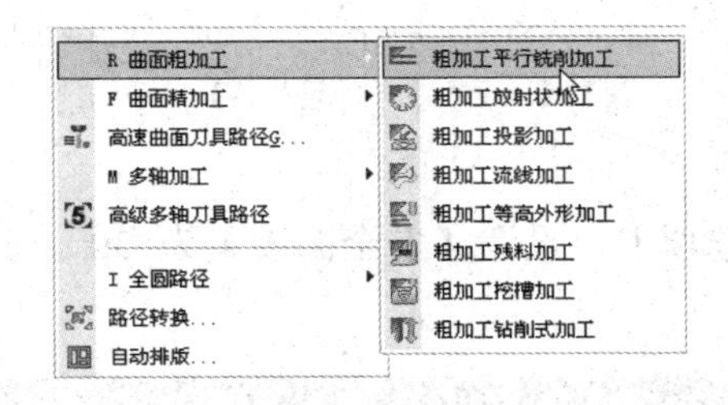

图 5-109

2. 选择加工对象

系统弹出【选择加工曲面】的提示，在绘图区内选择上表面，如图 5-110 所示，单击按钮确定。

系统弹出【刀具路径的曲面选取】对话框，如图 5-111 所示，单击按钮确定。

图 5-110

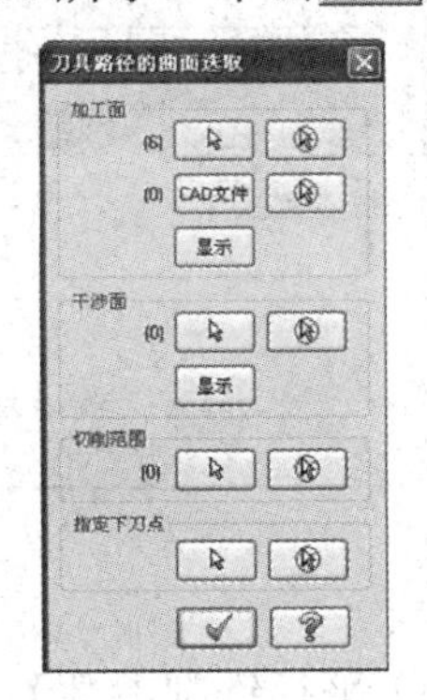

图 5-111

3. 定义刀具

系统弹出【曲面粗加工平行铣削】对话框，选择已有的 ø10 平底刀，如图 5-112 所示。

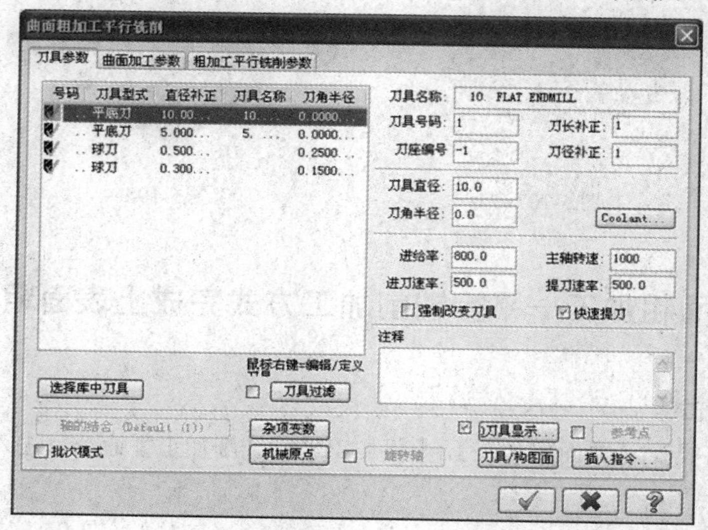

图 5-112

4. 设置加工参数

选择【曲面加工参数】选项卡，设置【安全高度】为 30、【加工面预留量】(即加工余量)为 0.5，如图 5-113 所示。

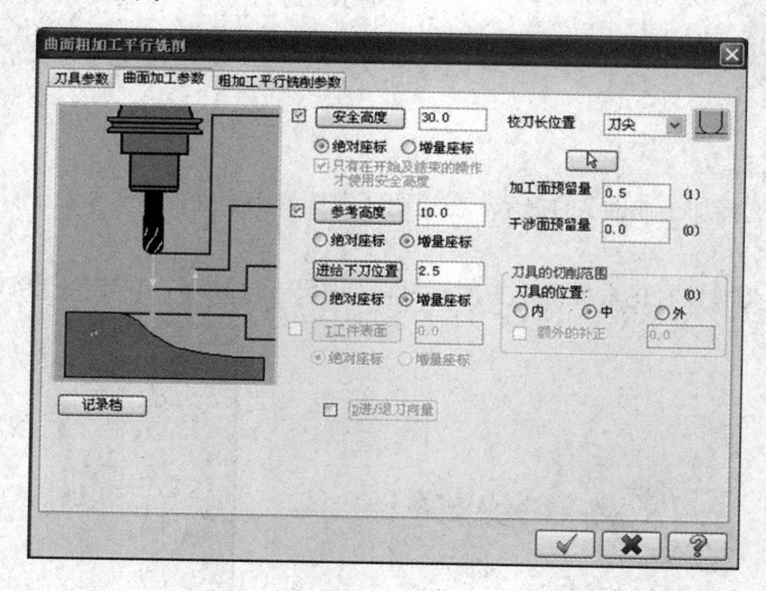

图 5-113

选择【粗加工平行铣削参数】选项卡，设置【整体误差】为 0.2、【最大切削间距】为 2.0，如图 5-114 所示，单击 ✓ 按钮确定。

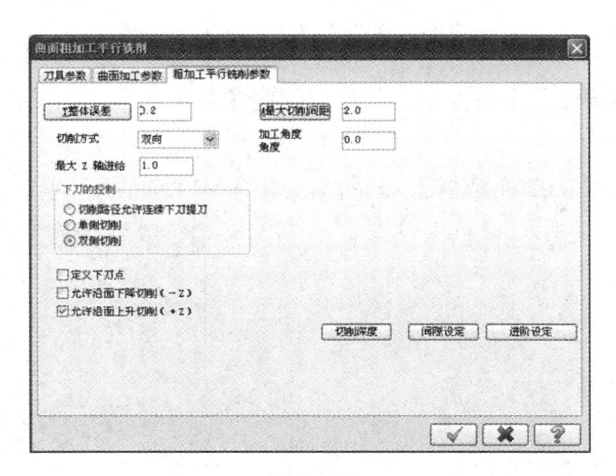

图 5-114

5. 生成刀路

如图 5-115 所示为系统自动计算生成的该工步的刀具路径。

如图 5-116 所示为完成该工步后的实体加工模拟结果。

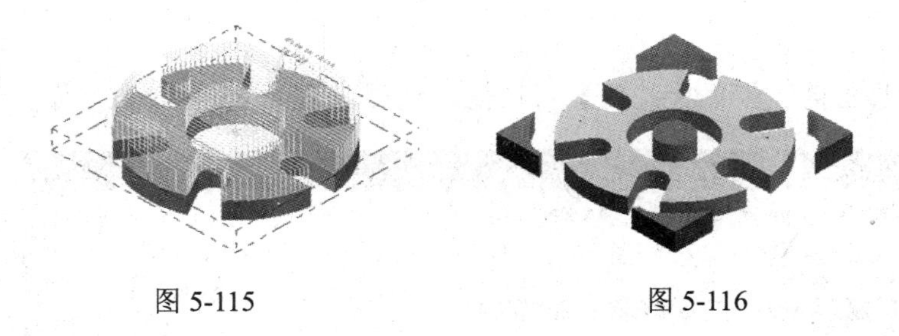

图 5-115　　　　图 5-116

5.13.7　以曲面精加工—平行铣削加工方式完成上表面精加工

1. 选择加工方式

选择【刀具路径】|【曲面精加工】|【精加工平行铣削】命令，进入加工工作环境，如图 5-117 所示。

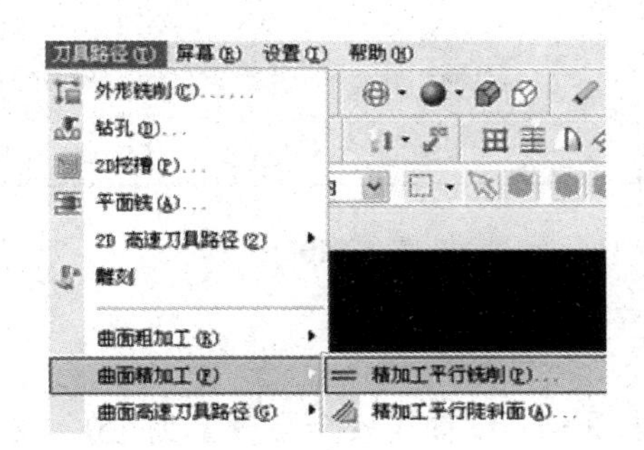

图 5-117

2. 选择加工对象

系统弹出【选择加工曲面】的提示，在绘图区内选择上表面，如图 5-118 所示，单击按钮确定。

系统弹出【刀具路径的曲面选取】对话框，如图 5-119 所示，单击按钮确定。

图 5-118

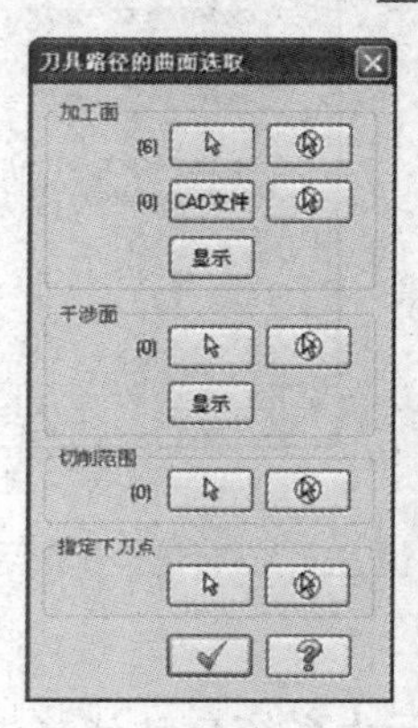

图 5-119

3. 定义刀具

系统弹出【曲面精加工平行铣削】对话框，选择已有的 ø5 平底刀，如图 5-120 所示。

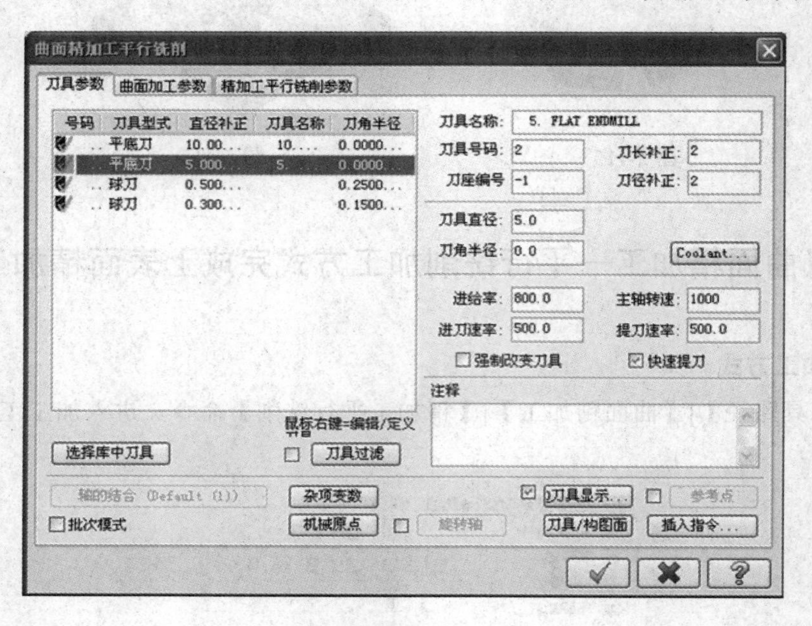

图 5-120

4. 设置加工参数

选择【曲面加工参数】选项卡，设置【安全高度】为 30、【加工面预留量】(即加工余量)为 0，如图 5-121 所示。

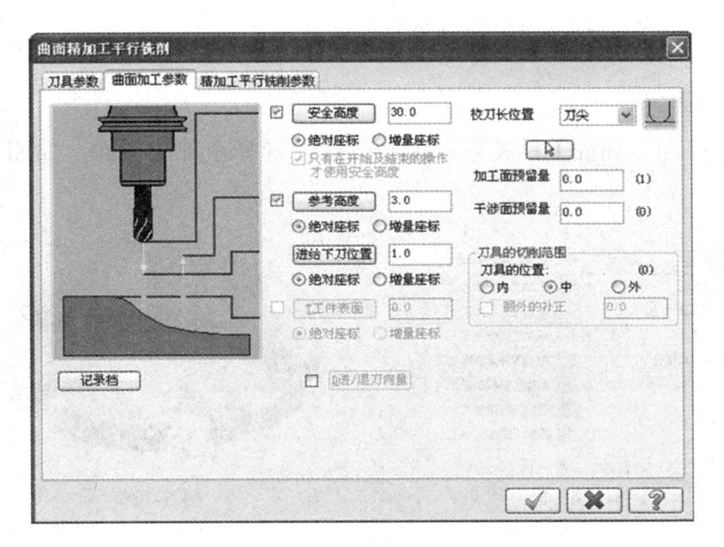

图 5-121

选择【精加工平行铣削参数】选项卡，设置【整体误差】为 0.01、【最大切削间距】为 0.5，如图 5-122 所示，单击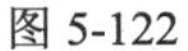按钮确定。

5. 生成刀路

如图 5-123 所示为系统自动计算生成的该工步的刀具路径。

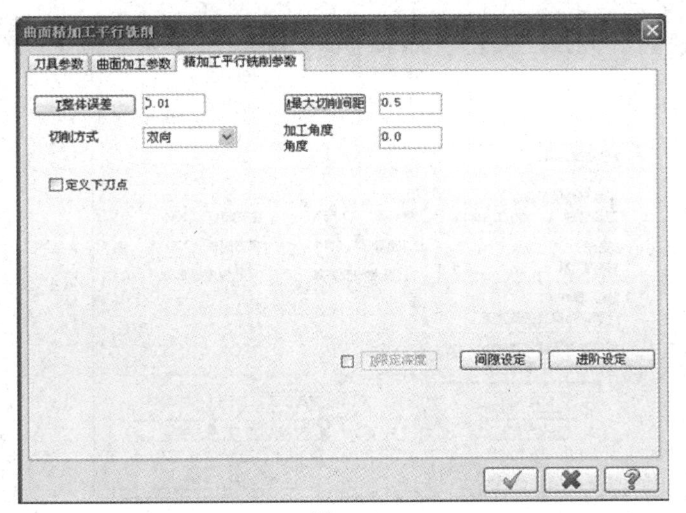

图 5-122

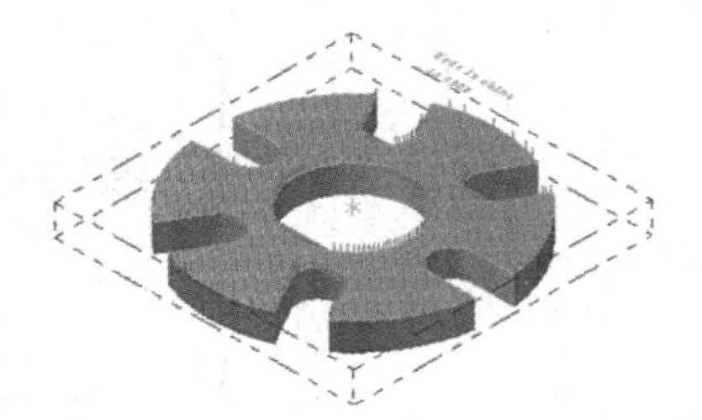

图 5-123

5.13.8　以曲面粗加工—投影加工方式完成上表面文字粗加工

1. 选择加工方式

选择【刀具路径】|【曲面粗加工】|【粗加工投影加工】命令，进入加工工作环境，如

图 5-124 所示。

2. 选择加工对象

系统弹出【选择加工曲面】的提示，在绘图区内选择全部的曲面，如图 5-125 所示，单击按钮确定。

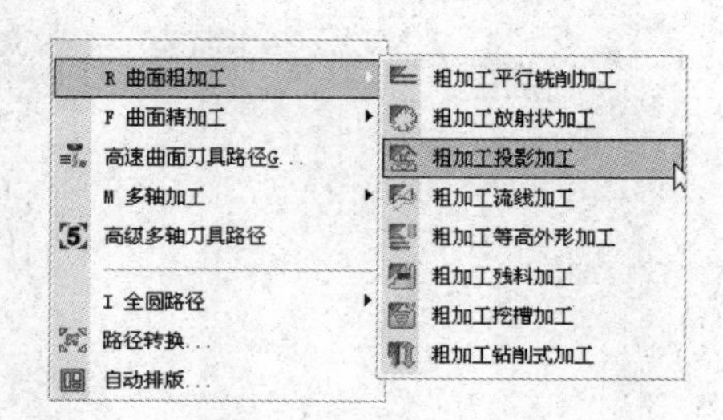

图 5-124

图 5-125

系统弹出【刀具路径的曲面选取】对话框，如图 5-126 所示，单击按钮确定。

3. 定义刀具

系统弹出【曲面粗加工投影】对话框，右击，从弹出的快捷菜单中选择【创建新刀具】命令，如图 5-127 所示。

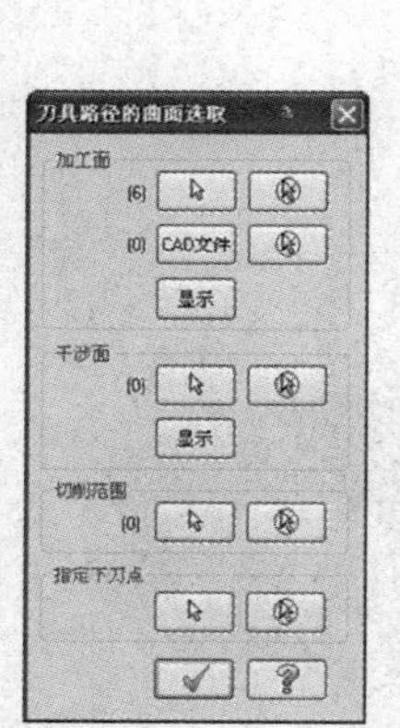
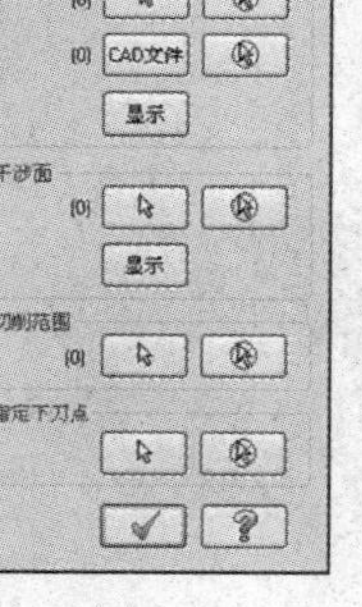

图 5-126

图 5-127

系统弹出【定义刀具】对话框，创建一把球刀，设置【刀具号】和【刀座编号】为 3、【刀柄半径】为 0.3，如图 5-128 所示。

选择【参数】选项卡，设置【主轴转速】为 1000、【进给率】为 500、【下(提)刀速率】为 500，如图 5-129 所示，单击按钮确定。

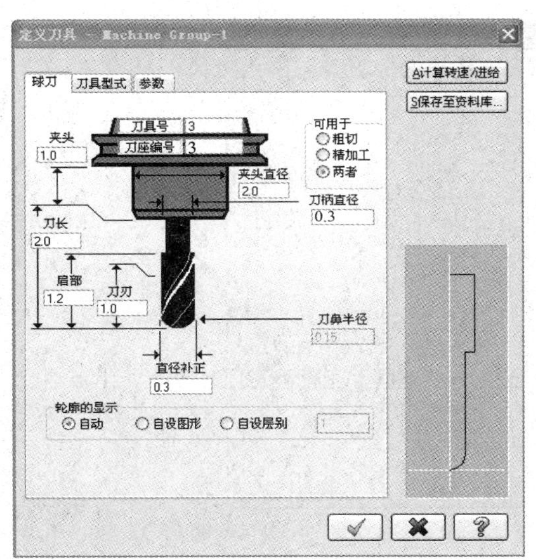

图 5-128

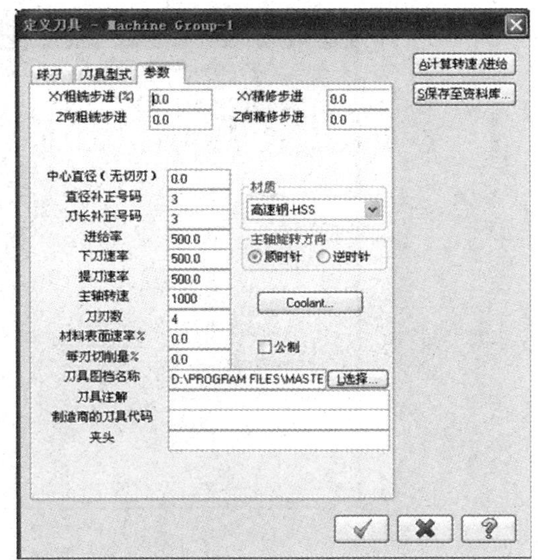

图 5-129

4. 设置加工参数

系统返回【曲面粗加工投影】对话框，选择【曲面加工参数】选项卡，设置【安全高度】为 30、【加工面预留量】(即加工余量)为 - 0.5，如图 5-130 所示。

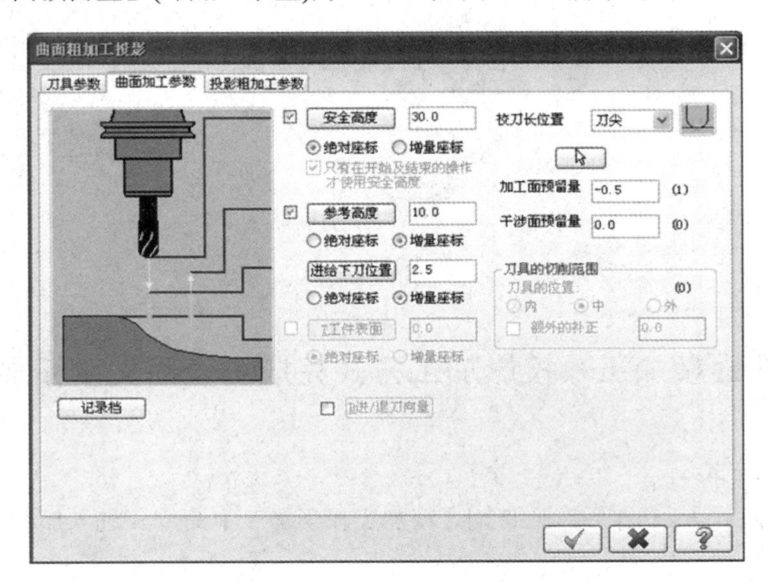

图 5-130

选择【投影粗加工参数】选项卡，设置【整体误差】为 0.2、【最大 Z 轴进给量】为 1.0，选中【切削路径允许连续下刀提刀】单选按钮，选中【两切削间提刀】复选框，如图 5-131 所示，单击 ✓ 按钮确定。

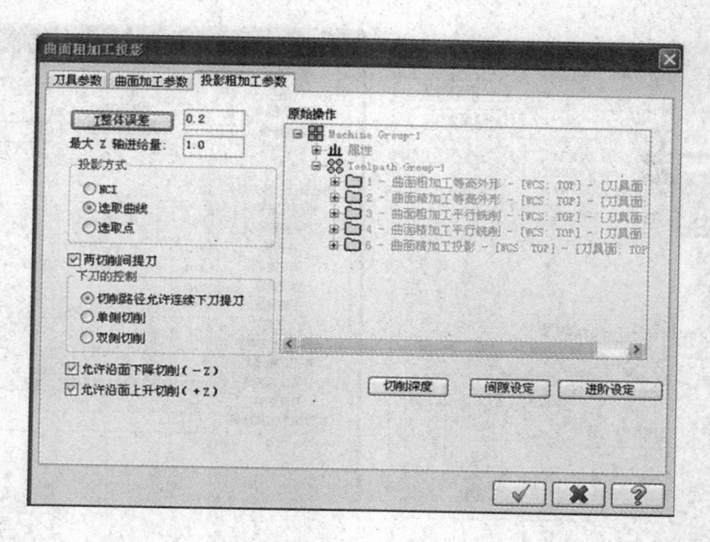

图 5-131

5. 生成刀路

如图 5-132 所示为完成该工步后的实体模拟结果。

图 5-132

5.13.9 以曲面精加工—投影加工方式完成上表面文字精加工

1. 选择加工方式

选择【刀具路径】|【曲面精加工】|【精加工投影加工】命令，进入加工工作环境，如图 5-133 所示。

2. 选择加工对象

系统弹出【选择加工曲面】的提示，在绘图区内选择全部的曲面，如图 5-134 所示，单击按钮确定。

系统弹出【刀具路径的曲面选取】对话框，如图 5-135 所示，单击按钮确定。

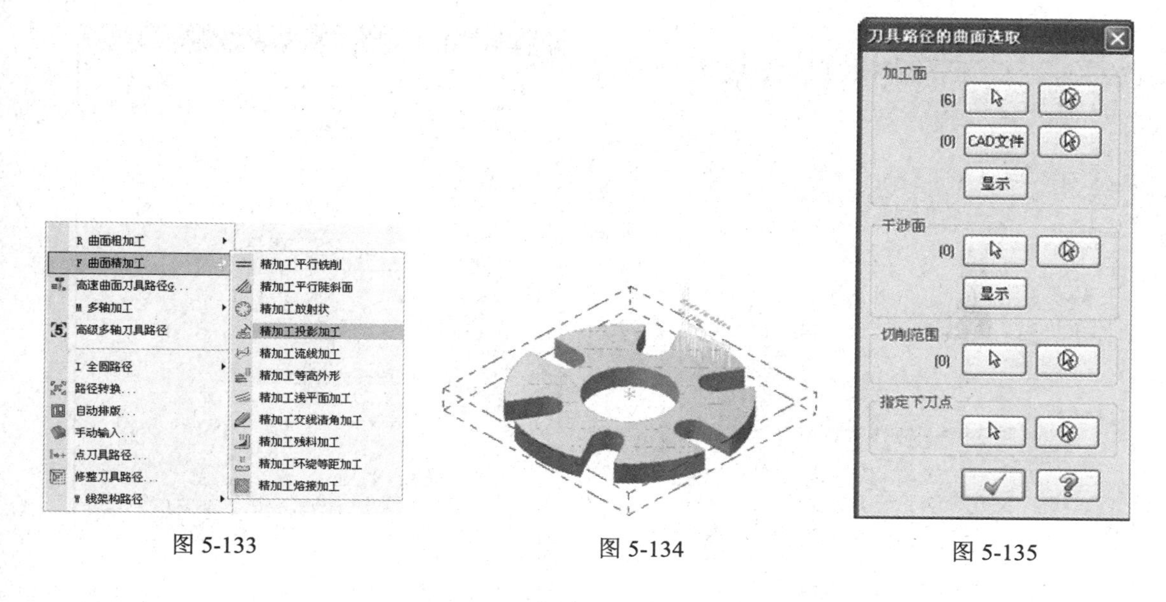

图 5-133　　　　图 5-134　　　　图 5-135

3. 定义刀具

系统弹出【曲面精加工投影】对话框，右击，从弹出的快捷菜单中选择【创建新刀具】命令，如图 5-136 所示。

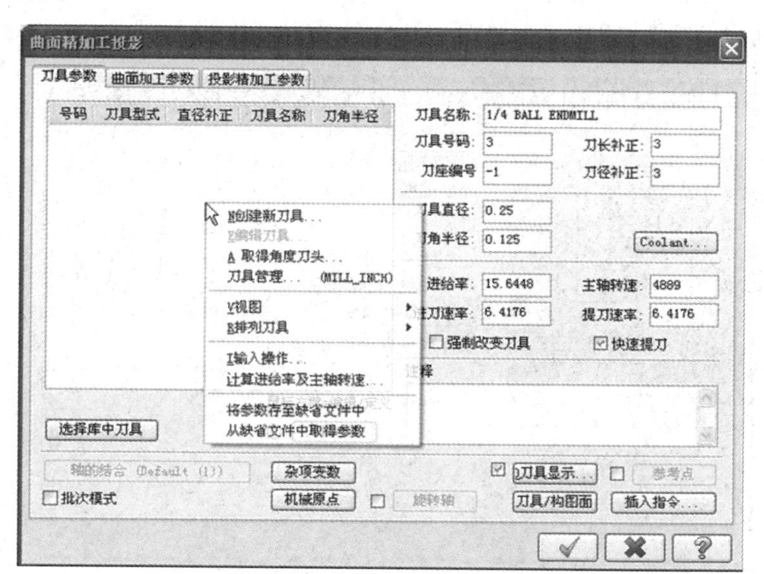

图 5-136

系统弹出【定义刀具】对话框，创建一把球刀，设置【刀具号】和【刀座编号】为 4、【刀柄直径】为 0.5，如图 5-137 所示。

选择【参数】选项卡，设置【主轴转速】为 1000、【进给率】为 500、【下(提)刀速率】为 500，如图 5-138 所示，单击 ✓ 按钮确定。

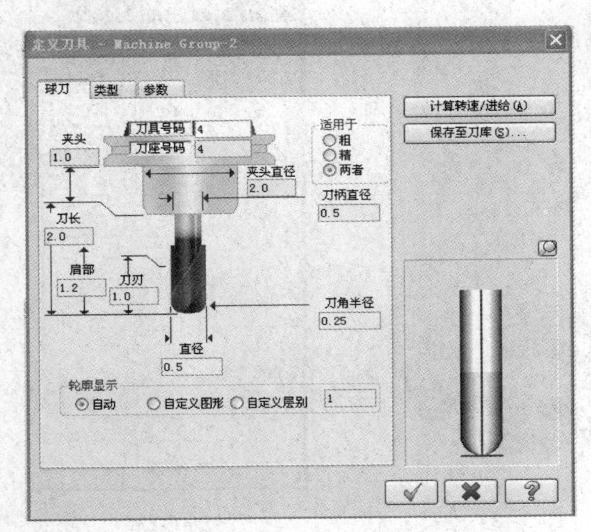

图 5-137

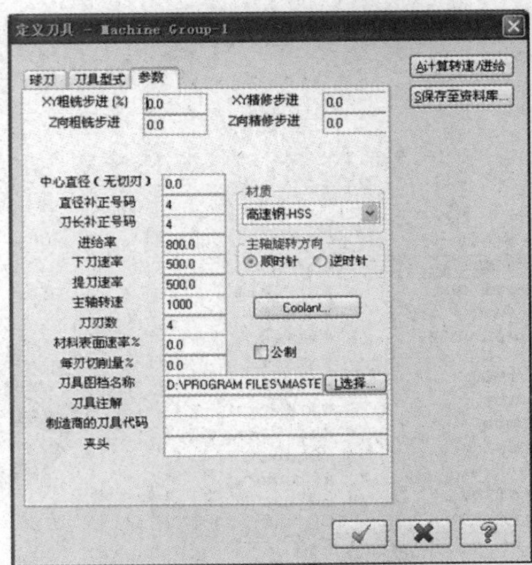

图 5-138

4. 设置加工参数

系统返回【曲面精加工投影】对话框，选择【曲面加工参数】选项卡，设置【安全高度】为 30、【加工面预留量】(即加工余量)为 - 0.6，如图 5-139 所示。

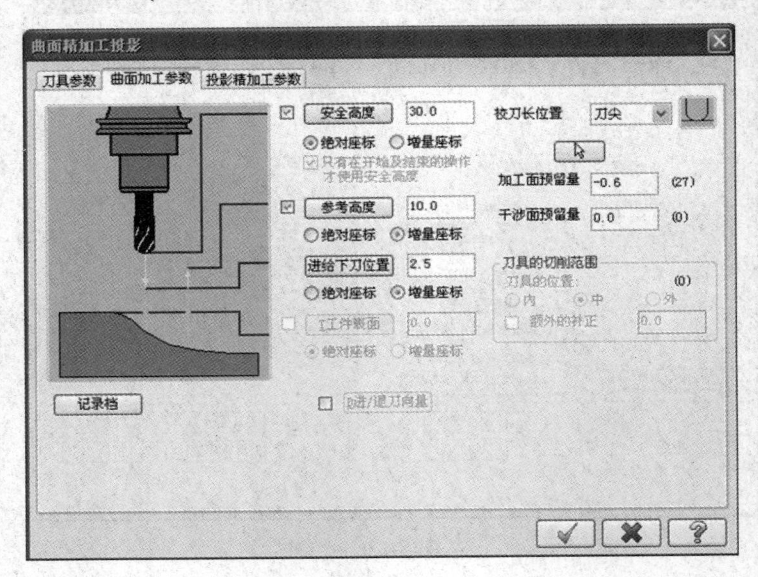

图 5-139

选择【投影精加工参数】选项卡，设置【整体误差】为 0.01，选中 NCI 单选按钮，右侧选中【曲面粗加工投影】步骤，选中【两切削间提刀】复选框，如图 5-140 所示，单击 ✓ 按钮确定。

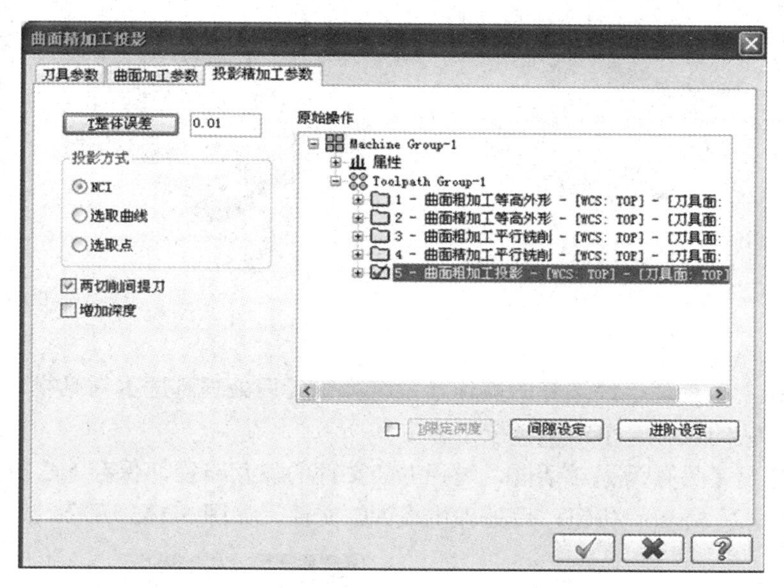

图 5-140

5. 生成刀路

如图 5-141 所示为完成该工步后的实体模拟结果。

图 5-141

5.13.10　仿真模拟与后处理

1. 生成刀路并查看

如图 5-142 所示为完成全部工步加工后生成的所有刀具路径。单击【动态旋转】按钮，从各个不同角度查看生成的刀具路径。

2. 实体模拟仿真加工

单击按钮，选中全部操作，单击按钮，重新计算所选择的操作。单击按钮，实体仿真验证已选择的操作。仿真模拟的结果如图 5-143 所示。

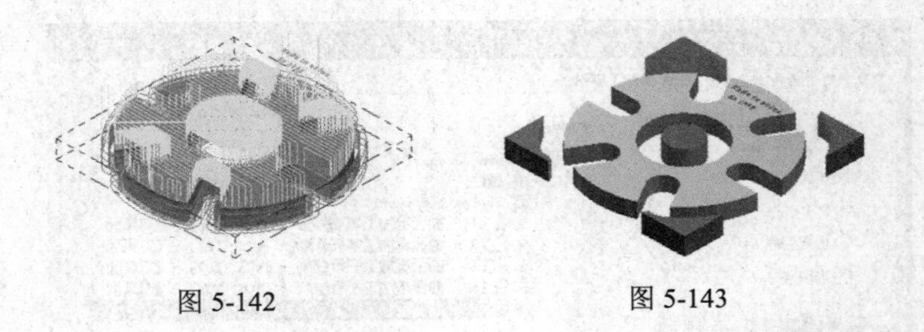

图 5-142　　　　图 5-143

3. 后处理

单击G1按钮，后处理已经选择的操作，系统弹出【后处理程序】对话框，如图 5-144 所示，按照系统默认的设置，单击✓按钮确定。

系统自动弹出【另存为】对话框，选择 NC 文件的保存路径，保存 NC 文件为“法兰板加工.NC”。单击保存(S)按钮，后处理生成 NC 文件，如图 5-145 所示。

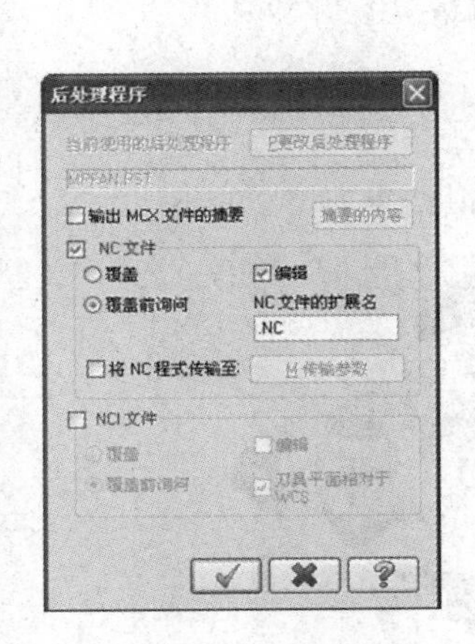

图 5-144

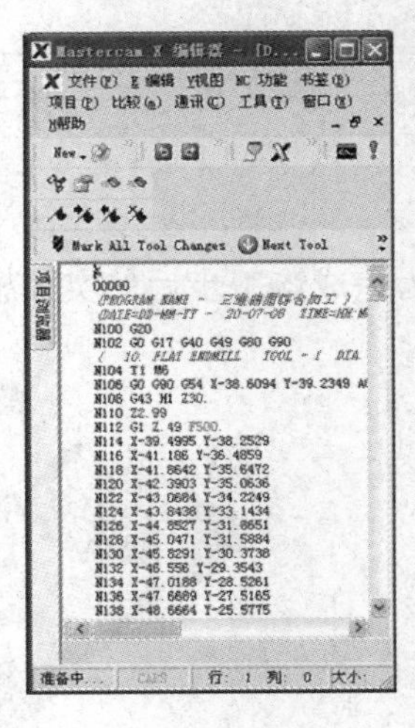

图 5-145

4. 保存文件

在 Mastercam X6 软件中，选择【文件】|【另存文件】命令，选择文件保存路径，在文本框内输入文件名“法兰板加工.MCX”，保存图形文件和刀路文件，单击✓按钮确定。

5.14　本章小结

实际零件通常由复杂的三维曲面构成，常常需要采用曲面加工方式。设置合理的曲面加工工步，选择合适的加工工艺，可以提高加工效率和加工质量。曲面加工方式分为粗加工和精加工两大类，总结如下。

Mastercam X6 的曲面粗加工方式有 8 种类型，具体功能如表 5-2 所示。

表 5-2　曲面粗加工方式

曲面粗加工方式	功　　能
平行铣削加工	生成一组相互平行的铣削粗加工刀具路径
放射状加工	生成一组放射状的铣削粗加工刀具路径
投影加工	将已有的刀具路径或几何图素投影到指定曲面上而生成粗加工刀具路径
流线加工	沿着指定曲面的流线方向生成粗加工刀具路径
等高外形加工	沿着指定曲面的外形轮廓生成一组等间距的粗加工刀具路径
残料加工	清除以前步骤中剩余的多余材料而生成粗加工刀具路径
挖槽加工	依照凹槽曲面形状，去除凹槽内侧材料而生成粗加工刀具路径
钻削式加工	依照曲面形状，沿着 Z 轴反向下降而生成粗加工刀具路径

Mastercam X6 的曲面精加工方式共有 11 种类型，其中平行铣削、放射状、投影加工、流线加工、等高外形加工、残料加工 6 种加工方式的功能与曲面粗加工中的对应功能类似，这里不再赘述。特有精加工方式的功能如表 5-3 所示。

表 5-3　曲面精加工方式

曲面精加工方式	功　　能
平行陡斜面加工	生成一组按照指定角度相互平行的精加工刀具路径
浅平面加工	生成清除浅平面残留材料的精加工刀具路径
交线清角加工	生成清除曲面交角部分残留材料的精加工刀具路径
环绕等距加工	生成三维等步距的环绕形精加工刀具路径

曲面加工的粗加工和精加工的刀具路径与二维刀具路径相比，更为复杂。对相同的曲面，采用不同的加工方法，其加工效率、效果和得到的曲面质量也不同，因此，应该根据实际需求和曲面的特征选择合适的加工方式。

5.15　练　　习

5.15.1　思考题

1. 简述三维曲面粗/精加工的加工类型，各类型适合于哪种曲面的加工，以及各有什么特点。

2. 简述三维曲面加工的共同参数设置及各参数的含义。

5.15.2 操作题

1. 打开“习题/第 5 章/习题 5-1.MCX”文件，导入十字花形凹模零件模型，如图 5-146 所示，要求完成该零件数控加工程序的编制。

2. 打开“习题/第 5 章/习题 5-2.MCX”文件，导入半球形电极零件模型，如图 5-147 所示，要求采用放射状加工方式完成该零件数控加工程序的编制，生成刀具路径。

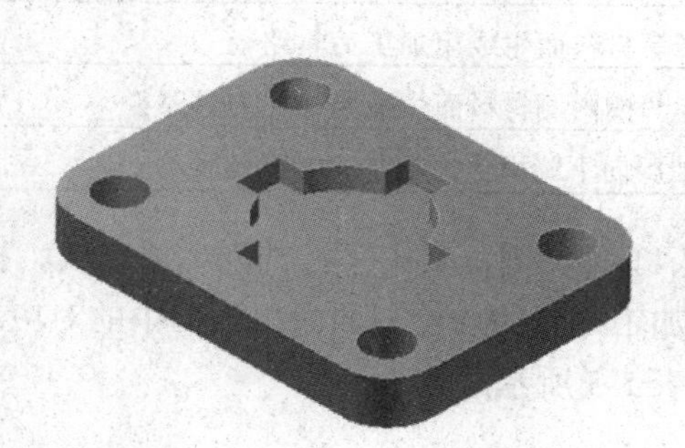

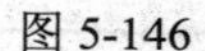

图 5-146

图 5-147

第6章　多轴加工系统

本章重点内容

本章介绍 Mastercam X6 中的曲线五轴加工、钻孔五轴加工、沿边五轴加工、曲面五轴加工、流线五轴加工、旋转四轴加工等多轴加工方式，并介绍它们的参数设置、设计思路及应用特点。

本章学习目标

- ☑ 了解多轴加工的类型
- ☑ 掌握多轴加工的参数设置和对象的选择
- ☑ 了解多轴加工的刀轴和刀尖的控制方式
- ☑ 使用多轴加工系统完成复杂零件的加工

6.1　概　　述

在二维加工系统或曲面加工系统中，加工刀具一般是 X、Y、Z 轴中 2 轴或 3 轴联动，其生成的 NC 文件仅适用于 3 轴数控加工系统。随着装备制造业的不断发展，零件的加工要求也越来越高，对于一些复杂的零件，上述加工方式就难以适应。为此，在 3 轴数控机床上，附加了刀具轴绕 X、Y 或 Z 轴方向的旋转运动，形成了多轴(4 轴和 5 轴)加工方式。4 轴加工指刀具不仅可在 X、Y、Z 方向平移，刀具轴还可以绕 X、Y 或 Z 轴旋转；5 轴加工则是指刀具轴总是垂直于加工工件表面的加工方式。理论上，5 轴加工的刀具可以以任意姿态到达零件表面上的任意点，实现复杂零件的加工，且加工效率大大提高。

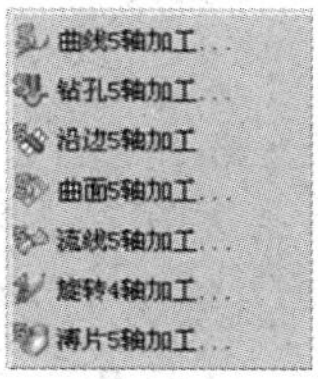

图 6-1

Mastercam X6 提供了七种多轴加工方式，生成供 4 轴和 5 轴加工系统使用的 NC 文件。选择【刀具路径】|【多轴加工】命令，即可打开如图 6-1 所示的多轴加工子菜单。

6.2　曲线五轴加工

曲线五轴加工多用于加工三维曲线或曲面边界。根据零件形状和机床类型不同，曲线五

轴加工可以生成 3 轴、4 轴或 5 轴的加工刀具路径。如果曲线位于回转体上，可选用 4 轴和 5 轴加工，刀具设置为绕回转体轴线旋转；若曲线分布于一般自由曲面且在刀具方向上无闭角区域，可优先使用 3 轴加工方式，否则选用 5 轴曲线加工方式。

6.2.1 参数设置

选择【刀具路径】|【多轴加工】|【曲线 5 轴加工】命令，打开【曲线五轴加工参数】对话框，如图 6-2 所示。

1. 输出的格式

可以输出 3 轴、4 轴和 5 轴三种格式。

- 3 轴：产生 3 轴切削刀具路径，刀垂直于当前刀具面，不需要设置刀具轴方向。
- 4 轴：产生 4 轴切削刀具路径，刀具旋转轴垂直于所选旋转轴。采用曲线 5 轴、沿边 5 轴和旋转 4 轴加工方式生成 4 轴刀具路径时，需选取“第四轴”为旋转轴。
- 5 轴：产生 5 轴切削刀具路径，刀具垂直于指定的曲面。

2. 干涉面

单击 干涉面 按钮，系统打开【刀具路径的曲面选取】对话框，如图 6-3 所示。利用该对话框，可以选择曲面作为不加工的干涉面。

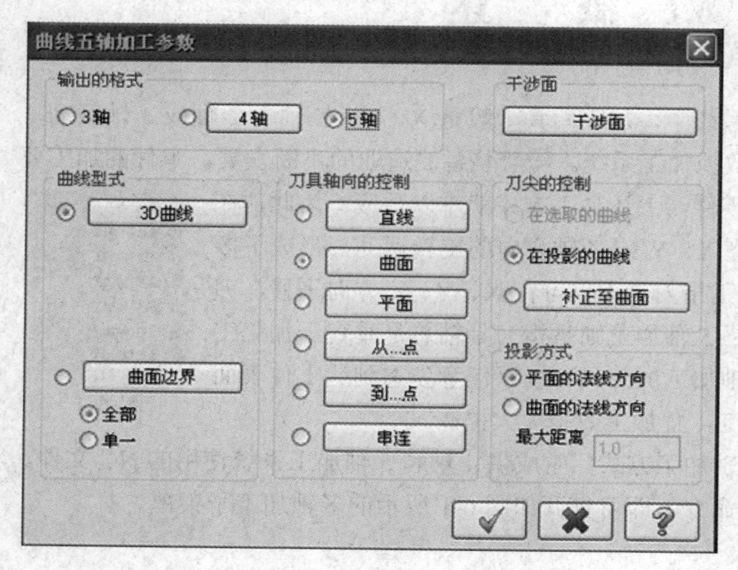

图 6-2

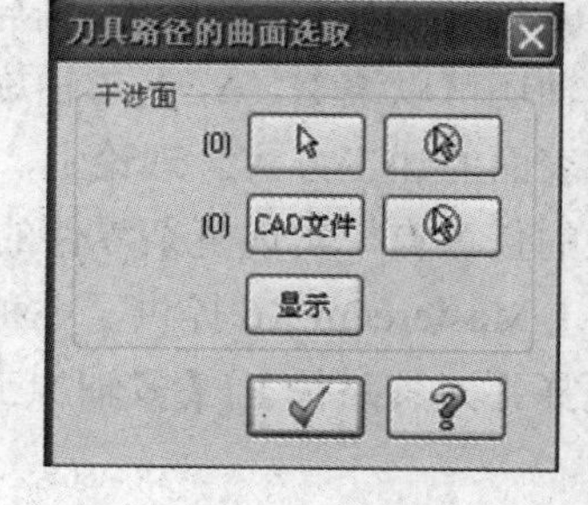

图 6-3

3. 刀具轴向的控制

用于定义刀具轴线的生成方式。系统提供了六种轴线定义方式。

- 直线：选取存在的某一直线，刀具轴线与所选直线的方向平行。
- 曲面：选取曲面法向方向作为刀具轴方向。
- 平面：垂直于选取的平面方向作为刀具轴方向。
- 从……点：所有刀具轴线延伸交于选择的点。
- 到……点：刀具轴线向前延伸交于选择的点。
- 串连：刀具轴线由选定的串连曲线来控制。

4. 刀尖的控制

用于设置刀尖的位置关系。根据【刀具轴向的控制】选用的方式不同，有三个不同选项。

- 在选取的曲线：刀尖在选取的曲线上。
- 在投影的曲线：刀尖在投影的曲线上。
- 补正至曲面：刀尖按选取曲面上的投影进行偏移。

5. 投影方式

系统提供了两种投影方式。

- 平面的法线方向：投影垂直于平面。
- 曲面的法线方向：投影垂直于曲面，需输入最大的投影距离。

6. 曲线型式

系统提供了两种类型。

- 3D 曲线：选取存在的 3D 曲线作为加工曲线。
- 曲面边界：选取曲面的全部或单一边界线作为加工曲线。

7. 刀具控制

用来设置刀具在横向和纵向的偏移方式、偏移距离及刀具的倾斜角度。系统提供了五个选项，如图 6-4 所示。

- 补正的方向：设置刀具沿路径方向偏移的方式，有【左】、【无】、【右】三种。
- 径向的补正：输入径向偏移距离，选择【左】/【右】方向补正时有效。
- 向量深度：输入刀具深度方向的偏移距离，正值沿曲线所在曲面外侧偏移，负值沿曲线所在曲面内侧偏移。
- 引线角度：输入前倾或后倾角度。
- 侧边倾斜角度：输入侧倾角度。

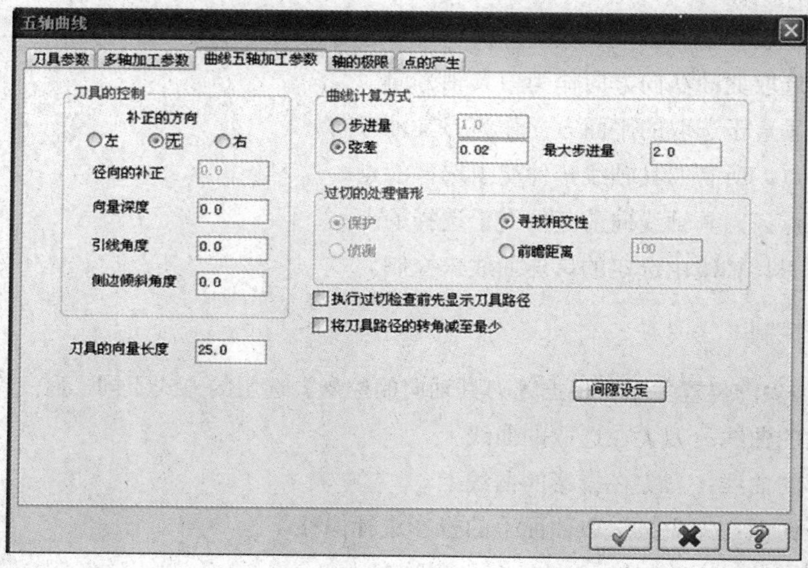

图 6-4

8. 曲线计算方式

用于设置刀具路径与曲线的拟合精度。

- 步进量：系统按照设置的固定步长进行刀具路径的拟合。
- 弦差：系统按照设置的弦差进行刀具路径的拟合。

9. 过切的处理情形

用来设置过切处理的方式。

- 寻找相交性：系统启动寻找相交线的功能，在创建切削轨迹前检测几何图形自身是否相交。如果发现相交，则交点以后的几何图形不产生切削轨迹。
- 前瞻距离：对指定数量的刀具移动进行圆凿检查。

10. 执行过切检查前先显示刀具路径

选中本选项，系统会在过切处显示过切前的刀具轨迹，便于查看过切位置，以便及时处理。

6.2.2 加工实例

【操作实例 6-1】曲线五轴加工

	源文件：源文件\第 6 章\曲线五轴加工.MCX
	操作结果文件：操作结果\第 6 章\曲线五轴加工.MCX

1. 打开加工模型文件

单击【打开文件】按钮，打开“源文件\第 6 章\曲线五轴加工.MCX”文件，如图 6-5 所示。

图 6-5

2. 选择机床类型

本例加工采用系统默认的铣床，选择【机床类型】|【铣削系统】|【默认】命令，进入铣削加工模块。

3. 设置工件

在操作管理器中选取【素材设置】|【选取实体】，单击按钮，在系统提示下选取绘图区的实体，单击按钮，完成毛坯的设置。

4. 创建刀具路径

选择【刀具路径】|【多轴加工】|【曲线 5 轴加工】命令，或者在刀具树状图的空白区右击，从弹出的快捷菜单中选择【多轴加工】|【曲线 5 轴加工】命令，系统弹出【输入新 NC 名称】对话框，输入“曲线五轴加工”，如图 6-6 所示，单击按钮完成，弹出【曲线五轴加工参数】对话框，如图 6-7 所示。

输入新NC名称
D:\PROGRAM FILES\MASTERCAM\MILL\NC\
曲线五轴加工

图 6-6

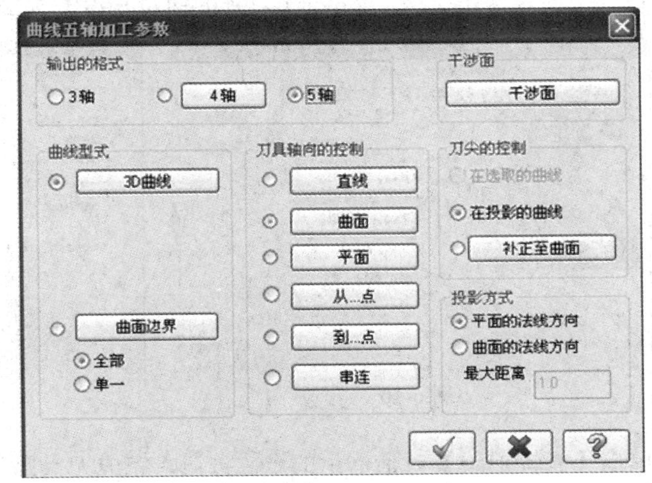

图 6-7

(1) 选取曲线型式。在【曲线五轴加工参数】对话框中选中【3D 曲线】选项，系统返回到绘图区；选取如图 6-8 所示的 3D 曲线，按 Enter 键返回到【曲线五轴加工参数】对话框。

(2) 设置刀具轴向控制。在图 6-7 中选中【曲面边界】选项，根据系统提示选取如图 6-9 所示的曲面，按 Enter 键确定，系统返回到【曲线五轴加工参数】对话框。

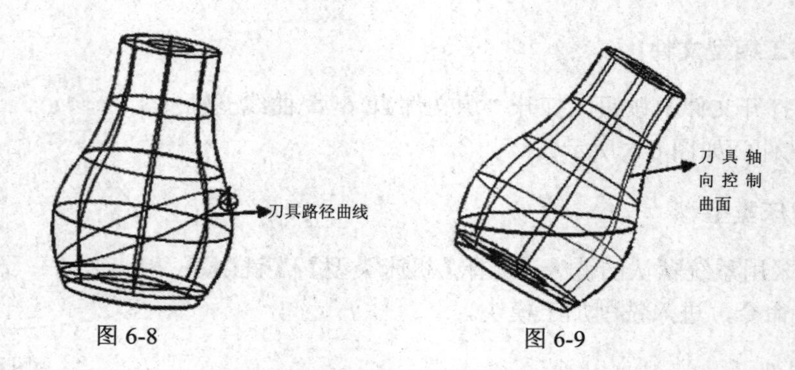

图 6-8　　　　图 6-9

(3) 设置投影方式。设置投影方式【曲面的法线方向】的【最大距离】为 1，单击按钮完成。

(4) 设置刀具参数。选择【五轴曲线】对话框中的【刀具参数】选项卡，单击选择库中刀具，选择直径为 5mm 的圆鼻刀，设置【进给率】为 200、【主轴转速】为 1000、【进刀速率】为 200。

(5) 设置多轴加工参数。选择【五轴曲线】对话框中的【多轴加工参数】选项卡，设置【安全高度】为 25、【参考高度】为 20、【进给下刀位置】为 2.5，如图 6-10 所示。

(6) 设置曲线五轴加工参数。选择【五轴曲线】对话框中的【曲线五轴加工参数】选项卡，设置【向量深度】为 –2.5、【刀具的向量长度】为 20，如图 6-11 所示。

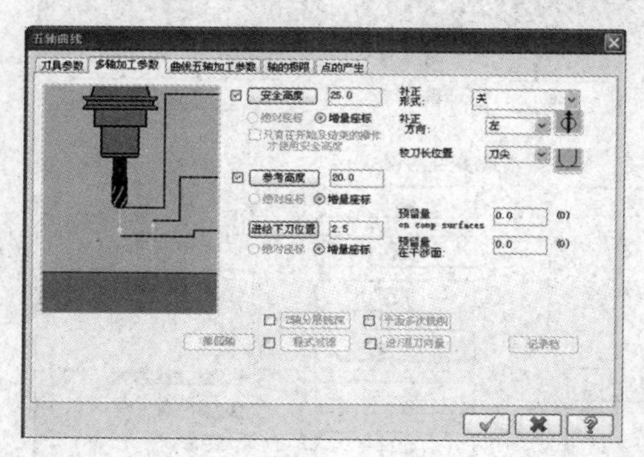

图 6-10

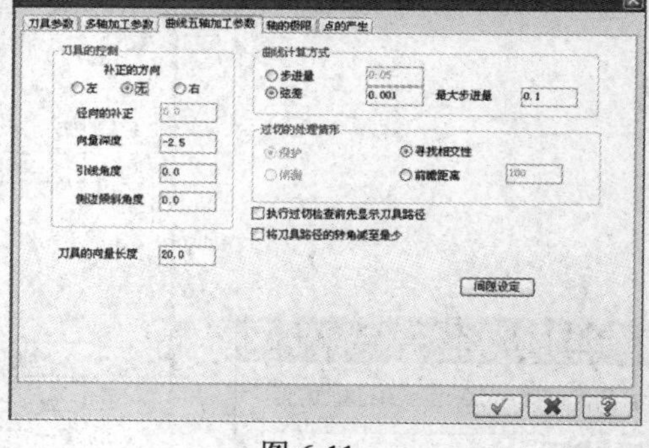

图 6-11

单击【五轴曲线】对话框中的按钮，完成刀具路径的设置，系统在绘图区生成刀具路径。

5. 刀具路径模拟、验证及后处理

刀具路径设置完成后，通过刀具路径模拟来判断刀具路径的设置是否正确。

(1) 在操作管理器中单击按钮，完成实体切削验证。

(2) 在操作管理器中单击按钮，完成路径模拟，如图 6-12 所示。

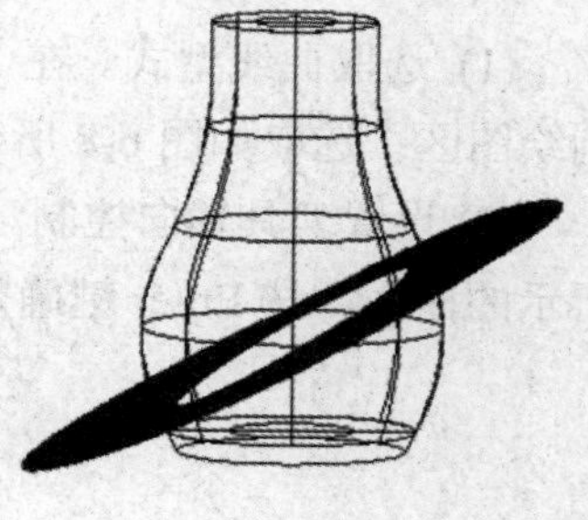

图 6-12

(3) 在操作管理器中单击 G1 按钮，生成 NC 加工代码，设置文件名和保存路径，完成文件的存储。

6.3　钻孔五轴加工

【操作实例 6-2】钻孔五轴加工

	源文件：源文件\第 6 章\钻孔五轴加工.MCX
	操作结果文件：操作结果\第 6 章\钻孔五轴加工.MCX

1. 打开加工模型文件

单击【打开文件】按钮，打开“源文件\第 6 章\钻孔五轴加工.MCX”文件，如图 6-13 所示。

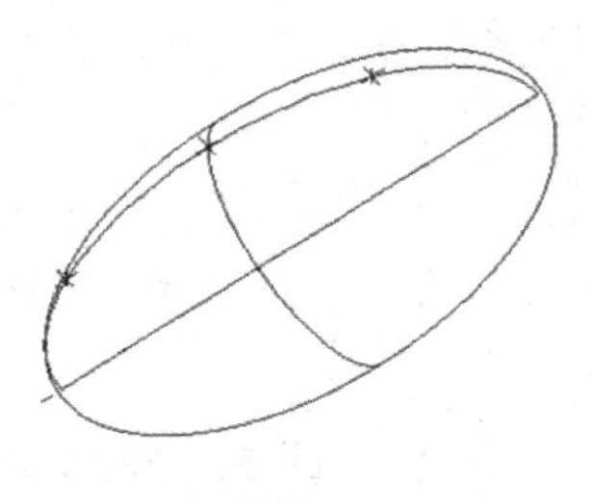

图 6-13

2. 选择机床类型

本例加工采用系统默认的铣床，选择【机床类型】|【铣削系统】|【默认】命令，进入铣削加工模块。

3. 设置工件

在操作管理器中选择【素材设置】|【选取实体】，单击按钮，按提示选取绘图区的实体，单击按钮，完成毛坯的设置。

4. 创建刀具路径

选择【刀具路径】|【多轴加工】|【钻孔 5 轴加工】命令，或者在刀具树状图的空白区右击，从弹出的快捷菜单中选择【多轴加工】|【钻孔 5 轴加工】命令，弹出【输入新 NC 名称】对话框，输入“钻孔五轴加工”，如图 6-14 所示，单击按钮完成。系统弹出【五轴钻孔参数】对话框，如图 6-15 所示。

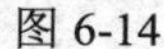

图 6-14

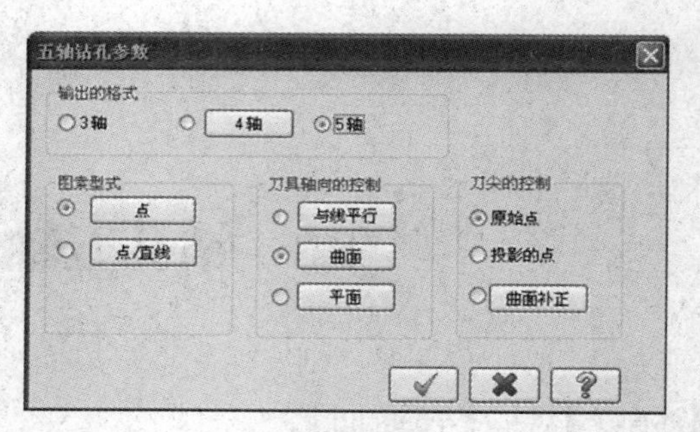

图 6-15

(1) 选取图素型式。选择【点】选项，系统返回到绘图区；选取如图 6-13 所示的曲线上的 3 点，按 Enter 键返回到【五轴钻孔参数】对话框。

(2) 设置刀具轴向的控制。选择【曲面】选项，根据系统提示选取如图 6-16 所示的实体曲面，按 Enter 键确定，系统返回到【五轴钻孔参数】对话框。

(3) 设置刀尖的控制。设置刀尖控制为系统默认的【原始点】选项，单击按钮完成。

(4) 设置刀具参数。选择【5 轴-深孔啄钻完整回缩】对话框中的【刀具参数】选项卡，单击选择库中刀具，选择直径为 5mm 的钻孔刀，设置【进给率】为 100、【主轴转速】为 1000、【进刀速率】为 100。

(5) 设置多轴加工参数。选择【5 轴-深孔啄钻完整回缩】对话框中的【深孔啄钻 完整回缩】选项卡，设置【安全高度】为 25、【参考高度】为 20、【进给下刀位置】为 10、【深度】为 - 2.5，如图 6-17 所示。

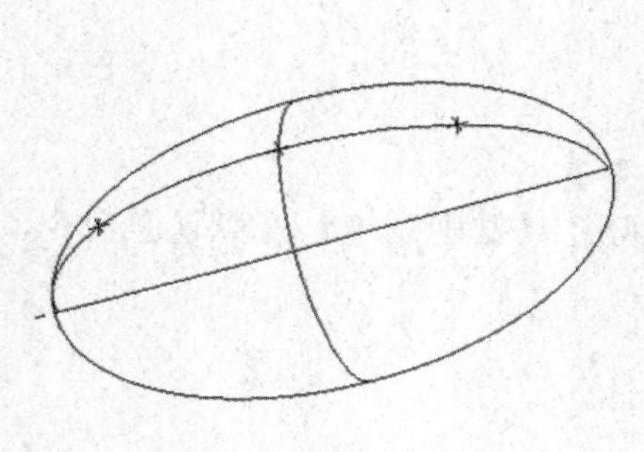

图 6-16

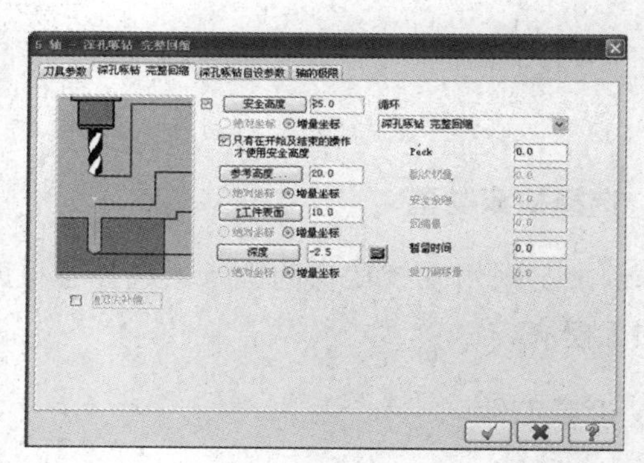

图 6-17

单击【5 轴-深孔啄钻完整回缩】对话框中的按钮，完成刀具路径的设置，系统在绘图区生成刀具路径。

5. 刀具路径模拟、验证及后处理

刀具路径设置完成后，通过刀具路径模拟来判断刀具路径的设置是否正确。如图 6-18 所示为生成的模拟刀具路径。

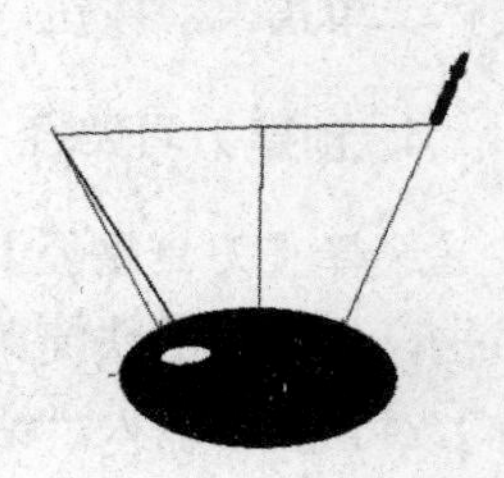

图 6-18

6.4　沿边五轴加工

沿边多轴加工是指利用刀具侧刀刃为主切削刃加工工件的方式，加工的零件部位为与零件底平面呈一定角度的零件侧面。根据刀具轴向控制方式的不同，可生成相应的 4 轴或 5 轴侧壁加工刀具路径。

6.4.1　参数设置

选择【刀具路径】|【多轴加工】|【沿边 5 轴加工】命令，系统弹出【输入新 NC 名称】对话框，输入 NC 名称，单击 ✓ 按钮确定。系统弹出【沿边五轴加工】对话框，如图 6-19 所示。

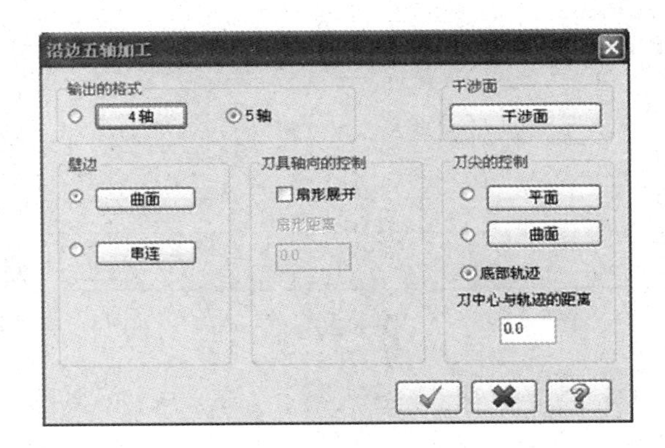

图 6-19

1. 壁边

用于定义侧壁类型，系统提供了两个选项。

- 曲面：选取已有的曲面作为侧壁生成刀具路径。
- 串连：选取两条曲线串连来定义侧壁。

2. 刀具轴向的控制

刀具轴向是由所选的侧壁曲面来控制的，当选中【扇形展开】复选框时，输入扇形距离来控制由于上下大小不对称而产生的刀具轴向变化。

3. 刀尖的控制

设置刀具的刀尖位置，系统提供了三种刀尖控制方式。

- 平面：选取平面作为刀尖底部的相切面。
- 曲面：选取曲面作为刀尖底部的相切面。
- 底部轨迹：选取侧壁的下限边界线作为控制刀尖的位置，在【刀中心与轨迹的距离】

文本框中输入距离值，刀尖位置可沿刀具轴向进行上下偏移。

设置好驱动对象、刀具轴向控制、刀尖控制方式后，系统弹出如图 6-20 所示的【沿边五轴】对话框，其中刀具参数、切削高度、切削余量等与上述加工方式的设置相同。

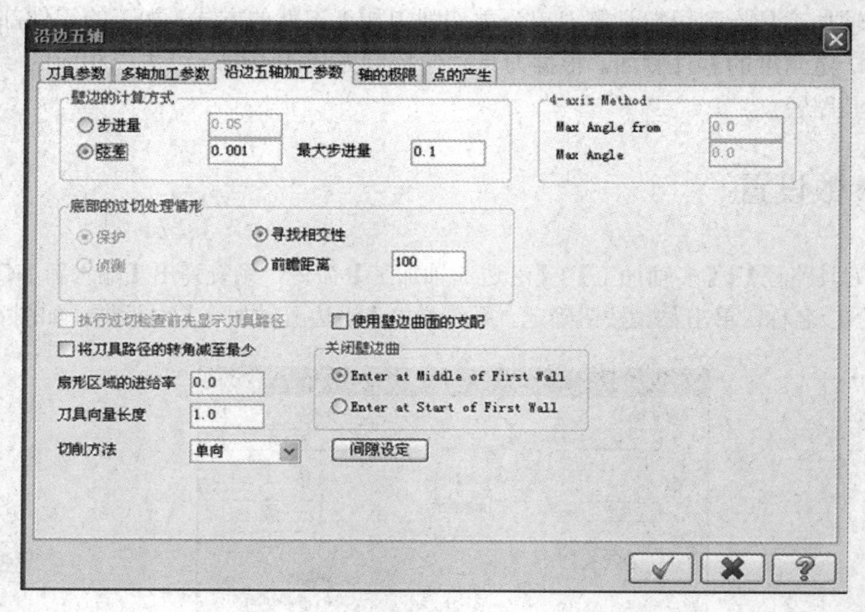

图 6-20

6.4.2　加工实例

【操作实例 6-3】沿边五轴加工

	源文件：源文件\第 6 章\沿边五轴加工.MCX
	操作结果文件：操作结果\第 6 章\沿边五轴加工.MCX

1. 打开加工模型文件

单击【打开文件】按钮，打开“源文件\第 6 章\沿边五轴加工.MCX”文件，如图 6-21 所示。

2. 选择机床类型

本例加工采用系统默认的铣床，选择【机床类型】|【铣削系统】|【默认】命令，进入铣削加工模块。

3. 设置工件

在操作管理器中选择【素材设置】|【边界盒】，按 Enter 键接受系统的默认设置，设置

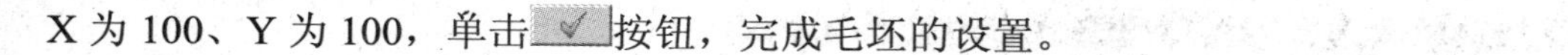

X 为 100、Y 为 100，单击按钮，完成毛坯的设置。

4. 创建刀具路径

选择【刀具路径】|【多轴加工】|【沿边 5 轴加工】命令，或者在刀具树状图的空白区右击，从弹出的快捷菜单中选择【多轴加工】|【沿边 5 轴加工】命令，系统弹出【输入新 NC 名称】对话框，输入“沿边五轴加工”，单击按钮完成，系统弹出【沿边五轴加工】对话框，如图 6-22 所示。

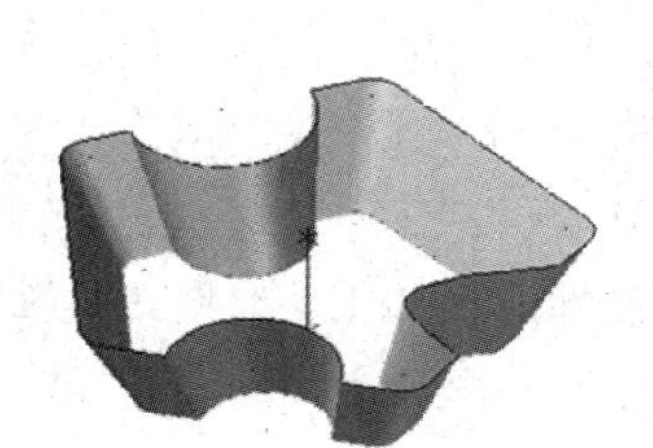

图 6-21

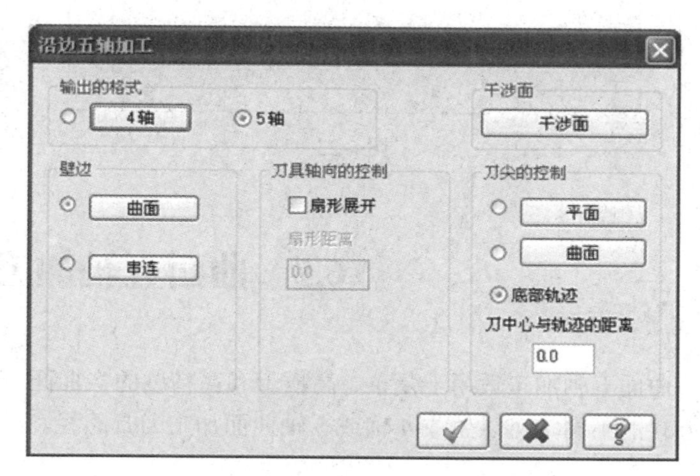

图 6-22

(1) 选取壁边。选择【曲面】选项，系统返回到绘图区，选取如图 6-21 所示的曲面内侧，按 Enter 键返回到【沿边五轴加工】对话框。

(2) 设置刀尖的控制。选取系统默认选项【底部轨迹】，输入距离值为 5，单击按钮完成。

(3) 设置刀具参数。选择【沿边五轴】对话框中的【刀具参数】选项卡，单击 选择库中刀具，选择直径为 5mm 的球刀，设置【进给率】为 100、【主轴转速】为 1000、【进刀速率】为 100。

(4) 设置多轴加工参数。选择【沿边五轴】对话框中的【多轴加工参数】选项卡，设置【参考高度】为 40、【进给下刀位置】为 30，其他参数为系统默认值，如图 6-23 所示。

(5) 设置沿边五轴加工参数。设置【刀具向量长度】为 25。

单击【沿边五轴】对话框中的按钮，完成刀具路径的设置，系统在绘图区生成刀具路径。

5. 刀具路径模拟、验证及后处理

刀具路径设置完成后，通过刀具路径模拟来判断刀具路径的设置是否正确。如图 6-24 所示为生成的模拟刀具路径。

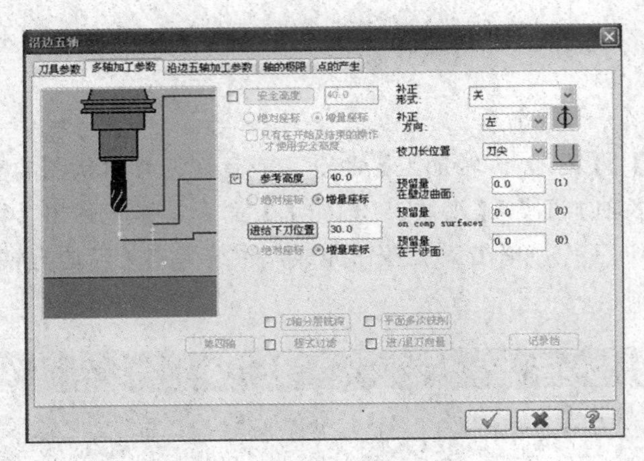

图 6-23

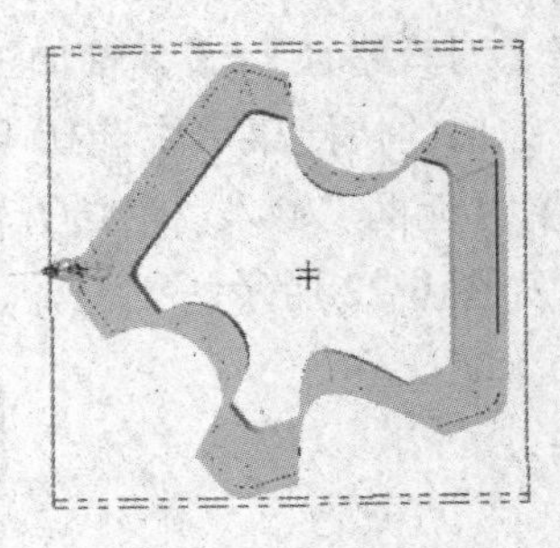

图 6-24

6.5 曲面五轴加工

曲面五轴加工适用于复杂、高质量和高精度的多曲面一次性成形加工。根据刀具轴向控制方式的不同，可以生成 4 轴或 5 轴曲面加工刀具路径。

6.5.1 参数设置

选择【刀具路径】|【多轴加工】|【曲面 5 轴加工】命令，系统弹出【输入新 NC 名称】对话框，输入 NC 名称，单击✓按钮确定，系统弹出【多曲面五轴】对话框，如图 6-25 所示。

图 6-25

1. 切削的样板

设置曲面 5 轴加工的对象，系统提供了 4 种类型。

- 曲面：选取曲面作为铣削对象。
- 圆柱：选取圆柱体作为铣削对象。
- 圆球：选取球体作为铣削对象。
- 立方体：选取立方体作为铣削对象。

2. 加工面

设置加工曲面，系统提供了两种方式。

- 使用切削样板：刀尖所走位置由所选择的加工对象决定。
- 补正至曲面：刀尖所走位置由所选择的曲面决定。

3. 刀具的控制

系统提供了两种刀具控制方式，如图 6-26 所示。

- 引线角度：用于输入刀具前倾角度值或后倾角度值。
- 侧边倾斜角度：用于输入刀具的侧倾角度值。

4. 切削的控制

系统提供了四个控制选项。

- 切削的误差：用于输入刀具切削的误差值。
- 截断的间距：用于输入截断方向的步进量。
- 切削的间距：用于输入切削方向的步进量。
- 切削方式：用于设置切削方式，有【双向】、【单向】和【环绕切削】三种。

其他各项参数与前面介绍的相同，如图 6-26 所示，这里不再赘述。

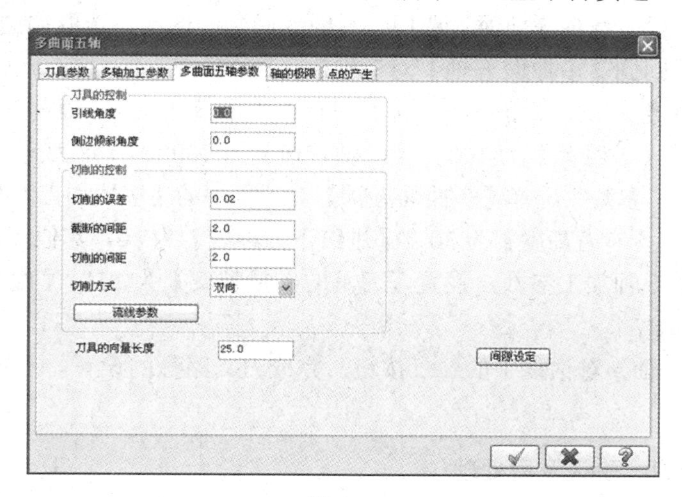

图 6-26

6.5.2 加工实例

【操作实例 6-4】曲面五轴加工

	源文件：源文件\第 6 章\曲面五轴加工.MCX
	操作结果文件：操作结果\第 6 章\曲面五轴加工.MCX

1. 打开加工模型文件

单击【打开文件】按钮，打开“源文件\第 6 章\曲面五轴加工.MCX”文件，如图 6-27 所示。

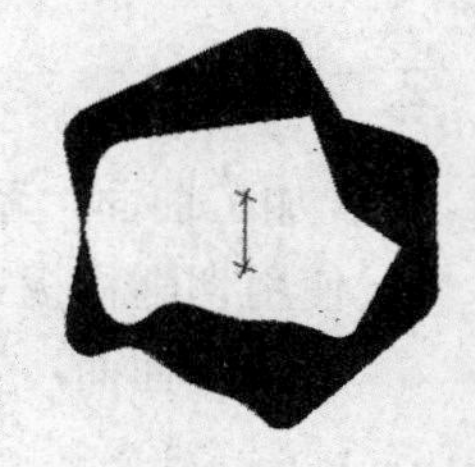

图 6-27

2. 选择机床类型

本例加工采用系统默认的铣床，选择【机床类型】|【铣削系统】|【默认】命令，进入铣削加工模块。

3. 设置工件

在操作管理器中选择【素材设置】|【边界盒】，设置 X 为 100，Y 为 100，单击按钮，完成毛坯的设置。

4. 创建刀具路径

选择【刀具路径】|【多轴加工】|【曲面 5 轴加工】命令，或者在刀具树状图的空白区右击，从弹出的快捷菜单中选择【多轴加工】|【曲面 5 轴加工】命令，系统弹出【输入新 NC 名称】对话框，输入“曲面五轴加工”，单击按钮完成，系统弹出【多曲面五轴】对话框，如图 6-28 所示。

(1) 选取切削样板。选择【曲面】选项，系统返回到绘图区，选取如图 6-27 所示的曲面外侧，按 Enter 键返回到【多曲面五轴】对话框。

(2) 设置刀具参数。选择【多曲面五轴】对话框中的【刀具参数】选项卡，新建直径为 10mm 的球刀，设置【进给率】为 100、【主轴转速】为 1000、【进刀速率】为 100。

(3) 设置多轴加工参数。选择【多曲面五轴】对话框中的【多轴加工参数】选项卡，设置【安全高度】为 50、【参考高度】为 30、【进给下刀位置】为 10，其他参数为系统默认值。

(4) 设置多曲面五轴加工参数。设置【刀具的向量长度】为 25、【截断的间距】为 4、【切削的间距】为 4。

单击【多曲面五轴】对话框中的按钮，完成刀具路径的设置，系统在绘图区生成刀具路径。

5. 刀具路径模拟、验证及后处理

刀具路径设置完成后，通过刀具路径模拟来判断刀具路径的设置是否正确。如图 6-29

所示为生成的模拟刀具路径。

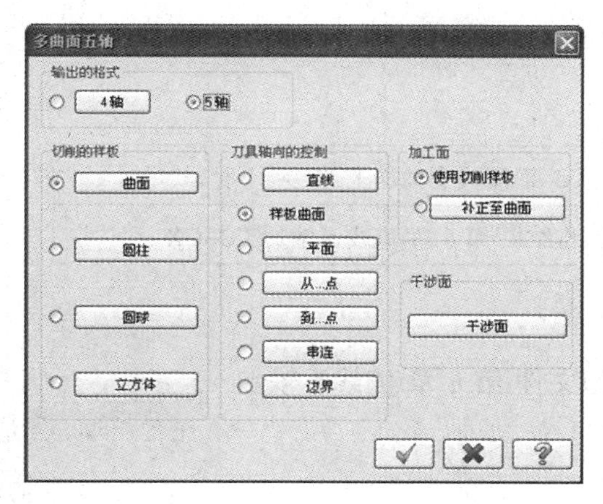

图 6-28

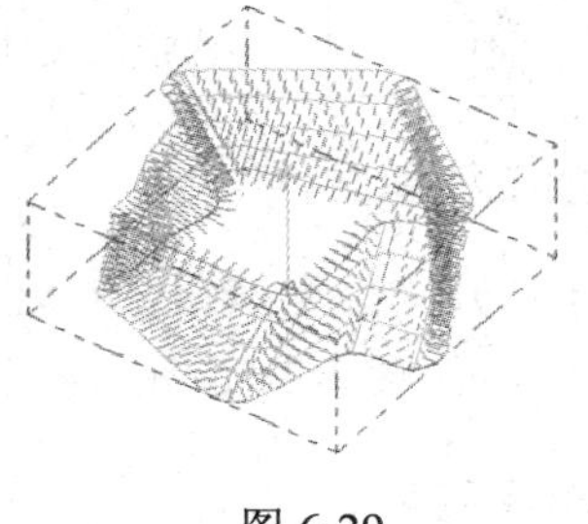

图 6-29

6.6　流线五轴加工

五轴流线加工与三轴流线加工类似，即与曲面流线模组相似，只不过增加了刀轴控制方式的设置。通过控制残脊高度和进刀量，可生成高精度、平滑的加工刀具路径。

6.6.1　参数设置

选择【刀具路径】|【多轴加工】|【流线五轴加工】命令，系统弹出【输入新 NC 名称】对话框，输入 NC 名称，单击 按钮确定，系统弹出【流线五轴】对话框，如图 6-30 所示。参数设置与前面所述的五轴加工类似，这里不再赘述。

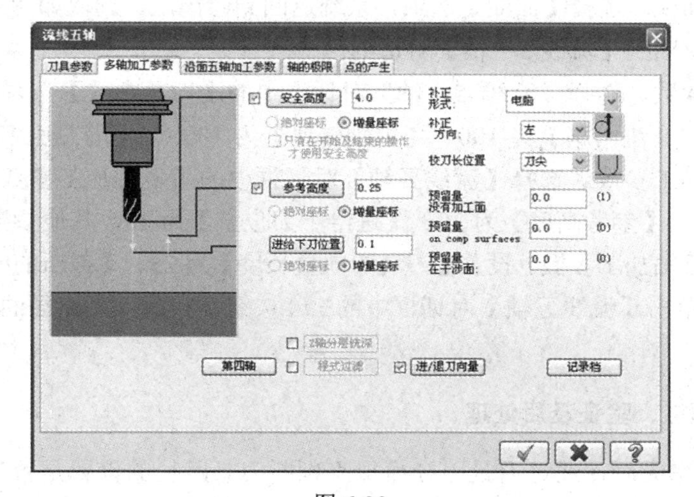

图 6-30

6.6.2 加工实例

【操作实例 6-5】流线五轴加工

	源文件：源文件\第 6 章\流线五轴加工.MCX
	操作结果文件：操作结果\第 6 章\流线五轴加工.MCX

1. 打开加工模型文件

单击【打开文件】按钮，打开“源文件\第 6 章\流线五轴加工.MCX”文件，如图 6-31 所示。

图 6-31

2. 选择机床类型

本例加工采用系统默认的铣床，选择【机床类型】|【铣削系统】|【默认】命令，进入铣削加工模块。

3. 设置工件

在操作管理器中选择【素材设置】|【边界盒】，按 Enter 键接受系统的默认设置，单击按钮，完成毛坯的设置。

4. 创建刀具路径

选择【刀具路径】|【多轴加工】|【流线 5 轴加工】命令，或者在刀具树状图的空白区右击，从弹出的快捷菜单中选择【多轴加工】|【流线 5 轴加工】命令，系统弹出【输入新 NC 名称】对话框，输入“流线五轴加工”，单击按钮完成，系统弹出【流线 5－轴】对话框，如图 6-32 所示。

(1) 选取切削样板。选择【曲面】选项，系统返回到绘图区，选取如图 6-31 所示的横向曲面，按 Enter 键返回到【流线 5－轴】对话框。

(2) 设置刀具参数。选择【流线 5－轴】对话框中的【刀具参数】选项卡。新建直径为 10mm 的球刀，设置【进给率】为 100、【主轴转速】为 1000、【进刀速率】为 100。

(3) 设置多轴加工参数。选择【流线五轴】对话框中的【多轴加工参数】选项卡，设置【安全高度】为 50、【参考高度】为 30、【进给下刀位置】为 10，其他参数为系统默认值。

(4) 设置流线五轴加工参数。设置【刀具的向量长度】为 25、【截断的间距】为 4、【切削的间距】为 4，单击【流线五轴】对话框中的按钮，完成刀具路径的设置，系统在绘图区生成刀具路径。

5. 刀具路径模拟、验证及后处理

刀具路径设置完成后，通过刀具路径模拟来判断刀具路径的设置是否正确。如图 6-33 所示为生成的模拟刀具路径。

图 6-32

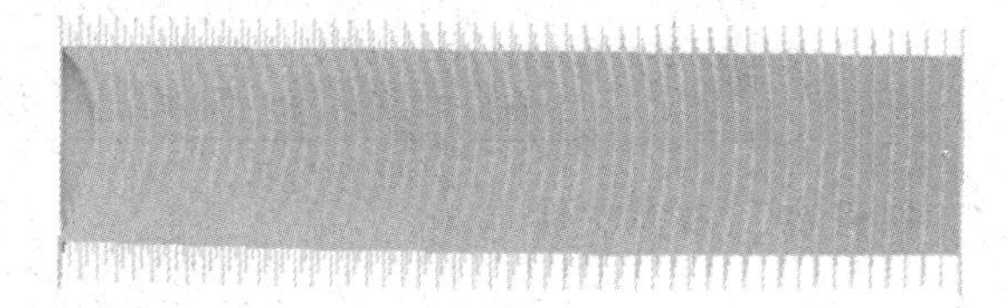

图 6-33

6.7　旋转四轴加工

四轴旋转加工分绕点旋转和绕轴旋转两种方式，适合于加工近似圆柱体的零件。

6.7.1　参数设置

选择【刀具路径】|【多轴加工】|【旋转 4 轴加工】命令，系统弹出【输入新 NC 名称】对话框，输入 NC 名称，单击按钮确定，系统弹出【旋转四轴】对话框，如图 6-34 所示。参数设置与前面所述的五轴加工类似，这里不再赘述。

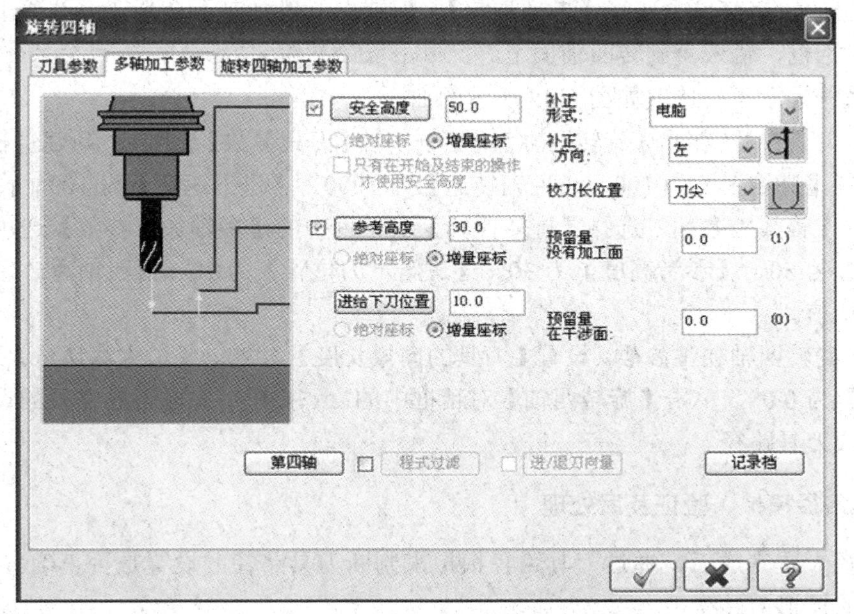

图 6-34

6.7.2 加工实例

【操作实例 6-6】旋转四轴加工

	源文件：源文件\第 6 章\旋转四轴加工.MCX
	操作结果文件：操作结果\第 6 章\旋转四轴加工.MCX

1. 打开加工模型文件

单击【打开文件】按钮，打开“源文件\第 6 章\旋转四轴加工.MCX”文件，如图 6-35 所示。

2. 选择机床类型

本例加工采用系统默认的铣床，选择【机床类型】|【铣削系统】|【默认】命令，进入铣削加工模块。

3. 设置工件

在操作管理器中选择【素材设置】|【边界盒】，按 Enter 键接受系统的默认设置，单击按钮，完成毛坯的设置。

4. 创建刀具路径

选择【刀具路径】|【多轴加工】|【旋转 4 轴加工】命令，或者在刀具树状图的空白区右击，从弹出的快捷菜单中选择【多轴加工】|【旋转 4 轴加工】命令，系统弹出【输入新 NC 名称】对话框，输入“旋转四轴加工”，单击按钮完成。

(1) 在系统提示下，选取如图 6-35 所示的曲面。

(2) 设置刀具参数。选择【旋转四轴】对话框中的【刀具参数】选项卡，新建直径为 10mm 的球刀，设置【进给率】为 100、【主轴转速】为 1000、【进刀速率】为 100。

(3) 设置多轴加工参数。选择【旋转四轴】对话框中的【多轴加工参数】选项卡，设置【安全高度】为 50、【参考高度】为 30、【进给下刀位置】为 10、第四轴为 Z 轴，其他参数为系统默认值。

(4) 设置旋转四轴加工参数。设置【刀具的向量长度】为 25、【最大深切量】为 5、【切削方向误差】为 0.05，单击【旋转四轴】对话框中的按钮，完成刀具路径的设置，系统在绘图区生成刀具路径。

5. 刀具路径模拟、验证及后处理

刀具路径设置完成后，通过刀具路径模拟来判断刀具路径的设置是否正确。如图 6-36 所示为生成的模拟刀具路径。

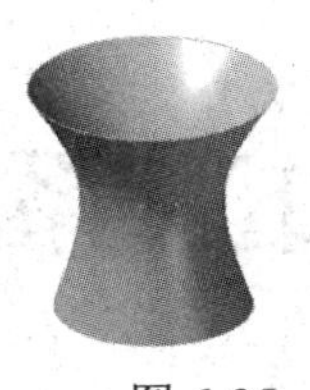

图 6-35

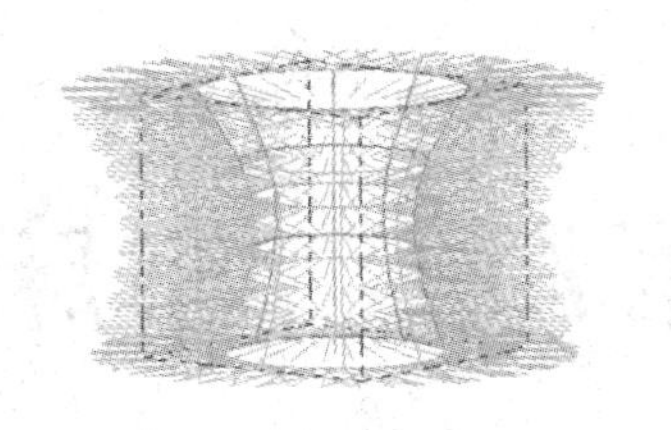

图 6-36

6.8　本章小结

本章介绍了多轴加工的 6 种方式，简要介绍了各种加工方法的使用范围和参数设置。多轴加工用于加工更为复杂的三维曲面，加工范围更广。五轴加工方法的使用十分灵活，较难掌握，应根据实际需求选择合适的加工方法。

6.9　练　　习

6.9.1　思考题

1. 简述 Mastercam X6 的多轴加工类型及加工特点。
2. 简述多轴加工中四轴、五轴的含义。

6.9.2　操作题

1. 打开“习题/第 6 章/习题 6-1.MCX”，导入曲线五轴加工模型，如图 6-37 所示，采用默认铣削加工完成曲线五轴加工。

2. 打开“习题/第 6 章/习题 6-2.MCX”，导入多曲面五轴加工模型，如图 6-38 所示，采用默认铣削加工完成曲面五轴加工。

3. 打开“习题/第 6 章/习题 6-3.MCX”，导入流线五轴加工模型，如图 6-39 所示，采用默认铣削加工完成流线五轴加工。

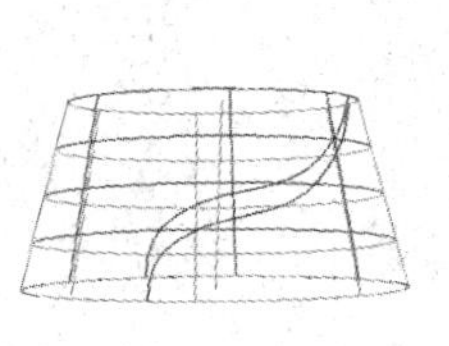

图 6-37

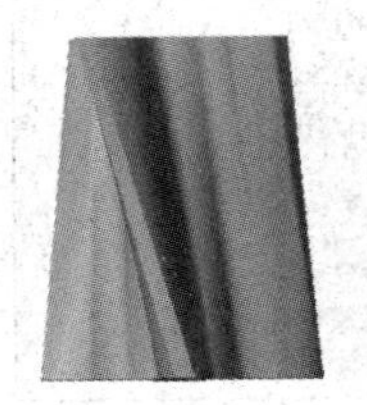

图 6-38

图 6-39

第7章　车床加工系统

本章重点内容

本章主要介绍 Mastercam X6 车床加工系统的快速切削、端面车削、粗车、精车、切槽、钻孔、螺纹加工、切断等车削功能，并介绍各车床加工方法的应用特点及设计思路。

本章学习目标

- ☑ 掌握车床加工系统中工件、卡盘、尾座和固定支撑等的外形设置
- ☑ 掌握车床加工刀具的设置
- ☑ 了解各种车床加工方法的路径创建步骤
- ☑ 理解各参数设置的含义，完成简单的实例

7.1　车床加工基础

铣削模块侧重于外形轮廓、钻孔、挖槽等铣削加工，而车削模块侧重于实现工件常见的车削加工。在主菜单栏中选择【刀具路径】菜单，即得到车削加工刀具路径子菜单，如图 7-1 所示。

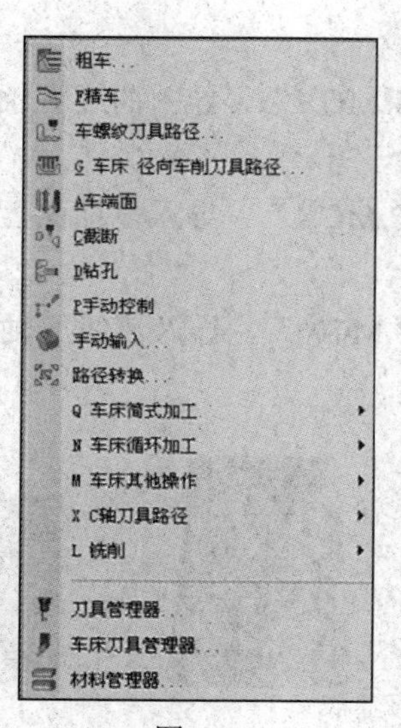

图 7-1

Mastercam X6 的车床加工系统与铣床加工系统类似，在生成车削刀具路径之前，需要设置工件、刀具及材料属性等参数。在车床加工系统中，除工件及刀具的设置方式与铣床系统有所不同外，其他设置基本相似。

7.1.1　坐标系

根据刀架位置的不同，车床坐标系可以分为左手坐标系和右手坐标系两大系统。当刀架位置与操作人员在同一侧时，采用右手坐标系统；当刀架与操作人员在异侧时，采用左手坐标系统。通用数控车床一般采用右手坐标系统。

在绘制工作图形之前，必须给定坐标原点，确定工件坐标系。数控车床选取原点的方法有两种，即在工件右端面或夹头面选择原点。

一般数控车床使用 X 轴和 Z 轴来控制车床运动，Z 轴平行于车床主轴，+Z 方向为刀具远离刀柄的方向；X 轴垂直于车床主轴，+X 方向为远离主轴线的方向。刀座与操作员同侧时，+X 方向为远离机床靠近操作员的方向；刀座与操作员异侧时，+X 方向为远离机床和操作员的方向。

7.1.2　工件设置

车床加工系统与铣床加工系统相似，需要对所加工的工件进行参数设置。在操作管理器中，选择【刀具路径】选项卡中的【材料设置】，弹出【机器群组属性】对话框，选择【素材设置】选项卡，如图 7-2 所示。

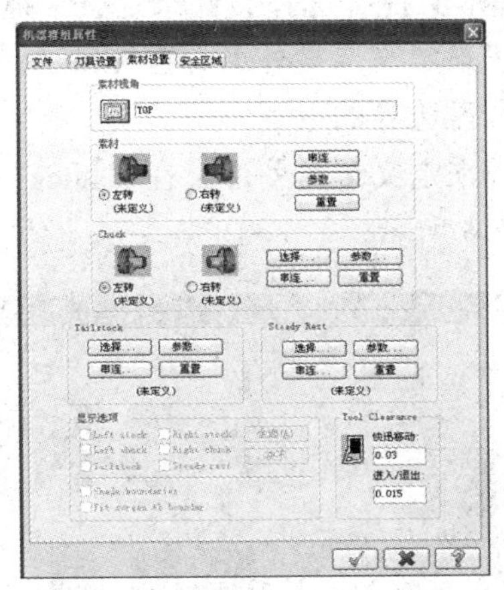

图 7-2

1. 素材

用于设置毛坯外形的位置。系统提供了两种工件主轴转向，即左转和右转。系统默认为主轴左转。

系统提供了两种定义毛坯工件边界轮廓的方式。

- 串连：单击【素材设置】选项卡中的 串连... 按钮，系统弹出【串连选项】对话框。选取串连曲线，如图 7-3 所示，单击【串连选项】对话框中的 ✓ 按钮。
- 参数：单击【素材设置】选项卡中的 参数... 按钮，系统弹出【长条状毛坯的设定换刀点】对话框，如图 7-4 所示，设置参数，单击 ✓ 按钮完成。

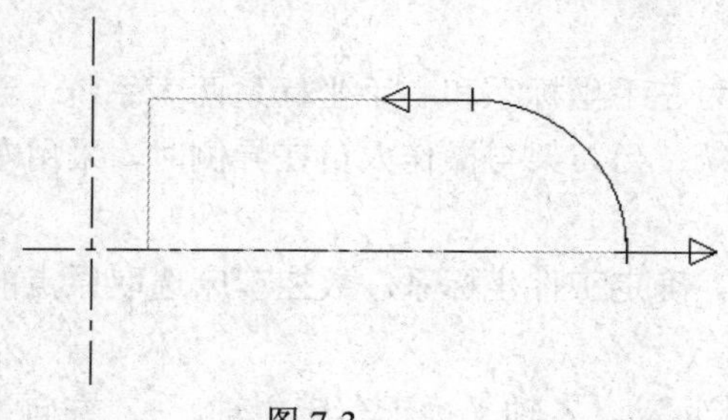

图 7-3

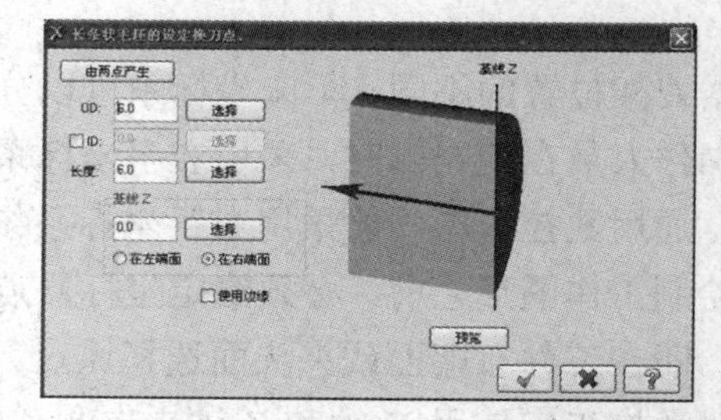

图 7-4

【长条状毛坯的设定换刀点】对话框中各参数的含义如下。

- OD：设置棒料的直径。
- 长度：设置棒料的长度。
- 基线 Z：设置输入工件坐标系原点相对于系统坐标系原点的 Z 向坐标。

2. 卡盘(Chuck)

用来确定毛坯位置。与毛坯素材类似，也要设置转向。系统提供左与右两种转向方式，三种卡盘外形的设置方式。

- 选择：从现有的 MCX 图形文件中选择文件来定义卡盘。
- 串连：通过选取串连曲线来定义卡盘外形。在 Chuck 选项组中单击【串连】按钮，选取串连曲线，完成对卡盘边界的设置。
- 参数：通过设置参数方式来定义卡盘外形。在 Chuck 选项组中单击【参数】按钮，系统弹出对话框，如图 7-5 所示。

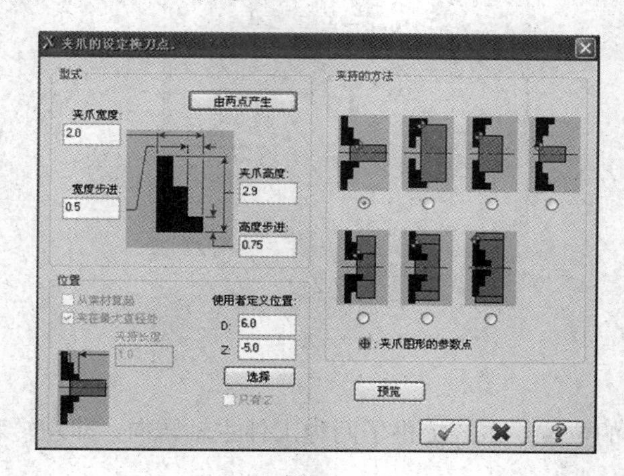

图 7-5

【夹爪的设定换刀点】对话框中各参数的含义如下。

- 型式：确定卡盘的形状尺寸。可以直接输入数值或者单击由两点产生按钮拾取两点。
- 位置：设定卡盘相对绘图坐标系的位置。
- 夹持的方法：设置卡盘装夹工件的形式。

3. 尾座(Tailstock)

定义尾座相对于毛坯的位置。系统提供了三种定义尾座外形的方式。

- 选择：从现有的 MCX 图形文件中选择文件来定义尾座。
- 串连：通过选取串连曲线来定义尾座外形。在 Tailstock 选项组中单击【串连】按钮，选取串连曲线，完成对尾座边界的设置。
- 参数：通过设置参数的方式来定义尾座外形。在 Tailstock 选项组中单击【参数】按钮，系统弹出对话框，如图 7-6 所示。

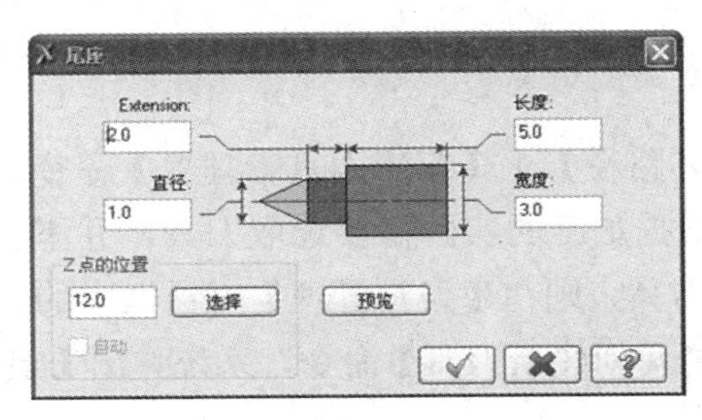

图 7-6

【尾座】对话框中各参数的含义如下。

- Extension：用于设置尾座的长度。
- 直径：设置尾座伸出部分的直径值。
- 长度：设置尾座的长度。
- 宽度：设置尾座的宽度。
- Z 点的位置：设置尾座在绘图坐标系中的 Z 坐标。

4. 固定支撑(Steady Rest)

设置固定支撑相对于毛坯的位置。系统提供了三种定义固定支撑形状的方式。

- 选择：从现有的 MCX 图形文件中选择文件来定义固定支撑的外形。
- 串连：通过选取串连曲线来定义固定支撑的外形。在 Steady Rest 选项组中单击【串连】按钮，选取串连曲线，完成对固定支撑边界的设置。
- 参数：通过设置参数方式来定义固定支撑的外形。在 Steady Rest 选项组中单击【参数】按钮，系统弹出对话框，如图 7-7 所示。

【中间支撑架】对话框中各参数的含义如下。

- 环的厚度：设置支撑圆环的厚度。
- 支撑架的最大外径：设置支撑架的最大外直径。

• Z 坐标：设置中间支撑架放置的位置。

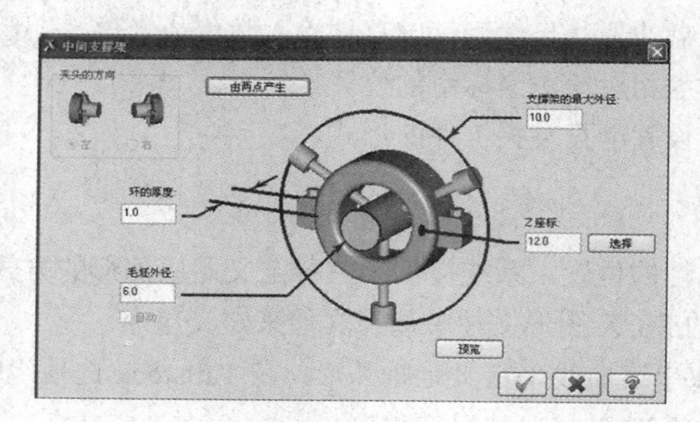

图 7-7

7.1.3 刀具管理器

在主菜单栏中选择【刀具路径】|【车床刀具管理器】命令，系统弹出【刀具管理】对话框，如图 7-8 所示。可以根据加工的实际需要选取刀具，并添加到群组列表中。如果管理器中没有实际加工所需要的刀具，则在【刀具管理】对话框中的刀具图形显示区的空白区右击，从弹出的快捷菜单中选择【创建新刀具】命令，系统弹出【定义刀具】对话框，如图 7-9 所示。

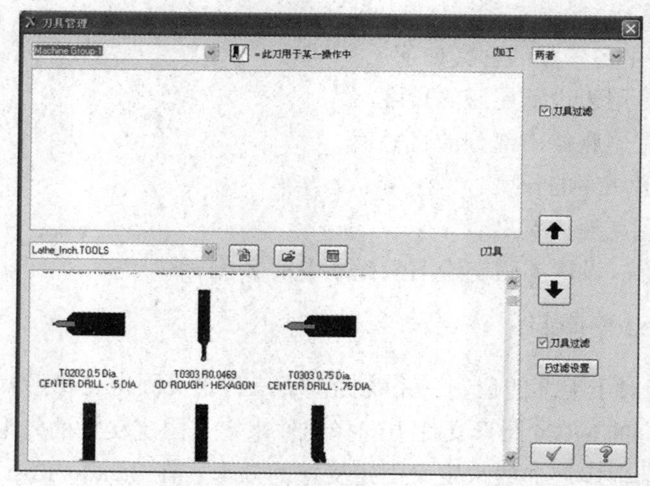

图 7-8

1. 车刀刀具类型

设置车刀刀具的类型，系统中提供了一般车削、车螺纹、径向车削/截断、镗孔、钻孔/攻牙/铰孔、自设六种刀具类型，如图 7-9 所示。选择车刀类型后，才能进行其他的设置。

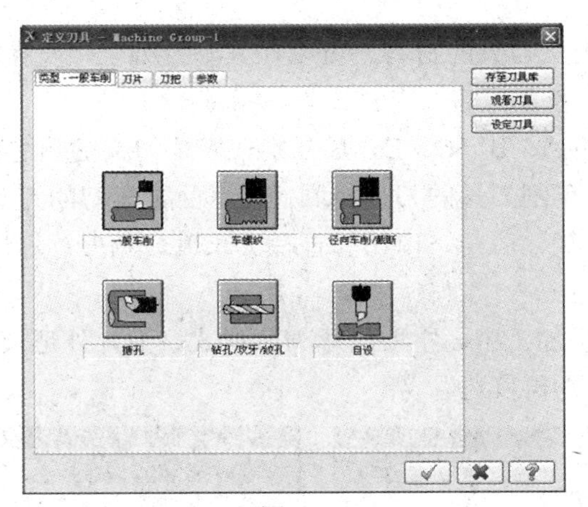

图 7-9

2. 刀片参数

设置车刀的刀头参数。打开 刀片 选项卡，设置车刀的刀头参数。刀具类型不同，刀头形状也不同。

径向车削/截断和螺纹车削刀具的刀头设置基本相同，主要包括刀片样式、刀片外形尺寸设置，如图 7-10 所示。具体参数介绍如下。

- 选择目录：选择刀具目录文件，选择预设置的刀头文件。
- 取得刀片：获得刀片，单击 取得刀片 按钮，系统弹出【径向车削/截断的刀片】对话框，如图 7-11 所示，可以在其中选择一种合适的刀头。

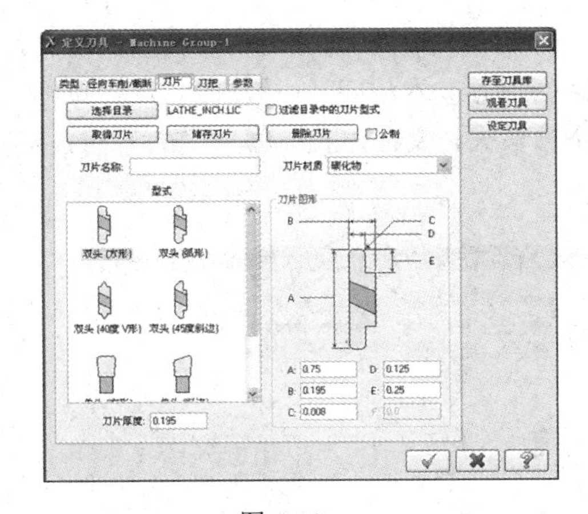

图 7-10

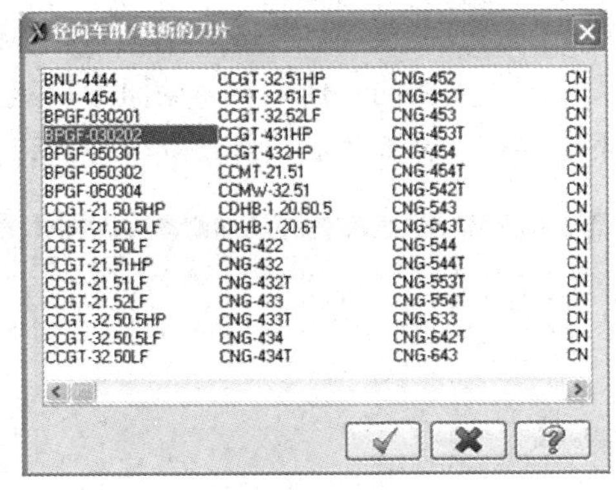

图 7-11

- 储存刀片：存储刀头，单击 储存刀片 按钮，系统将定义好的刀头存储到选择的刀具目录文件中。
- 删除刀片：在刀头设置对话框中选择一种刀头，系统会将其从刀具目录中删除。
- 刀片名称：用于输入刀头的名称，以便于标识。

● 刀片材质：用于定义刀头的材料。可以在其下拉列表中直接选取。

● 刀片厚度：设置刀头的厚度。

● 刀片图形：其中的 A、B、C、D、E 分别代表了刀头的尺寸参数。

外径车削刀具和内孔车削刀具的刀片相同，在这两种车刀的刀头参数中，主要需要设置刀头材料、形状、截面形状、后角、内切圆直径 / 长度、宽度、厚度以及圆角半径等参数，如图 7-12 所示。

在钻孔/攻牙/铰孔车削加工中，主要进行刀片样式、刀片外形尺寸的设置，如图 7-13 所示，具体参数的意义这里不再赘述。

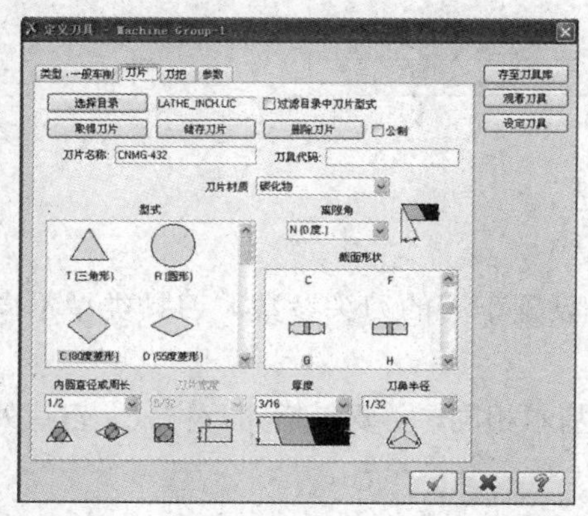

图 7-12

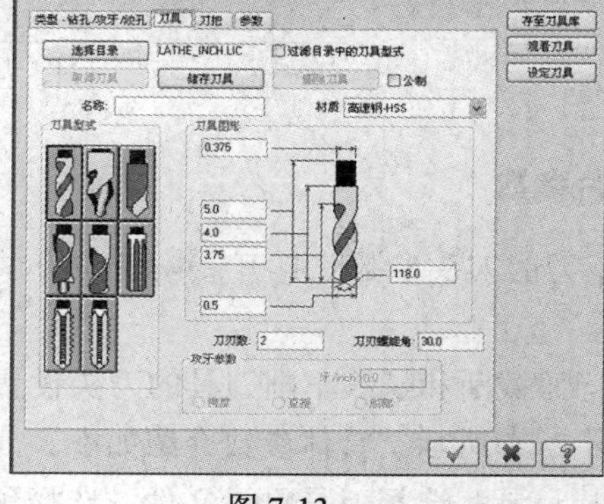

图 7-13

3. 设置刀具夹头

不同类型的刀具，可供选择的夹头也不同。如图 7-14 所示为径向车削类型的情况。

螺纹车削刀具的夹头、一般车削和内孔车削的设置基本相同。一般车削方法刀具的夹头通过夹头样式、夹头的几何外形、截面形状三个参数来定义。内孔车削刀具的刀柄采用圆形截面，不需要设置截面形状，如图 7-15 所示。

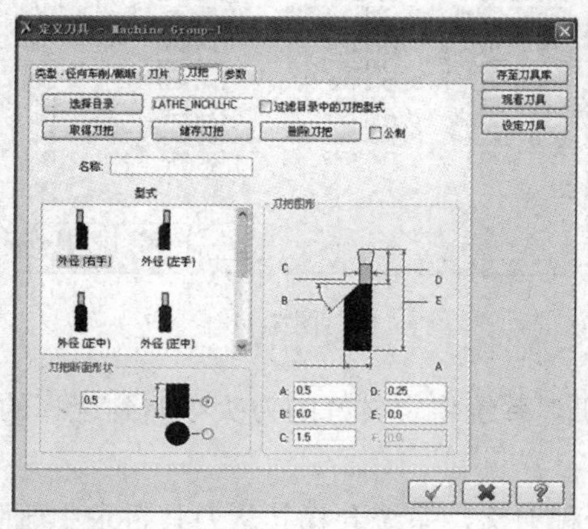

图 7-14

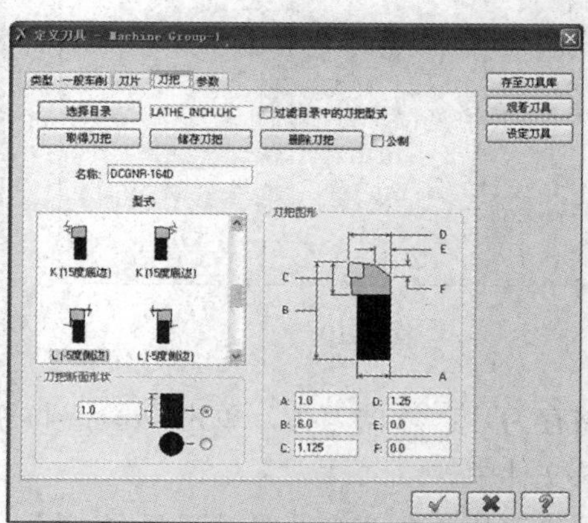

图 7-15

设置钻孔/攻丝/镗孔刀具的夹头时，只需定义其夹头的几何外形尺寸，如图 7-16 所示。

4. 设置刀具参数

车床加工方法的刀具参数设置与铣床加工方法类似。打开【参数】选项卡，弹出车削刀具的参数设置对话框，如图 7-17 所示，此处不再赘述。

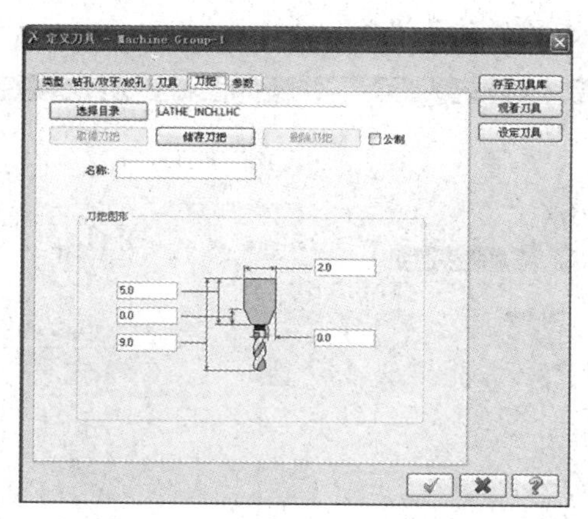

图 7-16

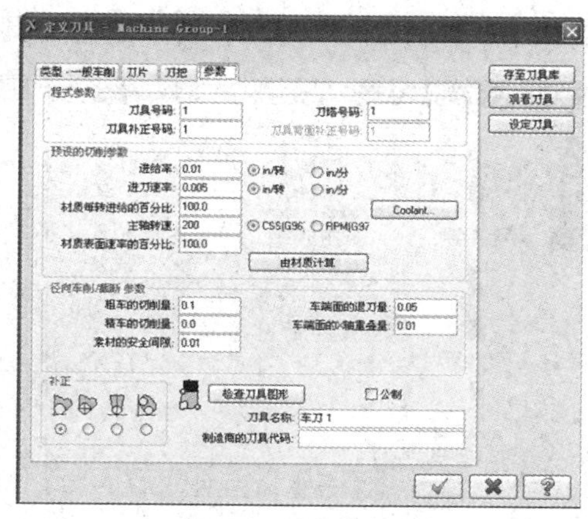

图 7-17

7.2　粗车方法

粗车主要用于切除工件外形外侧、内侧和端面的多余材料，使毛坯经过粗加工后的尺寸和形状与成品接近，方便后续的精加工。

7.2.1　参数设置

选取图 7-1 中的【粗车】命令，在图形显示区中拾取进刀点，选择【串连】方式加工边界，完成操作，系统自动弹出【车床粗加工 属性】对话框，设置粗车加工的刀具参数，如图 7-18 所示。在粗车加工的刀具设置对话框中，参数设置基本与铣床刀具相同，这里不再赘述。

在对话框中打开【粗车参数】选项卡，系统弹出粗车加工参数设置对话框，如图 7-19 所示。具体参数设置如下。

- 重叠量：设置相邻粗车削之间的重叠距离，每次车削的退刀量等于车削深度和重叠量之和。
- 粗车步进量：设置每次车削加工的切削深度。若选中【等距】复选框，则系统设置最大切削深度为刀具所允许的最大值。
- X/Z 方向预留量：设置毛坯在 X 和 Z 方向上的预留量。

- 进刀延伸量：设置刀具开始进刀时距工件表面的距离。
- 切削方法：定义车削加工的方式。系统提供单向切削和双向切削两种方式。
- 粗车方向/角度：设置粗切方向和粗车角度。有四种粗车方向，分别是外径、内径、端面、背面。
- 刀具补偿：车削加工系统中的刀具补正型式包括电脑补偿、控制器补偿两类；补正方向有左、右两个方向；可以进行刀具走圆弧转角设置。

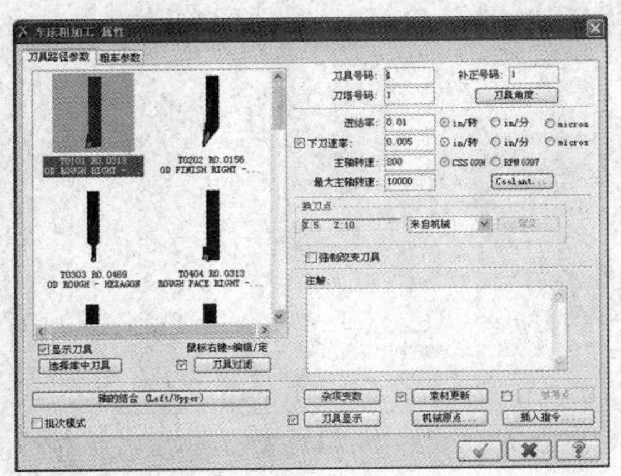

图 7-18

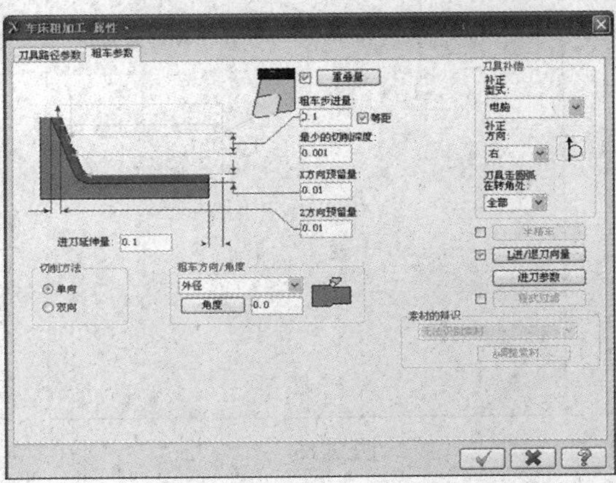

图 7-19

- 进/退刀向量：在车削刀具路径中添加进/退刀刀具路径。单击此按钮进入【输入/输出】对话框，如图 7-20 所示。在车床加工系统中，通过调整轮廓线或添加进刀向量的方式来设置进/退刀刀具路径。

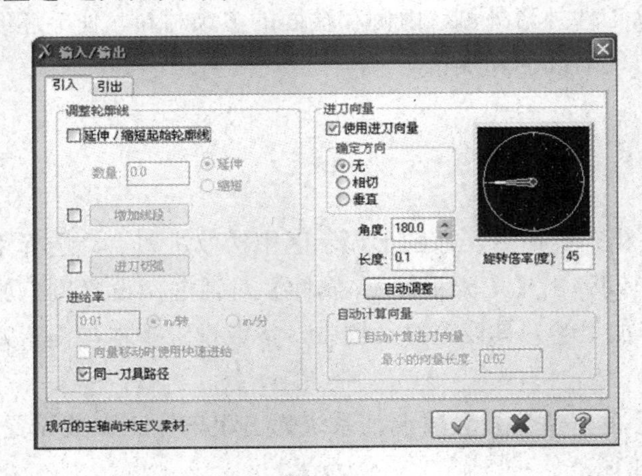

图 7-20

【输入/输出】对话框中各参数的含义如下。

- 调整轮廓线：设置串连外形的方式，系统提供了三种方式。
    - 延伸/缩短起始轮廓线：延伸/回缩串连刀具路径的起点，可以选择延伸串连起点、回缩串连起点或直接输入距离。

- 增加线段：在串连起点处添加一段直线，单击［增加线段］按钮，弹出【新轮廓线】对话框，如图 7-21 所示。在【长度】文本框中输入直线的长度，在【角度】文本框中输入与 Z 轴的夹角。
- 进刀切弧：在串连起点处添加一段圆弧，单击［进刀切弧］按钮，系统弹出【进/退刀切弧】对话框，如图 7-22 所示。

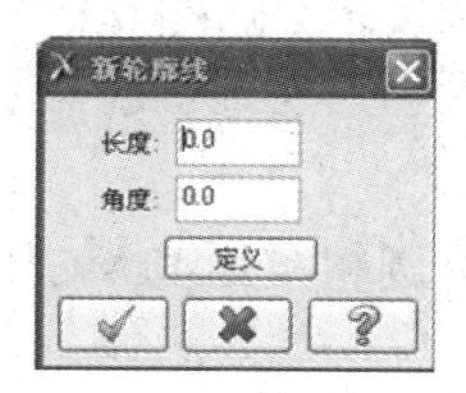

图 7-21

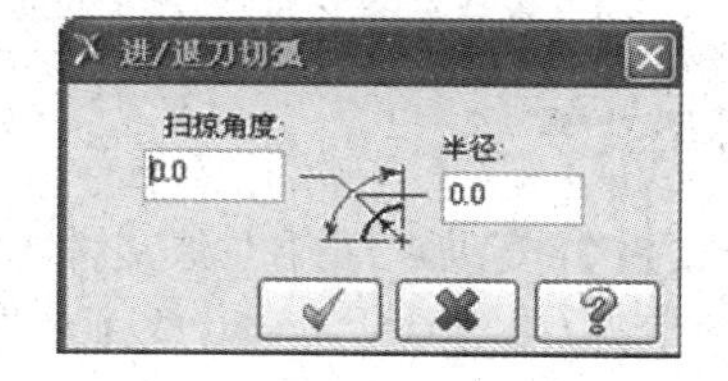

图 7-22

- 进刀向量：用来添加直线的进/退刀刀具路径。直线方向由长度和角度来确定，系统提供了三种进刀向量的方向：无、相切、垂直。
- 进刀参数：设置切进参数。单击【进刀参数】按钮，系统弹出【进刀的切削参数】对话框，如图 7-23 所示，主要有【进刀的切削设定】、【刀具宽度补正】和【开始切削点】等选项。
    - 进刀的切削设定：设置在加工过程中的切进形式。依次为【不允许切进加工】、【允许切进加工】、【允许径向切削】、【允许端面切削】四种形式。
    - 刀具宽度补正：【使用刀具宽度】选项用来设置刀具偏置为刀具宽度；【使用进刀的离隙角】选项用来设置刀具偏置方式为切进安全角。
    - 开始切削点：设置开始切削点。有【由刀具的前方角落开始切削】和【由刀具的后方角落开始切削】两种方式。

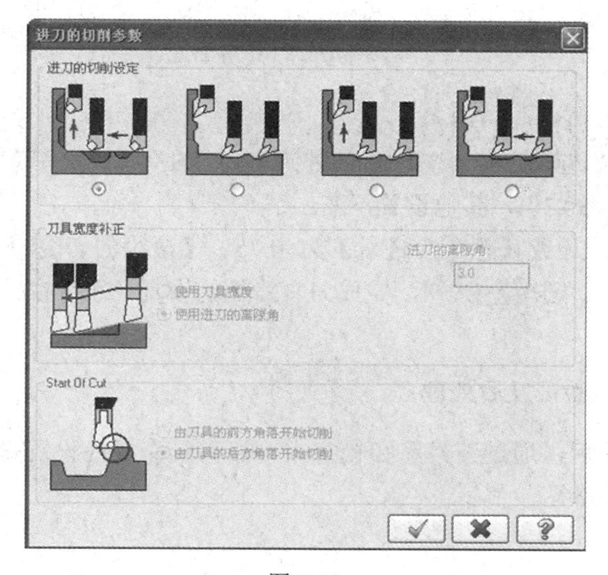

图 7-23

7.2.2 外圆粗车加工实例

【操作实例 7-1】外圆粗车加工

	源文件：源文件\第 7 章\外圆粗车加工.MCX
	操作结果文件：操作结果\第 7 章\外圆粗车加工.MCX

1. 打开加工模型文件

单击【打开文件】按钮，打开“源文件\第 7 章\外圆粗车加工.MCX”文件，粗车加工的毛坯设置、夹具设置已经完成，如图 7-24 所示。

2. 创建刀具路径

选择【刀具路径】|【粗车】命令，或者在刀具树状图的空白区右击，从弹出的快捷菜单中选择【刀具路径】|【粗车】命令，系统弹出【输入新 NC 名称】对话框，输入“外圆粗车”，单击按钮完成，系统弹出【转换参数】对话框，选取加工路径，如图 7-25 所示。

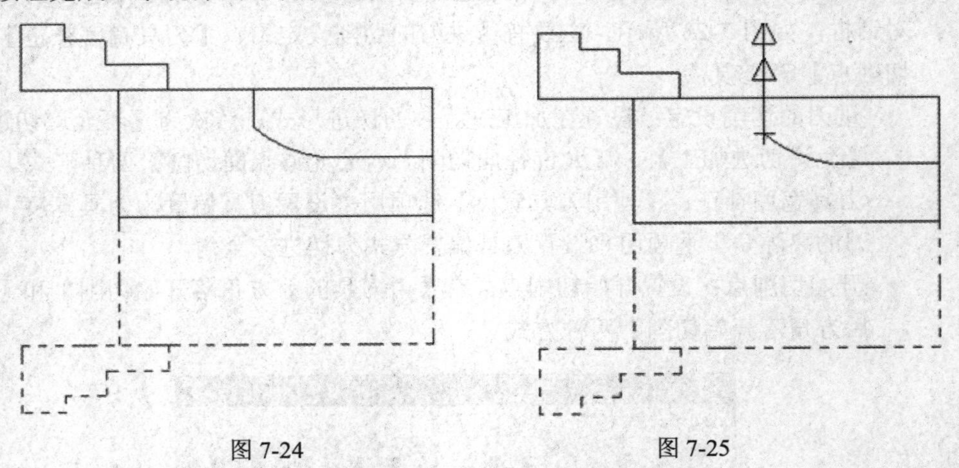

图 7-24　　　　图 7-25

(1) 设置刀具参数。选取刀号为 T0101 的外圆车刀，设置【进给率】为 0.2、【下刀速率】为 0.05、【换刀点】为(30,30)，其他设置不变。

(2) 设置粗车参数。设置【粗车步进量】为 0.75、【最少的切削深度】为 0.05、【X/Z 方向预留量】都为 0.2，单击按钮，完成刀具路径的设置。系统在绘图区生成刀具路径，如图 7-26 所示。

3. 刀具路径模拟、验证及后处理

刀具路径设置完成后，通过刀具路径模拟来判断刀具路径的设置是否正确。如图 7-27 所示为生成的模拟刀具路径。

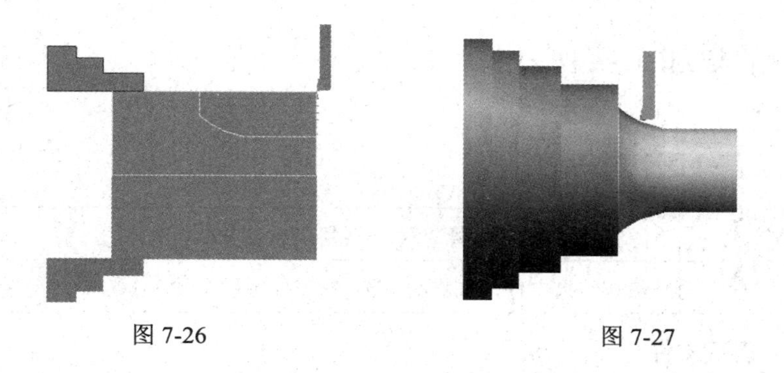

图 7-26　　　　图 7-27

7.3　精车方法

精车加工与粗车加工类似，用于切除工件外形外侧、内侧或端面的多余材料，提高工件的表面质量和尺寸精度。

7.3.1　参数设置

选择【刀具路径】|【精车】命令，选择完进刀点和串连加工边界后，系统弹出精车加工参数设置对话框，如图 7-28 所示。除了分层车削参数外，精车加工的参数设置与粗车加工基本相同，根据粗车加工后的余量和本次精车加工余量来设置精车加工次数以及每次加工的切削深度。其参数设置基本与粗车加工相同，这里不再赘述。

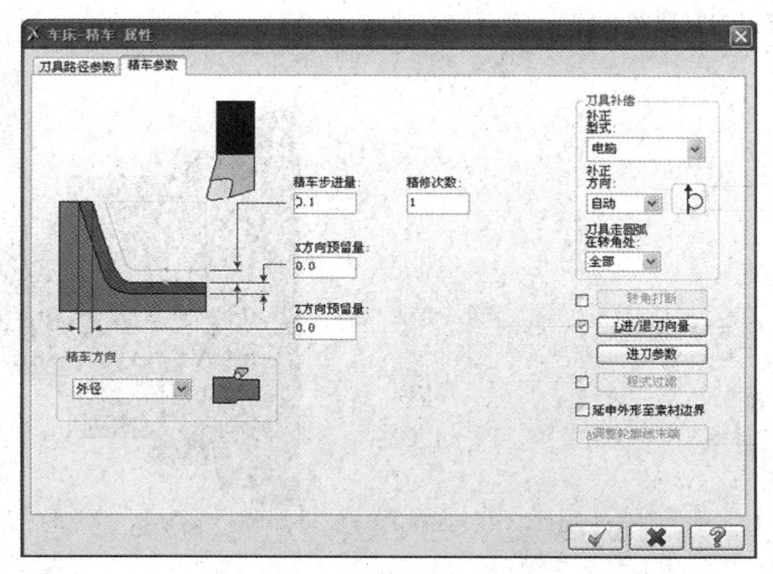

图 7-28

7.3.2 外圆精车加工实例

【操作实例 7-2】外圆精车加工

	源文件：源文件\第 7 章\外圆精车加工.MCX
	操作结果文件：操作结果\第 7 章\外圆精车加工.MCX

1. 打开加工模型文件

单击【打开文件】按钮，打开“源文件\第 7 章\外圆精车加工.MCX”文件，粗车加工已经完成，X 和 Z 方向的预留量都为 0.2mm，如图 7-29 所示。

2. 创建刀具路径

选择【刀具路径】|【精车】命令，或者在刀具树状图的空白区右击，从弹出的快捷菜单中选择【刀具路径】|【精车】命令，系统弹出【输入新 NC 名称】对话框，输入“外圆精车”，单击按钮完成，系统弹出【转换参数】对话框，选取与粗车相同的加工路径。

(1) 设置刀具参数。选取刀号为 T0101 外圆车刀，设置【进给率】为 0.01、【换刀点】为(30,30)，其他设置不变。

(2) 设置精车参数。设置【精车步进量】为 0.05、【X/Z 方向预留量】都为 0、【精修次数】为 2，单击按钮，完成刀具路径的设置，系统在绘图区生成刀具路径。

3. 刀具路径模拟、验证及后处理

刀具路径设置完成后，通过刀具路径模拟来判断刀具路径的设置是否正确。如图 7-30 所示为生成的模拟刀具路径。

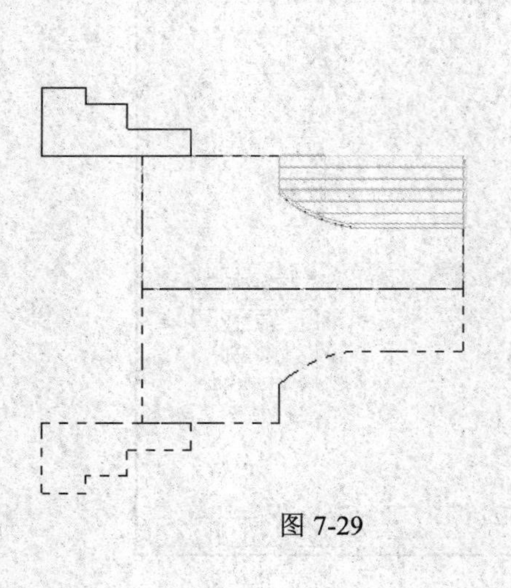

图 7-29

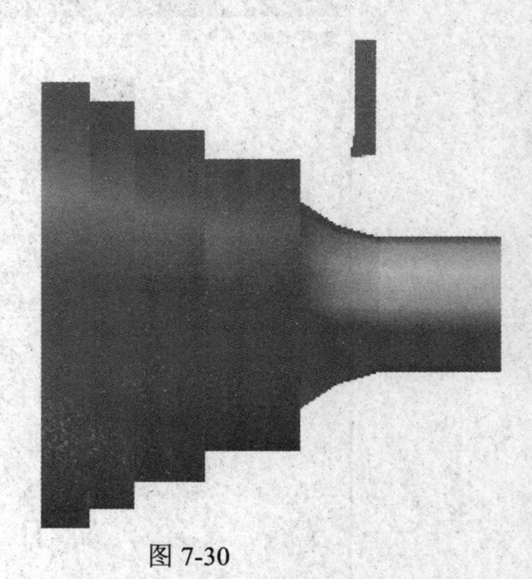

图 7-30

7.4　端面车削方法

端面车削加工用于车削工作端面而生成刀具路径，端面车削由两点定义的矩形区域来确定。

7.4.1　参数设置

选择【刀具路径】|【车端面】命令，弹出对话框，打开【车端面参数】选项卡，弹出车端面参数设置对话框，如图 7-31 所示。

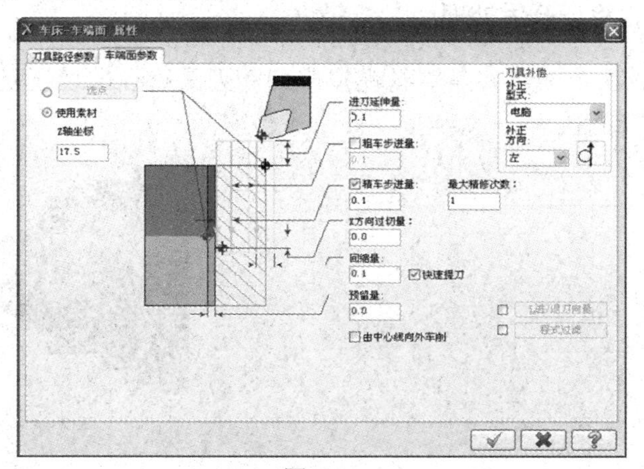

图 7-31

端面车削有【X 方向过切量】和【由中心线向外车削】两个特有的参数选项，含义如下。

- X 方向过切量：定义生成刀具路径时实际车削区域超出由矩形所定义的区域的过切距离。
- 由中心线向外车削：设置车削加工的方向。

7.4.2　端面加工实例

【操作实例 7-3】端面加工

	源文件：源文件\第 7 章\端面车削加工.MCX
	操作结果文件：操作结果\第 7 章\端面车削加工.MCX

1. 打开加工模型文件

单击【打开文件】按钮，打开“源文件\第 7 章\端面车削加工.MCX”文件，粗车和精车加工已经完成，如图 7-32 所示。

2. 创建刀具路径

选择【刀具路径】|【车端面】命令，或者在刀具树状图的空白区右击，从弹出的快捷菜单中选择【刀具路径】|【车端面】命令，系统弹出【输入新 NC 名称】对话框，输入“端面车削”，单击按钮完成。单击 选点 按钮，选取加工区域。

(1) 设置刀具参数。选取刀号为 T0101 的外圆车刀，设置【进给率】为 0.5、【换刀点】为(30,30)，其他设置不变。

(2) 设置车端面参数。设置【粗车步进量】为 0.5、【精车步进量】为 0.1、【精修次数】为 3，单击按钮，完成刀具路径的设置。系统在绘图区生成刀具路径。

3. 刀具路径模拟、验证及后处理

刀具路径设置完成后，通过刀具路径模拟来判断刀具路径的设置是否正确。如图 7-33 所示为生成的模拟刀具路径。

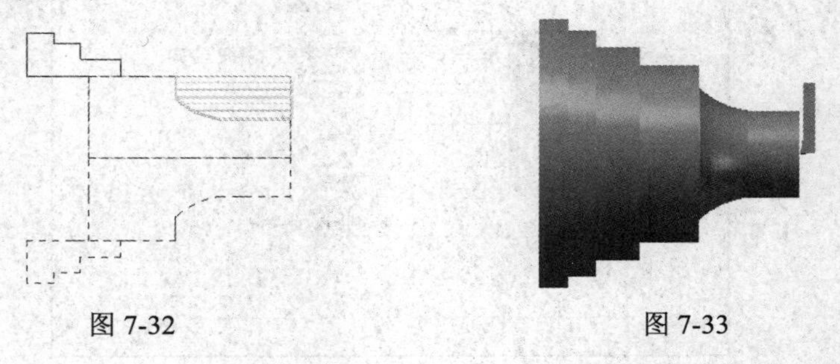

图 7-32　　　　图 7-33

7.5 切槽方法

切槽加工用于生成切槽车削加工的刀具路径，可以在垂直车床主轴的方向或者在端面方向上进行车削切槽。其加工几何模型的选取及特有参数与以上介绍的情况差别很大。

7.5.1 设置加工模型

选择【刀具路径】|【车床径向车削刀具路径】命令，系统弹出如图 7-34 所示的对话框，有四种选取加工几何模型的方法来定义切槽加工区域的形状。

图 7-34

- 1 Point：选取一点作为切槽的右外角点。实际加工区域的大小和外形还需要设置切槽外形来定义。
- 2 点：选取两个点来设置加工区域，定义切槽的宽度和高度。实际加工区域的大小及外形也需要设置切槽外形来定义。
- 3Lines：在绘图区域选取三条直线，作为槽矩形的边。选取的三条直线只可以定义切槽的宽度和高度，实际加工区域的大小和外形同样需要设置挖槽外形定义。
- Chain：在绘图区域选取两个串连来设置加工区域，所选取的串连定义为加工区域的内外边界。

7.5.2　设置径向车削外形参数

设置径向车削外形包括切槽角度的设置、切槽外形的设置、快捷切槽的设置，如图 7-35 所示。

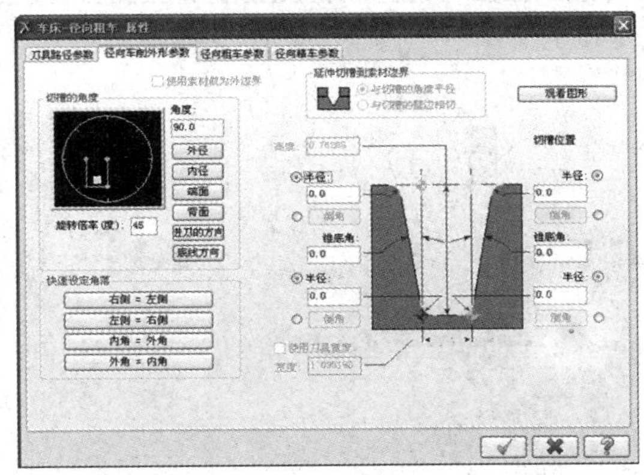

图 7-35

1. 切槽的角度

设置切槽的开口方向。切槽的角度可以直接输入角度值，或者用鼠标拖动圆盘来设置。系统提供了六个方向作为切槽的开口方向。

- 外径：切外槽进给方向为-X，角度为 90°。
- 内径：切内槽进给方向为+X，角度为－90°。
- 端面：切端面进给方向为-Z，角度为 0°。
- 背面：切端面进给方向为-Z，角度为 180°。
- 进刀的方向：在图形窗口选取一条直线来定义切槽的进刀方向。
- 底线方向：在图形窗口选取一条直线来定义切槽的端面方向。

2. 定义切槽外形

需要设置的切槽外形参数有切槽的底部宽度、高度、侧壁倾角、内外圆角半径等。

采用内/外边界选项来选取加工模型时，不需进行切槽外形的设置；当采用【2 点】和 3Lines 选项来选取加工模型时，不需要设置切槽的宽度和高度。

3. 快捷切槽设置

快捷切槽设置有四种类型选项：切槽右参数=左参数、切槽左参数=右参数、切槽内角参数=外角参数、切槽外角参数=内角参数。

7.5.3 设置粗车参数

切槽粗车参数可通过【径向粗车参数】选项卡来设置，如图 7-36 所示，切槽粗车加工的参数主要包括以下几个选项。

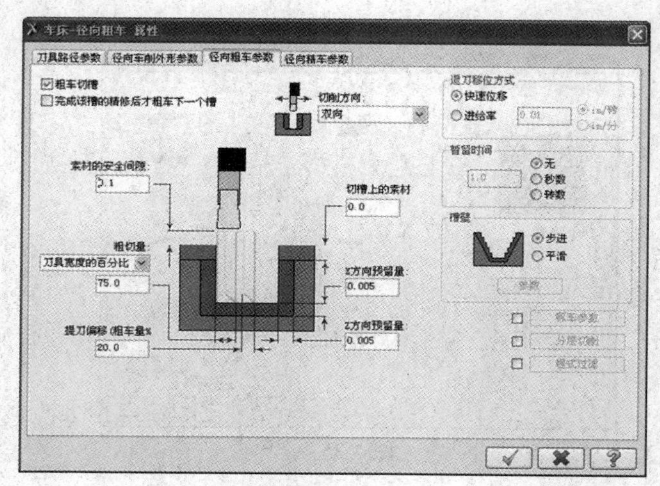

图 7-36

1. 切削方向

设置切槽粗车加工的进刀方向，包括双向、正向、反向三个切削方向。

- 双向：刀具从切槽的中间开始以上向切削的方式进行加工。
- 正向：刀具从切槽的左侧开始并沿+Z 方向移动。
- 反向：刀具从切槽的左侧开始并沿-Z 方向移动。

2. 粗切量

设置进刀量加工的方式，有三种方式。

- 次数：通过指定车削次数来计算进刀量。
- 步进量：直接指定进刀量。
- 刀具宽度的百分比：将进刀量定义为指定的刀具宽度百分比。

3. 退刀移位方式

设置加工中退刀的移动方式，有两种方式。

- 快速位移：采用快速方式退刀。
- 进给率：按照指定的速度退刀。

4. 暂留时间

设置在每次加工时，刀具在切槽底部停留的时间，有三种选择。

- 无：刀具在切槽中不停留。
- 秒数：指定刀具在切槽底部停留的时间。
- 转数：指定刀具在切槽底部停留的转数。

5. 槽壁

设置切槽侧壁为斜壁时的粗车加工方式，有两种方式。

- 步进：设置下刀步进量，将在侧壁形成台阶。
- 平滑：可以对刀具侧壁的走道方式进行设置，如图 7-37 所示。

6. 啄车参数

设置啄车步进量、退刀移动、暂留时间，如图 7-38 所示。

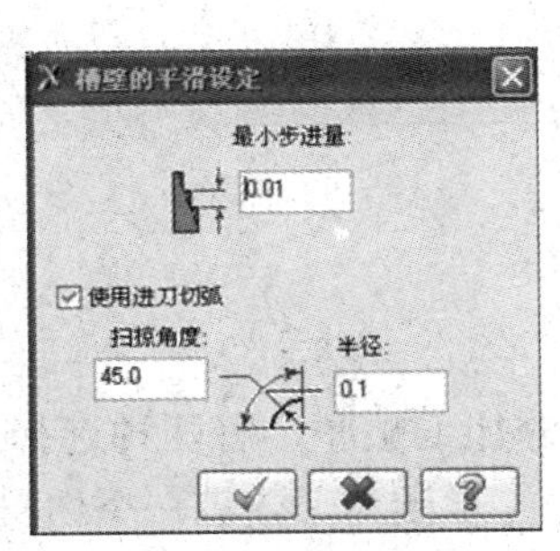

图 7-37

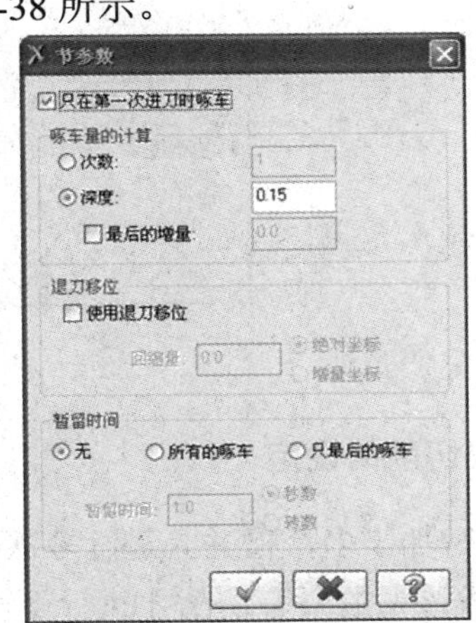

图 7-38

7. 分层切削

设置加工深度、刀具的移动形式、回刀参数，如图 7-39 所示。

8. 程式过滤

设置公差过滤、最小/大的圆弧过滤半径，如图 7-40 所示。

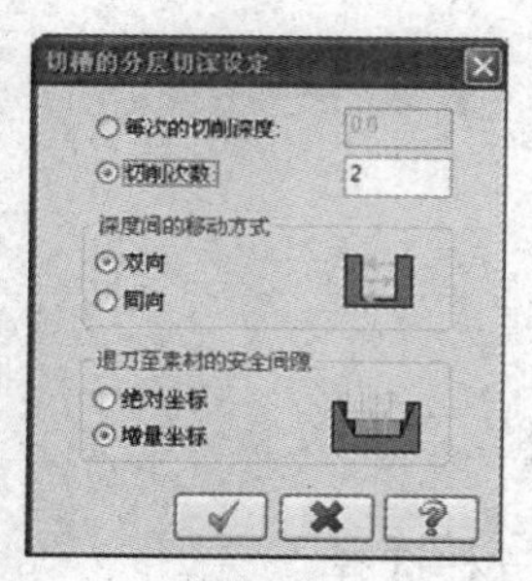

图 7-39

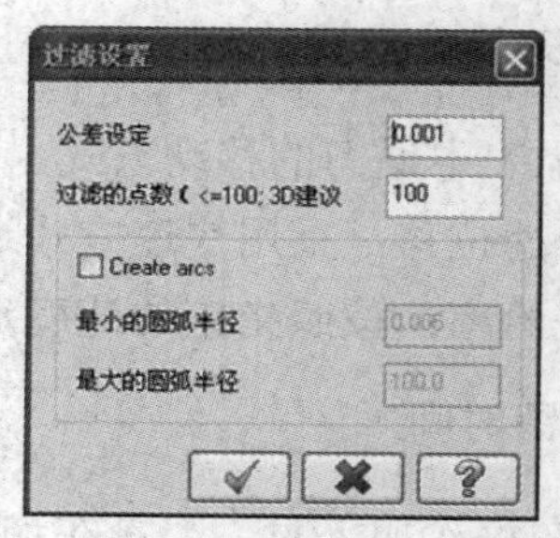

图 7-40

7.5.4 设置精车参数

选择【径向精车参数】选项卡，系统弹出径向精车参数对话框，如图 7-41 所示。径向精车加工参数如下。

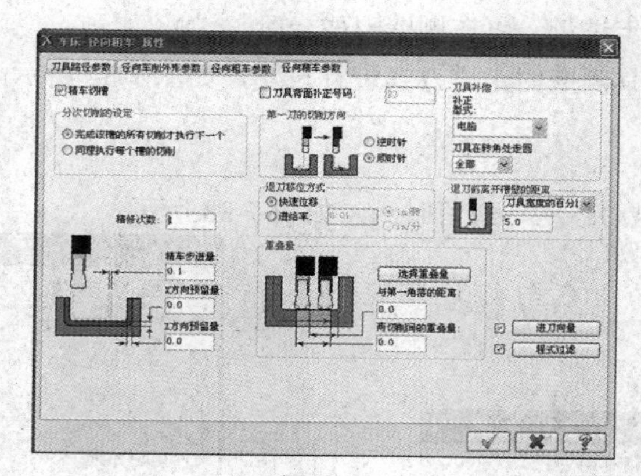

图 7-41

1. 分次切削的设定

设置同时加工多个槽并且进行多次精车车削时的加工顺序，有两种选择。

- 完成该槽的所有切削才执行下一个：设置加工步骤为，完成一个切槽所有精加工后，再进行下一个切槽精加工。
- 同理执行每个槽的切削：设置加工步骤为，在所有切槽上完成单次走刀，依次进行精加工。

2. 第一刀的切削方向

设置第一次加工的方向，有逆时针和顺时针两种选择。

3. 进刀向量

选择【进刀向量】，系统弹出进刀向量的输入对话框。其参数设置的方法与粗车进/退刀

路径相同，这里不再赘述。

7.5.5　加工实例

【操作实例 7-4】挖槽车削加工

	源文件：源文件\第 7 章\挖槽车削加工.MCX
	操作结果文件：操作结果\第 7 章\挖槽车削加工.MCX

1. 打开加工模型文件

单击【打开文件】按钮，打开“源文件\第 7 章\挖槽车削加工.MCX”文件，如图 7-42 所示。

2. 刀具路径创建

选择【刀具路径】|【车床 径向车削刀具路径】命令，或者在刀具树状图的空白区右击，从弹出的快捷菜单中选择【刀具路径】|【车床 径向车削刀具路径】命令，系统弹出【输入新 NC 名称】对话框，输入“挖槽车削”，单击按钮完成。选取【2 点】选项，选取小矩形区域。

(1) 设置刀具参数。选取刀号为 T7171 的切槽车刀，设置【进给率】为 0.5、【换刀点】为(30,30)，其他设置不变。

(2) 设置径向精车参数。设置【素材安全间隙】为 2、【粗车步进量】为 0.5、【XYZ 方向预留量】为 0.5、【精车步进量】为 0.1、【精修次数】为 3，单击按钮，完成刀具路径的设置。系统在绘图区生成刀具路径。

3. 刀具路径模拟、验证及后处理

刀具路径设置完成后，通过刀具路径模拟来判断刀具路径的设置是否正确。如图 7-43 所示为生成的模拟刀具路径。

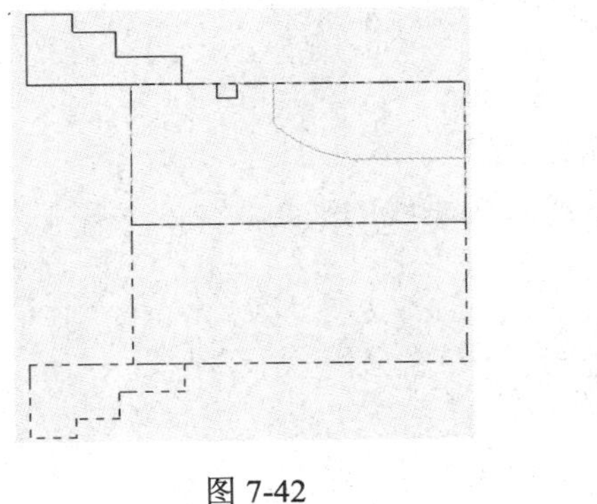

图 7-42

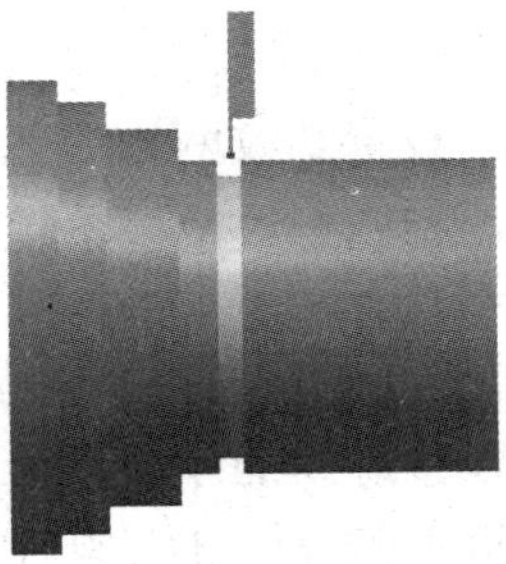

图 7-43

7.6 车削螺纹方法

车削螺纹加工可用于加工内螺纹、外螺纹、螺纹槽。与以上方法不同，车削螺纹不需要选择加工几何模型。

7.6.1 设置螺纹外形参数

选择【刀具路径】|【车螺纹刀具路径】命令，系统弹出车螺纹加工参数对话框，如图 7-44 所示。参数设置如下。

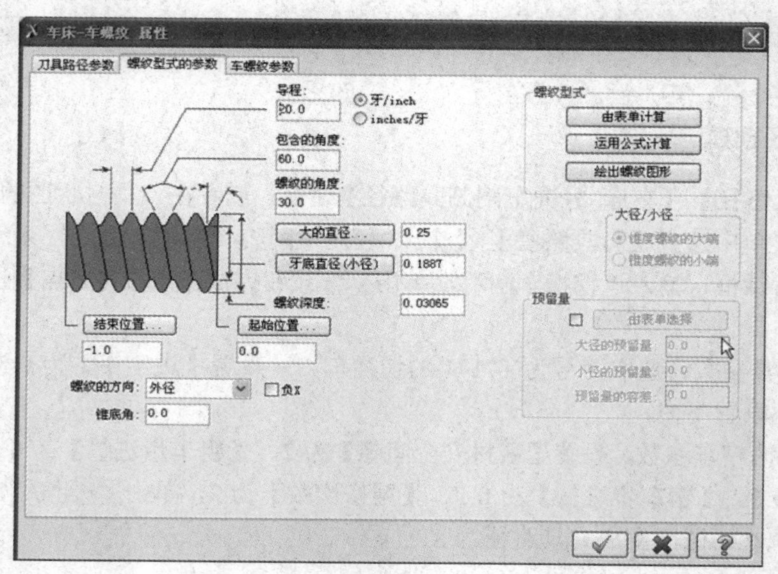

图 7-44

1. 导程

设置螺纹的螺距。有两种参数：牙/inch 和 inches/牙。

2. 设置螺纹角

- 包含的角度：设置螺纹两边的夹角。
- 螺纹的角度：指定螺纹第一条边与螺纹轴垂线的夹角。

3. 螺纹牙参数

- 大的直径：设置螺纹的牙顶直径。
- 牙底直径：设置螺纹的牙底直径。
- 螺纹深度：设置螺纹的牙高度。

4. 螺纹长度

设置螺纹长度，主要由【起始位置】、【结束位置】选项来确定。

5. 螺纹方向

设置螺纹为内螺纹或外螺纹。

6. 锥底角

设置螺纹锥角。当输入值大于 0 时，螺纹直径沿起点至终点方向线性增大；当输入值小于 0 时，螺纹直径沿起点至终点方向线性减小。

7. 螺纹型式

设置螺纹参数输入的途径，有【由表单计算】、【运用公式计算】、【绘出螺纹图形】三种方式。

7.6.2 设置螺纹切削参数

选择【车螺纹参数】选项卡，如图 7-45 所示。参数设置如下。

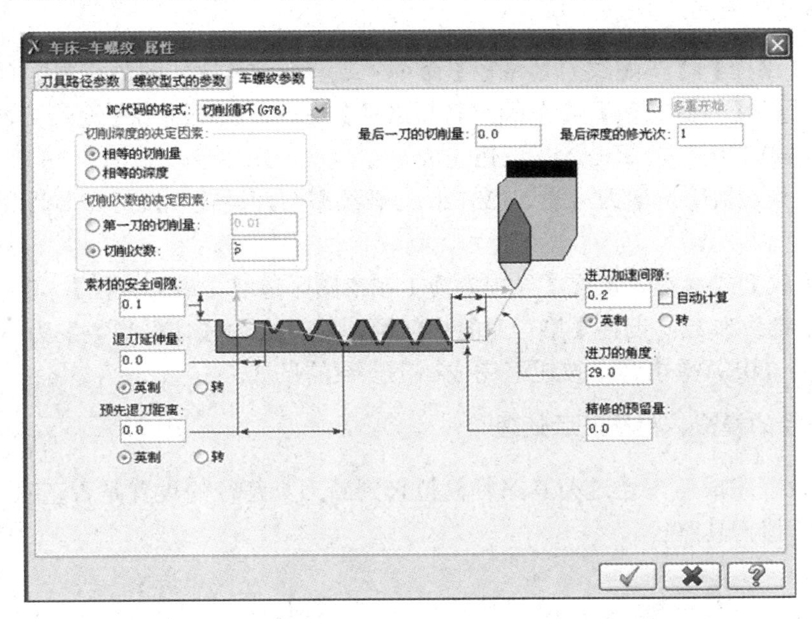

图 7-45

1. NC 代码的格式

系统提供了三种 NC 代码格式：G32、G92、G76。G32 和 G92 一般用于简单螺纹车削，G76 用于复合螺纹车削。

2. 切削深度的决定因素

设置每次车削的车削深度，系统提供了两种方式：相等的车削量、相等的深度。

3. 切削次数的决定因素

设置车削次数，系统提供了两种方式：第一刀的切削量、切削次数。

7.6.3 加工实例

【操作实例 7-5】螺纹车削加工

	源文件：源文件\第 7 章\螺纹车削加工.MCX
	操作结果文件：操作结果\第 7 章\螺纹车削加工.MCX

1. 打开加工模型文件

单击【打开文件】按钮，打开“源文件\第 7 章\螺纹车削加工.MCX”文件，螺纹槽已经加工完成，如图 7-46 所示。

2. 刀具路径的创建

选择【刀具路径】|【车螺纹刀具路径】命令，或者在刀具树状图的空白区右击，从弹出的快捷菜单中选择【刀具路径】|【车螺纹刀具路径】命令，系统弹出【输入新 NC 名称】对话框，输入“螺纹车削”，单击按钮完成。

(1) 设置刀具参数。选取刀号为 T120120 的螺纹车刀，设置“换刀点”为(30,30)，其他设置不变。

(2) 设置螺纹型式参数。设置【导程】为 1 在绘图区选取【最大直径】/【最小直径】。

(3) 设置车螺纹参数。设置【第一刀的切削量】为 0.25、【切削次数】为 5、【最后一刀的切削量】为 0.05，单击按钮，完成加工参数的设置。

3. 刀具路径的模拟、验证及后处理

刀具路径设置完成后，通过刀具路径模拟来判断刀具路径的设置是否正确。如图 7-47 所示为生成的模拟刀具路径。

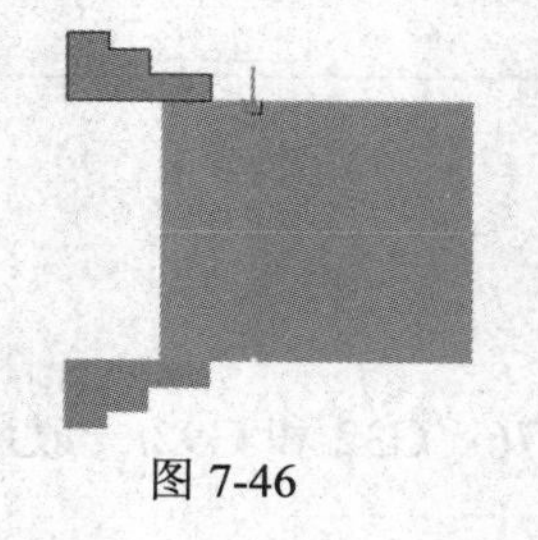

图 7-46

图 7-47

7.7　钻孔加工

车床加工系统中的钻孔加工方法和铣床加工系统相似，用于钻孔、镗孔及攻螺纹。

7.7.1　参数设置

选择【刀具路径】|【钻孔】命令，系统弹出对话框，选择【深孔钻 无啄钻】选项卡，如图 7-48 所示。车床钻孔提供了 7 种标准形式和 13 种自定义形式的加工方式，其参数设置与铣床方法类似。铣床钻孔方法中，中心孔位置在绘图区中选取，而车床钻孔的中心孔位置通过【钻孔位置】选项来确定。其他参数设置相似，这里不再赘述。

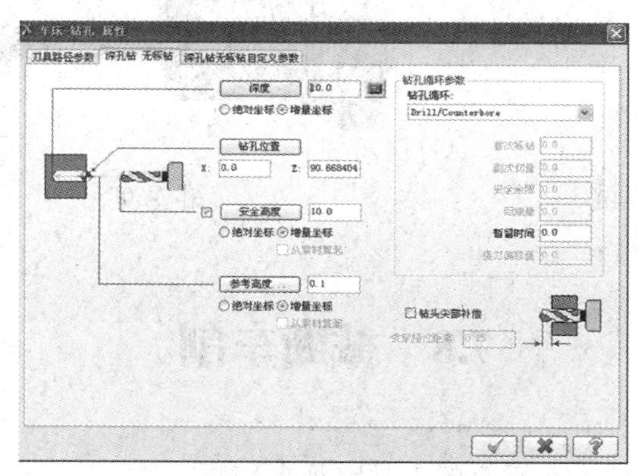

图 7-48

7.7.2　加工实例

【操作实例 7-6】钻孔车削加工

	源文件：源文件\第 7 章\钻孔车削加工.MCX
	操作结果文件：操作结果\第 7 章\钻孔车削加工.MCX

1. 打开加工模型文件

单击【打开文件】按钮，打开“源文件\第 7 章\钻孔车削加工.MCX”文件，螺纹槽已经加工完成，如图 7-49 所示。

2. 刀具路径创建

选择【刀具路径】|【钻孔】命令，或者在刀具树状图的空白区右击，从弹出的快捷菜单中选择【刀具路径】|【钻孔】命令，系统弹出【输入新 NC 名称】对话框，输入“钻孔车削”，单击按钮完成。

(1) 设置刀具参数。新建刀具，设置【刀刃长】为 15、【刀具直径】为 4、【换刀点】为(30,30)，其他设置不变。

(2) 设置深啄孔的参数。设置【深度】增量为－10、【钻孔位置】为端面中心点，单击 ✓ 按钮，完成加工参数的设置。

3. 刀具路径模拟、验证及后处理

刀具路径设置完成后，通过刀具路径模拟来判断刀具路径的设置是否正确。如图 7-50 所示为生成的模拟刀具路径。

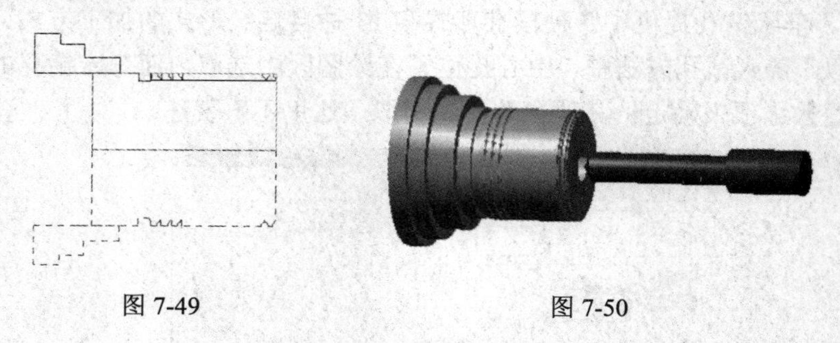

图 7-49　　　　图 7-50

7.8　截断车削

截断车削加工用于生成一个垂直的刀具路径来切断工件。

选择【刀具路径】|【截断】命令，系统提示选择边界点，拾取边界后，系统弹出车床截断参数对话框如图 7-51 所示。截断加工包括如下选项。

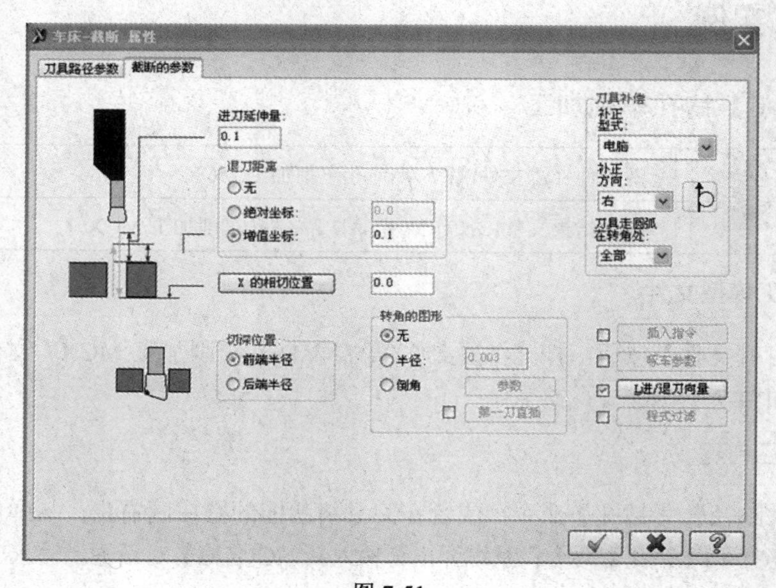

图 7-51

1. 转角的图形

设置切断车削起始点的位置，定义一个角的外形，有三个选项。

- 无：系统在起始点位置垂直切入，不产生倒角。
- 半径：系统按照【半径】文本框中输入的半径值生成倒圆角。
- 倒角：系统创建倒角。

2. X 的相切位置

用于设置切断车削终止点的 X 坐标，系统默认值为 0，工件截断。

3. 切深位置

用于设置刀具最终的切入位置，有两个选项。

- 前端半径：设置刀具的前角点切入到指定的深度。
- 后端半径：设置刀具的后角点切入到指定的深度。

7.9　快捷车削加工

快捷车削(简式车削)是车床加工的重要加工方法之一，主要有快捷粗车、快捷精车、快捷切槽加工三种快捷车削方式。该方法生成刀具路径时，需要设置的参数相对较少，所以又称为车床简式加工。快捷车削一般用于比较简单的粗车、精车和切槽加工场合。

7.9.1　快捷粗车加工

选择【刀具路径】|【车床简式加工】|【粗车】命令，系统弹出快捷粗车参数设置对话框，如图 7-52 所示。路径设置比粗车方法设置简单，各参数设置与粗车方法对应的参数设置相同。

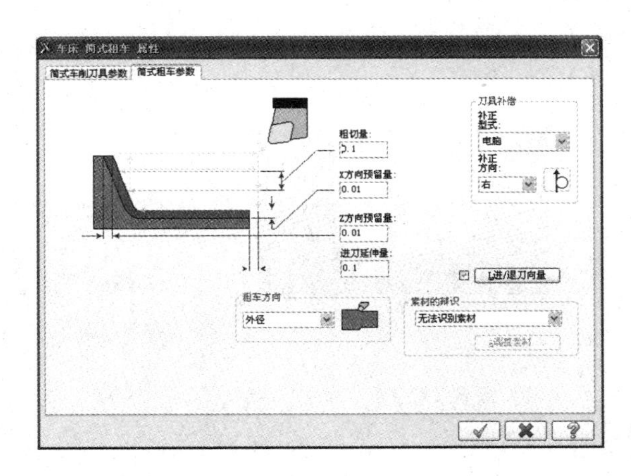

图 7-52

7.9.2 快捷精车加工

选择【刀具路径】|【车床简式加工】|【精车】命令，系统弹出快捷精车参数设置对话框，如图 7-53 所示。各参数设置与精车方法类似。

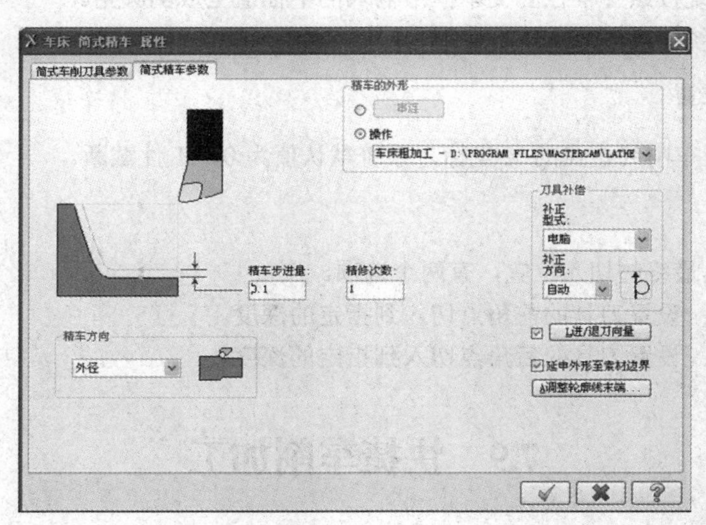

图 7-53

7.9.3 快捷切槽加工

选择【刀具路径】|【车床简式加工】|【径向车削】命令，系统弹出快捷径向车削参数设置对话框，如图 7-54 所示。快捷方式径向车削加工的参数设置与径向车削加工的设置方法类似，在选取加工模型后，进行径向槽外形设置、粗车和精车参数设置。

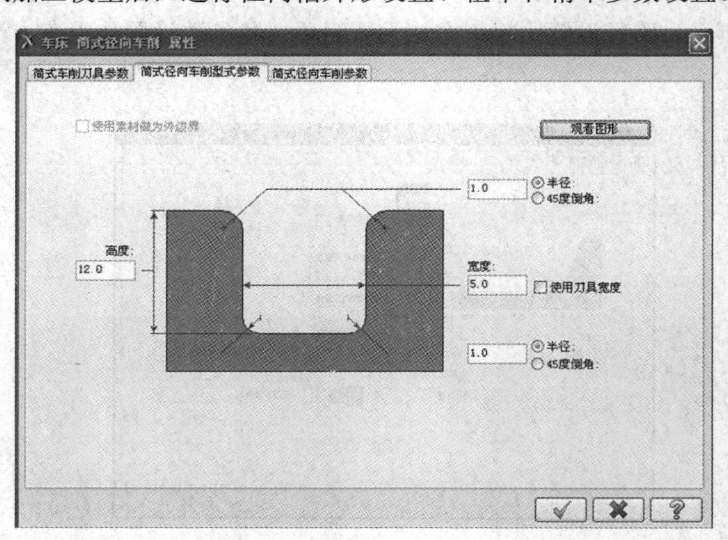

图 7-54

7.10　本章小结

本章介绍了 Mastercam X6 车床加工系统中，工件毛坯、卡盘、尾座和固定支撑等的外形设置方法、车刀刀具设置及在设置过程中应该注意的问题；介绍了车床加工系统中常用车加工方法的刀具路径的创建过程、各参数的含义和加工设计的思路。车床加工应用十分广泛，操作比较简单，但参数设置对加工的质量影响很大，需要有扎实的车床加工的基础知识和实际操作经验。

7.11　练　　习

7.11.1　思考题

1. 简述车床加工系统中的加工方法及各加工方法的特点。
2. 简述在车床加工系统中工件设置的主要内容及系统提供的设置方式。

7.11.2　操作题

打开“习题/第 7 章/习题 7-1.MCX”，导入加工模型，如图 7-55 所示。采用默认的车床加工方式完成加工。

具体步骤如下。

(1) 完成挖槽粗加工和挖槽精加工：粗车 X 和 Z 方向的预留量为 0.5，精车步进量为 0.25，精修 2 次。

(2) 完成粗车外圆加工：粗车步进量为 1，X 和 Z 方向的预留量为 0.5。

(3) 完成精车外圆加工：精车步进量为 0.25，精车 2 次。

(4) 完成钻孔加工：刀具直径为 10，深度为 - 10，钻孔位置为 (0,0)。

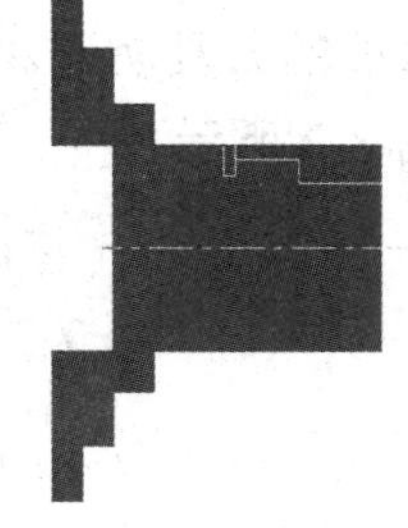

图 7-55

(5) 完成车削端面加工：粗车步进量为 1，精车步进量为 0.25，最大精修次数为 2，选点的 X 坐标分别为 - 5、0。

(6) 完成车削螺纹加工：螺纹大径为 88，小径为 84，起始位置/结束位置为突出轴段端，导程为 2。

第8章　刀具路径编辑

本章重点内容

本章主要介绍 Mastercam X6 刀具路径的编辑方法，主要包括刀具路径的修剪、刀具路径的变换和刀具路径的导入。

本章学习目标

- 掌握刀具路径的修剪方法
- 掌握刀具路径的变换方法
- 了解导入刀具路径的方法

8.1　修剪刀具路径

刀具路径的修剪功能允许对已经生成的刀具路径进行裁剪，使刀具避开某一区域。下面以二维挖槽铣削刀具路径为例，介绍刀具轨迹的修改功能。如图 8-1 所示为挖槽铣削未经修改的刀具轨迹。如果要在工件加工毛坯的左侧加上辅助装置，需要改变挖槽加工轨迹，如图 8-2 所示。

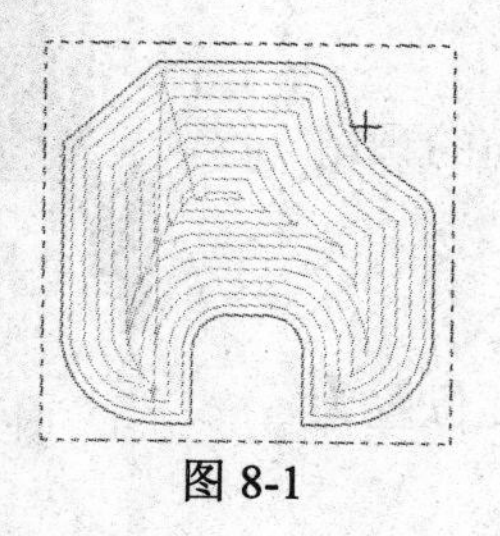

图 8-1

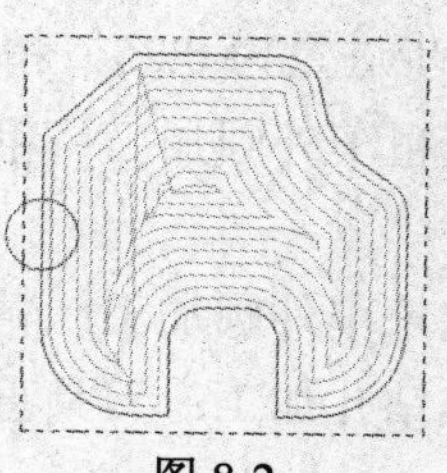

图 8-2

【操作实例 8-1】修剪刀具路径

选择【刀具路径】|【修整刀具路径】命令，在系统提示下，选择修剪区域，选中图 8-2 中的圆，单击完成按钮。在要保留的刀具路径区域点选任意一点，系统弹出如图 8-3 所示的对话框。

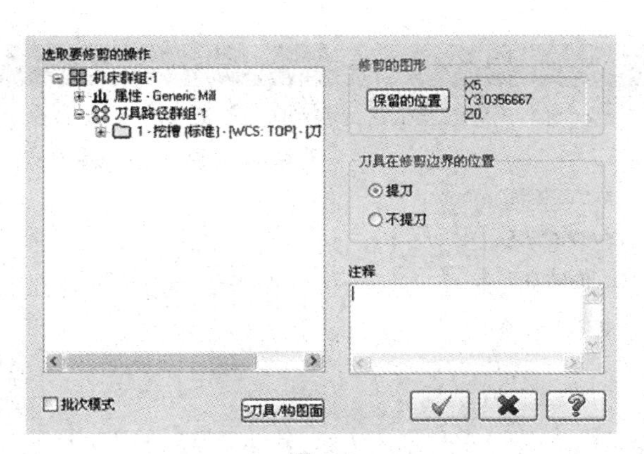

图 8-3

在【刀具在修剪边界的位置】选项组中选择【提刀】或【不提刀】单选按钮，单击 ✓ 按钮，完成修剪的操作。

8.2　变换刀具路径

在零件加工过程中，重复刀具路径比较多时，可以通过对已有的刀具路径进行平移、镜像和旋转来生成刀具路径，从而简化操作过程。

8.2.1　平移刀具路径

【操作实例 8-2】平移刀具路径

选择【刀具路径】|【路径转换】命令，系统弹出【转换操作之参数设定】对话框，选取变换类型为【平移】，如图 8-4 所示。

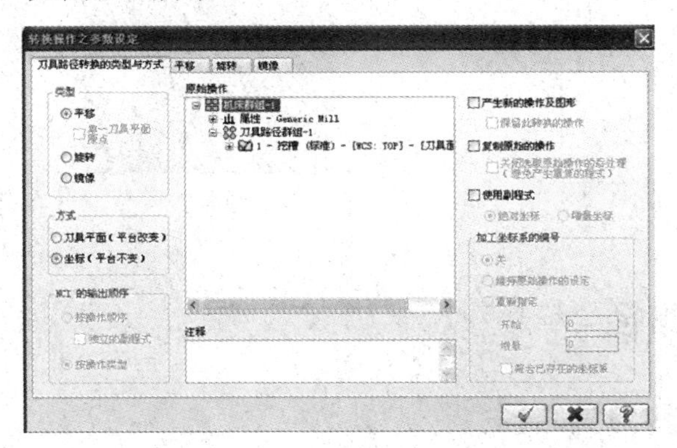

图 8-4

选择【平移】选项卡，如图 8-5 所示。

图 8-5

其中，【平移】有四种表示方式：【直角坐标】、【两点间】、【极坐标】、【两视角间】。【图样原点的偏移】表示源路径中心点的平移；->表示将左边数据复制到右边；<-表示将右边数据复制到左边。

输入【X 方向的间距】为 40、【Y 方向的间距】为－40、【X 方向的数量】为 2、【Y 方向的平移次数】为 2，经过平移变换后(注意 Y 方向应为负方向)，单击✓按钮完成，派生出来的路径和加工结果如图 8-6 和图 8-7 所示。

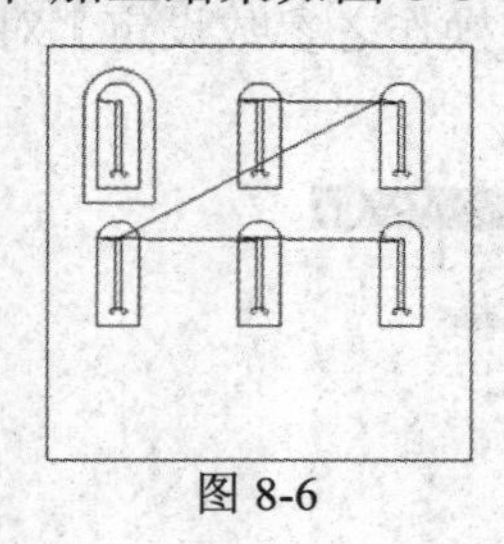

图 8-6

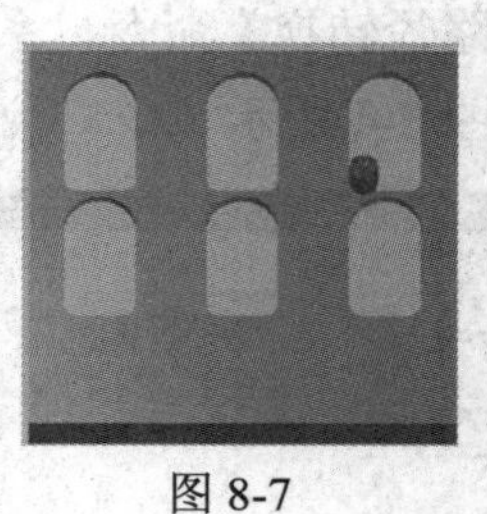

图 8-7

8.2.2 旋转刀具路径

【操作实例 8-3】旋转刀具路径

选择【刀具路径】|【路径转换】命令，选取变换类型为【旋转】，选择旋转选项卡，如图 8-8 所示。

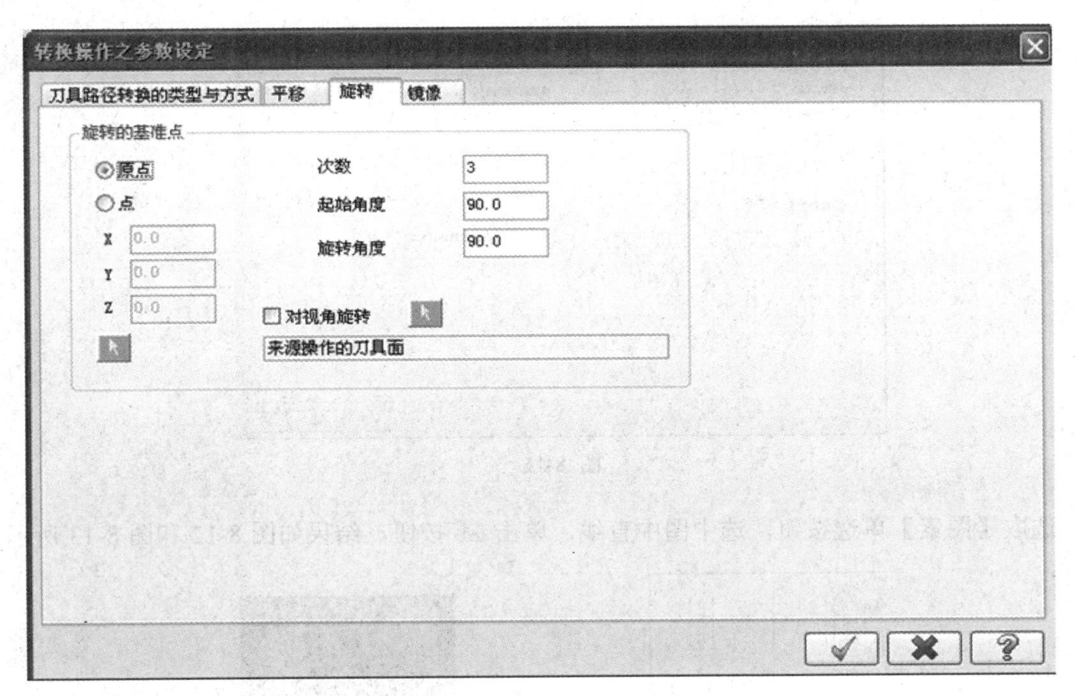

图 8-8

选取【点】单选按钮要求选取旋转中心点；【起始角度】表示原路径与第一个旋转路径的夹角；【旋转角度】表示旋转路径之间的夹角；【次数】表示旋转路径的个数。输入 X、Y、Z 的值分别为 40、－20、0；【次数】为 3；【起始角度】和【旋转角度】为 60°，单击按钮完成，结果如图 8-9 和图 8-10 所示。

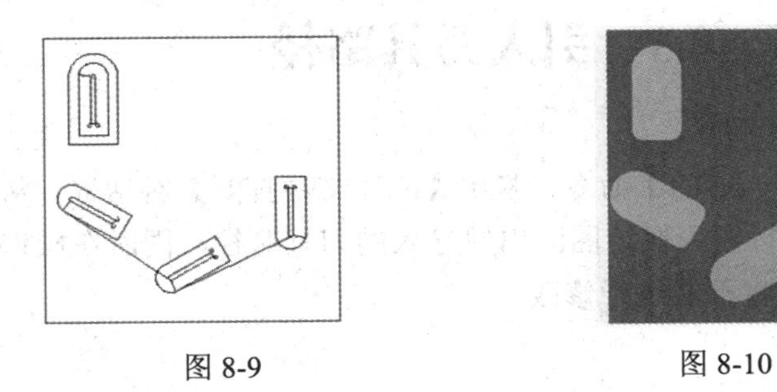

图 8-9　　　　图 8-10

8.2.3　镜像刀具路径

【操作实例 8-4】镜像刀具路径

选择【刀具路径】|【路径转换】命令，选取变换类型为【镜像】，选取 镜像 选项卡，如图 8-11 所示。

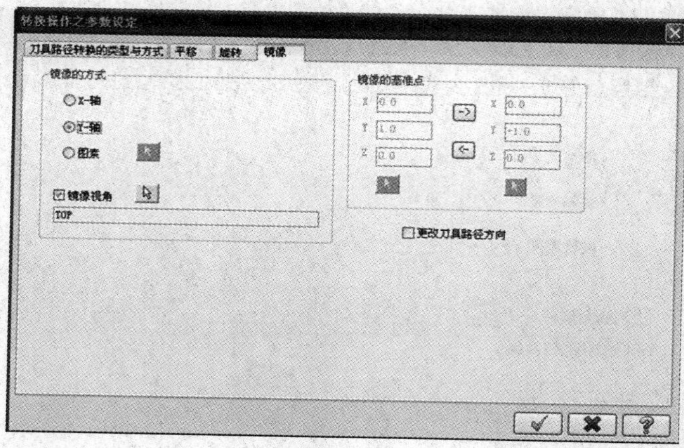

图 8-11

选取【图素】单选按钮，选中图中直线，单击 按钮，结果如图 8-12 和图 8-13 所示。

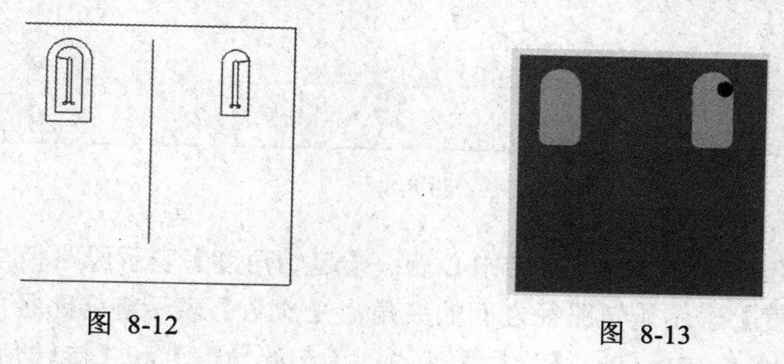

图 8-12　　　　图 8-13

8.3　引入刀具路径

选择【刀具路径】|【汇入 NCI】命令，弹出【NCI 文件打开】对话框，从中选择所需要的 NCI 文件，单击 打开(O) 按钮，在绘图区出现导入的刀具路径，同时在操作管理器中也增加一个操作，导入刀具路径将不能进行修改。

8.4　刀具路径编辑加工实例

【操作实例 8-5】刀具路径编辑

	源文件：源文件\第 8 章\刀具路径编辑.MCX
	操作结果文件：操作结果\第 8 章\刀具路径编辑.MCX

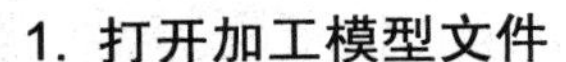

1. 打开加工模型文件

单击【打开文件】按钮，打开“源文件\第 8 章\刀具路径编辑.MCX”文件，如图 8-14 所示。

2. 选择机床类型

本范例加工采用系统默认的铣床，选择【机床类型】|【铣削系统】|【默认】命令，进入铣削加工模块。

3. 设置工件

在操作管理器中选择【素材设置】|【立方体】，设置 X 为 270，Y 为 200，Z 为 15，素材原点为(0,80,0)，单击按钮，完成毛坯的设置。

4. 创建外形铣削路径

选择【刀具路径】|【外形铣削】命令，系统弹出【输入新 NC 名称】对话框，输入“刀具路径编辑”，如图 8-15 所示，单击按钮完成。

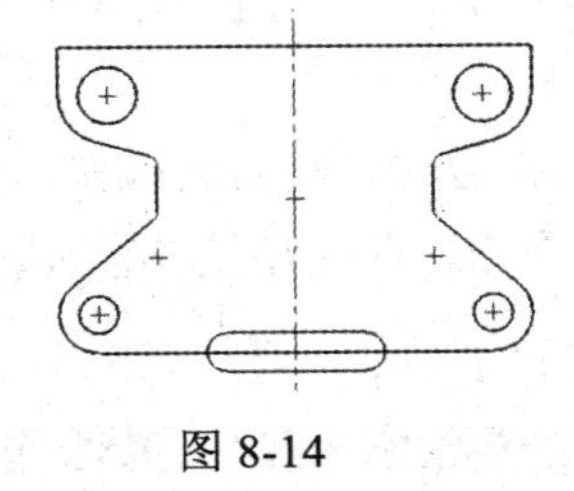

图 8-14

图 8-15

系统自动弹出【转换参数】对话框，选取如图 8-16 所示的串连图素。

(1) 设置刀具参数。选取【外形】对话框中的【刀具参数】选项卡，单击选择库中刀具按钮，选择直径为 10mm 的平底刀，设置【刀具号码】和【刀座编号】为 1、【进给率】为 200、【主轴转速】为 2000、【进刀速率】为 200，如图 8-17 所示。

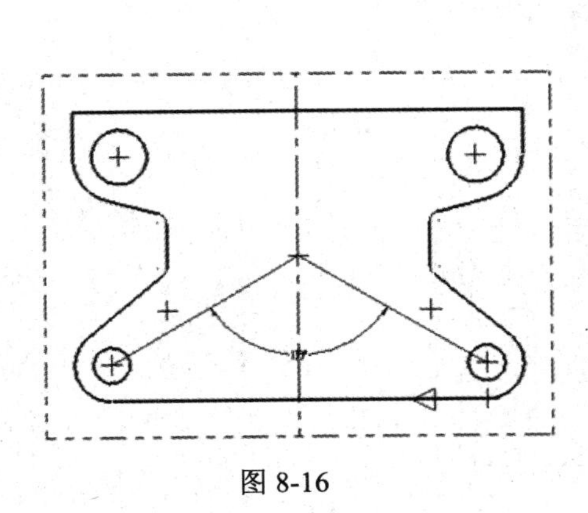

图 8-16

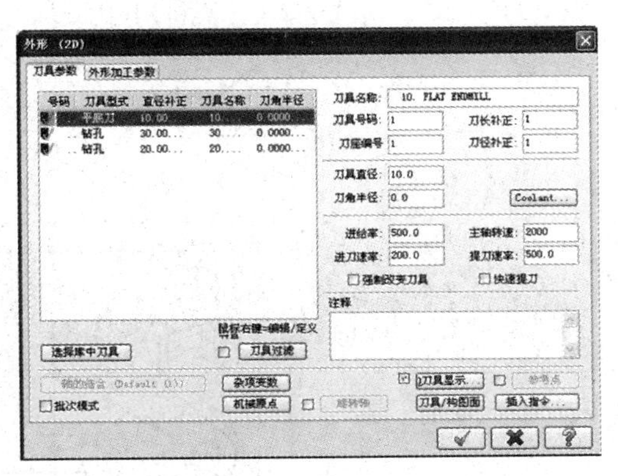

图 8-17

(2) 设置外形加工参数。具体参数设置如图 8-18 所示。单击对话框中的 ✓ 按钮，完成刀具路径的设置，系统在绘图区生成刀具路径。

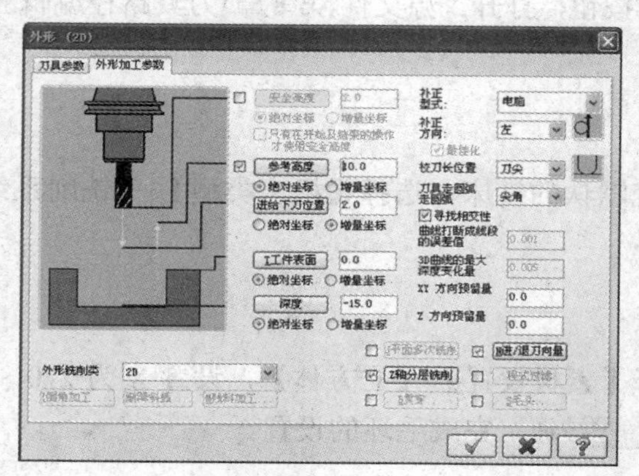

图 8-18

5. 修剪外形铣削路径

选择【刀具路径】|【修整刀具路径】命令，系统弹出【转换参数】对话框，选取如图 8-19 所示的串连图素作为修剪边界，保留侧为内侧。

系统弹出【刀路修剪】对话框，选取外形铣削加工作为需要修剪的操作，如图 8-20 所示。

单击对话框中的 ✓ 按钮，完成刀具路径的修改操作，系统在绘图区生成如图 8-21 所示的刀具路径。

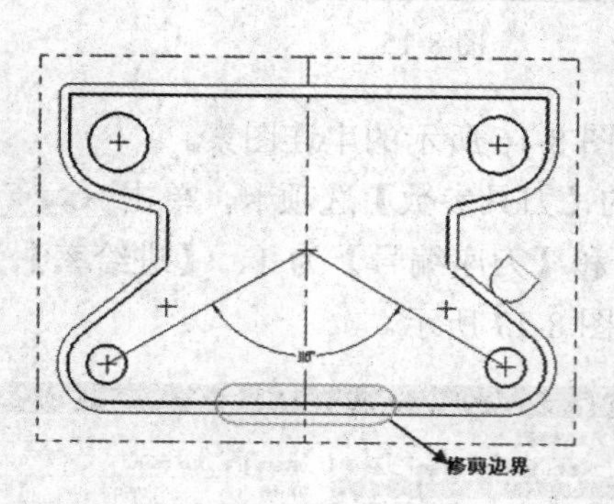

图 8-19

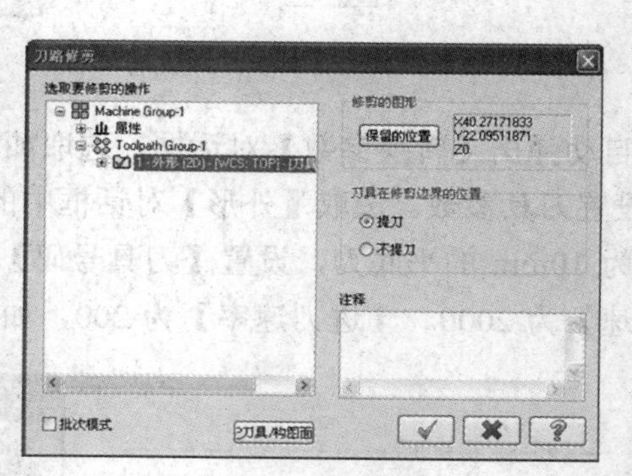

图 8-20

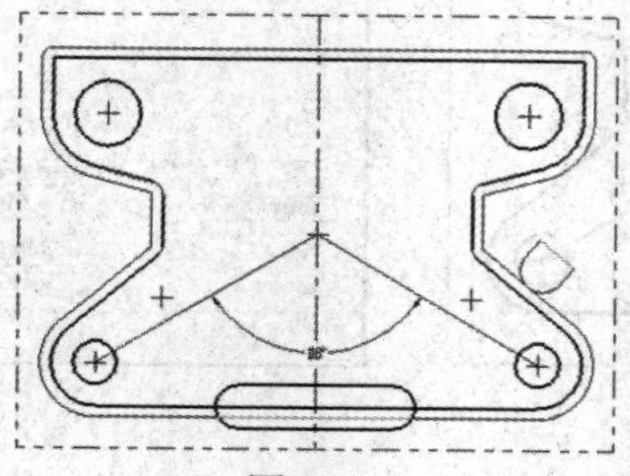

图 8-21

6. 镜像钻孔刀具路径

钻孔加工操作为二维图形右上侧直径为 30mm 的圆，此加工操作不再赘述。选择【刀具路径】|【路径转换】命令，系统弹出【转换操作之参数设定】对话框，设置【类型】为【镜像】，【原始操作】为钻孔加工，如图 8-22 所示。

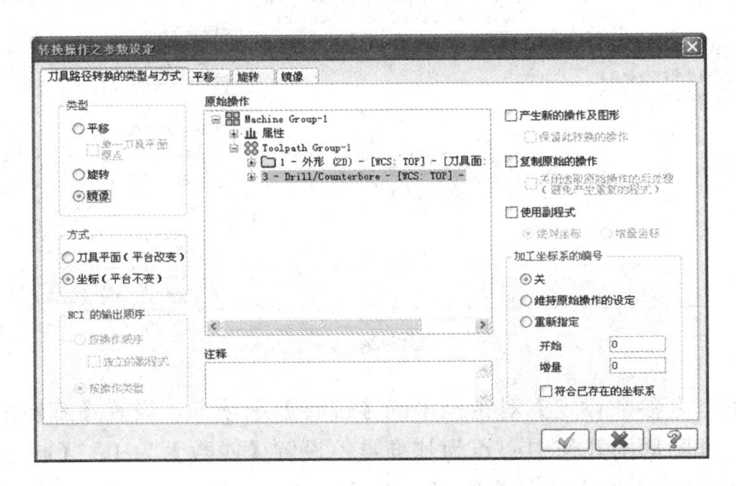

图 8-22

选择【转换操作之参数设定】对话框中的【镜像】选项卡，设置【镜像的方式】为【图素】，选取二维图形的中心对称轴为镜像轴，如图 8-23 所示。单击对话框中的 ✓ 按钮，完成刀具路径的镜像操作。

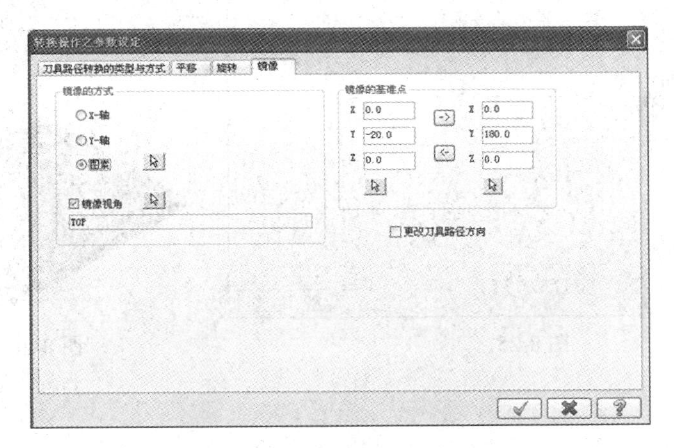

图 8-23

7. 旋转钻孔刀具路径

钻孔加工操作的对象为二维图形左下侧直径为 20mm 的圆，此加工操作不再赘述。选择【刀具路径】|【路径转换】命令，系统弹出【转换操作之参数设定】对话框，设置【类型】为【旋转】，【原始操作】为钻孔加工，如图 8-24 所示。

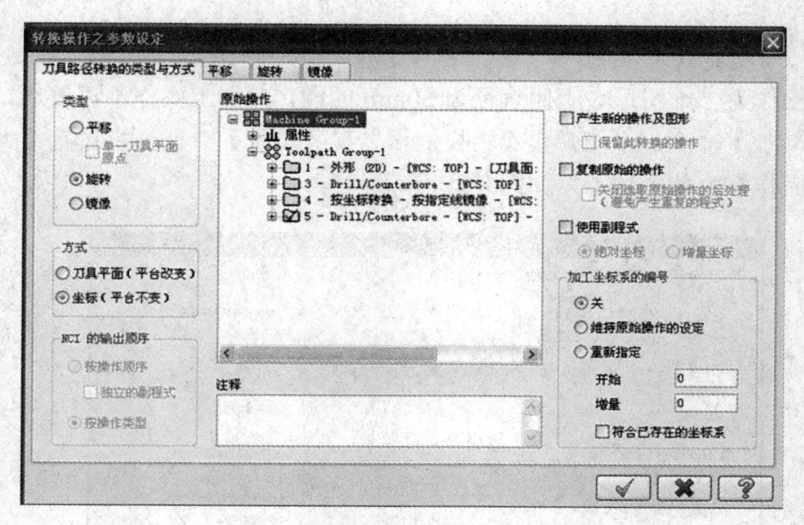

图 8-24

选择【转换操作之参数设定】对话框中的【旋转】选项卡，设置【旋转的基准点】方式为【点】，选取二维图形的几何中心点为基准点，设置【次数】为 1、【起始角度】为 118，如图 8-25 所示。单击对话框中的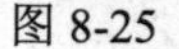按钮，完成刀具路径的旋转操作。

整体操作加工的实体验证图如图 8-26 所示。

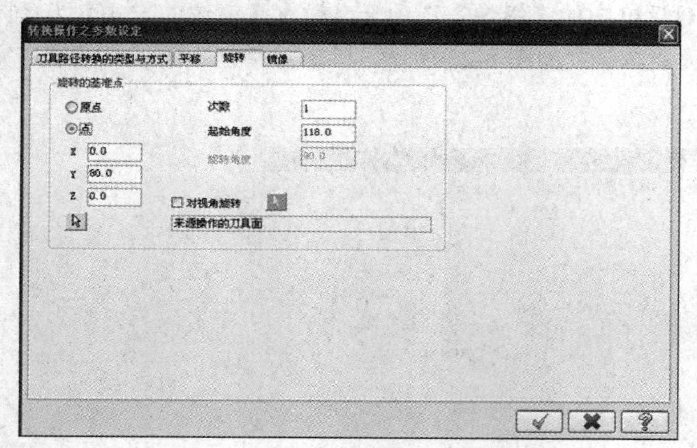

图 8-25

图 8-26

8.5 本章小结

本章通过具体的实例介绍了修剪、变换刀具路径的方法，以及在路径编辑过程中应该注意的问题。刀具路径的编辑比较灵活，应根据工程的实际需要，选择合适的刀具路径变换，提高加工效率。

8.6 练　　习

1. 打开“习题/第 8 章/习题 8-1.MCX”，导入外形铣削加工模型，如图 8-27 所示。

具体操作步骤如下。

(1) 采用图素法，完成镜像加工，选取垂直虚线为镜像轴。

(2) 采用直角坐标表示法，完成平移加工，参数：间距 X、Y 均为 –50，数量 X、Y 均为 2。

(3) 完成旋转加工，旋转基点为两虚线的交点，次数为 2，初始角度为 180°，旋转角度为 90°。

2. 打开“习题/第 8 章/习题 8-2.MCX”，完成指定加工路径的修改，如图 8-28 和图 8-29 所示。如图 8-29 所示为已修改的加工路径。

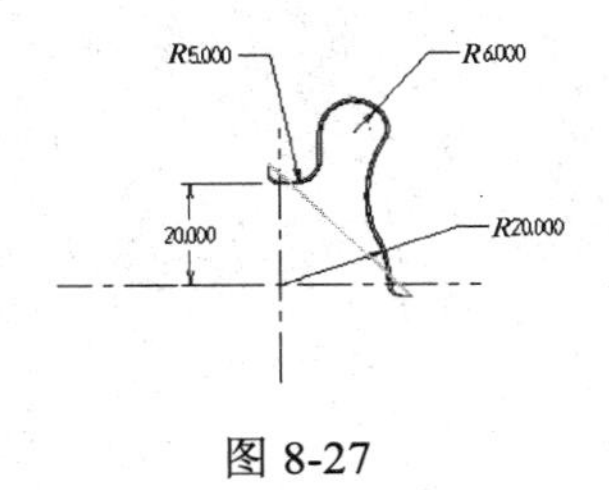

图 8-27

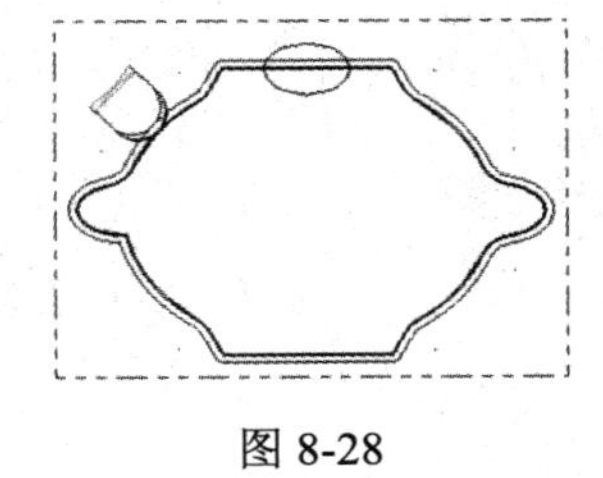

图 8-28

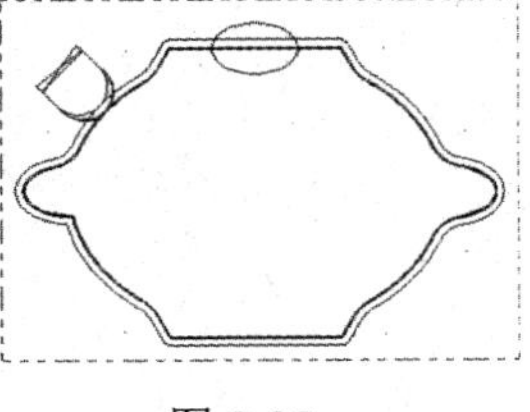

图 8-29